W0260510

Xpert.press

Die Reihe **Xpert.press** vermittelt Professionals in den Bereichen Softwareentwicklung, Internettechnologie und IT-Management aktuell und kompetent relevantes Fachwissen über Technologien und Produkte zur Entwicklung und Anwendung moderner Informationstechnologien.

Sebastian Wedeniwski

Mobilitätsrevolution in der Automobilindustrie

Letzte Ausfahrt digital!

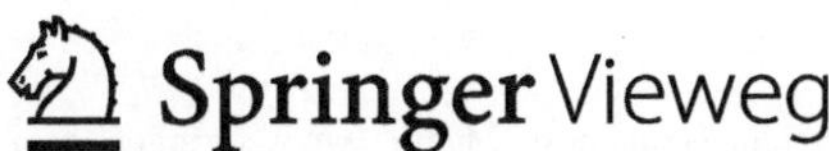

Herausgeber
Dr. Sebastian Wedeniwski
IBM
Tokio, Japan

Xpert.press
ISBN 978-3-662-44782-6 ISBN 978-3-662-44783-3 (eBook)
DOI 10.1007/978-3-662-44783-3

Springer Vieweg

Sprachliches Lektorat: Gisela Faller

Gedruckt auf säurefreiem und chlorfrei gebleichtem Papier

Springer Vieweg ist Teil der Fachverlagsgruppe Springer Science+Business Media (www.springer.com)

Geleitwort

Wir Menschen sind faul. Meistens jedenfalls.

Fährt nicht auch ein Zug in die Stadt, die ich besuchen will? Könnte ich den Einkauf nicht auch mit dem Fahrrad erledigen?

Ach was, ein andermal vielleicht, diesmal nehme ich das Auto, das praktischerweise direkt vor der Haustür steht.

So läuft das oft. Nicht dass wir alle grundsätzlich bewegungsfaul wären. In Zeiten, in denen Marathonläufe zu großen Volksfesten mutieren, wäre das eine mehr als gewagte Behauptung. Nein, bis auf ein paar Unverbesserliche, die sich zum Beispiel in Freizeitparks ohne Not lieber auf einen Elektroroller setzen, statt zu Fuß von Attraktion zu Attraktion zu wandern, haben wir eigentlich alle begriffen, dass ein bisschen Bewegung niemals schadet.

Nur sobald wir in Alltag, Arbeit und Urlaub von A nach B müssen, sind wir mehr als froh, dass es ein Auto gibt, das uns gehört und das immer auf uns wartet. Und wartet. Und wartet. Haben Sie gewusst, dass ein durchschnittliches Auto etwa 95 Prozent der Zeit einfach nur herumsteht? Das Fahrzeug müsste also passenderweise Stehzeug heißen. Aber es steht eben zur Verfügung. Wenn irgend etwas geschehen sollte, das den schnellen Einsatz eines Autos notwendig macht, wollen wir gerüstet sein. Dafür nehmen wir in Kauf, dass dieser schön lackierte Besitz (der mal wieder in die Waschanlage müsste und dessen Inneres einen Staubsauger ganz gut vertragen könnte) vor sich hinoxidiert und jeden Tag beträchtlich an Wert verliert. All das haben wir seit jeher in Kauf genommen. Was wäre auch die Alternative gewesen? Fahrgemeinschaften, zu denen unsere Regierung uns in den 1970er-Jahren während der Ölkrise überreden wollte? Mitfahrgelegenheiten? Öffentlicher Personennahverkehr?

Für diejenigen unter uns, die immer flexibel und mobil sein wollten, war keine dieser Möglichkeiten auch nur denkbar. Mitfahrgelegenheiten musste man sich Tage oder sogar

Wochen vorher suchen. Öffentliche Verkehrsmittel fahren niemals dann, wenn man sie braucht und niemals dorthin, wohin man muss.

Die Automobilindustrie war und ist der große Gewinner unserer Faulheit und unserer Alternativlosigkeit. Brav kaufen wir die teuren Blechkisten, die bereits veraltet sind, bevor wir die letzte Rate abbezahlt haben. Und brav träumen wir davon, eine noch teurere und noch schnellere Blechkiste zu besitzen.

Doch wir schreiben das Jahr 2015. Dort draußen geschieht etwas. In den Städten breitet es sich bereits aus. Carsharing nennt es sich, car2go oder Uber. Was sich hinter diesen Namen verbirgt, wissen wir. Aber es hat eine größere Bedeutung, als wir ahnen. Plötzlich können wir uns in Sekundenschnelle ein Auto oder eine Mitfahrgelegenheit suchen. In Echtzeit, wie es heute so schön heißt. Von A nach B?

Smartphone raus, App starten, Start und Ziel eingeben – schon wird angezeigt, wo ein passender Mietwagen steht oder wo man mitfahren kann.

Wenn das nicht ein Paradies für faule Menschen ist, die flexibel und mobil sein wollen!

Was jetzt? Ein Auto besitzen und mobil sein? Kein Auto besitzen und mobil sein?

Auf einmal treten da zwei Konzepte gegeneinander an, die beide unserer Faulheit dienen. Und wie immer, wenn es Alternativen gibt, beginnt es im Gehirn zu arbeiten. Was lieben wir daran, ein Auto zu besitzen? Sagen zu können, dass es unser Besitz ist? Sicherlich. Dass wir unsere CDs im Handschuhfach aufbewahren können? Wer braucht das, wenn man einfach nur ein Smartphone andocken kann, auf dem sich 40.764 MP3-Dateien befinden?

Kaufen wir ein Auto, damit wir nette Gespräche mit Autoverkäufern führen können? Lieben wir den Nervenkitzel, wie hoch die Rechnung in der Werkstatt ausfallen wird? Sind wir Fans von Reifenwechseln? Von Parkplatzsuche? Werteverlust? Hagelschäden?

Oh je, vielleicht kommt es unserem Naturell bald viel mehr entgegen, kein Auto zu besitzen.

Wie reagieren die großen, alten, ehrwürdigen Automobilfirmen auf diesen Wandel?

Wie schmeckt es ihnen, nicht mehr das Monopol darauf zu besitzen, unsere Faulheit zu bedienen?

Eine spannende Frage. Eine Frage, von der sich tausend weitere Fragen ableiten.

SebastianWedeniwski stellt viele dieser Fragen. Er gibt Antworten. Sicherlich nicht alle. Doch darum geht es im Moment noch gar nicht. Sondern darum, zu sehen, was sich bewegt. Wer es bewegt – und wie!

Tilman Rau

Stuttgart, April 2015 Journalist, Autor, Dozent

Foreword

The automotive industry is one of the most complex and technologically advanced industries. The creation of a new vehicle involves multiple phases including design, engineering, pricing, manufacturing, distribution, selling, and servicing. Each phase consists of numerous complex processes and technologies that must be fully integrated into one seamless system; ensuring success at enterprise level is no small task.

Over the past few decades, the auto industry has gone through major technological transformations, yet many of its core automotive systems are three or more decades old. These systems will be modernized over the next decade, but these types of projects can drag on for much longer. The success of this modernization will greatly depend on the maturity level of an organization's enterprise architecture. Organizations with outdated building blocks, database models, software development, and integration patterns will see their projects take much longer than estimated, perhaps even fail. Organizations with mature enterprise architecture systems that are agile and better able to adjust to changes will be able to quickly take advantage of today's rapidly changing technology.

The automotive industry is also seeing a shift in its customers' expectations. Today's customers are more informed than ever, and with information comes empowerment – customers are in the driver's seat. Because of the consumerization of technology, internal customers are also expecting an enterprise system experience as seamless and enjoyable as consumer-facing systems. If IT organizations allow rapid ideation and creation of efficient, user-friendly systems and applications, both internal and external customers will be happy, which will ultimately improve productivity, product development, quality, sales, and customer satisfaction. These changes will only happen when the enterprise architecture framework provides the kind of agility modern enterprises require.

Mobile technology and social media defined the past decade, and many industries struggled with how best to support and exploit the mobile and social revolution. How many people are still using navigation systems in their cars vs. their favorite navigation maps on their mobile phones? There may be a few left out there but not many. Yet, auto companies still pump tons of money into outdated head unit systems. The focus needs to be on the technological advances of the next decade, where everything will be connected: the car, the house, the work, wearables, and on and on. The Internet of Things (IoT) is here. Connectives will explode and define the next decade, and organizations that position themselves properly to support and exploit the next stage of digital revolution will benefit greatly.

Cars are amazing devices, much more sophisticated than my smartphone. Yet, smartphones have overwhelmingly captured consumer mindshare, with companies like Apple and Google creating fun connected environments that have become the digital center of our lives. The connected car has the potential to become as integral to our lives as our smartphones are now. Future "smart cars" will offer not only a more enjoyable user experience, they will include advanced safety and productivity features. The modern head unit system will play a central role in connected cars. One day, I will be able to leave my house in the morning without worrying if I've locked the door or left the stove turned on – my connected car will alert me, and I can adjust everything from inside my car. And as I head to the office, my car will know which route to take, how fast to drive, and will remind me of my dinner reservations that evening. That's one scenario of many that will be made possible by organizations with mature enterprise architecture in place; they will be prepared to meet the core challenges of the future: improved integration, security, identity, and customer experience.

The IT industry is filled with brilliant people, but seldom does one meet a person who not only understands the broad technological challenges that large automotive enterprises face and who has a depth of knowledge across many technologies but who also has the ability to translate that knowledge into a definable business value. I was encouraged to meet with Sebastian by Martin Jetter, who was at that time General Manager, IBM Japan; he ensured me I would be meeting a fellow forward-thinker. Ever since that first meeting, I have greatly enjoyed collaborating with Sebastian. His practical approach to enterprise and business architecture is refreshing; it represents the new kind of engagement and value IT can bring to the automotive industry.

Ned Curic
Chief Technology Officer and
Vice President at Toyota Motor Sales

Torrance, June 2015

Inhaltsverzeichnis

Abkürzungsverzeichnis

ABS	Antiblockiersystem
APQC	American Productivity & Quality Center
APS	Advanced Planning and Scheduling
AUTOSAR	AUTomotive Open System ARchitecture
BOM	Bill of Materials – Stückliste
BPMN	Business Process Model Notation – Prozessmodellierungssprache
CAD	Computer-Aided Design – rechnerunterstützte Zeichnungserstellung, Entwurf und Konstruktion
CAE	Computer-Aided Engineering – rechnergestützte Entwicklung
CAM	Computer-Aided Manufacturing – rechnerunterstützte Fertigung
CAN	Controller Area Network – Bussystem zur Vernetzung von Steuergeräte in Fahrzeugen
CAO	Chief Analytics Officer – Leiter Datenanalyse
CAS	Computer-Aided Styling – rechnerunterstütztes Design
CDO	Chief Data Officer – Leiter Datenverarbeitung
CEO	Chief Executive Officer – Geschäftsführer oder Vorsitzender der Geschäftsleitung
CIO	Chief Information Officer – Leiter Informationstechnologie
CFO	Chief Financial Officer – kaufmännischer Geschäftsführer oder Finanzvorstand
CMS	Content Management System – Inhaltsverwaltungssystem
CNC	Computer Numerical Control – rechnergestützte numerische Steuerung
CRM	Customer Relationship Management – Kundenbeziehungsmanagement oder Kundenpflege
CTO	Chief Technical Officer – Technischer Leiter
DIN	Deutsches Institut für Normung
DMS	Dokumentenmanagementsystem
DMU	Digital Mock-Up – Digitales Modell

DTP	Desktop Publishing – rechnergestütztes Setzen hochwertiger Dokumente
EBIT	Earnings Before Interest and Taxes – Gewinn vor Zinsen und Steuern
ECU	Electronic Control Unit – Steuergeräte; elektronische Module zur Steuerung und Regelung
ERP	Enterprise Resource Planning
FEMA	Fehlermöglichkeits- und Einfluss-Analyse
GPS	Global Positioning System – Globales Positionsbestimmungssystem
GTFS	General Transit Feed Specification
GWK	Gewährleistung und Kulanz
HGB	Handelsgesetzbuch
IFRS	International Financial Reporting Standards
ISO	International Standard Organisation
IT	Informationstechnik/-technologie
JasPar	Japan Automotive Software Platform and Architecture
LIN	Local Interconnect Network – Integration von Sensoren und Aktoren in Fahrzeugnetzwerken
MES	Manufacturing Execution System – Produktionsleitsystem
MOST	Media Oriented Systems Transport – Integration von Multimediadaten und -anwendungen im Fahrzeug
NGTP	Next Generation Telematics Patterns – Telematikarchitektur
OBD	On-Board Diagnostics – Fahrzeugdiagnosesystem
OEM	Original Equipment Manufacturer – Hersteller, der Produkte unter eigenen Markennamen in den Handel bringt
OMG	Object Management Group
PAYD	Pay-as-you-drive – Versicherungsmodell basierend auf Fahrleistung und Menge der Fahrzeugnutzung
PCF	Process Classification Framework
PDM	Produktdatenmanagement
PESTLE	Political, Economic, Socio-Cultural, Technological, Legal, Environmental (ecological) – politisch, wirtschaftlich, gesellschaftlich, technologisch, rechtlich, ökologisch
PHYD	Pay-how-you-drive – Versicherungsmodell basierend auf Fahrverhalten und Art der Fahrzeugnutzung
PLC	Programmable Logic Controller – speicherprogrammierbare Steuerung (SPS)
PLM	Product Lifecycle Management – Konzept zur Verwaltung und Steuerung der Produktdaten und Prozesse von der Produktentstehung bis hin zur Entsorgung
PPS	Produktionsplanung und -steuerung
RFI	Request for Information – Leistungsanfrage

RFP	Request for Proposal – Angebotsanfrage
RFQ	Request for Quotation – Preisanfrage
SCM	Supply Chain Management – Verwaltung der Wertschöpfungs- und Lieferkette
SLA	Service Level Agreement – Dienstgütevereinbarung
SOA	Service Oriented Architecture – serviceorientierte Architektur
SOP	Start of Production – Beginn der Serienproduktion
SOX	Sarbanes-Oxley Act
SRM	Supplier Relationship Management
TOGAF	The Open Group Architecture Framework
TSP	Telematics Service Provider
VDA	Verband der Automobilindustrie
VDE	Verband der Elektrotechnik, Elektronik und Informationstechnik
VDI	Verein Deutscher Ingenieure
VDMA	Verband Deutscher Maschinen- und Anlagenbau
VIN	Vehicle Identification Number – Fahrzeug-Identifizierungsnummer

1 Einleitung

Auto-Quartett ist auch heutzutage noch ein beliebtes Gesellschaftsspiel für Kinder, zumindest wenn elektronische Geräte nicht in greifbarer Nähe sind. Doch schauen wir uns ein Quartett genauer an, stellen wir fest, dass die Konzeption solcher Kartenspiele schon länger zurückliegt. Genau genommen wurde das erste Auto-Quartett im Jahr 1952 herausgegeben (siehe Abb. 1.1), als viele noch von ihrem ersten Auto träumten. Die Trümpfe sind seit der ersten Auflage weiterhin die Spielkategorien Leistung, Höchstgeschwindigkeit, Hubraum oder die Anzahl der Zylinder – alles stark mechanisch ausgeprägte Fahrzeugeigenschaften. Daran hat sich bis heute nichts geändert. Man kann lediglich neuere Auflagen finden, wo auch Verbrauch oder CO_2-Emission als neue umweltbewusste Spielkategorien hinzugefügt wurden. Das sind aber alles Kenngrößen, die im digitalen Zeitalter wegen der nahezu grenzenlosen Individualisierung und permanenten Verlockungen mit Neuerungen kaum noch eine langfristige Produktbeziehung herstellen. Das Fahrzeug als Produkt ändert sich, und andere Eigenschaften werden von Nutzern angefragt. Warum fragt man im Quartett nicht die Anzahl der Sensoren im Fahrzeug ab oder wie viele Datensätze es pro Sekunde erzeugt? Weil es nicht relevant für den Nutzer ist? Wie relevant sind denn der Hubraum oder die Anzahl der Zylinder, wenn man nicht gerade ein Liebhaber der Mechanik ist?

Vielleicht wäre die Anzahl der noch übrigen mechanischen Bedienknöpfe und Regler im Fahrzeug eher eine zusätzliche Kenngröße im Auto-Quartett? Dies interessiert den Nutzer des Fahrzeugs sehr wohl. Ein Smartphone kann mit fünf mechanischen Schaltern auskommen und ändert auch deren Funktionalität noch während des Gebrauchs durch ständige Software-Aktualisierungen. So hat BMW im Jahr 2001 einen ersten Vorstoß für Komfortfunktionen wie Navigations-, Telekommunikations-, Audio- und Fahrwerkseinstellungen mit nur einem einzigen Dreh-Drück-Regler [3] als Eingabegerät in der Mittelkonsole realisiert. Der Dreh-Drück-Regler ist eine entscheidende Innovation und ermöglicht eine signifikante Reduzierung der mechanischen Bedienknöpfe, auch bei

S. Wedeniwski, *Mobilitätsrevolution in der Automobilindustrie*,
DOI 10.1007/978-3-662-44783-3_1

Abb. 1.1 Links eine Karte des allerersten Auto-Quartetts von ASS im Jahr 1952 und rechts eine Karte der „auf 1953 abgestellten Neuauflage“ (Fotos: ASS Altenburger)

Fahrzeugen, die extremer Hitze, Kälte oder Feuchtigkeit ausgesetzt werden sollen. Dennoch ist man noch sehr vorsichtig bei den Kernfunktionen des Fahrzeugs, und die Vielfalt unterschiedlichster Bedienkonzepte verbirgt immer Umstellungen beim Fahrzeugwechsel. Die Komplexität liegt aber nicht nur in der Konsolidierung von bereits bestehenden Bedienknöpfen, sondern auch in denen für neue Funktionen. So gibt es zum Beispiel im BMW 5er (Baujahr 2013) neben dem Dreh-Drück-Regler zwei neue Knöpfe, mit denen die Merkmale der Fahrdynamik und die Instrumentenanzeige zwischen Sport-, Öko- und Komfortmodus umgeschaltet werden können. Die entscheidenden Fragen sind, wie kritisch die Funktion ist oder wie häufig ihr Modus für wechselnde Fahrerlebnisse umgeschaltet werden muss und warum sie nicht auch in einem Untermenü im Dreh-Drück-Regler integriert werden konnte. Es hagelt immer viel Kritik bei neuartigen Bedienkonzepten. So hat Tesla Motors mechanische Bedienknöpfe und Regler im Fahrzeug durch einen zentralen Bildschirm noch konsequenter vermieden. Um Funktionsumfang oder Bedienung zu ändern, sind lediglich eine flexible Architektur und die Aktualisierung der Software notwendig. Mechanische Eingriffe entfallen in einer digitalen Umgebung. Google ging im Jahr 2014 in der Öffentlichkeit sogar noch weiter und stellte ein neuartiges Versuchsfahrzeug ohne Pedale und Lenkrad vor.[1] Dadurch verbesserten sich nicht nur bisherige Technologien oder darauf basierende Geschäftsmodelle, sondern neue technologische Durchbrüche wurden öffentlich erprobt.

---

[1] „Google’s Next Phase in Driverless Cars: No Steering Wheel or Brake Pedals“ http://www.nytimes.com/2014/05/28/technology/googles-next-phase-in-driverless-cars-no-brakes-or-steering-wheel.html. Zugegriffen am 19.12.2014.

Warum diese einleitende Diskussion über mechanische Bedienknöpfe und Regler? Welche Relevanz hat das alles für eine Unternehmensarchitektur in der Automobilindustrie?

In erster Linie ist es ein konkretes Beispiel in der Fahrzeugarchitektur, das uns alltägliche Schnittstellen ins Bewusstsein ruft, die wir heutzutage während der Nutzung eines Fahrzeugs nur unterbewusst wahrnehmen. Den AhaEffekt „Es geht auch anders" erlebt man erst, wenn man sich in ein Fahrzeug von Tesla Motors oder Google hineinsetzt. Persönliche Meinungen und Gewohnheiten können historische Altlasten enthalten oder begeistert aufgreifen, was in einem digitalen Zeitalter komfortabler möglich ist. Komfortabler sind nicht mehr nur die im traditionellen Herstellersinne perfektionierte Produktintegrationen, sondern die Möglichkeit, Ausstattungen, Peripheriegeräte und Sensoren nach dem in den 1990er-Jahren in der Computerindustrie entstandenen Prinzip „Plug and Play" ständig „anzuschließen und auszutauschen". Dennoch müssen wir kritischer beleuchten, welche Schnittstellen ein Endverbraucher während der Fortbewegung in einer persönlich erweiterbaren „Fortbewegungskapsel" braucht. Die Automobilindustrie steckt in ihren gewohnten Prozessen und Denkweisen fest. Die Persönlichkeit in der Fortbewegung darf nicht nur auf die Personalisierung des Fortbewegungsmittels reduziert werden.

Das bringt uns zur zweiten Frage der Relevanz einer Unternehmensarchitektur, wie sie benötigt wird, um auch größere Veränderungen tatsächlich umsetzen zu können. Diese heute noch fehlende Unternehmensarchitektur der Automobilindustrie werden wir im Buch noch genauer entwickeln.

Ein noch viel grundlegenderes Problem, für dessen Darstellung wir auf das Auto-Quartett zurückgreifen wollen: Die fehlende Unternehmensarchitektur hemmt nicht nur die Unternehmen in den heutigen Prozessen, sondern engt auch den ursprünglichen Erfindergeist ein, der räumliche Mobilität und die Fähigkeit zur Ortsveränderung erst ermöglicht hat. Denn es geht in diesem Buch weniger darum, dass sich im digitalen Zeitalter im Auto-Quartett neue Eigenschaften des Fahrzeugs zu Trümpfen entwickeln. Entscheidend ist vielmehr, welche Rolle die Eigenschaft Fahrzeug in einem möglichen Mobilitäts-Quartett spielen wird. Das Quartett soll lediglich die sichtbaren Elemente eines größeren Bezugsrahmens verdeutlichen. Die Automobilindustrie steht noch ganz am Anfang einer größeren Transformation, die durch die Digitalisierung, Vernetzung und Personalisierung entsteht. Dies soll noch tiefergehend und detaillierter innerhalb eines neuen Rahmens einer Mobilitätsindustrie ausgearbeitet werden.

1.1 Bedeutung der Digitalisierung

Einfluss und Auswirkungen der Digitalisierung in unserer Gesellschaft nehmen kontinuierlich zu. Es mag auch sein, dass durch neue digitale Medien der Bedarf an räumlicher Fortbewegung in einigen Situationen schwindet. Einzelne Situationen müssen aber noch nicht zwingend eine Unternehmensarchitektur verändern. Die neuen

Bequemlichkeitsansprüche der Verbraucher, die oft durch neue Möglichkeiten der Digitalisierung ausgelöst werden, verändern maßgeblich immer mehr die Unternehmenslandschaften. Zahlreiche Pionierunternehmen sind sogar an der Digitalisierung zugrunde gegangen. Beispielsweise war Kodak ein weltbekanntes Pionierunternehmen und hatte in seinen besten Zeiten ein fast perfektes Monopol im Fotomarkt gehabt. Dieses Unternehmen hat es jedoch nicht geschafft, sich neu zuerfinden, weil man schlichtweg das lukrative Geschäft mit den analogen Filmmaterialien nicht untergraben wollte. Die durch die Digitalisierung entstehenden Auswirkungen auf Märkte lassen sich oft nur sehr schwer vorhersagen. Sie finden aber statt und werden oft unterschätzt. Digitalisierungen verändern nicht nur Unternehmen und deren Vertriebsarten, sondern auch komplette Wertschöpfungsketten. Beispielsweise wurden nicht nur die Musik und die Distribution in der Unterhaltungsindustrie digitalisiert, sondern auch die komplette Wertschöpfungskette der Tonträgerwirtschaft mitverändert.

Nun geschieht allmählich genau dasselbe mit den Firmen in der Automobilindustrie, wo es nur noch eine Frage der Zeit ist, bis die lukrativen Marktmonopole mit den fahrzeugzentrischen Geschäften aufbrechen werden. Die Digitalisierung ist bislang nur noch nicht tief genug ins klassische Fahrzeug vorgedrungen. Vielleicht wird es auch gar nicht mehr den klassischen Verbrennungsmotor mitsamt seiner Architektur und seinen besonders hohen Investitionskosten für die Produktentwicklung und kapitalintensiven Fabriken für die Produktfertigung auf den Kopf stellen. Dies verlangt in der Wertschöpfungskette umfangreiche Vorleistungen und hohe Haftungsrisiken ab, was die Markteintrittsbarriere in der Automobilbranche zu einer sehr hohen Hürde für ambitionierte Jungunternehmer mit neuen Konzepten und Visionen macht. Dennoch ist es möglich, diese Hürde zu überwinden. Zum Beispiel scheint dem im Jahr 2003 gegründeten Unternehmen Tesla Motors über das Elektroauto der Eintritt in die Automobilbranche gelungen zu sein. Ein anderes Beispiel ist der im Jahr 2007 gegründete Automobilhersteller Local Motors mit dem Fokus auf Kleinserienfertigung, der dafür einzigartige Techniken wie Open Source und Design in einer offenen Online-Gemeinschaft einsetzt. Aber auch in China sind seit 1994 zahlreiche Unternehmen in den Automobilmarkt eingetreten. Daher sollten sich neue Geschäftsmodelle nicht nur darauf konzentrieren, bessere Autos für die Zukunft zu bauen[2] oder die Fahrzeugherstellung als den zentralen Wertschöpfungsprozess anzusehen, sondern sich auch mit der Ursache befassen, deretwegen es überhaupt Autos gibt, und Mobilität auf dieser Basis neu gestalten. Schließlich ist das Fahrzeug vom Ursprung her schlicht und einfach ein Werkzeug, um innerhalb eines individuell bestimmten Zeitraums von einem Ort zu einem anderen gewünschten Ort zu kommen.

Die Digitalisierung leitet eine neue Ära der Automobilindustrie ein, in der sich der Fokus von der Herstellung des AUTOmobils[3] hin zur Bereitstellung von Mobilitäts-

[2] Toyota Geschäftsbericht 2013 – „What is essential to building the better cars of the future?“ verfolgt unverändert die systematisch beste Herstellung des Autos [12].

[3] Wir schreiben *AUTOmobil*, um das Produkt Auto zu betonen.

Abb. 1.2 Die Digitalisierung verändert Schwerpunkte und erweitert die Wertschöpfung und den Rahmen der Automobilindustrie

dienstleistungen[4] verlagert. Noch lange nicht alle Fahrzeughersteller erkennen die Relevanz von digitalen Geschäftsmodellen an. In der Abb. 1.2 skizzieren wir den Beweggrund, warum dieses Buch erstellt wurde. Sehr vereinfacht dargestellt sind die wesentlichen Kernprozesse des produktorientierten Fahrzeuglebenszyklus von der Entwicklung über die Produktion bis zum Vertrieb.[5] Hinzu kommen Unterstützungsfunktionen für die Händlernetzwerke beim Verkauf und der Bereitstellung von Kundendienstleistungen für das Fahrzeug. Eine direkte Beziehung zwischen Fahrer und Fahrzeughersteller ist in diesem Geschäftsmodell nicht vorgesehen. Genau an dieser Stelle werden wir die Unternehmensarchitektur aufbauend auf möglichen strategischen Ausrichtungen und erweiterten digitalen Geschäftsmodellen für eine moderne Automobilindustrie erstellen. Dafür werden wir verschiedene mögliche Modelle genauer untersuchen.

Zusammengefasst löst die Digitalisierung eine neue Ära in der Automobilindustrie aus. Mitte des 15. Jahrhunderts hat die Buchdrucktechnik unsere Kommunikation massiv geändert. Nun wird die Digitalisierung unsere Mobilität ändern. Das notwendige Fundament, um die Veränderungen umsetzen zu können, bildet die Unternehmensarchitektur.

---

[4] Wir schreiben *AutoMOBIL*, um die Mobilität der Fortbewegung von einem Ort zu einem anderen Ort zu betonen.

[5] Der Lebenszyklus kann auch weiter gefasst werden. Beginnend mit der Rohstoffgewinnung vor der eigentlichen Entwicklung und Herstellung und endend mit der Entsorgung nach dem Verkauf und Betrieb des Fahrzeugs. Wir konzentrieren uns aber nur auf die Abschnitte des Fahrzeuglebenszyklus im unmittelbarem Kerngeschäft der Automobilindustrie.

1.2 Struktur des Buches

Das Buch beschäftigt sich mit den Themen Strategie, Geschäftsmodell und Unternehmensarchitektur aus der geschäftlichen Perspektive. Dafür gibt es noch keine einheitlichen Definitionen und klaren Abgrenzungen in der Literatur. Deshalb werden wir einen möglichst überschneidungsfreien Rahmen der vier Ebenen Strategie, Geschäftsmodell, Unternehmensarchitektur und Umsetzung in einem Einklang speziell für die Automobilindustrie zusammenfassen, analysieren und diskutieren.

Repräsentativ gliedern wir die vier Ebenen im Gesamtbild anhand von Fragestellungen folgendermaßen (siehe Abb. 1.3):

Wohin will sich ein Unternehmen mit seiner *Strategie* hinentwickeln, um sich im Wettbewerb abzuheben?

Was ist das im *Geschäftsmodell* beschriebene Gesamtkonzept des Unternehmens für die Wertschöpfung einer Geschäftsausrichtung?

Wie beschreibt die *Unternehmensarchitektur* den Rahmen für die Geschäftsumsetzung?

Wer *setzt* wann, womit etc. im Rahmen der Unternehmensprozesse das Geschäft *um*?

Die vierte (unterste) Ebene *Umsetzung* fasst die tatsächliche Implementierung zusammen und stellt die Realität dar. Sie ist meist zu komplex für eine genaue Abbildung und immer unternehmensspezifisch. Deswegen kann sie auch nicht einfach mit nur einer W-Frage zusammenfasst werden. Die ersten drei Ebenen dagegen können noch

Abb. 1.3 Die vier Ebenen Strategie, Geschäftsmodell, Unternehmensarchitektur und Umsetzung mit der Abstraktion an der Spitze und der Realität am Sockel der Pyramide

weitestgehend für die Automobilbranche verallgemeinert werden. Allerdings hängen die einzelnen Ebenen sowohl von oben nach unten als auch von unten nach oben voneinander ab. Die Abhängigkeit der Ebenen ergibt sich dadurch, dass ein bestehendes Unternehmen zuerst genauer verstehen muss, wo es gerade mit seinem Geschäft steht, bevor es sich entscheidet, wo es sich mit einer Strategie hinverändern will und kann. Andererseits hilft eine Betrachtung von oben nach unten, historische Altlasten zu identifizieren und unabhängiger davon eine Neuausrichtung zu priorisieren.

Die einzelnen Ebenen gehen stufenweise von der Abstraktion mit der Strategie in die Realität mit der tatsächlichen Umsetzung im Unternehmensrahmen über. Die Realität ist bei allen Automobilunternehmen durch deren Historie und ihre globalen Geschäfte sehr komplex und kann nicht sinnvoll detailliert in Modellen dokumentiert werden. Selbst Geschäftsprozesse, die den Rahmen für die Umsetzung vorgeben, sind stets nur Modelle, die nie alle realen Situationen erfassen können. Wir werden uns mehr auf die Identifizierung der wesentlichen Einflussfaktoren konzentrieren, die für den zu betrachtenden Prozess in der Umsetzung bedeutsam sind. Anhand möglichst vieler Beispiele versuchen wir, die Wirklichkeit zu verallgemeinern.

Die Geschäftsprozesse beschreiben wir später noch detaillierter im Kontext der Unternehmensarchitektur als Teil der dritten Ebene, was oft in der Literatur getrennt betrachtet wird. Dadurch entstehen aber auch einige Nachteile, die wir später genauer erläutern werden. Die drei einfachen Fragestellungen „Wohin?", „Was?" und „Wie?" sollen nur den jeweiligen Rahmen der einzelnen Ebenen im Gesamtbild verdeutlichen. Im Detail jeder Ebene entstehen natürlich weitere Fragestellungen, die wiederum ähnliche W-Fragen mit einem gezielteren Fokus und Kontext enthalten.

Heutzutage lässt sich vor allem die Abwicklung unterstützender Geschäftsprozesse in der Verwaltung der Automobilindustrie (zum Beispiel Personalwesen und Beschaffung) über Softwarepakete standardisieren und verallgemeinern. Der Schwerpunkt liegt dabei hauptsächlich auf Kostenreduzierung und globaler Unternehmens-vereinheitlichung, die unabhängig von den Kernaufgaben der Fahrzeughersteller sind. Solche Software-Vereinheitlichungen tragen zwar auch signifikant zur Durchdringung der Digitalisierung in Unternehmen bei, sind aber nicht im primären Fokus dieses Buchs. Hierzu gibt es zahlreiche weiterführende Literatur zu Unternehmens-Informationssystemen (ERP – Enterprise Resource Planning) von großen Software-Unternehmen, wie zum Beispiel [15] oder mit technischem Fokus [4].

Über das gesamte Buch hinweg liegt unser Schwerpunkt primär auf der Ebene der Unternehmensarchitektur. Diese Ebene betrachten wir aber nicht nur im engeren Sinne der Informationstechnologie (kurz IT genannt), sondern in einem weiter gefassten geschäftlichen Sinn. Hier ist das enge Zusammenspiel zwischen der Geschäftsarchitektur und den unterschiedlichen Detailebenen der Architekturen der Informationssysteme entscheidend. Dabei setzen die drei Ebenen Strategie, Geschäftsmodell und Umsetzung den entscheidenden Kontext, in dem die Unternehmensarchitektur diskutiert wird.

Das Buch gliedert sich insgesamt in vier Kapitel:

- In der Einleitung sind Grundlagen über Unternehmensarchitekturen zusammengefasst. Allerdings spielen Modellierungen und detaillierte Studien von Architekturrahmenwerken keine zentrale Rolle in diesem Buch, hierfür verweisen wir auf weiterführende Literatur. Sie sind wichtig für eine einheitliche Strukturierung, können aber auch schnell zu Ersatzhandlungen ausarten. Ein Verständnis des Geschäfts in der Automobilindustrie ist wesentlich wichtiger, weil eine Unternehmensarchitektur immer in einen Geschäftskontext gesetzt werden muss, um eine erfolgreiche Umsetzung zu ermöglichen.
- Im Kap. 2 fassen wir die wesentlichen Entwicklungs- und Produktentstehungsphasen in der Automobilindustrie als den Rahmen zusammen, unter welchem eine Unternehmensarchitektur über viele Jahrzehnte langsam entstanden ist. Im Mittelpunkt stehen die Kernkompetenz der Fahrzeugarchitektur für das hochstandardisierte Massenprodukt und die sukzessive zunehmende Bedeutung der Digitalisierung durch Elektronik und Software.
- Im Kap. 3 diskutieren wir als Schwerpunkt mögliche Unternehmensarchitekturen im Kontext der Automobilindustrie. Dazu führen wir auch die Strategie und Geschäftsmodelle ein. Die Unternehmen sind sich heutzutage in den Kerngeschäften dieser Industrie weitestgehend ähnlich, sodass wir ein einheitliches Modell abstrahieren werden. Hier diskutieren wir die Unternehmensarchitektur als die Struktur, wie das Geschäftsmodell der gesamten Unternehmensausrichtung mit den Geschäftskompetenzen in der Automobilindustrie umgesetzt werden sollte. Die Methoden und die Geschäftsprozesse bilden dabei die grundlegenden Eckpfeiler einer geschäftsorientierten Unternehmensarchitektur in der Automobilbranche. Bereits bestehende Architekturen des Fahrzeugs oder der Informationstechnologie in Unternehmen werden dabei in den Gesamtkontext gesetzt. Daraus erarbeiten wir ein Referenzmodell bestehend aus 89 Geschäftskompetenzen, die die Geschäftsarchitektur der aktuelle Automobilindustrie beschreiben.
- Im Kap. 4. diskutieren wir mögliche Transformationen der Automobilindustrie in eine Mobilitätsindustrie, in der ein breites Spektrum an Möglichkeiten zusammengefasst wird, räumliche Mobilität für individuelle Anforderungen zu ermöglichen. Das AutoMOBIL kann dafür ein zentrales Element sein, dies muss aber von der Automobilbranche gewollt und noch dahin entwickelt werden. Die dafür notwendige Strategie konkretisieren wir im Kontext des aktuellen Wettbewerbs mit den Trends und Marktbewegungen im Umfeld der Automobilbranche, führen Methoden zur Analyse von Branchen und Rivalitäten im Mobilitätswettbewerb ein und diskutieren sowohl die bestehenden als auch die noch zu entwickelnden Geschäftskompetenzen der Automobilunternehmen entlang der Analyse. Kontrovers werden wir diskutieren, warum ein Fahrzeughersteller, der nur an das AUTOmobil denkt und sein Geschäft danach ausrichtet, langfristig nicht erfolgreich sein wird. Ein zentrales Thema sind Daten und darauf basierende Modelle, die die Geschäfte in der digitalen Ära ändern.

Wir werden nicht das gesamte Referenzmodell umstellen, welches wir im Kap. 3 ausgearbeitet haben. Wir konzentrieren uns auf die entscheidenden 15 Prozent der Geschäftskompetenzen und transformieren daraus ein Referenzmodell bestehend aus 90 Geschäftskompetenzen für eine mögliche Mobilitätsindustrie. Es repräsentiert nicht die Lösung, sondern soll Herausforderungen von morgen mehr ins Bewusstsein bringen und Möglichkeiten in den Vordergrund rücken, ihnen zu begegnen.

1.3 Was umfasst den Rahmen der Automobilindustrie?

Die Firmen, die Kraftfahrzeuge[6] herstellen, werden in der Automobilindustrie zusammengefasst. Wir werden der Einfachheit halber immer nur „Fahrzeug" anstelle „Kraftfahrzeug" oder auch „Mechanik" anstelle „Kraftfahrzeug-Mechanik" usw. schreiben, weil sich das gesamte Werk im Kontext des Kraftfahrzeugs bewegt. Unter den vielen Arten von motorisierten Fahrzeugen unterscheiden sich im Rahmen der Unternehmensarchitektur im Wesentlichen die folgenden drei Arten von Fahrzeugherstellern:

- Personenkraftwagen,
- Lastkraftwagen und Nutzfahrzeuge,
- Baumaschinen und Baugeräte.

In vielen Situationen lassen sie sich im Rahmen der Unternehmensarchitektur zusammenfassen, in manchen Situationen müssen wir sie aber auch getrennt betrachten. Oftmals konzentrieren wir uns nur auf die Unternehmen, die privat genutzte Personenkraftwagen herstellen, weil dieser Markt weiterhin der mit Abstand umsatzstärkste Bereich und primärer Fokus für notwendige Veränderungen im Bereich Konsum in der Automobilindustrie ist. Die zahlreichen Varianten im privaten Konsum werden wir nicht für alle möglichen Fahrzeugbedürfnisse in der Unternehmensarchitektur aufnehmen können, dazu ist die Anzahl von Fahrzeugklassen, die sich in Form, Abmaßen, Gewichten, Bauarten, Emissionen, Ausstattungen, Einsatzzwecken und zu adressierenden Kundensegmenten unterscheiden, zu groß. Zusätzlich erstellen unterschiedliche Organisationen oft unterschiedliche Klassifizierungen nach eigenen Kriterien. Zum Beispiel fokussiert sich die Regierung eines Staates auf Kriterien für die Einstufung der Kraftfahrzeugsteuer,[7] ein Mietwagenunternehmen oft nach den ACRISS Car Codes[8] und ein Versicherungsunternehmen auf die

[6] Formal bezeichnet man als ein Kraftfahrzeug ein durch einen eigenen Motor angetriebenes, nicht spurgeführtes Fahrzeug.

[7] § 9 Abs. 2 KraftStG: http://www.gesetze-im-internet.de/kraftstg/9.html. Zugegriffen am 19.12.2014.

[8] „Acriss – Industry standard vehicle matrix to define car models". http://www.acriss.org/car-codes.asp. Zugegriffen am 19.12.2014.

Einstufung des Schadensrisikos[9] einer Fahrzeugklasse. Hinzu kommt, dass beispielsweise die Europäische Kommission die Personenkraftwagen folgendermaßen klassifiziert [7]:

- Kleinstwagen (Mini Cars),
- Kleinwagen (Small Cars),
- Mittelklasse-/Kompaktwagen (Medium Cars),
- obere Mittelklasse (Large Cars),
- Oberklasse (Executive Cars),
- Luxusklasse (Luxury Cars),
- Sportwagen (Sport Coupés),
- Mehrzweckfahrzeuge (Multi Purpose Cars) und
- Geländewagen (Sport Utility Vehicles and Off-Road Vehicles).

Ein solcher Detaillierungsgrad würde nicht nur den Rahmen dieses Buches sprengen, sondern den eher geringeren Unterschieden der verschiedenen Fahrzeugklassen und Marktsegmente aus Sicht einer Unternehmensarchitektur zu große Bedeutung schenken. Deswegen fassen wir sie in unserer Diskussion einfach als Fahrzeuge zusammen. Dennoch sollten man im Hinterkopf behalten, dass all die vielen Fahrzeugklassen größere Unterschiede in der Fahrzeugarchitektur aufzeigen und eine durchaus hoch anzuerkennende Ingenieurleistung in der heutigen Kernkompetenz der Automobilindustrie sind. Wir werden diese Kernkompetenz im Kap. 3 mehrmals aufgreifen, weil die Modellpalette, bestehend aus unterschiedlichen Fahrzeugklassen, das Angebot der heutigen Fahrzeughersteller im Markt maßgeblich bestimmt. In der Tab. 1.1 haben wir einige Fahrzeugbeispiele in den eingeteilten Klassen aufgeführt. Jedoch ist mittlerweile die Modellvielfalt der Fahrzeughersteller viel höher und können oft nicht mehr eindeutig auf die Fahrzeugklassen zugeordnet werden. Darüber hinaus wächst die Anzahl der verschiedenen Fahrzeuge ständig. So gab es im Jahr 1990 in Deutschland 101 verschiedene Fahrzeuge im Angebot. Im Jahr 2014 sind daraus 453 geworden.[10] Die Komplexität der Fahrzeugentstehung steigt kontinuierlich, weil niemand einzelne Marktsegmente dem Wettbewerb überlassen will.[11] Alleine in einer Fahrzeugklasse „Geländewagen" reihen sich bereits jetzt eine Vielzahl von Modellen eines Herstellers und weitere sind bereits vorgestellt. Speziell im Kap. 4 diskutieren wir, warum genau diese wachsende Komplexität und Integrationsaufwände die Fahrzeughersteller in eine Sackgasse führen.

[9] „50 Modelle im Typklassen-Check" http://www.autobild.de/artikel/kfz-versicherung-typklassen-2015-1288049.html. Zugegriffen am 19.12.2014.

[10] „Markenkannibalismus in der Autobranche: Modelle essen Seele auf." http://www.automobilwoche.de/article/20150224/AGENTURMELDUNGEN/302249990/1276/markenkannibalismus-in-der-autobranche-modelle-essen-seele-auf. Zugegriffen am 24.02.2015.

[11] Zum Beispiel bringt Mercedes-Benz bis zum Jahr 2020 zusätzlich 12 Modelle ohne Vorgänger auf den Markt. http://blog.mercedes-benz-passion.com/2014/09/mercedes-benz-richtet-pkw-produktionsorganisation-neu-aus-12-modelle-ohne-vorgaenger-bis-2020. Zugegriffen am 19.12.2014.

Tab. 1.1 Einige Fahrzeugbeispiele nach der Europäischen Kommission [7] klassifiziert

Fahrzeugklasse	Volkswagen Group	Toyota Motor	Daimler	BMW Group
Kleinstwagen	VW up!	Aygo	Smart Fortwo	–
Kleinwagen	VW Polo	Yaris	–	Mini
Mittelklassewagen	VW Golf	Avensis	Mercedes A	BMW 1er
Obere Mittelklasse	Audi A4, A5	Lexus IS	Mercedes C	BMW 3er
Oberklasse	Audi A6, A7	Lexus GS	Mercedes E	BMW 5er
	Audi A8	Lexus LS	Mercedes S	BMW 7er
Luxusklasse	Bentley Mulsanne	–	Mercedes-Maybach	Rolls-Royce Phantom
Sportwagen	Porsche Boxster	GT86	Mercedes SL	BMW Z4
Mehrzweckfahrzeuge	VW Sharan	Sienna	Mercedes V	–
Geländewagen	Porsche Cayenne	Land Cruiser	Mercedes G	BMW X5

Entscheidend in diesem Buch ist, dass der von uns gesetzte Rahmen über die Fahrzeughersteller selbst hinausreicht, denn wir wollen die Automobilindustrie als den Industriezweig betrachten, der die Überwindung räumlicher Distanzen für individuelle Anforderungen ermöglicht. Individuell kann dabei zum Beispiel die Zeit, der Ort oder auch das mitzunehmende Gut sein. Somit betrachten wir nicht nur das Fahrzeug als Produkt, sondern auch

- Mobilitätsdienstleistungen, die Mehrwertdienste nicht nur basierend auf einem Fahrzeug

anbieten. Man könnte sich vorstellen, dass sich ein neuer Industriezweig entwickelt, der sich zukünftig stärker auf die Mobilität an sich konzentriert. Darauf gehen wir im nächsten Abschnitt etwas genauer ein.

Im erweiterten Kontext der Automobilindustrie und deren etablierter Wertschöpfungskette sind noch

- die Automobilzulieferer und
- die Autohändler

sehr wichtig. Speziell größere Zulieferer bedienen aber über die Automobilindustrie hinaus oftmals noch weitere Branchen. Einige von ihnen gehören auch zu einem eigenem Industriezweig, wie beispielsweise der Maschinen- und Anlagenbau. Dennoch sind Zulieferer im Bereich Automobilbau sehr relevant, weil sie einen äußerst hohen Wertschöpfungsanteil besitzen. Darüber hinaus bilden die Zulieferer- und Händlernetzwerke einen wichtigen Systemkontext der Unternehmensarchitektur und ein kritisches Umfeld bei der Änderung von Geschäftsmodellen.

In der Automobilindustrie bezeichnet man einen Hersteller als Erstausrüster (englisch Original Equipment Manufacturer für Originalausrüstungshersteller, kurz OEM genannt), weil er unter seinem eigenen Markennamen seine Produkte zusammenbaut und in den Handel bringt, obwohl die meisten[12] Einzelteile von anderen Zulieferern hergestellt werden. Zum Beispiel beziehen fast alle OEMs die Bremsen, Reifen, Lenkräder, Scheinwerfer und Navigationsgeräte von spezialisierten Zulieferern aus der ganzen Welt. Somit liegt das Wissen vieler Schlüsseltechnologien im Fahrzeug und ihrer Herstellungen nicht mehr alleine beim OEM, sondern konzentriert sich zunehmend auf die Zulieferer. Ein Zulieferer bedient oftmals mehrere OEMs gleichzeitig mit sehr ähnlichen oder auch gleichen Bauteilen. Natürlich gibt es in den verschiedenen Fahrzeugmarken technologisch und materialtechnisch noch erhebliche Unterschiede. Jedoch immer weniger kann ein normaler Nutzer sie einer bestimmten Marke zuordnen.

Entscheidend ist, dass neue Unternehmen leichter eigene Fahrzeuge ohne den OEMs selber gestalten können, wenn sie auf das Netzwerk der Zulieferer zugreifen können. So ist beispielsweise Google mit Continental und Bosch neben weiteren Partnern bei der Entwicklung ihres Fahrzeugs vorgegangen.[13]

1.4 Die Mobilitätsindustrie von morgen

Im vorherigen Abschnitt wurde die Bereitstellung von Mobilitätsdienstleistungen zur Wertschöpfung der Sichtweise auf die Automobilindustrie hinzugefügt (siehe auch Abb. 1.2). Es wäre naheliegend, die Mobilitätsindustrie als einen neuen Industriezweig zu verstehen, innerhalb dessen die Automobilindustrie ein Zulieferer ist, vergleichbar beispielsweise dem Maschinen- und Anlagenbau im Verhältnis zur Automobilindustrie.

Warum diese Erweiterung in eine Mobilitätsindustrie?

Architekturen und Vorgehensweisen der Produkte und Systeme prägen eine Industrie. Die Automobilindustrie ist heutzutage sehr stark durch Denkweisen der Ingenieure getrieben: Ein Produkt gilt nur dann als vollständig, wenn man keine Funktion mehr hinzufügen kann. Genau diese Situation findet man heutzutage im Fahrzeug gespiegelt. Eine Mobilitätsindustrie kann sich hier zweckorientierter entwickeln. Hier könnte man umgekehrt sagen, dass ein Produkt nur dann vollständigist, wenn man keine Funktion mehr entfernen kann, ohne den Einsatzzweck zu verlieren. Diese beiden völlig unterschiedlichen Vorgehensweisen verdeutlichen wir in Abb. 1.4 anhand des Messers.

[12] Nach einer Studie [14] aus dem Jahr 2002 stammten durchschnittlich zwei Drittel eines Fahrzeugs von Zulieferern und nicht mehr vom OEM. Zehn Jahre später wurde in einer weiteren Studie [17] aufgezeigt, dass sich die Arbeitsteilung von OEM und Zulieferern weiter verändert hat und der Wertschöpfungsanteil der OEM auf 29 Prozent zurückging.

[13] „Google partners with auto suppliers on selfdriving car“ http://www.reuters.com/article/2015/01/14/us-autoshow-google-urmson-idUSKBN0KN29820150114. Zugegriffen am 15.01.2015.

Abb. 1.4 Welchen Zweck soll ein Messer erfüllen? Ein Produkt kann entweder vollständig sein, wenn man keine Funktion mehr hinzufügen kann, oder man kann keine Funktion mehr entfernen, ohne den Einsatzzweck zu verlieren (Fotos: Victorinox)

Was genau wäre der Rahmen und Zweck einer Mobilitätsindustrie?
Die Begriffe Dienstleistungen und Produkte als Rahmen und Zweck für räumliche Mobilität werden in der Literatur nicht einheitlich verwendet – dafür ist das Thema in unserer Wirtschaft auch noch zu jung beziehungsweise zu einseitig betrachtet worden. Im Wesentlichen geht es dabei um die Befriedigung von Mobilitätsbedürfnissen zur Überwindung von räumlicher Distanzen, um Ortsveränderungen von Personen oder Gütern zu ermöglichen. Der Individualverkehr zeichnet sich durch die Summe aller Bewegungen von Menschen und Gütern aus, wo gleichzeitig unterschiedlichste Mobilitätsbedürfnisse bedient werden. Die Mobilitätsdienstleistungen können sehr einfache Informationsleistungen sein, die zum Beispiel Auskunft über den Fahrplan eines öffentlichen Verkehrsmittels oder über die Lokation eines verfügbaren Fahrzeugs gibt. Aufwendiger sind Buchungsleistungen über unterschiedliche Ticket- und Zahlungssysteme. Noch komplexere Dienstleistungen erstrecken sich auch über die tatsächliche Durchführung einer Fortbewegung, wozu dann auch Produkte notwendig werden.

Eine weitere Dimension besteht darin, die Vielfalt von Fortbewegungsmöglichkeiten individuell zu kombinieren. Hierfür haben sich die folgenden vier Begriffe für Mobilitätsdienstleistungen etabliert:

Unimodal: Für eine Fortbewegung werden nur Informationen eines Verkehrsträgers bereitgestellt und es wird auch nur ein Verkehrsmittel genutzt, beispielsweise eine einfache Zugverbindung. Das Fahrzeug ermöglicht im Alltag eine Kette von unimodalen Fortbewegungen. Zum Beispiel beginnend mit der Fahrt zum Arbeitsplatz, spätnachmittags zum Einkaufen, dann zum Sportplatz und schließlich wieder nach Hause fahren. Je nach Distanzen und Fähigkeiten kann natürlich die Kette von unimodalen Fortbewegungen auch durch eigene Muskelkraft überwunden werden.

Intermodal: Diese Bezeichnung wird verwendet, wenn unterschiedliche Verkehrsmittel verschiedener Verkehrsträger kombiniert gebucht und genutzt werden können. Dafür haben sich beispielsweise Reisebüros für größere Urlaubsreisen mit Zug und Flugzeug spezialisiert. Einem Reisebüro wird es aber schwerfallen, ein Gemeinschaftsauto in einer Urlaubsplanung mit einzubeziehen.

Die intermodale Fortbewegungsform ist sehr üblich in unserem Alltag. Zum Beispiel morgens beginnend mit dem eigenen Auto oder Fahrrad zum Bahnhof, nach dem abstellen des eigenen Fahrzeugs, von dort der Wechsel zum Zug für die Fahrt in eine andere Stadt, dann mit einem Taxi oder Mietwagen zu einem Geschäftstermin und so weiter fortgeführt werden kann.

Multimodal: Eine multimodale Fortbewegung wird hingegen von nur einem Verkehrsträger durchgeführt. Es stehen aber mehrere Verkehrsmittel und Informationen für die gleiche Fortbewegung zur Auswahl. Beispielsweise kommt es bei öffentlichen Verkehrsmitteln oft vor, dass Bus und Bahn von einem Verkehrsträger inklusive eines Plans mit Umstiegsmöglichkeiten bereitgestellt werden und selbst die gleichen Wegstrecken entweder mit dem Bus oder der Bahn zurückgelegt werden können.

Integriert: Oftmals beginnt eine Fortbewegung mit einem eigenen Anteil des Verkehrsteilnehmers (zu Fuß oder eigenem Verkehrsmittel) und wird nur bei größeren Touren länger im Voraus detailliert geplant. Je nach Lage und Situation können Angebote und Informationen verschiedener Verkehrsträger nach den jeweiligen Bedürfnissen und differierenden Anforderungen an die verschiedenen Verkehrsmittel kombiniert und verkehrsbedingt optimiert werden. Dafür ist eine Plattform zur Integration vieler Dienstleistungen, Produkte und deren Zusammenwirken im Verkehrssystem notwendig. Dem Nutzer wird nach den Präferenzen ein Plan, eine Zeit, ein Preis, eine Buchung etc. für die gesamte Fortbewegung zusammengestellt. Wesentlich bei der Integration ist der nahtlose Übergang zwischen den einzelnen Verkehrsträgern.

In der Abb. 1.5 haben wir den inter- und multimodalen Verkehr beispielhaft skizziert. Aus den unterschiedlichen Möglichkeiten der Mobilitätsdienstleistungen leiten wir die folgende Definition für die Mobilitätsindustrie ab:

Abb. 1.5 Eine intermodale Fortbewegung erstreckt sich über unterschiedliche Verkehrsmittel verschiedener Verkehrsträger. Eine multimodale Fortbewegung bietet mehrere Möglichkeiten eines Verkehrsträger an

Ein Unternehmen in der Mobilitätsindustrie stellt eine Plattform aus integrierten Produkten oder Dienstleistungen zur Verfügung, mit der räumliche Distanzen nach individuellen Bedürfnissen überwunden und einheitlich abgerechnet werden. Im Wesentlichen wird die individuelle Befriedigung der Nachfrage nach Mobilität entlang der vorhandenen Infrastruktur optimiert. Als langfristiges Ziel dieses Industriezweiges wird auch zusätzlich die Infrastruktur der Nachfrage angepasst.

Die Plattform zur Bereitstellung von integrierter Mobilität hat im Wesentlichen drei Herausforderungen, um individuelle Bedürfnisse ansprechen zu können:

- Die Verkehrsteilnehmer haben *individuelle Präferenzen* während der Ortsveränderung, die bei der Kombination der Fortbewegungsmöglichkeiten entsprechend berücksichtigt werden müssen. Dabei geht es um Menschen, die Gewohnheiten haben, bei denen nicht immer die kostengünstigste oder die schnellste Strecke zählt. Die Bewertung von Präferenzen wie zum Beispiel Vertrautheit oder Gewohnheit sind schwieriger in einer Plattform umzusetzen. Man stellt sich nur die morgendliche Fahrt zur Arbeit vor, wo die Vertrautheit an erster Stelle stehen kann. Die Rückfahrt kann hingegen eine andere Situation sein, in der die Fahrtdauer durchaus relevant werden könnte.
- Die *Lage und Situation* des Nutzers schränken den Rahmen der alternativen Fortbewegungsmöglichkeiten ein. Zum Beispiel muss ein Verkehrsteilnehmer in einer geschäftlichen Situation andere Vorgaben erfüllen als bei einem privaten Einkauf.
- Die *verfügbaren Fortbewegungsmittel* zur Überwindung der räumlichen Distanz haben unterschiedliche Einschränkungen bezüglich ihrer Reichweite, Geschwindigkeit, Betriebskosten, Umweltbelastung etc.

Natürlich stellt die Umsetzung der Plattform unzählig viele technische Herausforderungen bei der Integration verschiedenster Verkehrsträger. Die technischen Probleme entwickeln sich in der Detaillierung des Mobilitätskonzeptes. In der Abb. 1.6 skizzieren wir beispielhafte Möglichkeiten, die eine Plattform für eine Fortbewegung je nach Präferenzen des Nutzers integrieren kann. Im Kap. 4 werden wir noch spezieller auf die

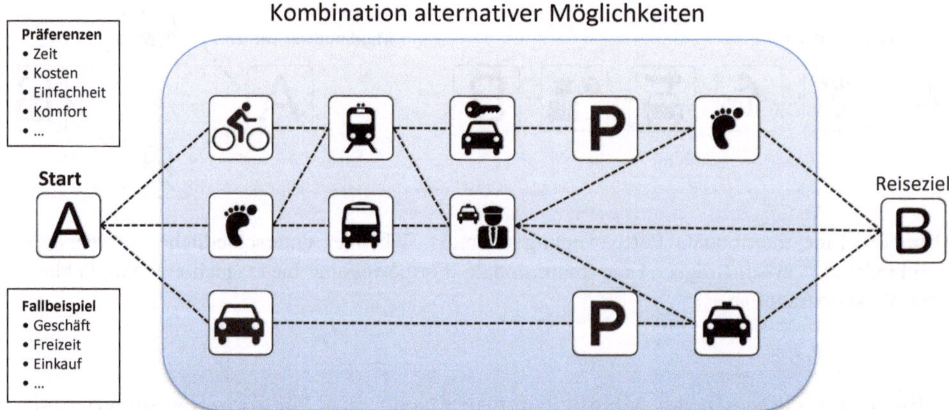

Abb. 1.6 Eine beispielhafte Plattform zur Bereitstellung von Mobilitätsdienstleistungen, die einige Möglichkeiten zur Überwindung einer räumlichen Distanz integriert und Präferenzen des Verkehrsteilnehmers dabei berücksichtigt

Marktbewegungen eingehen und wie eine Unternehmensarchitektur so gestaltet werden kann, dass sich eine Mobilitätsindustrie nicht losgelöst von der Automobilindustrie entwickelt.

1.5 Wer sollte dieses Buch lesen?

Dieses Buch wendet sich primär an Führungskräfte in der Automobilindustrie, die für neue oder verbesserte Geschäftsmöglichkeiten einen Umsetzungsplan entwickeln und die Rolle der Unternehmensarchitektur zumindest in groben Umrissen verstehen wollen. Dies kann unabhängig von der Rolle im Unternehmen sein; die verwendete Sprache richtet sich vor allem an Unternehmensstrategen, berater und -architekten. Das Buch befasst sich weniger im Detail mit den bisherigen Kompetenzbereichen der Fahrzeugentwicklung und -herstellung, sondern diskutiert im Wesentlichen den weiter gefassten Kontext der räumlichen Mobilität und der potenziellen Transformationen aus der Sicht der Automobilindustrie und ist als Leitfaden mit Hinweisen zur Findung und Umsetzung neuer Geschäftsmodelle gedacht, die zur Struktur einer möglichen Mobilitätsindustrie dienen können. Die Sprache wurde möglichst einfach gehalten. Fachdetails werden vermieden oder nur vereinfacht eingeführt, wenn Grundlagenwissen erforderlich ist.

Jeder gute Anfang beruht auf Ideen, aber erst praktische Erfahrungen und pragmatische Umsetzungen führen zu einem produzierbaren Wert für ein Unternehmen. Die Ideen dafür zu bieten, ist die Intention dieses Buches in einem Zeitalter, in dem Geschäfte in der Automobilindustrie und Informationstechnik für neue Produkte und Dienstleistungen immer enger zusammen entwickelt werden müssen. Weil zahlreiche Ideen nur auf diese Weise in komplexen, gewachsenen Unternehmensstrukturen wie in der Automobilindustrie zu einem Geschäftserfolg heranwachsen können, werden in vielen Abschnitten auch kontroverse Vorgehensweisen diskutiert.

Insbesondere adressiert dieses Buch sieben Rollen, deren Zusammenspiel entscheidend für den Erfolg einer langfristig ausgerichteten Automobilindustrie ist, die auch den Mobilitätsmarkt mit einschließt. Für die folgenden sieben speziellen Leserkreise können bestimmte Kapitel besonders interessant sein.

1.5.1 Verantwortliche für neue Geschäftsmodelle und -innovationen

Aus verschiedenen Quellen entstehen in Unternehmensbereichen immer neue Ideen für Geschäftsmodelle oder -innovationen. Die Verantwortlichen, die Ideen weiterentwickeln, werden primär mit der Frage konfrontiert, wie daraus ein geschäftlicher Unternehmenswert geschaffen werden kann. Die Fokussierung auf die „richtigen" Ideen ist eine immer größer werdende Herausforderung, je weitreichender die Unternehmensausrichtungen geändert werden müssen.

Eine Unternehmensarchitektur ist ein eher unübliches Werkzeug für Führungskräfte in einem Automobilunternehmen, die neue Wachstumsfelder anhand von Geschäftsinnovationen identifizieren und erproben. Deshalb steigen wir im Kap. 4 zuerst mit geläufigen Werkzeugen ein, wie Marktuntersuchungen und Vergleiche von Organisationen innerhalb eines Unternehmens oder über die Unternehmensgrenzen hinweg in der Automobilbranche. Der spätere Übergang zu speziellen Möglichkeiten der Prozessverbesserung wird einen Einblick in eine Unternehmensarchitektur ermöglichen.

Auch wenn Führungskräfte nur für erste Kommerzialisierungen neuer Geschäftsmodelle verantwortlich sind, wird es bei größeren Transformationen wichtiger, einen Geschäftserfolg langfristig umsetzbar machen zu können. Genau das soll die Unternehmensarchitektur vermitteln. Dabei werden wir auf Prozess- und Umsetzungsdetails einzelner Tätigkeitsebenen im Rahmen dieses Buches nicht zu genau eingehen.

1.5.2 Leiter Informationstechnologie – Chief Information Officer

Der IT-Leiter – oft auch Chief Information Officer (CIO) genannt – nimmt im Allgemeinen die Aufgaben der strategischen und operativen Führung der Informationstechnologie in einem Unternehmen wahr. Die Betreuung bestehender IT-Systeme ist eine konservative Rolle, die in der Automobilindustrie nicht zu einer Kernkompetenz gehört und als reiner Kostenfaktor behandelt wird. Oft sind auch noch viele IT-Systeme historisch in der sogenannten „Schatten IT" in den Fachbereichen gewachsen, die außerhalb des Sichtbarkeitsbereiches des CIOs sind. Insbesondere im Kap. 4 diskutieren wir die wachsende Relevanz digitaler Produkte, die auch zwangsläufig die Rolle des CIOs in der Automobilbranche ändert. Das Buch stellt im Kap. 3 Hinweise für die

Strategieentwicklung von Unternehmensarchitekturen bereit, wo ein CIO eine maßgebende Rolle für neue Geschäftsmodelle spielen kann.

1.5.3 Technischer Leiter – Chief Technology Officer

Was ist genau die nächste Generation einer Architektur? In der Automobilindustrie geht es nicht mehr primär darum, was die nächste Generation der rein technischen Ausstattung ist und wie man diese in einer reinen IT-Architektur integriert. Die Geschäftsarchitektur im Industriekontext gewinnt eine immer größere Bedeutung, um mit Technologien auch Geschäftserfolge realisieren zu können. Deshalb erweitern sich die Rolle und die notwendigen Fähigkeiten des Technischen Leiters – oft auch Chief Technology Officer (CTO) genannt – genauso wie die Rolle des CIOs. Der CTO nimmt mit seiner Verantwortung für die Unternehmensarchitektur eine entscheidende Rolle für die nächste Generation des Fundamentes eines Unternehmens wahr. Sein Einblick in den größeren Geschäftskontext wird immer notwendiger, um einen wertvollen Geschäftsbeitrag mit der Unternehmensarchitektur leisten zu können. Genau diesen Einblick will dieses Buch im Kap. 3 für die nächste Generation von Unternehmensarchitekten und Technischen Leitern in der Automobilindustrie ermöglichen. Dazu ist oft noch der Einstieg über die Fahrzeugarchitekturim Kap. 2 hilfreich. Sie ist die heutzutage stark ausgeprägte technische Kernkompetenz in der Automobilindustrie. Natürlich gelten weiterhin auch die Kernkompetenzen der IT-Unternehmensarchitekten. Genau diese wesentlichen Stärken ermöglichen die Weiterentwicklung einer Unternehmensarchitektur, um dem sich ändernden Industriekontext des 4. Kapitels ein Fundament zu geben.

1.5.4 Leiter Datenanalyse – Chief Analytics Officer / Chief Data Officer

Die Rolle eines Chief Analytics Officer (CAO) [19] ist in der Automobilindustrie noch weitestgehend unbekannt. Eine ähnliche Rolle ist der Chief Data Officer (CDO) [10], der in einem vergleichbaren Kontext der Gewinnung von Mehrwerten aus elektronischen Daten steht. Manchmal findet man beide Rollen in einem Unternehmen. Dementsprechend findet dann eine Differenzierung der Verantwortungen zwischen der systematischen Datenanalyse[14] und der reinen Datenverarbeitung statt. In der Automobilindustrie haben Daten noch lange nicht den Stellenwert des Rohstoffs Öl erlangt. Aufgrund der stetig anwachsenden Anforderungen an die Auswertung von Daten und der Zunahme der Relevanz von IT innerhalb von Unternehmen gewinnt die Rolle des CAO immer mehr an

[14] In der Datenanalyse werden in verschiedenen Phasen die Daten gesammelt, untersucht, ausgewertet und so in Darstellungen aufbereitet, dass sie zur Entscheidungsfindung in Unternehmen herangezogen werden können.

Bedeutung. Es sollen nicht mehr nur Daten für Reporte einfach korreliert, sondern die Daten auch strategischer im ganzen Unternehmenskontext für neue Geschäftsmodelle eingesetzt werden. Im Wesentlichen verändert der CAO die Art, wie Unternehmen Geschäfte machen. Im Kap. 4. werden Orientierungsmöglichkeiten für die Rolle des CAO oder CDO in der Automobilindustrie gegeben.

1.5.5 Leiter Fahrzeugentwicklung

Die Fahrzeugentwicklung hat über viele Jahrzehnte einen sehr hohen Reifegrad in einem sehr strukturierten Entwicklungsprozess erlangt, auf den wir im Kap. 2 nur einführend eingehen können. Die Geschäftskompetenzen der Fahrzeugentwicklung, die wir im Kap. 3 diskutieren, können aber nicht mehr nur ein optimal integriertes Gesamtpaket eines begehrenswerten Fahrzeugs als primäres Ziel haben. So vermitteln wir im Kap. 4, dass sich die Ingenieurspräzision nicht mehr nur auf die Gestaltung von Fahrzeugeigenschaften, etwa bezogen auf Sicherheit, Schnelligkeit, Komfort, konzentrieren sollte, sondern auch im weiteren Mobilitätskontext vernetzter, sozialer und digitaler werden muss. Dadurch entwickeln sich Eigenschaften, die sich in bestehenden Investitionsprozessen nicht einfach über deren unmittelbare Funktion alleine wirtschaftlich rechtfertigen lassen. Die Entwicklung hat eine grundlegende Aufgabe, die Fahrzeugarchitektur in eine langfristige Mobilitätsarchitektur zu integrieren.

1.5.6 Leiter Fahrzeugproduktion

Ähnlich wie die Fahrzeugentwicklung haben auch die Produktfertigung und deren Automatisierungen über viele Jahrzehnte einen sehr hohen Reifegrad erlangt. Hierzu gibt es sehr ausführliche Literatur [8], auf die wir nur aus der Sicht der Geschäftskompetenzen im Kap. 3 eingehen können. Der Diskussionsschwerpunkt liegt mehr auf der Vernetzung und Standardisierung der Fabrikation, um eine andere Art der Individualisierung von Produktfertigungen im engen Zusammenspiel mit dem Vertrieb von Mobilitätsdienstleistungen zu ermöglichen. Das klingt möglicherweise blauäugig: Als gäbe es nicht bereits Vernetzungen und Standardisierungen innerhalb der Produktfertigung! Zusätzlich erscheint es auch noch vorlaut, denn wie sollte im heutigen Kosten- und Automatisierungsdruck in der Fertigung ein kurzfristiger Beitrag geleistet werden können? Im 4. Kapitel werden wir den Veränderungsbedarf der monolithischen Steuerungsfunktionen in der Fertigungsarchitektur diskutieren und wie sie enger mit einer Unternehmensarchitektur verzahnt werden kann. Insbesondere nimmt hier die Industrie 4.0 eine Vorreiterrolle ein.[15]

[15] „Plattform Industrie 4.0“ http://www.plattform-i40.de. Zugegriffen am 19.12.2014.

1.5.7 Führungskräfte im Vertrieb, Verkauf, Kundendienst

Wie muss sich ein Automobilkonzern ausrichten, wenn die Kundenbeziehung über den reinen Fahrzeugverkauf hinausgehen soll? Über die heutigen Informationskanäle sind die Kunden oft bestens über die Produkte informiert, wenn sie zum Händler kommen, und wollen kaum eine Kundenbeziehung eingehen. Im 4. Kapitel werden wir die rasant wachsenden Mehrwertdienste für die individuelle Mobilität diskutieren und im 3. Kapitel, welche möglichen Auswirkungen damit auf eine jetzige Vertriebsarchitektur entstehen können.

1.6 Informationsquellen und Newsletter

Im gesamten Buch wird nicht nur auf weiterführende Literatur verwiesen, sondern auch auf zahlreiche Informationen, die im Internet veröffentlicht sind. Viele aktuelle Marktbewegungen findet man in Newslettern, die sich mit unterschiedlichen Schwerpunkten auch auf die Automobilindustrie spezialisiert haben. Für Verweise auf spezielle Nachrichten im Internet nutzen wir Fußnoten, der Übersichtlichkeit wegen in reduzierter Form, denn tatsächlich wurde das Wissen aus deutlich mehr Quellen genutzt. Im Wesentlichen sind Informationen aus vier Kategorien in diesem Buch mit eingeflossen: aus der Automobilindustrie in Deutschland und weltweit mit jeweils der traditionelleren Automobilsicht und der Sicht der Informationstechnologie.

Wir wollen die folgenden etablierten Nachrichtendienste der Automobilindustrie in Deutschland hervorheben, deren Links bis Ende 2014 aufgerufen wurden:

- Automobilwoche.de – das Bookmark der Autobranche
  http://www.automobilwoche.de
- Auto-News – Aktuelle Nachrichten, Tests und Informationen – DIE WELT
  http://www.welt.de/motor
- MOTOR-TALK – Europas größte Auto- und Motor-Community!
  http://www.motor-talk.de

und speziell für IT Themen

- News – carIT – Vernetztes Auto – Connected Car
  http://www.car-it.com/category/news

Quellen, die die Automobilindustrie global betrachten:

- Automotive News
  http://www.autonews.com
- Telematics News
  http://telematicsnews.info

- Telematics IQ
  http://www.telematicsiq.com
- Automotive World – Information and networking for auto industry professionals
  http://www.automotiveworld.com
- Reuters – Autos
  http://www.reuters.com/subjects/autos
- Autoblog – We Obsessively Cover the Auto Industry
  http://www.autoblog.com

und speziell für globale IT-Themen

- Automotive IT News and Facts – automotiveIT International
  http://www.automotiveit.com

Die Kategorien und deren Inhalte können sich überschneiden. Größere Ankündigungen oder weitreichende Meldungen erscheinen oft gleichzeitig in unterschiedlichen Kategorien der oben aufgeführten Nachrichtendienste.

1.7 Die Unternehmensarchitektur

Unter dem Begriff IT-Architektur wird eine technische Struktur aus mehreren in Beziehung stehenden IT-Komponenten verstanden, die auf Basis einheitlicher Grundsätze und Gestaltungsrichtlinien entwickelt wird. In den meisten Fällen muss sich ein Unternehmen als eine wirtschaftlich selbstständige Organisationseinheit nicht in erster Linie mit technischen Strukturen auseinandersetzen. Gerade deswegen wollen wir die Relevanz dieser Struktur eines Unternehmens ausarbeiten, die wir vereinfacht als die Unternehmensarchitektur bezeichnen.

Jedes Unternehmen hat bewusst oder unbewusst eine Architektur: Damit wird schlicht die Umsetzung des Geschäfts beschrieben. In der Praxis entstehen heutzutage bewusst eingesetzte Unternehmensarchitekturen in der Regel eher in IT-Bereichen und beschränken sich oft auch nur auf die IT. In größeren Unternehmen, deren Geschäftsausrichtung aus IT besteht, sind ganzheitliche Unternehmenarchitekturen bereits heutzutage schon üblich. In der Automobilindustrie ist der Begriff Unternehmensarchitektur, der über die relativ kleinen IT-Bereiche[16] hinausgeht, ein unbekanntes oder nur ein sehr junges Gebiet mit keiner einheitlichen Verbreitung. Erschwert wird eine ganzheitliche Unternehmensbetrachtung dadurch, dass IT für Automobilunternehmen nicht nur ein kleiner Bereich ist, sondern auch einen Kostenblock darstellt, in den nur sehr ungern investiert wird.

[16] Die IT-Belegschaft macht je nach Art des Fahrzeugherstellers in etwa 1-2 % der Unternehmensbelegschaft aus.

Zusammengefasst steht die Unternehmensarchitektur noch am Anfang der Entwicklung, wenn der Rahmen durch die Geschäftsstrategie und -ausrichtung einer Industrie gesetzt wird. Es gibt jedoch eine umfassende Literatur, die Unternehmensarchitekturen aus Sicht der IT, basierend auf methodischen Vorgehensmodellen, detailliert beschreibt. Beispiele sind [11] und [18]. In den letzten Jahren sind unzählig viele Rahmenwerke für die Beschreibung von IT-Architekturen erschienen, alleine über 50 unterschiedliche Konzepte wurden in [13] zusammengetragen. Auch wenn es nicht schaden kann, mehrere Rahmenwerke zu kennen und nach Anforderungen zu vergleichen [21], wollen wir nur zwei Werke hervorheben. Der sicher mit am häufigsten zitierte Artikel über IT-Unternehmensarchitektur wurde von John A. Zachman [24] verfasst. Bereits vor über 25 Jahren hat er eine ganzheitliche Betrachtung von IT-Systemen in einer Architektur auf Unternehmensebene als Grundstein vieler ständig weiterentwickelter Arbeiten formalisiert. Das Rahmenwerk setzt Architekturkomponenten mit den grundlegenden Fragen „Was?" (Daten), „Wie?" (Funktionen), „Wo?" (Netzwerk), „Wer?" (Menschen), „Wann?" (Zeit) und „Warum?" (Motivation) in Beziehung. Ähnliche Ansätze von Fragestellungen werden wir in einigen Kapiteln nutzen.

Das heutzutage am weitesten[17] verbreitete Rahmenwerk für Unternehmensarchitekturen stammt von TOGAF (The Open Group Architecture Framework) [22] und hat wenig Gemeinsamkeiten mit dem von Zachman. In einigen Abschnitten nutzen wir die folgenden in TOGAF unterschiedenen Teilarchitekturen im Modell einer Unternehmensarchitektur, um eine sprachliche Brücke zwischen einer Geschäfts- und einer IT-Orientierung zu bilden (siehe Abb. 1.7):

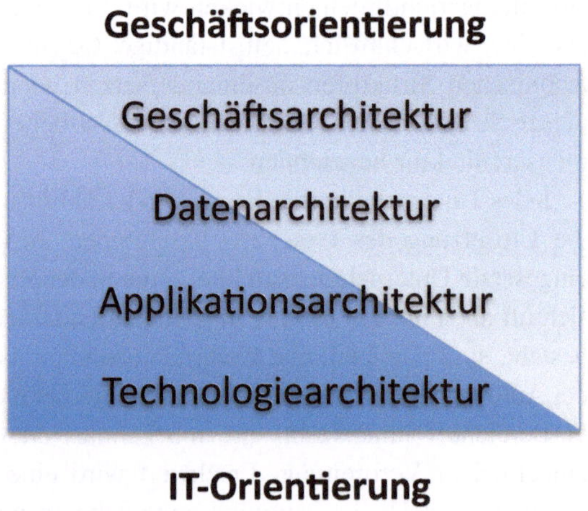

Abb. 1.7 Eine vereinfachte Übersicht der Unternehmensarchitektur, um eine sprachliche Brücke zwischen einer Geschäfts- und einer IT-Orientierung in einem Unternehmen zu bilden

[17] Der tatsächliche Einsatz und Nutzen von Rahmenwerken in Unternehmen lässt sich schwer schätzen und kann nur auf Umfragen oder Referenzierungshäufigkeiten in der Literatur beruhen [16].

- Die *Geschäftsarchitektur* beschreibt unabhängig von Technologien die wichtigsten Geschäftsfähigkeiten, -funktionen und -prozesse des Unternehmens. Sie bildet eine steuernde Funktion in der Unternehmensorganisation. Ein zentrales Beispiel in der Automobilindustrie ist der Produktentstehungsprozess zur Steuerung der Entwicklung und Konstruktion bis zur Produktion in den Entwicklungsphasen eines Serienprodukts vom Einzel-, über Kleinserienbis hin zur Großserienfertigung, worauf wir im Abschn. 2.2 noch genauer eingehen werden.
- Die *Datenarchitektur* beschreibt als Teil der Informationssysteme die Zusammenhänge und Klassifizierungen aller Daten im Unternehmen. Durch die Digitalisierung gewinnen die Daten eine größere Rolle für neue Geschäftspotenziale. Zentral ist in der Automobilindustrie für die Fahrzeugarchitektur die Stückliste (englisch Bill of Materials, kurz BOM genannt), worauf wir im Abschn. 2.3.1 noch genauer eingehen werden.
- Die *Applikationsarchitektur* beschreibt als weiterer Teil der Informationssysteme die Applikationen und deren Beziehungen untereinander wie auch zu den unternehmensweiten Geschäftsprozessen. Unter der Anwendungslandschaft fasst man alle IT-Systeme und deren Schnittstellen zusammen. Zahlreiche Kernapplikationen in der Automobilindustrie siedeln sich zum Beispiel im Bereich der rechnergestützten Entwicklung (englisch Computer-Aided Engineering, kurz CAE genannt) an, worauf wir im Abschn. 2.4 noch genauer eingehen werden.
- Die *Technologiearchitektur* beschreibt die definierten Standards für die technische Umsetzung der Informationssysteme in einer Betriebsinfrastruktur. Dazu gehört ein Portfolio aus Technologien. Die Technologien können zum Beispiel aus Hardware, Software und Kommunikation bestehen und haben kaum noch einen Bezug zu den Geschäftsaufgaben in der Automobilindustrie.

TOGAF liefert eine detaillierte Methode zur Erstellung einer Unternehmensarchitektur, ist aber sehr abstrakt im Teil der Geschäftsarchitektur. Voraussichtlich lässt sich eine Geschäftsarchitektur nicht konkreter modellieren, wenn nicht der Kontext durch den zu betrachtenden Industriezweig festgelegt wird. Der Kontext ist insofern wichtig, weil ein Unternehmen – ganz zu schweigen von einem Unternehmen der Automobilindustrie – mit einem Rahmenwerk alleine kein Geld verdienen kann. Ein Kunde oder auch ein Beschäftigter wird kaum merken, ob Dienstleistungen oder Produkte durch eine Unternehmensarchitektur ermöglicht werden oder nicht. Oft merkt man es erst dann, wenn Firmen, selbst nach jahrzehntelangem Erfolg, auf einmal die Produktion einstellen, Arbeitsplätze abbauen oder sogar von der Bildfläche verschwinden. Namenhaften Firmen wie zum Beispiel Brockhaus, Kodak oder Quelle ist genau dies passiert. Sie hatten es nicht nur versäumt, sich frühzeitig mit neuen Geschäftsmodellen auseinanderzusetzen, die im externen Umfeld entstanden, sondern konnten diese auch nicht effektiv umsetzen.

Der Schwerpunkt dieses Buches liegt auf der Geschäftsarchitektur, weil dies der Schlüssel zur gesamten Unternehmensarchitektur und das entscheidende Bindeglied zur

Umsetzung des Geschäftsmodells ist. In der Literatur gibt es hierzu richtungsweisende Veröffentlichungen [20].

Die Realität einer umgesetzten Architektur in größeren Unternehmen lässt sich nicht so einfach in Schichten wie in Abb. 1.7 darstellen. Im Kapitel 3 werden wir Unternehmensarchitekturen in der Automobilindustrie, beginnend mit Strategien und Geschäftsmodellen, einführen. Den Übergang zur Unternehmensarchitektur bestimmen wir im Wesentlichen über die folgenden drei Schnittstellen:

- Eine Organisation *befolgt* Geschäftsprozesse.
- Eine Organisation *gehört zu* einer Geschäftsdomäne.
- Eine Organisation *nutzt* Applikationen.

Die drei Schnittstellen „befolgt", „gehört zu" und „nutzt" bilden die Grundlage für eine effektive Struktur einer Unternehmensorganisation. Dabei werden die Geschäftsdomänen rein funktional und unabhängig von Prozessen, Organisationen und Applikationen modelliert. Eine Geschäftsdomäne fächert sich detaillierter in Geschäftsfähigkeiten, -funktionen und -services auf, mit denen dann auch Prozesse und Applikationen mit in Beziehung stehen. Die Komplexität steigt signifikant mit jedem Detaillierungsgrad an. Die Aufteilung in den unterschiedlichen Geschäftsdetails ist bei größeren Konzernen wie in der Automobilindustrie sinnvoll, weil eine Umsetzung nur alleine über Geschäftsprozesse keinen ganzheitlichen Einblick über die Geschäftseinheiten ermöglich. Ausgehend von den vereinfachten Schichten in Abb. 1.7 fassen wir den Rahmen der Unternehmensarchitektur in der Abb. 1.8 zusammen, wie wir es im Buch noch detaillierter für die heutige Automobilindustrie und eine mögliche zukünftige Mobilitätsindustrie beschreiben werden. Zusammengefasst ergibt sich die folgende Definition der Unternehmensarchitektur:

> Die Unternehmensarchitektur beschreibt, wie Geschäftsmodelle im Unternehmen mit Organisationen umgesetzt werden können. Dabei stellt sie einer Organisation die drei Schnittstellen „befolgt", „gehört zu" und „nutzt" zur Verfügung. Eine Organisation befolgt Geschäftsprozesse, gehört zu einer Geschäftsdomäne und nutzt Applikationen. Die Technologien stellen in der Unternehmensarchitektur die Basis für die Applikationen und Daten zur Verfügung.

Wir beabsichtigen nicht, die Architektur noch detaillierter theoretisch zu durchleuchten, sondern steigen gleich konkret mit der Unternehmensarchitektur für die verallgemeinerte Automobilindustrie ein, was wir vor allem im Kapitel 3 herausarbeiten werden.

In der Definition der Unternehmensarchitektur haben wir bewusst nicht den zeitlichen Verlauf bei den anfallenden Veränderungen betrachtet. In der Literatur versteht man darunter das Management der Unternehmensarchitektur (englisch Enterprise Architecture Management). Gerade über längere Zeiträume hat das Management große

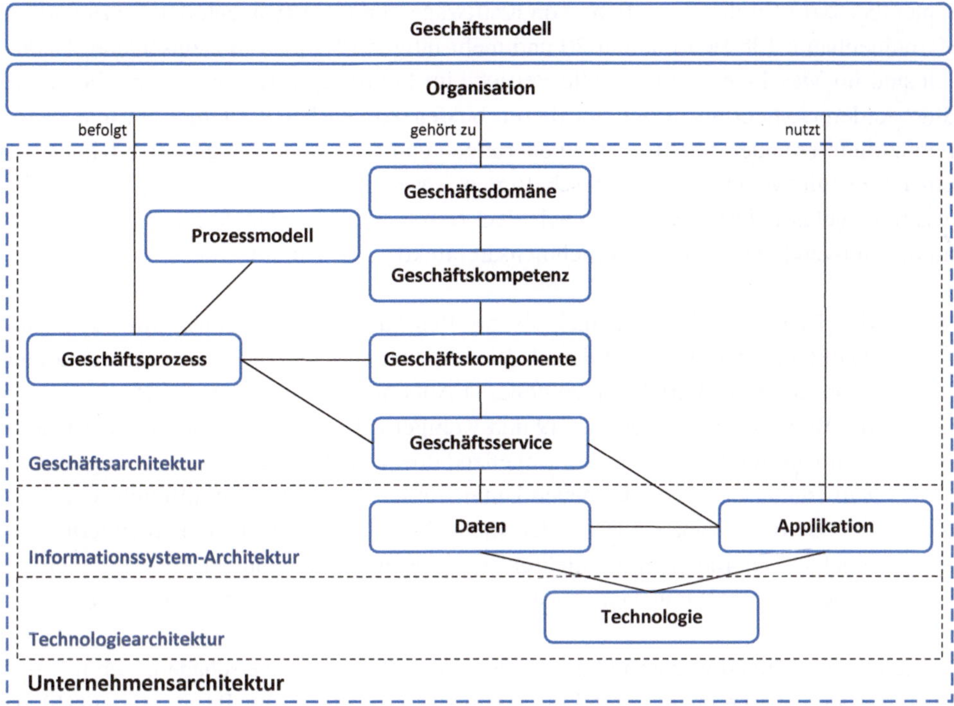

Abb. 1.8 Der Rahmen der Unternehmensarchitektur angelehnt an den Teilarchitekturen in TO-GAF

Herausforderungen in der Nachvollziehbarkeit und effizienten Unterstützung der Unternehmensausrichtung. Oft ist es – kurzfristig betrachtet – einfacher und günstiger, einer Unternehmensarchitektur etwas hinzuzufügen, anstatt es herauszunehmen oder in neuen Rahmenbedingungen zu verändern. So haben beispielsweise Fahrzeugarchitekturen (verschiedenster Modelle und Baureihen) als Teilaspekte der Unternehmensarchitektur eine Historie von über 125 Jahren, wo unzählbar viele komplexe Änderungen und neue Rahmenbedingungen wie auch Regulierungen mit ingenieurmäßigen Vorgehensmodellen sehr akkurat umgesetzt wurden. Im 2. Kapitel betrachten wir einige historische Themen im Kontext der Architektur. Wir werden aber nicht detaillierter auf die Verwendung von Methoden und Modelle im Entwicklungsprozess eingehen können und verweisen hier auf die Literatur, wie zum Beispiel [23]. Auch auf das Management der Unternehmensarchitektur werden wir nicht eingehen, weil es weitestgehend unabhängig von der Automobilindustrie behandelt werden kann und es bereits eine umfassende Literatur hierzu gibt, wie zum Beispiel [1] oder [9].

Wann ist eine Unternehmensarchitektur hilfreich oder sogar notwendig?

Wir beschränken die Antwort auf einige Wirtschaftszweige der Automobilindustrie. Nach Angaben des Statistischen Bundesamtes (Destatis) im Mai 2014 [6] gab es Ende

September 2013 für die Herstellung von Kraftwagen und Kraftwagenteilen 1.319 und im Maschinenbau 6.138 Betriebe mit 20 und mehr tätigen Personen in Deutschland. Natürlich sind im Maschinenbau nicht alle Betriebe im Industriezweig der Automobilbranche tätig. Andererseits erfassen wir mit diesen beiden Zahlen bei Weitem nicht alle Automobilzulieferer anderer Wirtschaftsgliederungen und die kaum zählbar vielen Kleinstunternehmen mit weniger als 20 Beschäftigten. Es geht vielmehr darum, dass sich die zusammengefasst 7.457 Betriebe nach den Beschäftigtengrößen klassifizieren lassen, um die Notwendigkeit einer Unternehmensarchitektur folgendermaßen zu quantifizieren:

38 % der Betriebe haben weniger als 50 Beschäftigte. Sie können oft agiler auf Marktveränderungen reagieren. Eine dokumentierte Unternehmensarchitektur kann für diese Betriebe einen höheren Aufwand als Nutzen darstellen.

59 % der Betriebe haben mehr als 49 und weniger als 1.000 Beschäftigte. Eine Unternehmensarchitektur kann weitestgehend überschaubar sein. Sie kann bei größeren Umstrukturierungen oder neuen Unternehmensausrichtungen hilfreich sein.

3 % der Betriebe haben 1.000 oder mehr Beschäftigte. Eine dokumentierte und gelebte Unternehmensarchitektur ist notwendig, um langfristige Transformationen bedingt durch Marktveränderungen kontinuierlich umsetzen zu können.

Viele Unternehmen wachsen über die Zeit. Deshalb kann es nie schaden, sich frühzeitig mit einer Unternehmensarchitektur auseinanderzusetzen. Die Beschäftigtenzahl ist nicht die einzige Messgröße für die Komplexität eines Unternehmens, aber heutzutage eines der wichtigsten Maße zur Bestimmung der Trägheit eines Unternehmens. Bei einem globalen Unternehmen geht es um die Reichweite im Markt, was nicht zwingend groß bedeutet. Die Effizienz im Warenmarkt kann durch eine Dezentralisierung der Organisation erreicht werden. Hingegen können Risiken im Dienstleistungsmarkt durch eine Zentralisierung der Organisation besser kontrolliert werden. Im Vergleich zu den OEM sind die Automobilzulieferer, abgesehen von einigen globalen Systemlieferanten, noch eher national aufgestellt. Dies kann sich aber durch den wachsenden Dienstleistungsmarkt für das AutoMOBIL ändern.

Die Unternehmensarchitektur ist mit ihren drei Schnittstellen in Abb. 1.8 eng an der Organisation und stellt ein Werkzeug zur strukturierten Umsetzung bereit, wenn sich Unternehmen neu erfinden müssen. Durch die enge Verknüpfung prägt die Organisation natürlich die Unternehmensarchitektur. Wir verweisen auf die Literatur [2, 5] für eine detailliertere Betrachtung von Organisationsstrukturieren und konzentrieren uns im folgenden primär auf die Unternehmensarchitektur.

Literatur

1. Ahlemann F, Stettiner E, Messerschmidt M, Legner C (2012) Strategic enterprise architecture management: challenges, best practices, and future developments. Springer, Heidelberg
2. Bach N, Brehm C, Buchholz W, Petry T (2012) Wertschöpfungsorientierte Organisation: Architekturen – Prozesse – Strukturen. Springer Gabler, Wiesbaden
3. BMW Lexikon : iDrive Touch Controller. http://www.bmw.de/de/footer/publications-links/technology-guide/idrive-touch-controller.html. Zugegriffen am 19.12.2014.
4. Böder J, Gröne B (2014) The architecture of SAP ERP: understand how successful software works. tredition GmbH, Hamburg
5. Bullinger H-J, Spath D, Warnecke H-J, Westkämper E (Hrsg) (2009) Handbuch Unternehmensorganisation: Strategien, Planung, Umsetzung, 3. Aufl. Springer, Berlin
6. Statistisches Bundesamt (2013) Produzierendes Gewerbe: Betriebe, Tätige Personen und Umsatz des Verarbeitenden Gewerbes sowie des Bergbaus und der Gewinnung von Steinen und Erden nach Beschäftigtengrößenklassen. Fachserie 4 Reihe 4.1.2, erschienen am 08.05.2014, Wiesbaden
7. Commission of the European Communities (17.3.1999) Case No COMP/M.1406 – Hyundai/Kia: Regulation (EEC) No 4064/89 Merger Procedure: Article 6(1)(b), Brussels
8. Favre-Bulle B (2004) Automatisierung Komplexer Industrieprozesse: Systeme, Verfahren und Informationsmanagement. Springer, Wien
9. Hanschke I (2012) Enterprise Architecture Management – einfach und effektiv. Hanser, München
10. IBM Institute for Business Value (2014) The new hero of big data and analytics: the Chief Data Officer. IBM Corporation, Somers, New York
11. Keller W (2012) IT-Unternehmensarchitektur – Von der Geschäftsstrategie zur optimalen IT-Unterstützung. dpunkt.verlag, Heidelberg
12. Liker JK (2004) The Toyota way: 14 management principles from the world's greatest manufacturer. McGraw-Hill, New York
13. Matthes D (2011) Enterprise Architecture Frameworks Kompendium. Springer, Heidelberg
14. Mercer Management Consulting, Fraunhofer-Institut für Produktionstechnik und Automatisierung -IPA-, Fraunhofer-Institut für Materialfluss und Logistik -IML-(2004) Future Automotive Industry Structure (FAST) 2015 – die neue Arbeitsteilung in der Automobilindustrie, Materialien zur Automobilindustrie, Bd. 32. Verband der Automobilindustrie (VDA), Frankfurt
15. Monk EF, Wagner BJ (2008) Concepts in Enterprise Resource Planning, 3. Aufl. Course Technology, Boston, MA
16. Obitz T, Babu KM (2009) Enterprise architecture expands its role in strategic business transformation. Infosys Technologies Limited, Bangalore
17. Wyman O, Verband der Automobilindustrie (2012) FAST 2025 – Massiver Wandel in der automobilen Wertschöpfungsstruktur. http://www.oliverwyman.de/5771.htm. Zugegriffen am 19.12.2014
18. Perks C, Beveridge T (2003) Guide to enterprise IT architecture. Springer, New York
19. O'Regan R (30.9.2014) Chief analytics officer: The ultimate big data job? Computerworld. http://www.computerworld.com/article/2688352/chief-analytics-officer-the-ultimate-big-data-job.html. Zugegriffen am 19.12.2014
20. Ross JW, Weill P, Robertson DC (2006) Enterprise architecture as strategy: creating a foundation for business execution. Harvard Business School Press, Boston, MA

21. Sessions R (2007) A comparison of the top four enterprise-architecture methodologies. White paper, ObjectWatch. https://msdn.microsoft.com/en-us/library/bb466232.aspx. Zugegriffen am 19.12.2014
22. The Open Group (2011) TOGAF Version 9.1. Van Haren Publishing
23. Weber J (2009) Automotive development processes: processes for successful customer oriented vehicle development. Springer, Berlin
24. Zachman JA (1987) A framework for information systems architecture. IBM Syst J. doi:10.1147/sj.263.0276

2 Unternehmensarchitekturen: von historischen Strukturen umzingelt

Die Unternehmensarchitektur kann vereinfacht als die Struktur eines Unternehmens betrachtet werden. Sie dient nicht nur dazu, die Organisationsstruktur der Mitarbeiter und deren Aufgabenfelder so zu gestalten, dass sie ein gemeinsames Geschäftsziel verfolgen, sondern auch, die zahlreichen Technologien und Prozesse in Einklang mit der Unternehmensstrategie zu bringen. Wichtig ist es, zu verstehen, dass eine Unternehmensarchitektur die Organisationsstruktur vorgibt und nicht umgekehrt – so, wie auch auf größeren Baustellen die Gebäudearchitektur die Einsatzpläne der Bauarbeiter vorgibt und nicht umgekehrt.

Dass sich Unternehmen immer wieder neu definieren und umstrukturieren müssen, wenn sie langfristig bestehen wollen, ist allgemein bekannt. Manchmal sind die Umstellungen sogar so signifikant, dass die gesamte Geschäftsausrichtung in Frage gestellt werden muss. Die Unternehmensarchitektur hat genau in solchen Situationen eine große Bedeutung; vor allem in größeren Unternehmen kann sie für die zukünftige Existenz entscheidend sein. Sie hat nicht nur die Aufgabe, den Ist-Zustand eines Unternehmens zu gliedern, sondern verhilft auch zu einer ganzheitlichen Unternehmensbetrachtung für zukünftige Zielausrichtungen.

Geschäftsarchitekturen, die starken Änderungen unterworfen sind, insbesondere durch die immer mehr Geschäftsfelder erfassende und maßgeblich verändernde Digitalisierung und Vernetzung, sind wesentliche Treiber von Unternehmensarchitekturen. Der Einfluss der Digitalisierung auf die Unternehmensarchitekturen erfolgt auf mehreren Ebenen. Im Mittelpunkt steht dabei oft das Produkt selbst mit seiner Entwicklung, seiner Herstellung oder seinem Vertrieb. In diesen Fällen sind aber oft nur inkrementelle oder partielle Änderungen an der Unternehmensarchitektur notwendig. Riskant sind hingegen Situationen, in denen die gesamte Unternehmensarchitektur und die zugrunde liegende Geschäftsstrategie durch die Digitalisierung erfasst werden und grundlegend transformiert werden müssen.

S. Wedeniwski, *Mobilitätsrevolution in der Automobilindustrie*,
DOI 10.1007/978-3-662-44783-3_2

Im Kontext der Automobilindustrie kommen wir deshalb gleich zur grundlegenden Frage. Wer wird das Auto der Zukunft bauen?

Sind es eher die historisch geprägten Autobauer, die noch eine sehr lückenhafte Unternehmensarchitektur besitzen und sich nur sehr schwer aus ihrer stark fokussierten Fahrzeugarchitektur weiterentwickeln können, oder sind es Unternehmen mit neuen Denkweisen, die im digitalen Zeitalter bereits ganz andere Unternehmensarchitekturen aufgebaut haben und dem Fahrzeug in einem weiter gefassten Mobilitätskosmos für Menschen und Technologien eine Persönlichkeit geben? Denn erst nach dem Kauf kann aus dem Produkt „Auto"durch Personalisierungen, die einfach verändert werden können, eine langfristige Persönlichkeit entstehen. Dies erreicht man nicht mit einer fahrzeugorientierten Architektur. Im Jahr 2014 wurde beispielsweise von Google ein neuartiges Versuchsfahrzeug ohne Pedale und Lenkrad im Rahmen des Projekts „Google Self-Driving Car" vorgestellt.[1] Viele Fahrzeughersteller nehmen dieses Projekt nicht wirklich ernst und fühlen sich daher auch nicht bedroht. Aber vor mehr als einem Jahrhundert hat sich auch der letzte deutsche Monarch, Kaiser Wilhelm II., mit seiner Äußerung „Ich glaube an das Pferd. Das Automobil ist eine vorübergehende Erscheinung." gründlich verschätzt. Jedenfalls steht jetzt schon fest, dass Apple und Google heute ebenso wie Magneten auf junge Ingenieure und Erfinder wirken wie vor vielen Jahrzehnten die Pionierunternehmen in der Automobilindustrie waren[2] (siehe Tab. 2.1).

Tab. 2.1 Basierend auf einer Studie des Unternehmens Universum unter mehr als 200.000 Studenten im Jahr 2014 ist die Reihenfolge der Automobilunternehmen 3. BMW Group, 11. Volkswagen Group, 13. Ford Motor, 17. General Motors, 18. Toyota Motor, 20. Daimler/Mercedes-Benz, 30. Nissan, 40. Volvo Car (Quelle: http://universumglobal.com/wmae2014. Zugegriffen m 19.12.2014)

Platz	Business	Engineering
1	Google	Google
2	EY (Ernst & Young)	Microsoft
3	PwC (PricewaterhouseCoopers)	BMW Group
4	KPMG	Apple
5	Deloitte	GE
6	Microsoft	IBM
7	Procter & Gamble (P & G)	Intel
8	Goldman Sachs	Siemens
9	Apple	Sony
10	J.P. Morgan	Shell

[1] Google Self-Driving Car Project http://plus.google.com/+GoogleSelfDrivingCars. Zugegriffen am 19.12.2014.

[2] Eine genaue quantitative Aussage über die Reihenfolge der attraktiven Arbeitgeber für Studenten ist kaum realisierbar. In anderen deutschen Umfragen sind die deutschen Automobilbauer führend bezüglich Attraktivität bei angehenden Ingenieuren. Aber genaue Kriterien für einen weltweiten einheitlichen Rahmen im Ingenieurwesen sind unmöglich. Als Grundlage für eine kontroversen Diskussion sollte man sich nicht auf deutsche Umfragen mit deutschen Unternehmen einschränken.

2.1 Wandel des Fortbewegungsmittel

Die Menschheit suchte von jeher nach Möglichkeiten, die Überwindung räumlicher Distanzen zu Land durch unterstützende Fortbewegungsmitteln zu vereinfachen bzw. überhaupt zu ermöglichen. Weltweit und über viele Jahrtausende hinweg in der Geschichte der Menschheit haben dabei Pferde eine bedeutende Rolle gespielt. Auch wenn wir das Pferd nur unter dem Aspekt betrachten, dass es ein verbessertes Fortbewegungsmittel darstellt, kann die Voraussetzung der persönlichen Mensch-Pferd-Beziehung nicht einfach ausgeblendet werden. Denn nur eine gute Verbindung im Sinne einer Partnerschaft zum Pferd ermöglicht ein effektives Reiten und somit erst ein effektives Fortbewegen über längere Distanzen. Auch wenn wir diesen Aspekt in unserer heutigen industriellen Welt emotionsloser formulieren würden, so ist doch von Bedeutung, dass in der damaligen Zeit jedes Produkt – in unserem Fall das Pferd – individuell war, sich also von anderen unterschied. Bei Auswahl, Kauf und Nutzung dieses Produkts stand der Verbraucher mit seinem persönlichen Charakter und seinen individuellen Wünschen im Mittelpunkt und war deshalb der primäre Wirtschaftstreiber.

Ein signifikanter Wandel begann im Jahr 1886, als der deutsche Ingenieur und Automobilpionier Carl Friedrich Benz seine Konstruktion „Fahrzeug mit Gasmotorenbetrieb" zum Patent anmeldete (siehe Abb. 2.1). Dies gilt als der Geburtstag des Automobils. Zu jener Zeit wurde es auch als „Kutsche ohne Pferd" bezeichnet, zu der es in Beziehung und in Konkurrenz stand. Obwohl die ersten motorisierten Fahrzeuge noch sehr teuer, selten und unvollkommen waren, entwickelte sich die Stärke der persönlichen Pferde immer mehr zur unpersönlichen Pferdestärke[3] der Autos. Im Jahr

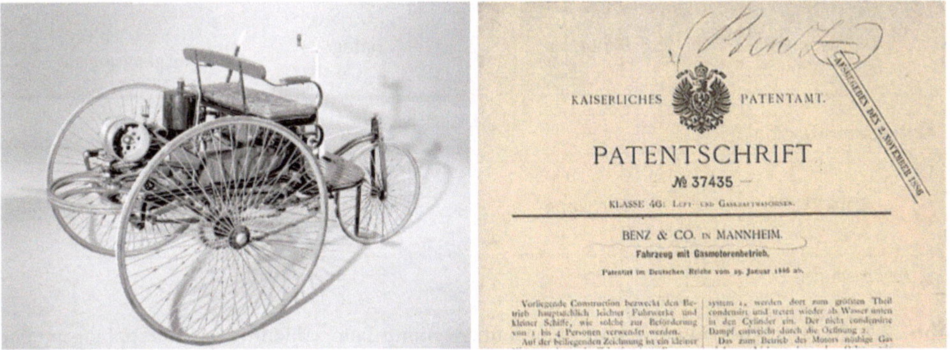

Abb. 2.1 Patentschrift Nr. 37435 „Fahrzeug mit Gasmotorenbetrieb" vom 29. Januar 1886 ist die Geburtsurkunde des Automobils

[3] Die Pferdestärke ist eine historische Einheit der Leistung. Sie sollte veranschaulichen, wie viele Pferde eine Maschine ersetzen können.

1900 wurden im Deutschen Reich gerade mal etwa 800 Automobile in aufwendiger Handarbeit hergestellt. Dies änderte sich, nachdem im Jahr 1913 Henry Fords legendäres „Model T" durch Fließbandfertigung preiswert[4] genug wurde, um eine Nutzung durch eine breitere und in den folgenden Jahren und Jahrzehnten immer weiter wachsende Bevölkerungsschicht zu ermöglichen. Dies veränderte die Welt in Richtung Mechanik, und die Nutzung der Pferde ging stark zurück.

Am Verkehr der heutigen Industrieländer nimmt das Pferd meist nur noch als Last im Anhänger eines Fahrzeugs teil, nicht als Antrieb eines Fuhrwerks. Selbst Gegenüberstellungen findet man nur noch in Werbesprüchen, zum Beispiel bei Daimler mit der mutigen, später zurückgezogenen Anzeigen-Kampagne „Mehr als 200 Pferde und weniger Emissionen als eine Kuh" für die M-Klasse im Jahr 2011.

Seit Henry Fords Zeiten wurde die Wirtschaft primär durch produkterstellende Firmen getrieben und nicht mehr durch die Verbraucher. Beispielsweise wurde zur Vereinfachung der Fertigung der Ford „Model T" zwischen 1915 und 1925 nur in der Farbe Schwarz produziert, und der Käufer hatte keine Möglichkeit, eine andere Farbe zu wählen.

In der Fahrzeugproduktion sind im Wesentlichen die folgenden drei Produktionsformen entstanden, mit denen die Einschränkungen bei der Individualisierung der Fahrzeuge in der Entstehung festgelegt werden (siehe Abb. 2.2):

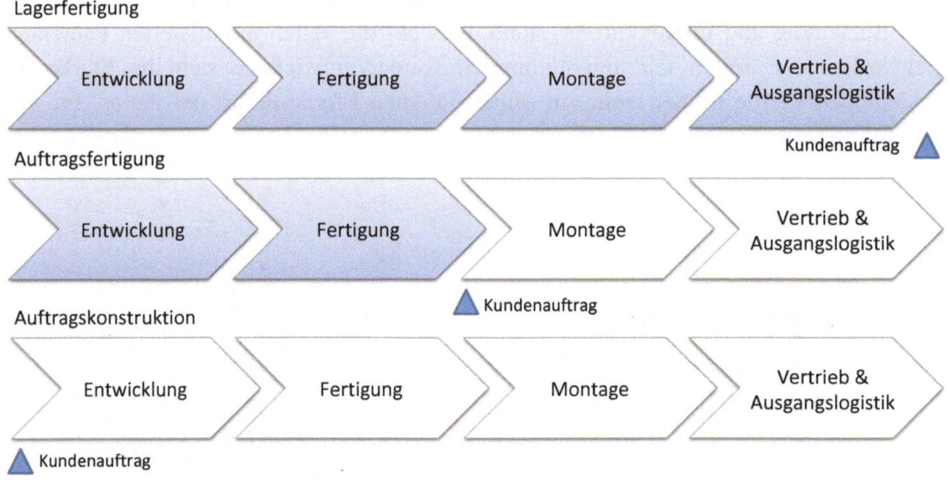

Abb. 2.2 Maß an Individualisierung: Gegenüberstellung unterschiedlicher Entkopplungspunkte zwischen dem auftragsanonymen und -bezogenen Teil in der Wertschöpfungskette

[4] Durch die Umstellung auf Fließbandfertigung wurde der Verkaufspreis von US$ 850 (entspricht in etwa US$ 22.311 der heutigen Kaufkraft) auf US$ 550 im Jahr 1913 und weiter auf US$ 440 im Jahr 1915 gesenkt. Bis in die 1920er-Jahre wurde der Preis durch kontinuierliche Verbesserungen der Fertigungstechniken und -volumen schließlich auf US$ 260 gesenkt.

1. Die *Lagerfertigung* (englisch „build to stock" oder „build to forecast") für die Massenproduktion mit geringer Varianz, in der die Herstellung ohne direkte Abhängigkeit zu einem einzelnen Kundenauftrag erfolgt. Die Auftragsabwicklung beschränkt sich auf die im Lager befindlichen Fahrzeuge.
2. Die *Auftragsfertigung* (englisch „build to order") für individuell konfigurierte Produkte, in der die auftragsorientierte Fahrzeugmontage Persönlichkeit und Wünsche des Kunden widerspiegelt. Die einzelnen Bauteile dagegen werden auftragsanonym ohne Individualisierungen gefertigt. Insbesondere bei Premiumfahrzeugen ist die Auftragsfertigung üblich, bei welcher der Kunde sich unter den bestehenden Rahmenbedingungen das Fahrzeug persönlich zusammenstellt.
3. Die *Auftragskonstruktion* (englisch „engineer to order") für individuell entwickelte Produkte, in der die gesamte Wertschöpfung inklusive der Entwicklung an Kundenaufträge gebunden ist. Eine systematische Bestands- oder Lagerhaltung findet entlang der Wertschöpfungskette nicht statt. Bei speziellen Nutzfahrzeugen oder Baumaschinen, oft bei Militäraufträgen, ist die Auftragskonstruktion üblich.

Die japanischen und amerikanischen Fahrzeughersteller setzen noch überwiegend auf die Lagerfertigung. Allerdings ist zu erkennen, dass sich in diesen Ländern die deutschen Konzepte zur Auftragsfertigung verbreiten, um dem wachsenden Wunsch des Kunden nach Individualisierung des Fahrzeugs nachzukommen. Eine wesentliche Schnittstelle zum Kunden ist der Fahrzeugkonfigurator geworden. Er hilft dem Kunden bei der individuellen Zusammenstellung der unterschiedlichen Bausteine und unterbindet unzulässige Kombinationen, sodass nur baubare Varianten bestellt werden können. Ein Fahrzeugkonfigurator kann mithin nur so weit auf individuelle Kundenwünsche eingehen, wie es der modulare Aufbau der Baukästen in der Fahrzeugentwicklung zulässt.

Die sich dadurch ergebenden Möglichkeiten der Individualisierung beruhen allerdings immer auf Annahmen, die in der Entwicklung viele Jahre vor dem Verkauf jenes Fahrzeugs getroffen wurden. In der Auftragskonstruktion wiederum kann zwar das Fahrzeug individuell bestellt werden, doch es vergehen Jahre bis zur Auslieferung, und danach kann es nicht mehr vom Hersteller geändert werden. Wenn die Eltern ein neues Familienauto mit eingebauter Bildschirmanzeige kaufen, lässt die Begeisterung der Kinder schnell nach, wenn anstelle des gewohnten Touchscreens eine andere Art der Bedienung verstanden werden muss. Die heutigen Technologiewechsel sind oftmals zu schnell für eine rasche Umsetzung, da die Integrationsleistungen während der jahrelangen Fahrzeugentwicklung aufwendig sind. Selbst Änderungen der Software im Fahrzeug sind nur noch selten und schwer möglich.

Um die Analogie noch einmal aufzugreifen: Selbstverständlich kann man auch ein Pferd nicht mehr verändern. Ironischerweise kann aber der Fahrzeughersteller sowohl Motorsteuerung als auch -leistung noch Jahre nach der Fertigung und Auslieferung ohne Gewährleistungsverlust recht gut verändern und verbessern. Inzwischen sprechen die Automobilkonzerne aber auch vom Übergang in eine neue Ära, in der dem Kunden über die Aktualisierung von Software auch noch nach dem Kauf neue Funktionalitäten im Fahrzeug ermöglicht werden.

Die entscheidende Frage lautet, ob eine Massenproduktion bei gleichzeitiger Produktindividualisierung überhaupt möglich ist. Denkbar wäre es durch die Kombination aller drei Formen: Lagerfertigung, Auftragsfertigung und Auftragskonstruktion. Die Lagerfertigung nutzt man für die breite Masse der Bauteile, die Auftragsfertigung für das Gesamtfahrzeug und die Auftragskonstruktion für ganz spezielle Wünsche. Warum sollte es beispielsweise nicht möglich sein, einen personalisierten Sitz für die persönlichen Körpermaße des Kunden über einen 3-D-Drucker [19] zu erstellen? Das würde nicht nur bestmöglichen Komfort, sondern auch einen zusätzlichen Sicherheitsschutz bedeuten.

Zusammengefasst geht es um den Wandel der Fortbewegungsmittel im 20. Jahrhundert und die Transformation ihrer Fertigung über unterschiedliche Phasen. Einerseits stieg kontinuierlich das Fertigungsvolumen der Fahrzeuge, aber andererseits auch die Variantenvielfalt durch die geforderte Personalisierung. So kommen wir im Grunde wieder zu einer kundenindividuellen Fertigung zurück (siehe Abb. 2.3).

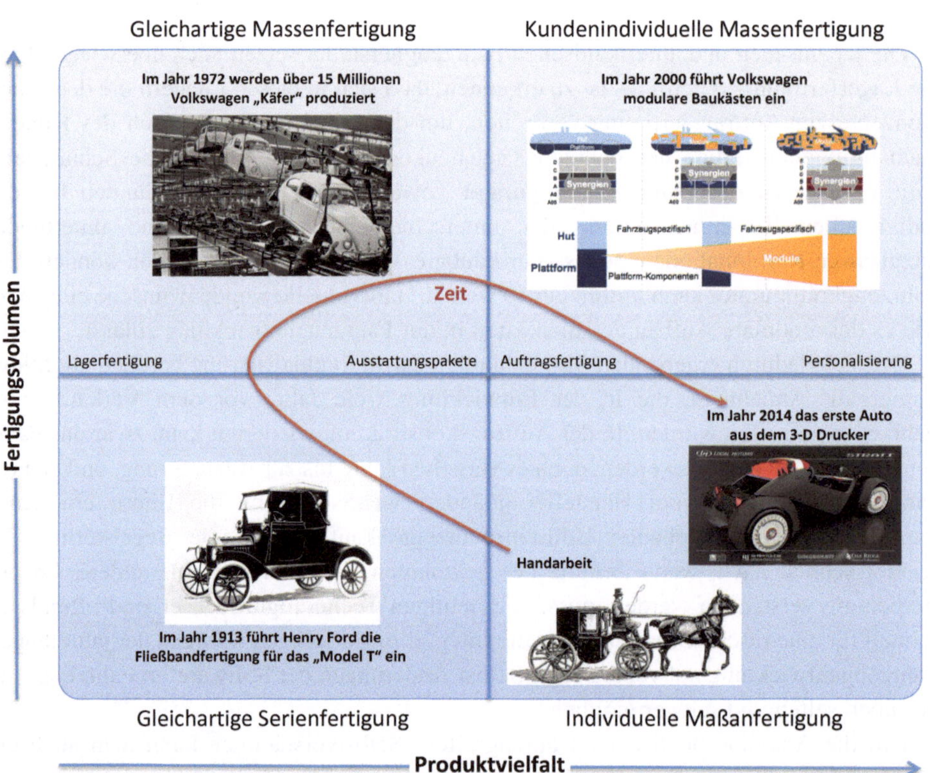

Abb. 2.3 Die Transformation der Wirtschaft für Fortbewegungsmittel im 20. Jahrhundert: Der Konsument als Wirtschaftstreiber in der ursprünglichen Phase der Handarbeit, und der Übergang zum Produkthersteller als Treiber der Wirtschaft, um das Fertigungsvolumen zu erhöhen. Aber letztendlich fordert die Digitalisierung inzwischen wieder eine individuellere Fertigung (Fotos: dpa Picture-Alliance, Volkswagen, Ford, Local Motors)

Warum dieser ganze Rückblick, und was hat dies alles eigentlich mit der Digitalisierung und schließlich mit der Unternehmensarchitektur zu tun? Die Antwort lautet: Die Digitalisierung bringt uns wieder an den Punkt zurück, wo der Verbraucher individuelle Maßanfertigung und dynamische Interaktion mit dem Unternehmen erwartet.

Ein konsequenter nächster Schritt dabei ist die Kombination der virtuellen Mobilität, also ortsunabhängig zu kommunizieren, Daten zu nutzen und zu bezahlen, mit der physischen Welt durch den Wandel vom Produkt zur Dienstleistung. So war das AUTOmobil, wie wir es heute kennen, ein Produkt, das, vor allem mechanisch geprägt, im industriellen Zeitalter aufblühte. Die individuellen Lösungsmöglichkeiten zur Überwindung räumlicher Distanzen werden sich mit dem AutoMOBIL verändern. Detaillierter werden wir dies im Kap. 4 ausarbeiten. Die dafür notwendigen Unternehmensarchitekturen werden anders als die heutigen sein, und nicht alle heute bestehenden werden den Wandel überstehen.

2.2 Produktentstehung

Für die Ablaufphasen in der Produktentstehung der Automobilindustrie gibt es einige Begriffe, die in der Literatur nicht eindeutig definiert sind. Das liegt vor allem daran, dass ein Fahrzeug nicht mit einem einzigen, großen Schritt von der Planung bis zum fertigen Produkt entsteht, sondern vielmehr in einer Abfolge vieler Schritte, die jeder Fahrzeughersteller in leicht von anderen abweichend ausgelegte Phasen gliedert, für die er in der jeweiligen Formalisierung durch Prozesse auch eine eigengewachsene Terminologie verwendet. Viele Prozesse laufen parallel, sodass die Phasen zwischen Produktplanung und Produktion oft fließend ineinander übergehen. Eine eindeutige Trennung zwischen Entwicklung, Konstruktion und Produktion in den Entwicklungsphasen eines Serienprodukts von der Einzel- über die Kleinserien- bis hin zur Großserienfertigung ist deshalb nicht unternehmensunabhängig möglich. Die Abb. 2.4 zeigt die wesentlichen Phasen des Produktentstehungsprozesses, wie wir sie in diesem Buch verwenden werden. Somit umfasst er die Phasen der Produkt- und Produktionsentwicklung, die wir folgendermaßen definieren:

- Die *Produktentwicklung* umfasst die Planungsphase, die Konzept-/Entwurfsphase und die Serienentwicklungsphase. In der Planungsphase werden Produktideen und -vorschläge berücksichtigt, die in eine Anforderungsliste münden. In der kontinuierlich fortlaufenden Vorentwicklung entstehen die Ideen und Impulse für das grundlegende Fahrzeugkonzept. Darauf folgt die Konzept-/Entwurfsphase, in der die Gestaltung eines neuen Fahrzeuges beginnt. Danach hat die Serienentwicklung das Ziel, alle Bauteile unter den bestehenden Rahmenbedingungen in einer kompatiblen Anordnung

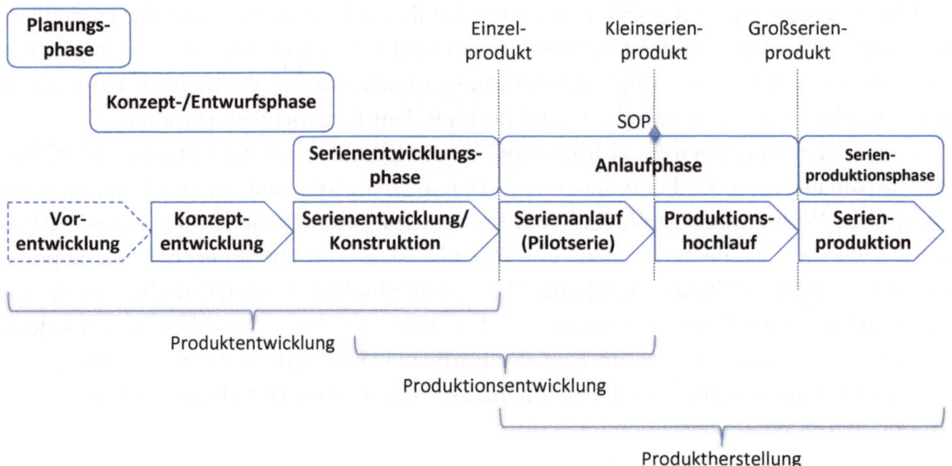

Abb. 2.4 Die wesentlichen Phasen des Produktenstehungsprozesses, wie sie in diesem Buch verwenden werden

zusammenzubringen. Alle Phasen überlappen einander. Vor allem die Produktionsentwicklung, wo die Serienentwicklung, die Konstruktion und der Serienanlauf ineinanderfließen.

- Der Schwerpunkt der *Produktionsentwicklung* liegt auf der Konstruktion und dem Serienanlauf. In der Konstruktion werden das Fahrzeug und der dafür notwendige Prozess so ausgearbeitet, dass eine Serienproduktion möglich ist. Die Entwicklung und Herstellung der benötigten Produktionsanlagen erfolgen während der Serienentwicklungsphase. Der anschließende Serienanlauf ermöglicht das Kleinserienprodukt und pilotiert die Produktionsverfahren mit den Produktionsmitteln bis hin zum Beginn der Serienproduktion „Start of Production" (SOP). Die Entwicklung des Produkts und der dafür benötigten Produktion werden damit abgeschlossen.
- Die *Produktherstellung* beginnt mit der Produktionsanlaufphase, in der die Fahrzeuge unter seriennahen Bedingungen hergestellt werden. Mit dem SOP startet der Produktionshochlauf, bei dem die ersten verkaufsfähigen Fahrzeuge hergestellt werden. Der Hochlauf geht über in die Serienproduktion, wenn geplante Kriterien wie Produktionsvolumen, Qualitätsvorgaben und Produktionsdurchlaufzeiten mit einem stabilen Produktionsablauf erreicht werden.

Die in ähnliche Phasen aufgeteilte Materialbeschaffung, die den Produktentstehungsprozess absichert, führen wir in dieser Darstellung nicht speziell auf. Die einzelnen Phasen und die für sie notwendigen Kompetenzen werden im Kap. 3. noch ausführlicher diskutiert.

2.3 Im industriellen Zeitalter werden Fahrzeugarchitekturen gegründet

Die Epochen unserer Fahrzeugarchitektur, die über viele Jahrzehnte gewachsen ist und mehrere Phasen mit signifikanten Veränderungen durchlebt hat, kann man über die damit verbundenen menschlichen Sinneswahrnehmungen verdeutlichen.

Die Mechanik, die am Beginn steht, kann man sehr gut sehen, fühlen, hören und riechen und in bestimmten Situationen auch schmecken. Ein erfahrener Werkstattmeister kann bei solchen komplexen Wahrnehmungsmöglichkeiten nicht durch ein Diagnosegerät abgelöst werden, wenn es um Problembeschreibungen wie „Es klappert hinten links" geht. Bei der Elektrik reduzieren sich die Sinneswahrnehmungen auf das Sehen und das Fühlen und in manchen Situationen noch das Hören. Die Elektronik kann man vielleicht noch sehen, allerdings eher durch Hilfsmittel, vor allem wenn es um Mikroelektronik geht. Bei Software kommt man allein mit menschlichen Sinnen und ohne Werkzeuge nicht weiter. Hier ist ein elektronisches Diagnosegerät in der Werkstatt unverzichtbar. Der Blick auf die Sinneswahrnehmungen macht deutlich, welche unterschiedlichen Fähigkeiten und Erfahrungen in einer Architektur zusammengewachsen sind.

In dieser Reihenfolge – Mechanik, Elektrik, Elektronik und Software – ist die Evolution der Fahrzeugarchitektur und -entwicklung und die damit wachsende Komplexität entstanden. Die Problematik steckt in den sehr unterschiedlichen Epochen, die unabhängig voneinander Einfluss auf die Fahrzeugarchitektur genommen haben. Begonnen hat es mit etwas sehr Konkretem, das man greifen kann und das eine ganz andere Ausbildung erfordert als die „unsichtbare" Software, die im mechanischen Sinne nicht altert oder verschleißt.

Bereits im VDA-Jahresbericht 2002 wurde ein signifikanter Strukturwandel in der Automobilindustrie durch den steigenden Wertanteil der Elektrik und Elektronik und innerhalb dieser ein noch schneller steigender Softwareanteil aufgezeigt. Die Möglichkeiten der Elektronik in Kombination mit Software im Fahrzeug verschieben unter dem Begriff *Mechatronik* das Verhältnis zwischen der Mechanik und den elektr(on) ischen Komponenten eines Produkts kontinuierlich, wie in Abb. 2.5 dargestellt. Gemessen an Entwicklungskosten und -aufwänden ist in mechatronischen Systemen der Anteil der Software bereits höher als der Mechanikanteil. In Bereichen wie Unterhaltung, Antriebssystem und Sicherheit hat sich die Software mittlerweile zum Umsatztreiber in der Automobilindustrie entwickelt.[5]

Es gibt zwar viele Normen im Kontext des Fahrzeugs und seiner Systeme, in der Praxis jedoch gibt es keine einheitliche Verwendung des Begriffs „Fahrzeugarchitektur". In der technischen Produktdokumentation nach der Norm ISO 10209:2012 [5] existiert er gar nicht. Dennoch wird er in den letzten Jahren immer häufiger in der Literatur [3, 26],

[5] „November 12, 2014 – Trend Towards Sensor Fusion to Drive the Global Automotive Software Market, According to New Report by Global Industry Analytics, Inc." http://www.strategyr.com/pressMCP-6382.asp. Zugegriffen am 19.12.2014.

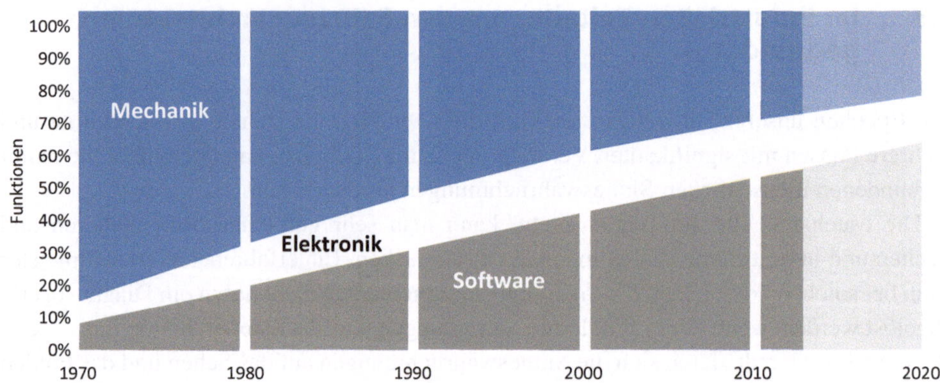

Abb. 2.5 Anteil des Entwicklungsaufwands der Mechanik, Elektronik und Software im mechatronischen Entwicklungsprozess nach dem Verband Deutscher Maschinen- und Anlagenbau (VDMA) und Zukunftsprognose des Unternehmens ITQ GmbH auf Basis von Marktdaten (Quelle: [15])

verwendet, ohne aber genau definiert zu werden. Die von uns zugrundegelegte Definition der Fahrzeugarchitektur lautet folgendermaßen:

> Die Fahrzeugarchitektur bildet die physische und funktionale Grundstruktur des Gesamtfahrzeugkonzepts. Sie verbindet die spezifizierten Fahrzeugfunktionen mit den Bauteilen. Damit bildet sie eine technische Struktur aus mehreren zueinander in Beziehung stehenden physischen Komponenten und Funktionen, die auf Basis einheitlicher Grundsätze und Gestaltungsrichtlinien entwickelt wird.

Teile der physischen Struktur sind zum Beispiel die Abmessungen des Fahrzeugs, die Karosseriestruktur, die Steuergeräte und Systembusse und die Topologie des Bordnetzes mit ihren Schnittstellen. Die Funktionsstruktur als logische Architektur des Fahrzeugs wird immer mehr durch Softwaresysteme beeinflusst, beispielsweise durch aktive Sicherheitssysteme wie das Antiblockiersystem ABS, Komfortsysteme wie Heiz- und Klimasysteme, Fahrerassistenzsysteme wie Einparkhilfen und am intensivsten durch Unterhaltungs- und Informationssysteme – heutzutage unter dem Begriff „Infotainment" zusammengefasst – wie Navigation, Nachrichtendienste oder Wetterinformationen.

Mit dieser Definition der Fahrzeugarchitektur folgen wir einer ähnlichen Begriffsdefinition wie für die IT-Architektur (siehe Abschn. 1.7. Dementsprechend gliedern wir die Fahrzeugarchitektur nach dem Modell von Zachman, in dem die Architekturkomponenten mit den folgenden drei grundlegenden Fragen zueinander in Beziehung gesetzt werden:

Was? Die *Stückliste* beschreibt, woraus das Fahrzeug besteht. Das ist im Wesentlichen ein Materialverzeichnis nach Menge und Art aller Teile eines Fahrzeugs.

Sie listet alle Teile zum Aufbau des Fahrzeugs auf und ordnet sie nach Eigenschaften an. Die Funktion der Teile ist dabei jedoch für die Stückliste unerheblich. Neben physischen Teilen können auch Daten, zum Beispiel über eingebettete Software, Teil eines Fahrzeugs sein. Die Stückliste hat sich als Produktstrukturierung in mehreren Formen etabliert, auf die wir im nächsten Abschn. 2.3.1 genauer eingehen werden.

Wo? Die *technische Zeichnung* [14] oder das *Schnittstellenmodell* [27] bei eingebetteten Softwaresystemen beschreibt, wo die Teile zur Gestaltung und zum Aufbau des Fahrzeugs liegen. Die zeichnerischen Darstellungen der Bau-und Systemstruktur wie auch deren Regeln, Normen und Standardisierungsgrade sind in der Mechanik und Elektrotechnik sehr unterschiedlich. In der Mechanik steht die Geometrie im Mittelpunkt, beim technischen Zeichnen in der Elektrotechnik des Fahrzeugs konzentriert man sich dagegen auf die Schaltpläne und das Bordnetz, welche die Lage der elektrischen Bauteile bestimmen. Software kann man nicht in einer technischen Zeichnung beschreiben. Auf ein einheitliches Zusammenspiel aller Teile im Verbund über die Schnittstellen im Fahrzeug werden wir noch genauer im Abschn. 2.3.2 eingehen.

Wie? Funktionen beschreiben lösungsunabhängig, wie Aufgabenstellungen erfüllt werden. Die Aufgaben eines Fahrzeugs werden durch *Funktionsstrukturen* beschrieben, durch die die Komplexität des Fahrzeugs reduziert wird. Das Finden von Lösungen wird erleichtert, indem gesonderte Teillösungen für Teilfunktionen in der Strukturierung möglich sind. Der Funktionszusammenhang der Teilfunktionen innerhalb der Funktionsstruktur im Fahrzeug wird durch einen Wirkzusammenhang physikalischer, chemischer oder biologischer Geschehen erfüllt. Die detaillierte Funktionsbeschreibung als Spezifikation der Fahrzeugteile wird in der Produktdokumentation beschrieben, auf die wir im Abschn. 2.3.3 noch eingehen werden.

Die Antworten auf diese drei grundlegenden Fragen „Was?“, „Wo?“ und „Wie?“ bilden die drei Primärinformationen, die die Fahrzeugarchitektur definieren. Eine ähnliche Definition der Produktarchitektur wurde in [9] eingeführt. Für eine formellere und ausführlichere Beschreibung der Produktdokumentation verweisen wir auf die Literatur [6]. Eine strukturelle Gliederung der Informationen der technischen Zeichnungen und Stücklisten ist auszugsweise als Beispiel in Abb. 2.6 zusammengestellt. Die Gliederung ist einer Darstellung des Deutschen Instituts für Normung (DIN) [4] angelehnt.

2.3.1 Stückliste des Fahrzeugs

Die Stückliste wird als das Herzstück der Fertigungsindustrie gesehen. Sie gehört zu den wichtigsten Informationen für die Planung, Konstruktion und Vorbereitung der Fertigung

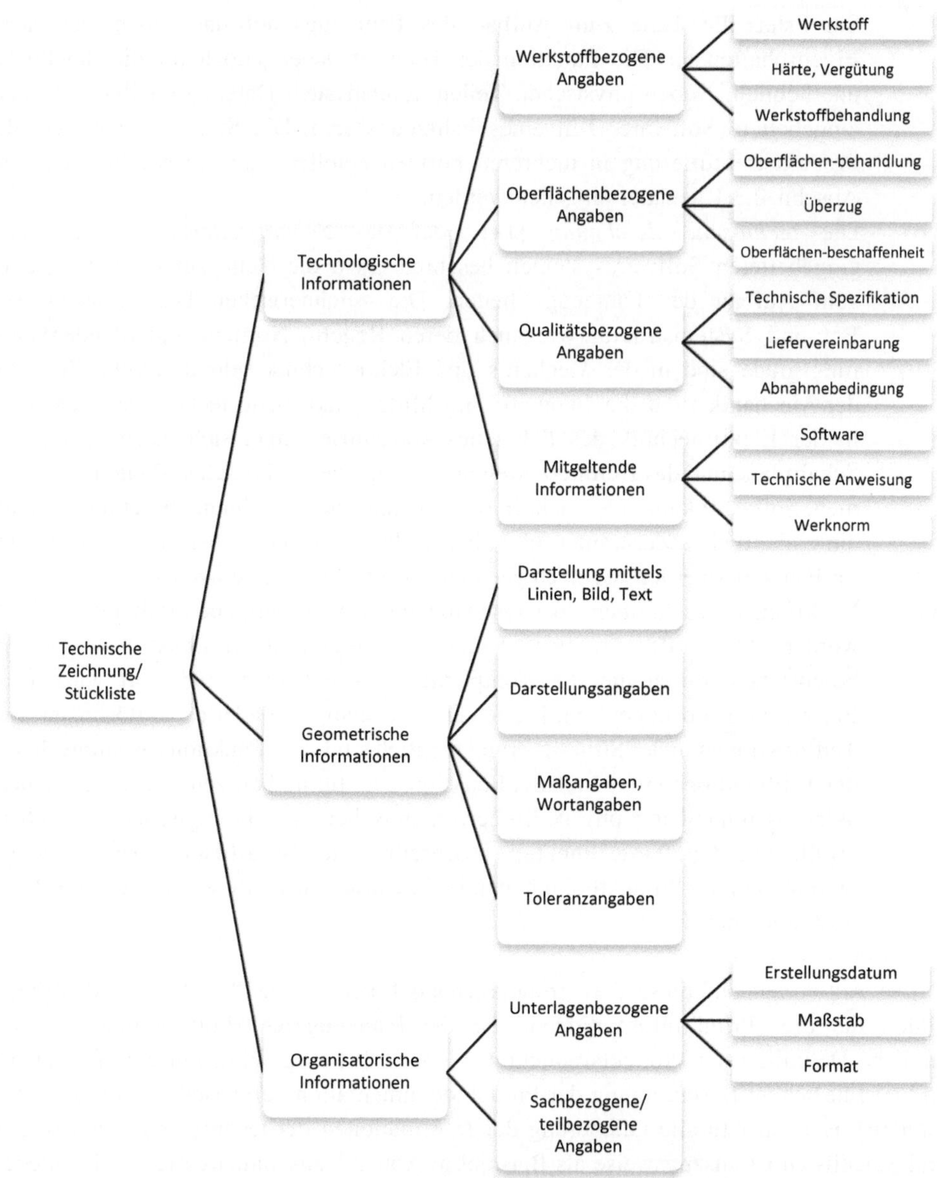

Abb. 2.6 Gliederung der Informationen in technischen Zeichnungen und Stücklisten nach [4]

eines Produktes. Sie stellt sicher, dass das Produkt aus den Materialien hergestellt wird, für die es entwickelt wurde. Es gibt unterschiedliche Arten von Stücklisten, von denen nur einige Formen vereinfacht eingeführt werden. Eine detailliertere Beschreibung der Stücklistenverwaltung findet sich in der weiterführenden Literatur [29].

Tab. 2.2 Beispiel einer flachen Stückliste als Materialverzeichnis nach Menge und Art einiger Teile eines Autositzes

Bezeichnung	Menge
Kopfstütze	1
Armlehne (rechts)	1
Sitzpolster	1
Sitzwanne	1
Sitzkissenbezug	1
Sitzheizung	1
Gurtbefestigung	1
Gurtschloss	1
Torx Schrauben	2
...	

Die einfachste Form ist eine Mengenübersichtsstückliste, wie zum Beispiel in der Tab. 2.2 dargestellt. Allerdings hat auch bereits diese einfache Liste in der Praxis noch mehrere Spalten, wie zum Beispiel Artikelnummer, Einheit, Material, Gewicht, Abmessungen. Die Stückliste bildet nicht nur die Grundlage zur Ermittlung des Materialbedarfs, sondern ist auch das Steuerinstrument in der Entwicklung eines Produktes, bei der Materialbestellung, -bevorratung und -bereitstellung, für die Fertigung, zur Konfiguration im Verkauf wie auch in der Wartung in einer Werkstatt. Entlang der Wertschöpfungskette werden unterschiedliche Arten von Stücklisten benötigt, um die verschiedenen Anforderungen erfüllen zu können.

Beginnend in der Entwicklung eines Fahrzeugs ist die Art der geplanten Fertigung (siehe Abb. 2.2) maßgeblich entscheidend für die Produktstrukturierung und der Form der Stückliste. Der Einfachheit halber beschränken wir uns auf die am weitesten verbreitete Grundform der *Baukastenstückliste*, in der mehrfach auftretende Kombinationen aus gleichen Teilen gruppiert werden. Man bildet insbesondere Baugruppen, die längere Zeit unverändert bleiben, um die Komplexität der Fahrzeugvarianten zu reduzieren [30]. Die Gruppierungen erfolgen in mehreren Stufen, sodass eine hierarchische Strukturierung entsteht, welche mit dem Erzeugnisprodukt beginnt und pro Ebene immer detaillierter nach Montageschritten zerlegt wird.

Die Stückliste der mechanischen Teile

Zu den Hauptbestandteilen eines Fahrzeugs gehören seit seiner Erfindung die drei Subsysteme „Antriebssystem“, „Fahrwerk“ und „Karosserie“ (siehe Abb. 2.1). Die Subsysteme können weiter in Module zerlegt werden. Der heutzutage hauptsächlich eingesetzte Verbrennungsmotor und das Getriebe sind beispielhafte Module des Antriebssystems. Das bildet das Grundgerüst mit entscheidenden Modulen wie zum Beispiel dem Lenksystem, Bremssystem und Federungssystem. Als Karosserie bezeichnet man den kompletten Aufbau eines Kraftfahrzeugs. In der Praxis unterscheidet man heutzutage zwischen der Karosserie als Außenhaut und dem Innenraum als eigenem Subsystem mit den Ausstattungen. Allerdings behandeln Hersteller die detaillierte Dekomposition eines Fahrzeugs sehr unterschiedlich.

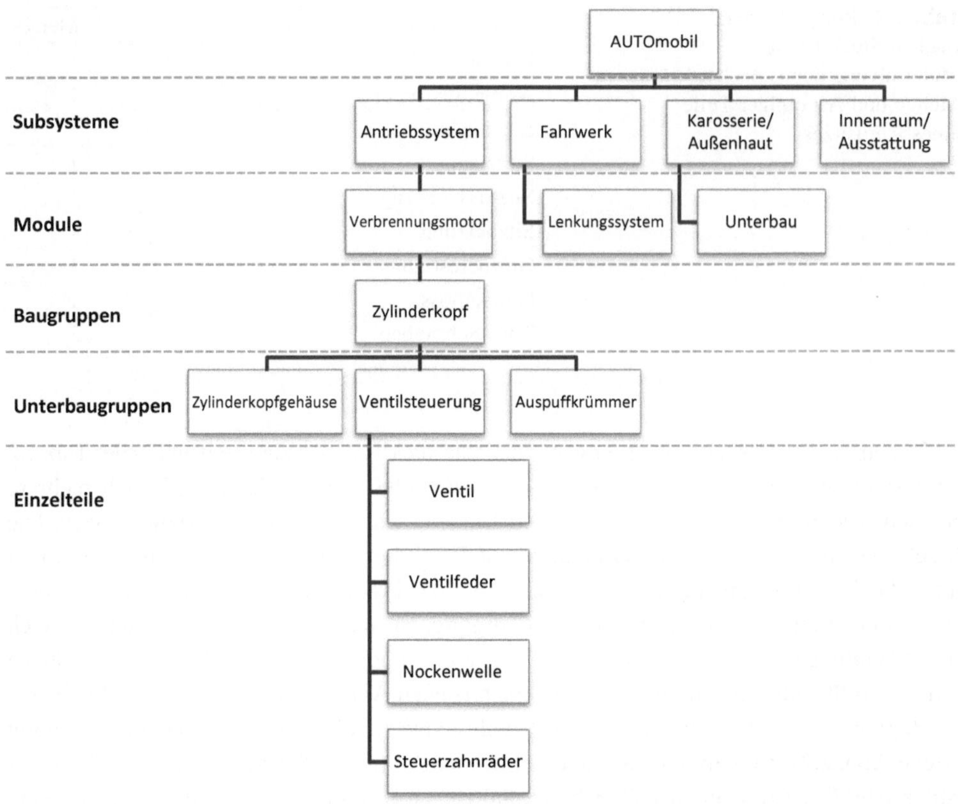

Abb. 2.7 Schematische Darstellung einer möglichen mechanischen Dekomposition eines AUTOmobils bis hin zum Einzelteil Ventil

Wir vereinfachen die Dekomposition in einer möglichen Darstellung, in der das Fahrzeug auf den fünf Ebenen Subsysteme, Module, Baugruppen, Unterbaugruppen und Einzelteile zerlegt wird. Eine vereinfachte Darstellung der Dekomposition vom Automobil bis hin zum Einzelteil Ventil des Motors ist schematisch in der Abb. 2.7 dargestellt.[6] Diese Form der Baukastenstückliste hat den Vorteil gegenüber dem flachen Materialverzeichnis (siehe Tab. 2.2), dass komplexe Produktstrukturen (zum Beispiel der Verbrennungsmotor) einheitlich über mehrere Fahrzeugvarianten wiederverwendet werden können. Ein Fahrzeug besteht aus sehr vielen Bauteilen, die unterschiedlichste Aufgaben in den Bereichen Leistung, Sicherheit, Zuverlässigkeit, Ökonomie, Komfort, Unterhaltung etc. erfüllen. Die hierarchische Dekomposition hat nicht nur den Vorteil, Gleichteile

[6] In der Praxis gibt es mehrere Ebenen, unterschiedliche Bezeichnungen der Ebenen und abweichende Strukturierungen. Zum Beispiel kann eine Ventilsteuerung auch Teil einer Gruppe Motorsteuerung sein.

Abb. 2.8 Ein Volkswagen Käfer bestand Mitte der 1960er-Jahre aus mehreren Tausend Einzelteilen (Foto: Volkswagen AG)

zusammenzufassen, sondern sie auch nach den Eigenschaften der unterschiedlichen Aufgabenbereiche anzuordnen. Früher waren Fahrzeuge überwiegend nur aus mechanischen Teilen zusammengebaut. So bestand ein Volkswagen Käfer Mitte der 1960er-Jahre aus mehreren Tausend Einzelteilen, wie in Abb. 2.8 dargestellt. Je nach Größe und Ausstattung eines Fahrzeugs entstehen heutzutage Strukturen aus über 10.000 Metall- und Kunststoffteilen. Die genauen Zahlen und Details zu den Einzelteilen nennen die Hersteller aber nicht. Es ist offensichtlich, dass die Automobilindustrie über Jahrzehnte durch die Mechanik entscheidend geprägt wurde. Da die heutige Fahrzeugarchitektur aber längst nicht mehr nur aus Mechanik besteht, liegt die wahre Komplexität nicht allein in der Anzahl der mechanischen Bauteile.

Die Elektrik und Elektronik erfasst die Stückliste auf allen Ebenen

Als mit dem ersten Kabel als Signalgeber für die Zündung die Elektrik Einzug hielt, später auch die Elektronik, wurde die Stückliste komplett erfasst und auf allen Ebenen verändert. Ein Volkswagen Käfer wie in Abb. 2.8 hatte auch bereits einige elektrische Teile. Allerdings sind etwa 30 Bauteile und ihre Verkabelung aus heutiger Sicht noch überschaubar. Mit weniger als 1 % Anteil elektrischer Teile ist deren Bedeutung im Verhältnis zur Mechanik gering. Einige elektrische Bauteile der Stückliste haben wir in der Tab. 2.3 aufgelistet.

Wo sollen nun die elektrischen Bauteile in der schematischen Dekomposition der Abb. 2.7 eingefügt werden?

Tab. 2.3 Einige elektrische Bauteile eines Volkswagen Käfer 1300 Mitte der 1960er-Jahre

Bauteile		
Batterie	Lichtmaschine	Sicherungen
Zündung	Zündstartschalter	Hauptlichtschalter
Lichtanlage	Blinkerschalter	Blinkrelais
Kennzeichenleuchte	Abblend-/Fernlicht-Fußschalter	Bremslichtschalter
Hupe	Hupenbetätigung	Türkontaktschalter
Scheibenwischermotor	Scheibenwischerschalter	Öldruckschalter
Tachometer-Kontrollleuchten		
. . .		

Einen Türkontaktschalter kann man dem Subsystem „Karosserie", die Zündung dem Subsystem „Antriebssystem" und die Tachometer-Kontrollleuchten dem Subsystem „Innenraum" hinzufügen. Spätestens aber mit der Verkabelung dieser elektrischen Bauteile entstehen Querverbindungen zwischen den Subsystemen. Es würde eine intensive netzwerkartige Dekomposition entstehen, die nicht mehr durch eine einfache Baumstruktur dargestellt werden kann. Wo würde man darin die Batterie oder Lichtmaschine platzieren?

Bei einem Elektroauto oder Hybridfahrzeug wäre die Batterie Teil des Subsystems „Antriebssystem". Bei Fahrzeuge mit Verbrennungsmotoren haben die meisten Hersteller das Subsystem „Elektrik/Elektronik" eingeführt und möglichst viele elektrische Bauteile dort platziert, wodurch man eine Netzwerkstruktur durch Querverbindungen in der Dekomposition minimieren kann. Diese Architekturentscheidung war ursprünglich durchaus sinnvoll, zum Beispiel um Entwicklung von Fahrzeugmechanik und -elektrik sowie deren Montage getrennt durchführen zu können, allerdings hat diese Trennung angesichts der Vielzahl elektrischer Funktionen inzwischen mehr Nachteile als Vorteile. Betrachten wir zum Beispiel das Fahrwerk, bei dem sich die Entwicklung immer stärker von der traditionellen, primär mechanischen Ausrichtung auf Feder- und Dämpfersysteme hin zu seiner ganzheitlichen funktionalen Betrachtung bewegt. In der modernen Fahrzeugtechnik steht die Gesamtheit des dynamischen Verhaltens eines Fahrzeugs im Fokus. Neben aerodynamischen Eigenschaften und Karosseriesteifigkeit sind hier vor allem die modernen elektronischen Regelsysteme zur fein abgestimmten Steuerung der Fahrwerkskomponenten relevant. Sie leisten einen wichtigen Beitrag für mehr Komfort und Sicherheit im Fahrzeug, resultieren jedoch in einer komplexen Stücklistenstruktur. Wir verweisen auf die Literatur [24] für einen detaillierteren Tiefgang der ganzheitlichen funktionalen Betrachtung eines Fahrzeugs unter Einfluss der Elektronik.

Insbesondere durch die Elektronik wurde als weiteres Subsystem die „Kommunikation und Unterhaltung" eingeführt. Manche Hersteller ordnen es als Modul unter dem Subsystem „Elektrik/Elektronik" ein, doch geht es weit über ein reines elekt(ron)isches

Autoradio hinaus und wird in gegenwärtigen Fahrzeugen als Infotainment-System bezeichnet. Dazu zählen all die Geräte, die den Fahrzeuginsassen eine Verbindung zwischen Fahrzeug und Außenwelt ermöglichen. In diesem Bereich, der Telekommunikation, ändern sich die Technologiestandards schneller, als es die Fahrzeugentwicklung mit ihren Integrationsansprüchen umsetzen kann.

Noch offen ist die Weiterentwicklung der Stücklisten in Richtung des vernetzten Fahrzeugs. Die Hersteller ordnen es bislang als reine Funktion dem Subsystem „Kommunikation und Unterhaltung" zu, was naheliegend ist, da es durch die bestehenden Kommunikationsmöglichkeiten eine Verbindung zur Umwelt aufbauen kann. Dieses Subsystem hat aber andererseits durch das Bordnetz- und Bussystem zahlreiche Dateneinschränkungen, die einem Plattformgedanken für eine personalisierte Vernetzung des AutoMOBILs, wie wir noch im Kap. 4 diskutieren werden, entgegenstehen. Über die Produktstruktur des Subsystems und die Stückliste im Projekt „Google Self-Driving Car" (siehe Seite 30) kann nur spekuliert werden.

Zusammengefasst wird deutlich, wie rasant die Komplexität der Stückliste gestiegen ist und weiter kontinuierlich steigen wird. Nicht nur in der Tiefe durch die steigende Anzahl von Bauteilen, sondern auch in der Breite durch neue Subsysteme und Module, die durch neue Funktionsbereiche notwendig wurden. Die Abb. 2.9 gibt einen Eindruck, wie sich die Dekomposition durch die Erweiterungen der elektrischen und elektronischen Bauteile entwickelt hat. Nicht immer aber muss die Komplexität der Stückliste zwangsläufig steigen. In einem Elektrofahrzeug entfallen beispielsweise der Verbrennungsmotor, das Getriebe, das Kraftstoffsystem, die Abgasanlage, der Starter und die Lichtmaschine, somit entfallen also mehr Teile, als durch den Elektroantrieb und Elektronik hinzukommen.

In dieser vereinfachten Abbildung muss man aber nun bedenken, dass sowohl eine Zündkerze als auch ein Radio eine Verbindung zur Stromversorgung benötigen. Die Architekturfragestellungen „Wo?" und „Wie?" gehen hier besser auf den Verbund der Teile ein, als die Stückliste über die Frage „Was" also was enthalten ist, beantworten kann. Darauf werden wir noch im Abschn. 2.3.3 genauer eingehen.

Software in eingebetteten Systemen

Software ist noch immer ein junges Thema in der Stückliste, wird aber als ein zentraler Innovationstreiber im Fahrzeug gesehen [27]. Überwiegend wird Software im Verbund mit elektronischen Systemen zur Steuerung und Regelung betrachtet, die als Steuergeräte (englisch Electronic Control Unit, kurz ECU genannt) bezeichnet werden. Sie zählen zu den eingebetteten Systemen und spielen im Rahmen der Automobilelektronik eine zentrale Rolle. Es handelt sich um spezialisierte Computer für einen technischen Kontext, die dort im Fahrzeug verbaut werden, wo etwas gesteuert oder geregelt werden muss. Die Steuergeräte sammeln beispielsweise über Sensoren Umweltdaten und ermitteln bestimmte Kenngrößen, wie Temperatur, Tankstand, Öldruck oder Drehzahl, von denen einige über die Konsole dem Fahrer angezeigt werden. Um ein sicheres Fahren zu gewährleisten, werden die Ausgabewerte und die Funktionsfähigkeit der Sensoren und

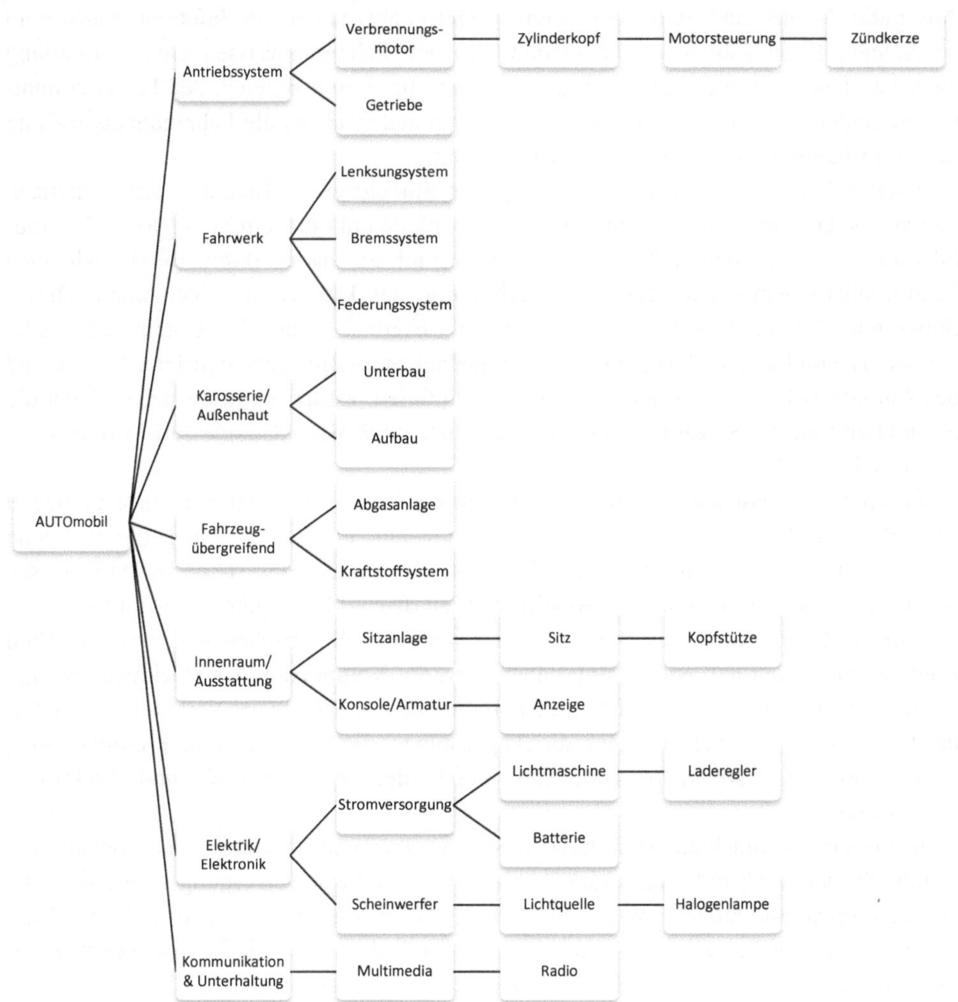

Abb. 2.9 Schematische Darstellung einer möglichen mechanischen, elektrischen und elektronischen Dekomposition eines AUTOmobils mit den Bauteilen Lichtmaschine, Batterie, Halogenlampe, Zündkerze und Radio

Steuergeräte permanent mittels Software geprüft. In der Mercedes-Benz E-Klasse (Baureihe 212) sind zum Beispiel 62 Steuergeräte verbaut.[7]

Die eingebundene (eingebettete) Software ändert in der Regel nicht die Topologie der Stückliste, wie es die Elektrik und Elektronik verursacht hat. Eine oder mehrere Softwareanwendungen sind fest an ein Steuergerät gebunden und auch mit den

[7] „Elektronik im Auto: Die Entwicklung" http://www.automobil-industrie.vogel.de/elektronik/articles/367049. Zugegriffen am 19.12.2014.

Hardwaretreibern verknüpft. In Situationen mit sehr hohen Integrationsanforderungen hinsichtlich Sicherheit, Verlässlichkeit und Echtzeitfähigkeit ist es sinnvoll, die Software nur innerhalb eingebetteter Systeme zu betrachten. Dafür sind individuelle Entwicklungen nötig und eine Vereinheitlichung der Software über das gesamte Fahrzeug hinweg ist unmöglich. Als Resultat sehen wir, dass ein Oberklassewagen inzwischen mehrere Millionen Zeilen Programmcode enthält.[8]

Aus Sicht der Informationstechnik kommt dann schnell die Frage auf, wie hoch der redundante und ungenutzte Anteil an eingebauter Software ist. Da die Fahrzeughersteller unterschiedlichste eigene eingebettete Systeme verwenden, war eine Vereinheitlichung der Software wie auch der Versionsstände lange Zeit nicht nötig, stattdessen wurde sie immer individuell entwickelt oder zugekauft. Ein noch sehr unbekanntes Feld in der Fahrzeugarchitektur und der Stückliste ist die einheitliche Trennung von Funktionen und Daten, die sich in großen und komplexen IT-Projekten über die objektorientierte Softwareentwicklung durchgesetzt hat.

In den letzten 20 Jahren gab es eine Reihe von Bestrebungen, Betriebssysteme, Bussysteme, Basis-Software und Funktionsschnittstellen für die Architektur von eingebetteten Systemen zu standardisieren. Auf die Bussysteme wird im nächsten Abschn. 2.3.2 eingegangen. Eine Zusammenführung und konzeptionelle Neuausrichtung erfolgte im Jahr 2003 unter der Entwicklungspartnerschaft AUTOSAR[9] von verschiedenen Herstellern aus dem Automobilbereich sowie Produzenten von Entwicklungswerkzeugen, Basis-Software für Steuergeräte und Mikrocontrollern. Sie hat das Ziel, ein standardisiertes Elektrik/Elektronik-Architekturkonzept zu entwickeln, um die Software in den eingebetteten Systemen von der darunterliegenden Hardware zu entkoppeln und dadurch ihre Austauschbarkeit zu erleichtern. Dafür ist die Architektur in die drei Ebenen Applikation, Laufzeitumgebung und Basis-Software gegliedert (siehe Abb. 2.10):

Applikation: In der Anwendungsschicht wird zwischen Softwarekomponenten für Applikationen und für Sensoren und Aktuatoren unterschieden. Dabei wird die Anwendungsfunktionalität von den eingebauten Sensoren und Aktuatoren im Fahrzeug abstrahiert. Beispielsweise sendet ein Licht-Sensor die Helligkeit an die Applikation Lichtsteuerung. Diese kann abhängig von der Funktionslogik den Befehl „Licht anschalten“ an den Licht-Aktuator schicken. Dabei

[8] „Software ist ein knappes Gut“ http://www.welt.de/print/wams/wissen/article109407823/Software-ist-ein-knappes-Gut.html. Zugegriffen am 19.12.2014.

[9] Steht für AUTomotive Open System ARchitecture http://www.autosar.org. Zugegriffen am 19.12.2014.

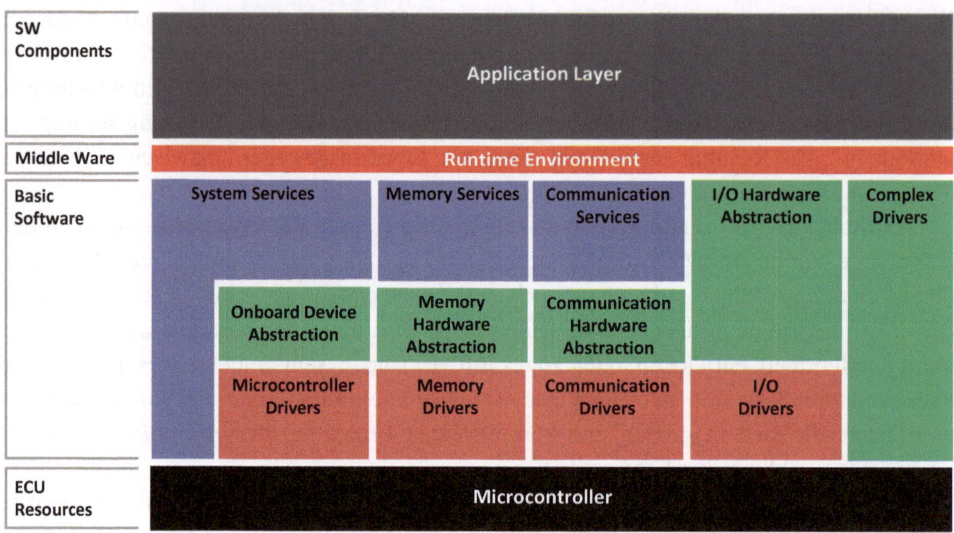

Abb. 2.10 AUTOSAR Elektrik/Elektronik-Architekturkonzept (Quelle: AUTOSAR)

befinden sich die Sensoren, Aktuatoren und Steuergeräte an unterschiedlichen Orten im Fahrzeug.

Laufzeitumgebung: Die Laufzeitumgebung (englisch Runtime Environment) integriert die Anwendungsschicht mit der Basis-Software. Sie implementiert den Datenaustausch und steuert die Interaktion zwischen den beiden Schichten. Alle Software-Komponenten dürfen untereinander wie auch mit der Basis-Software nur durch die Laufzeitumgebung und nie direkt kommunizieren.

Basis-Software: Die Basis-Software gliedert sich in vier Bereiche:

1. Zu den *Systemdiensten* (blau in Abb. 2.10) gehören das Betriebssystem und verschiedene Arten von Hintergrunddiensten wie Netzwerkdienste, Speicherverwaltung und Kommunikationsdienste. Diagnoseprotokolle sind zum Beispiel Systemdienste.
2. Die *Abstraktion der Steuergeräte* (grün in Abb. 2.10) bietet einen einheitlichen Zugriff auf alle Funktionalitäten eines Steuergeräts wie Kommunikation, Speicher oder Eingaben und Ausgaben. Die Schnittstellen sind unabhängig von der Steuergeräte-Hardware im Fahrzeug.
3. Unter *Complex Drivers* (grün in Abb. 2.10) werden nicht standardisierte Treiber für die spezifischen Eigenschaften und schnelle, direkte Zugriffe auf Mikrocontrollers oder Steuergeräte bereitgestellt. Damit sind sie nicht in AUTOSAR

spezifiziert. Dies betrifft zum Beispiel eine Einspritzregelung oder bestehende Software.

4. Die *Abstraktion der Mikrocontroller* (rot in Abb. 2.10) ist die Schnittstelle zur Peripherie und ermöglicht über die Treiber keine direkte Verbindung zu den Registeradressen für die Zugriffe auf den Mikrocontroller.

Die Standardisierungsaktivitäten konzentrieren sich auf Bereiche, die für die Hersteller nicht wettbewerbsrelevant sein sollten.[10] Bisher wurde allerdings wenig unternommen, die Fahrzeugdaten als Teil der Fahrzeugarchitektur mit zu strukturieren; ebenso wurde die Architektur noch nicht dahingehend geändert, die Komplexität der Software im Fahrzeug zu vermindern, anstatt sie zu steigern. Exemplarisch sei die Spracherkennung genannt, die ein Fahrzeughersteller heute nicht mehr komplett im Alleingang umsetzen sollte.

Ähnlich zu AUTOSAR ist JasPar[11] ein primär von japanischen Unternehmen getriebenes Konsortium, das aber andere Schwerpunkte verfolgt und den höheren Ressourcenverbrauch der Abstraktionsschichten von AUTOSAR bemängelt.

Die Produktdokumentation der Software und ihrer Versionen, die auf programmierbare ECUs aufgespielt und bei Instandhaltungen aktualisiert werden, kann man als Teil der Stückliste sehen, auch wenn sie in der Praxis oft gesondert behandelt wird. Vor allem in der Auftragsfertigung würde jedes Fahrzeug nach der Endmontage und dem Aufspielen der Software eine individuelle Stückliste erfordern. Dies folgt aus der hohen Variantenmöglichkeit der verbauten Steuergeräte und der darauf aufgespielten Softwareversionen. Eine zentrale Verwaltung solcher Produktdokumentationen ist über die Lebensdauer des Fahrzeugs zwingend erforderlich. Eine zentrale Bereitstellung der Software muss gleichzeitig sowohl eine hohe Fahrzeuganzahl der produzierenden Fabriken als auch Anfragen Zehntausender weltweit verbundener Werkstätten bedienen. Die Varianz der möglichen Daten, die bei einer Fahrzeugdiagnose der ECUs entstehen, verdeutlicht die Abb. 2.11 von BMW [22]. Insbesondere die Kombination mit den optionalen Steuergeräten und ihren eingebetteten Softwareständen erzeugt die Komplexität und gestaltet jedes Fahrzeug individuell.[12]

Die regelbasierte Variantenstückliste

In Abb. 2.11 wurden Steuergeräte entweder als fest verbaut oder optional konfigurierbar für Fahrzeuge dargestellt. Auf diesem Prinzip basiert die regelbasierte Variantenstückliste, um die Stückliste nicht auf feste Zuordnungen von Teilen zu beschränken. Es gibt die folgenden drei Arten von Regeln:

---

[10] Für weiterführende Details zur Standardisierung und Modularisierung über AUTOSAR und der darauf basierten Systementwicklung verweisen wir auf die Literatur [17].

[11] Steht für Japan Automotive Software Platform and Architecture http://www.jaspar.jp. Zugegriffen am 19.12.2014.

[12] Wir verweisen auf die Literatur [27] für einen tieferen Einblick in die Software im AUTOmobil.

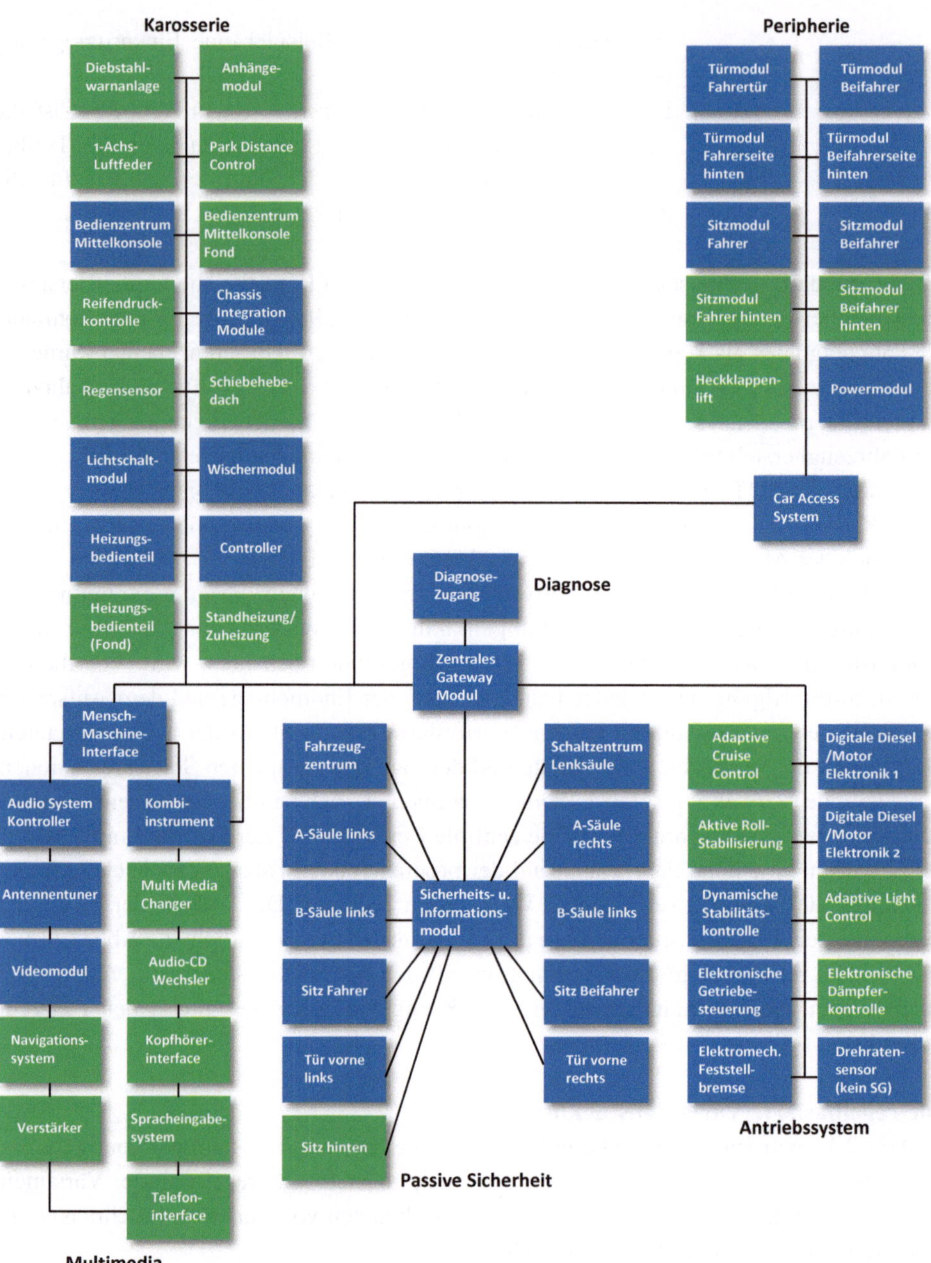

Abb. 2.11 Die Varianz der möglichen ECUs des Serienumfangs (grün) und Sonderausstattungen (blau) in einem BMW 7er, Modelljahr 2001 (E65) [22] (Quelle: BMW)

1. feste Zuordnung,
2. optional wählbar oder
3. wählbar aus einer Menge von Bauteilen und Baugruppen.

Die Ermittlung des Materialverzeichnisses kann erst nach der Auswahl erfolgen. Durch die regelbasierte Variantenstückliste kann eine sehr hohe Varianz an Fahrzeugen mit einer Stückliste abgebildet werden. So kann beispielsweise Daimler bis zu *zehn*^{27} unterschiedliche Fahrzeugkonfigurationen innerhalb einer Baureihe ermöglichen [39]. Durch die hohe Varianz möglicher Kombinationen von Bauteilen kann selbst der Fertigungsschritt in der Auftragsfertigung (siehe Abb. 2.2) nicht immer von den auftragsspezifischen Angaben entkoppelt werden.

Im Vertrieb besteht die Möglichkeit, ein Fahrzeug individuell für Kundenbedürfnisse zu konfigurieren. Allerdings haben Entwickler und potenzieller Käufer unterschiedliche Schwerpunkte in der Produktkonfiguration. Ein Entwickler trifft unter Berücksichtigung der Baubarkeitsregeln und der gesetzlichen Vorgaben des Zielmarkts eine Vorauswahl zulässiger Spezifikationen. Der potenzielle Kunde muss seine Vorstellungen und Wünsche der entwickelten Konfigurationslogik anpassen. Durch jede getroffene Entscheidung reduzieren sich die zulässigen Kombinationen. Frühe Konfigurationen der Fahrzeughersteller auf ihrer Internetpräsenz haben eine feste Reihenfolge zur Auswahl vorgegeben, die oft durch die hierarchische Struktur der Stückliste geprägt wurde. Solche Konfiguratoren haben Kunden mit ganz bestimmten Wünschen behindert, weil nicht jeder gleich zu Beginn den Motor auswählen will. Heute sind die Konfiguratoren flexibler, um schneller zu ganz bestimmten Optionen zu gelangen und nach jeder Auswahl eine Preisinformation zu erhalten. Allerdings kann auch heutzutage noch kein Konfigurator das komplette Regelwerk in der Variantenstückliste zur Überprüfung der Konsistenz und Baubarkeit durchlaufen. Pragmatische Ansätze sind Paketangebote, die neben der Serienausstattung angeboten werden.

Ein Regelwerk ist eine strukturierte Form, um eine auftragsspezifische Stückliste für den Kunden zu erstellen. Systeme der nächsten Generation müssen individueller die Vorstellungen des Kunden auf eine Stückliste abbilden. Ein Neukunde ist oft unerfahren mit den Herstellerbezeichnungen der unterschiedlichen Fahrzeugklassen (1.1) und der Nomenklatur für Ausstattungsmerkmale. Zum Beispiel muss er wissen, dass ein Allradantrieb bei Mercedes-Benz „4MATIC", bei BMW „xDrive" und bei Audi „quattro" heißt, wenn er diese Option wünscht. Erfahrene Kunden dagegen haben ein eigenes Profil und legen unterschiedliches Gewicht auf Komfort, Sicherheit, Leistung, Umweltbewusstsein, Familie, Reisen und Luxus. Auf der Basis des Kundenprofils muss ein zukünftiges System zur Individualisierung einer Stückliste die natürliche Sprache des Kunden verstehen [37], zum Beispiel:

- Muss über Gelände fahren.
- Farbe ist unerheblich.
- Soll günstig sein.

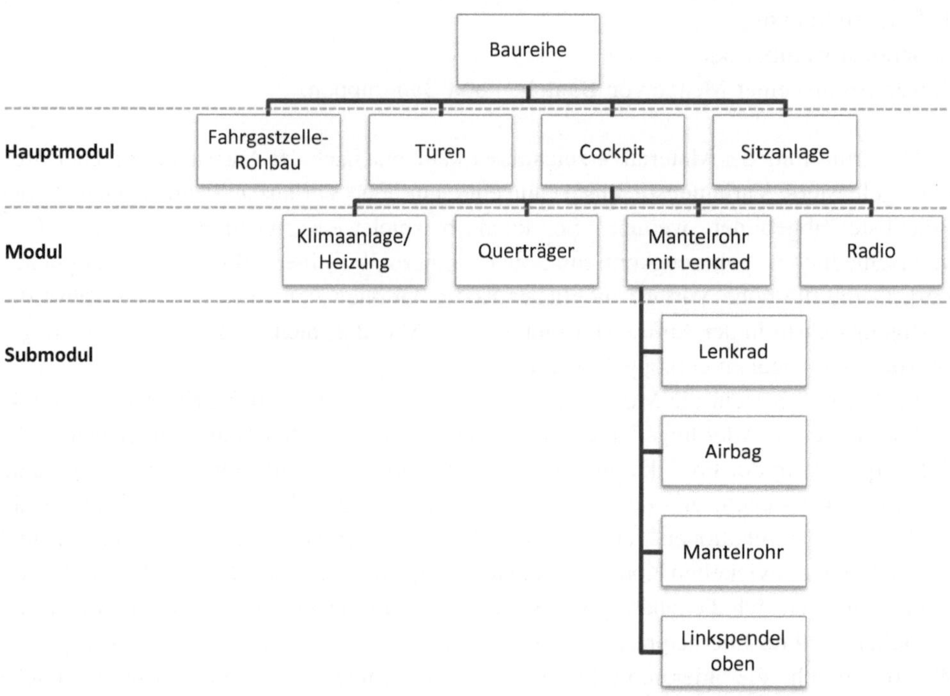

Abb. 2.12 Gliederung der Stückliste eines Mercedes-Benz Baureihe S210 nach Modulen [39]

- Soll nicht zu alt sein.
- Soll ein sicheres Fahrzeug sein.
- Soll ein zuverlässiges Fahrzeug sein.

In der natürlichen Sprache geht es mehr um Beziehungen und Verhältnisse als um explizite Regeln, aus „Was?“ ein Fahrzeug bestehen soll.

Beispiel Stücklistensystem von Daimler
Wir schließen die Stückliste mit einem konkreten Beispiel von Daimler ab. Daimler gliedert weitgehend standardisiert für Mercedes-Benz Personenkraftwagen die Stückliste auf der oberen Ebene nach Hauptmodulen, Modulen und Submodulen (siehe Abb. 2.12) ähnlich zur schematischen Darstellung in Abb. 2.7. Der weitere Detaillierungsgrad der Gliederung geht dann über auf das Prinzip der regelbasierten Variantenstückliste. Die Stückliste mündet in Positionen und deren Positionsvarianten, die alternative Ausprägungen einer Fahrzeugfunktion darstellen. Die Positionsvarianten verweisen letztendlich auf Artikel mit ihren Stammdaten, was entweder Einzelteile oder Baugruppen sind [39].

Eine kleine Auswahl der vielfältig kombinierbaren Sonderausstattungen des Mercedes-Benz C-Klasse W203 zeigt die Tab. 2.4. Jedoch sind nicht alle Ausstattungskombinationen miteinander kompatibel. So zeigt [31], dass „. . . das AMG-Styling (772) nicht

Tab. 2.4 Auszug Sonderausstattungen der Mercedes-Benz C-Klasse W203 [31]

Code	Benennung
550	Anhängervorrichtung mit abnehmbarem Kugelhals
500	Außenspiegel links und rechts elektrisch heranklappbar
673	Batterie mit größerer Kapazität
614	Bi-Xenonscheinwerfer mit Scheinwerferreinigungsanlage und dynamischer Leuchtweitenregulierung
231	Garagentoröffner im Innenspiegel integriert
551	Einbruch-Diebstahl-Warnanlage (EDW) mit Abschleppschutz
581	Komfort-Klimatisierungsautomatik THERMOTRONIC
280	Lenkrad in Lederausführung (zweifarbig) mit Chromspange
921	Motor mit Pfanzenölmethylester-Betrieb (Bio-Diesel)
353	Audio 30 APS (Navigationssystem mit integriertem Radio und CD-Laufwerk)
293	Sidebags im Fond
671	Leichtmetallräder 4-fach, 7-Speichen-Design
228	Standheizung mit Fernbedienung
772	Styling AMG

mit der Anhängervorrichtung mit abnehmbarem Kugelhals (550) kombiniert werden kann. Die Klimatisierungsautomatik (581) darf nur bei gleichzeitigem Einbau einer Batterie mit größerer Kapazität (673) verwendet werden, außer bei den größeren Benzinmotor-Varianten mit 2,6 und 3,2 Litern Hubraum."

Vier wesentliche Phasen der Stückliste

Die Stückliste ist keine feste Produktstruktur über die gesamte Produktentstehung (siehe Abschn. 2.2) hinweg. Die drei wesentlichen Phasen der Stückliste bis zur Auslieferung des Fahrzeugs sind:

Entwurfsstückliste — entsteht in der Konzeptentwicklung und beschreibt, woraus das Fahrzeug konstruiert werden sollte.

Konstruktionsstückliste — entsteht in der Konstruktion und beschreibt unter Berücksichtigung von Fertigungsanforderungen, woraus das Fahrzeug gefertigt werden sollte.

Fertigungsstückliste — entsteht in der Serienproduktion und beschreibt durch Zuordnung der tatsächlich verbauten Seriennummern, woraus das Fahrzeug gefertigt wurde.

Die vierte Phase der Stückliste repräsentiert den Lebensabschnitt des Fahrzeugs nach der Auslieferung.

Instandhaltungsstückliste — wird während des Kundendienstes in der Instandhaltung für die Zuordnung von Ersatzteilen für das Fahrzeug benutzt.

Zusätzlich muss bei dieser Stückliste eine zeitliche und räumliche Gültigkeit berücksichtigt werden. Zum Beispiel kann ein Bauteil im Lauf der Zeit durch einen Lieferantenwechsel ersetzt werden. Die räumliche Gültigkeit wird durch den Standort der Werkstatt und die mögliche Ersatzteillogistik der Bauteile bedingt.

Eine Stückliste fehlt aber noch!
Daimler hat eine Grundvoraussetzung mit dem „Digital Service Booklet"[13] geschaffen, worin jede Wartung und jeder Umbau am Fahrzeug digital festgehalten wird. Es fehlt nur noch die Stückliste dazu, die immer den aktuell tatsächlichen Bauzustand des Fahrzeugs während der Betriebsphase repräsentiert.

2.3.2 Vernetzungsarchitektur

Alle Teile der Stückliste im Gesamtverbund gestalten das Fahrzeug. Die grundlegende Frage „Wo?" also wo diese Teile in der Fahrzeugarchitektur liegen, ist vielschichtiger. Am Anfang dieses Abschnittes 2.3 hatten wir die grundlegende Problematik durch die Sinneswahrnehmungen eingeführt. Der Einstieg erfolgt über die Mechanik.

Die technische Zeichnung beschreibt, „Wo?" die physischen Teile im Gesamtverbund liegen. Insbesondere räumliche Einschränkungen des verfügbaren Bauraums und Informationen über Form und Lagetoleranzen der Teile sind limitierende Faktoren im Gesamtverbund. Auf die vielen geometrischen Herausforderungen, Konstruktionsdetails und Rahmenbedingungen können wir nicht näher eingehen und verweisen auf die weiterführende Literatur [2].

Wir wollen uns im Folgenden mehr auf die entstandene Vernetzungsarchitektur [32] des Fahrzeugs konzentrieren. Sie ist entscheidender für die Betrachtung der Unternehmensarchitektur, weil sie durch die Einführung der Elektrik und Elektronik im Zusammenspiel mit der Mechanik radikale Auswirkungen auf die Fahrzeugarchitektur und ihre Entwicklungsbereiche hatte. Als Beispiel diene der Volkswagen Käfer (siehe Abb. 2.8) aus dem vorherigen Abschnitt. Der dazugehörige Schaltplan Abb. 2.13 passt wegen der sehr wenigen elektrischen Teile auf eine Seite und ist aus heutiger Sicht, losgelöst von der Betrachtung der anderen Fahrzeugteile, noch recht übersichtlich, auch wenn das Erscheinungsbild dieser technischen Dokumentation nicht einer Norm nach heutigem Verständnis entspricht.

Über die Jahre wuchs die Anzahl der elektr(on)ischen Teile im Fahrzeug so rasant an (siehe Abb. 2.5), dass die vielen Punkt-zu-Punkt-Kabelverbindungen zwischen den Teilen große Kabelbäume erzeugten. Die größten Probleme dieser Verkabelungen waren ihr enorm hohes Gewicht und die ineffiziente Nutzung des eingeschränkten Platzangebots im

[13] „Service- und Teileinformationen – Digital Service Booklet" http://service-parts.mercedes-benz.com/dcagportal/DCAGPortal. Zugegriffen am 19.12.2014.

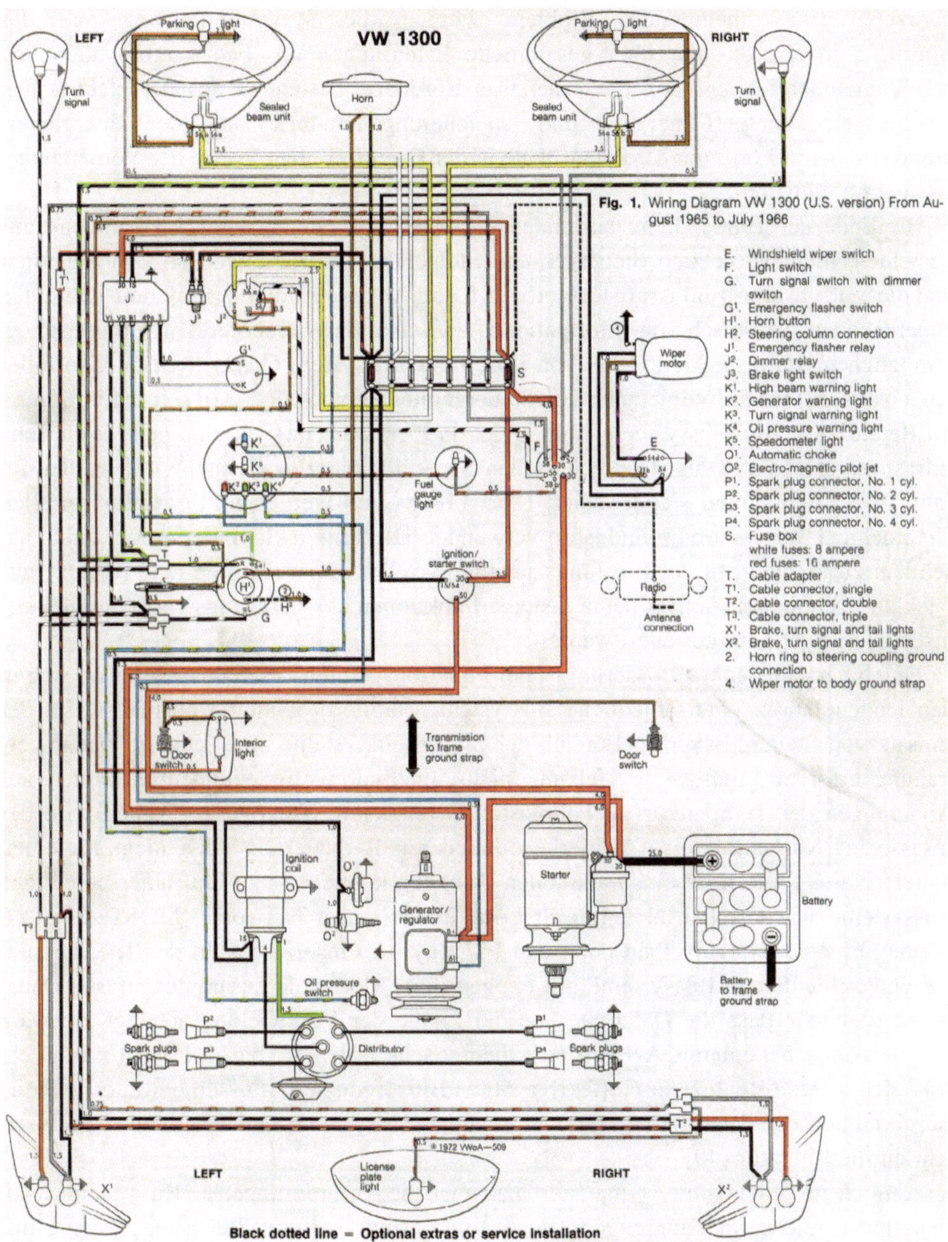

Abb. 2.13 Ein Volkswagen Käfer bestand Mitte der 1960er-Jahre aus sehr wenigen elektrischen Teile (Foto: Volkswagen AG)

Fahrzeug. Ein zunehmendes Problem wurden die Systemvernetzung und das Bordnetzkonzept, das nur über gesammelte Erfahrungen aus Fahrzeugprojekten und damit uneinheitlich entwickelt wurde. Das Bordnetz, bestehend aus der elektrischen Leistungserzeugung (Generator) und -speicherung (Batterie) und den Energieverbrauchern, ist in Form der Stromlaufpläne in der Fragestellung „Wie?" der Vernetzungsarchitektur enthalten.

Bis Ende der 1980er-Jahre bestanden die elektronischen Systeme im Fahrzeug aus einzelnen, nicht vernetzten Steuergeräten. Steigende Anforderungen an Fahrsicherheit und die Vorschriften zum Kraftstoffverbrauch und Abgasverhalten erforderten aber einen zunehmenden Austausch von Informationen zwischen den Steuergeräten. Um diesen zu ermöglichen, wurde im Jahr 1983 von Bosch das Bussystem CAN (englisch Controller Area Network) für die Vernetzung von Steuergeräten entwickelt.[14] Mit seiner Einführung im Bereich des Antriebssystems Anfang der 1990er-Jahre begann eine neue technische Infrastruktur im Fahrzeug. Die technischen Spezifikationen des Systems [1] wurden im Jahr 1993 international standardisiert (ISO 11898) und werden mittlerweile von allen Unternehmen der Automobilindustrie verwendet. Die Entwicklung der Steuergeräte hat seitdem zusammen mit der Leistungszunahme von Mikroprozessoren eine rasante Entwicklung genommen, sodass heute fast alle Funktionen des Fahrzeugs entweder elektronisch überwacht oder gesteuert werden.

Durch verschiedene Anforderungen der Funktionsbereiche im Fahrzeug haben sich in den letzten Jahren unterschiedliche Bussysteme etabliert. Während beispielsweise der Einsatz von Steuergeräten im Bereich der Sicherheitssysteme eine schnelle Datenübertragung erfordert, muss eine Heizung nicht innerhalb von Sekundenbruchteilen auf Änderungen der Temperatur im Fahrgastraum reagieren. Verzögerungszeiten wird der Insasse im Normalfall nicht bemerken und deren Reduzierung auch nicht für einen höheren Preis fordern. In einem aktuellen Fahrzeug können bis zu fünf unterschiedliche Bussysteme wie CAN, LIN (englisch Local Interconnect Network), MOST (englisch Media Oriented Systems Transport) und FlexRay im Einsatz sein. In der Tab. 2.5 sind die unterschiedlichen Bussysteme mit einigen ihrer Merkmale zusammengefasst. Dabei ist zu beachten, dass die Datenrate von der Länge der Verkabelung abhängt. So wäre beispielsweise bei einem CAN-Bus eine theoretische Datenrate bis zu 1 MBit/s möglich, was sich in der Realität auf effektive 500 kBit/s reduziert. Für eine weiterführende Beschreibung der Bussysteme wie auch weitere Bussysteme und Protokolle verweisen wir auf die Literatur [40].

Ähnlich zur Stückliste systematisiert man auch die Anforderungen an Bussysteme nach Funktionsbereiche im Fahrzeug. In der Tab. 2.6 sind typische Steuerungssysteme mit beispielhaften Bussystemen aufgeführt. Die Topologie jedes Bussystem kann unterschiedlich sein. CAN oder auch LIN werden in der Linientopologie ausgeführt, bei der die verschiedenen Steuergeräte über Stichleitungen an einer Leitung miteinander

[14] „CAN history". http://www.can-cia.de/index.php?id=161. Zugegriffen am 19.12.2014.

Tab. 2.5 Bussysteme mit unterschiedlichen Merkmalen in aktuellen Fahrzeugen

Bussystem	Übliche Datenrate	Merkmale
LIN	20 kBit/s	• Kommunikationssystem für Sensoren und Aktuatoren • niedrige Datenrate und Bandbreite • kostengünstig • typischerweise mit CAN Bussysteme integriert
CAN B	110 kBit/s	• Vernetzung von Steuergeräten • ausfallsicherer Bus • kostengünstiger als CAN C • Fehlererkennung und -behandlung
CAN C	500 kBit/s	• echtzeitfähige Vernetzung von Steuergeräten • Datenübertragung nur extrem kurz verzögert • ausfallsicherer Bus • resistent gegen elektromagnetische Störungen • Fehlererkennung und -behandlung
FlexRay	10 MBit/s	• Vernetzung sicherheitskritischer Anwendungen • echtzeitfähiger, sehr schneller Bus • deterministisches Zeitverhalten • Redundanz und Fehlertoleranz
MOST	25 MBit/s	• Kommunikationssystem für Multimediadaten • Hochgeschwindigkeitsnetz • optischer Bus mit Lichtwellenleitern

Tab. 2.6 Beispielhafte Bussysteme nach Funktionsbereiche im Fahrzeug

Funktionsbereich	Steuerungssysteme	Bussystem	Topologie
Innenraum	Heizung, Gebläse	LIN	Linien
Karosserie	Tür-, Lichtsteuerung	CAN B	Linien
Antriebssystem	Motor-, Getriebesteuerung	CAN C	Linien
Aktive Sicherheit	Fahrwerk-, Bremsensteuerung	FlexRay	Stern
Infotainment	Navigation, Multimedia	MOST	Ring

verbunden werden. Das Bussystem FlexRay kann man ebenfalls in der Linientopologie ausführen. Seine Standardtopologie ist jedoch die Sterntopologie, in der alle Steuergeräte an einem Sternpunkt angeschlossen sind. MOST wiederum wird als Ringtopologie verlegt, bei der die Steuergeräte in Form eines Rings miteinander verbunden sind.

Die verschiedenen Steuergeräte sind einerseits räumlich weit auseinanderliegend im Fahrzeug verteilt, anderseits eng über mehrere Funktionsbereiche miteinander vernetzt. Die Vernetzung der Steuergeräte erfolgt über verschiedene Bussysteme mit nicht einheitlichen Protokollen, wie zum Beispiel unterschiedliche Adressbereiche und Bitraten. Selbst CAN B und CAN C unterscheiden sich nicht nur in der Datenrate, sondern sind auch nicht miteinander kompatibel. Die Vernetzungsarchitektur des Fahrzeugs besteht aus den verschiedenen Bussystemen zur Integration der Steuergeräte, Sensoren und Aktuatoren und den Gateways, die zur Kopplung und Synchronisierung mehrerer

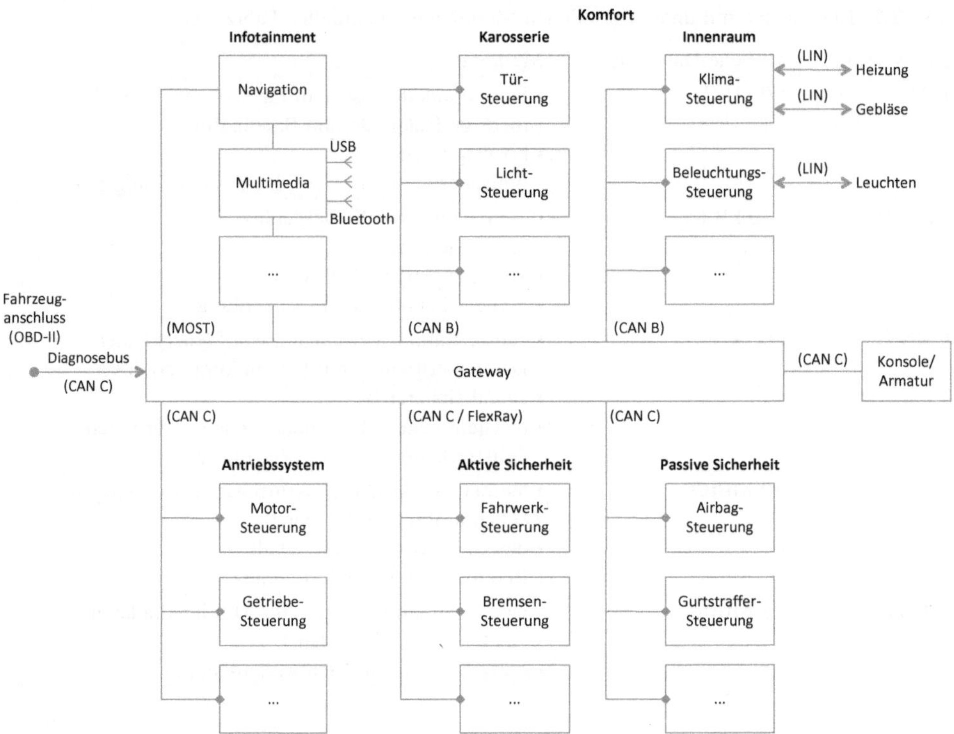

Abb. 2.14 Vereinfachte Vernetzungsarchitektur mit einem schematisch zentralen Gateway zur Kopplung mehrerer Bussysteme

Netze mit unterschiedlichen Protokollen dienen. Die Abb. 2.14 zeigt eine vereinfachte Vernetzungsarchitektur, in der die verschiedenen Steuergeräte über ein zentrales Gateway verbunden werden. Eine Alternative dazu ist eine Dezentralisierung über mehrere Gateways, die selbst über ein Bussystem verbunden werden. Das Bussystem wird als das „Rückgrat" des gesamten Kommunikationssystems des Fahrzeugs bezeichnet. Mehrere Gateways müssen aber nicht zwangsläufig mehr Hardware bedeuten, sondern können heutzutage auch durch Software in bestehenden Steuergeräten realisiert werden.

Bereits Anfang der 2000er-Jahre gab es 45 vernetzte Steuergeräte verschiedener Hersteller im Volkswagen Phaeton.[15] Die Verkabelung im Phaeton hat trotz Bussystemen einen Leitungsstrang von 3.860 m Gesamtlänge bei 64 kg Gewicht des Kabelbaums. Die Stückliste der Elektrik besteht aus 11.136 Teilen. Davon entfällt der weitaus größte Umfang auf das Bordnetz, wie die Abb. 2.15 zeigt [2]. In einem BMW der 7er-Reihe im

[15] „Rad am Draht: Innovationslawine in der Autotechnik" http://www.heise.de/ct/artikel/Rad-am-Draht-288904.html. Zugegriffen am 19.12.2014.

Abb. 2.15 Elektronikkomponenten (blau) und Bordnetz (braun) [2] (Foto: Volkswagen)

Jahr 2005 gab es, wie in Abb. 2.11 dargestellt, etwa 65 Steuergeräte, vernetzt über fünf Bussysteme mit einem eingebetteten Softwareumfang von etwa 115 Megabyte.

Damit hat die Automobilelektronik eine hohe Bedeutung erlangt und die Schwerpunkte in der gesamten Fahrzeugarchitektur maßgeblich verlagert. Allerdings ist die daraus resultierende Komplexität heutiger Fahrzeuge die Ursache vieler Ausfälle und Fehlfunktionen und der Datenaustausch über die verschiedenen Bussysteme ist nicht leicht kontrollierbar und steuerbar. So bekommen immer alle ECUs den gesamten Datenaustausch im nachrichtenorientierten CAN-Protokoll mit. Selbst die Gateways können nicht alles abschirmen und Zugriffe immer kontrollieren. Es gibt zahlreiche Fallbeispiele, die mehrere Funktionsbereiche betreffen. Zum Beispiel wird bei einem Unfall in der passiven Sicherheit über den CAN C die Airbag-Steuerung angesprochen. Zusätzlich muss aber auch über das Bussystem CAN B die Türsteuerung aktiviert werden, damit über LIN die Tür entriegelt wird.

Die IT gewinnt immer mehr Einfluss auf die Vernetzungsarchitektur. In den kommenden Jahren sind alleine schon innerhalb der Fahrzeugarchitektur noch einige Änderungen zu erwarten. Ein intensiv diskutiertes Thema ist das in der IT etablierte Ethernet [18].

Die Vernetzungsarchitektur haben wir in diesem Abschnitt nur innerhalb des Fahrzeugs betrachtet, um die grundlegende Frage „Wo?" die Teile in der Fahrzeugarchitektur liegen, zu beantworten. Aus Abb. 2.14 wird ersichtlich, dass das Modul Multimedia eine Vernetzung außerhalb des physischen Fahrzeugs ermöglicht. Hier erkennt man auch die historisch gewachsene Struktur, weil eine Werkstatt direkt über den Diagnoseanschluss des Systems OBD-II auf das Gateway zugreift. Durch das vernetzte Fahrzeug wird sich dieser Teil der Fahrzeugarchitektur noch ändern.

2.3.3 Produktdokumentation

In den vorherigen Abschnitten haben wir beschrieben, dass die Fahrzeugstruktur aus sehr vielen unterschiedlichen Bauteilen besteht und deren Verteilung zur Gestaltung sehr komplex ist. Nachdem wir nun die beiden grundlegenden Fragen „Was?“ und „Wo?“ der Fahrzeugarchitektur beantwortet haben, kommen wir zur Fragestellung, „Wie?“ alle mechanischen, elektrischen und softwaretechnischen Teile im Fahrzeug zusammenwirken und Funktionen bereitstellen.

Generell wird zwischen den folgenden beiden Funktionsarten für das Fahrzeug als Produkt unterschieden:

Gebrauchsfunktion stellt die technische und wirtschaftliche Verwendung eines Produkts, durch die Erfüllung der gewünschten Anwendung, sicher. Zum Beispiel Nutzfahrzeuge oder Baumaschinen.

Geltungsfunktion ist ein äußeres Merkmal eines Produkts und spricht Empfindungen und Prestigedenken durch die Gestalt und Ästhetik an. Zum Beispiel die Luxusklasse.

Beide Funktionsarten müssen in der Produktentstehung eines Fahrzeugs beachtet werden. Bei Investitionsgütern sind in der Regel die Gebrauchsfunktionen dominierend. Hingegen spielen im Premiumsegment auch die Geltungsfunktionen eine wichtige Rolle.

Die zweckorientierte Gebrauchsfunktion beschreibt lösungsneutral die Aufgabe des Fahrzeugs. Die Gesamtfunktion wird in Teilfunktionen zerlegt, um überschaubare Aufgabenfelder des komplexen Funktionsumfangs eines Fahrzeugs zu erhalten. Je nach Umfang der Teilfunktionen können diese, ähnlich der Stückliste, weiter zerlegt werden. In der Realisierung der Gesamtfunktion werden die Teilfunktionen durch Relationen verknüpft, wobei die Verknüpfungen durch logische, physikalische, chemische und biologische Effekte oder ihre Kombination je nach Art des Bauteils bestimmt werden. Das daraus entstehende Gebilde wird *Funktionsstruktur* genannt. In der Entwicklung und Konstruktion werden die Funktionen im Fahrzeug durch die dabei zusammenwirkenden Bauteile umgesetzt.

Die Teilfunktionen in der Funktionsstruktur werden zusätzlich in Haupt- und Nebenfunktionen gegliedert. Eine Hauptfunktion dient unmittelbar der Gesamtfunktion. Hingegen unterstützt eine Nebenfunktion nur mittelbar den Zweck der Gesamtfunktion. Für jede Teilfunktion werden Funktionsträger als Lösungen entwickelt, die beispielsweise über ein mechanisches oder elektrisches Bauteil oder eine Softwarekomponente realisiert werden können. Mithilfe der Teillösungen kann der Wirkzusammenhang eines Systems dargestellt werden. Die Abb. 2.16 zeigt eine Funktionsstruktur mit beispielhaften

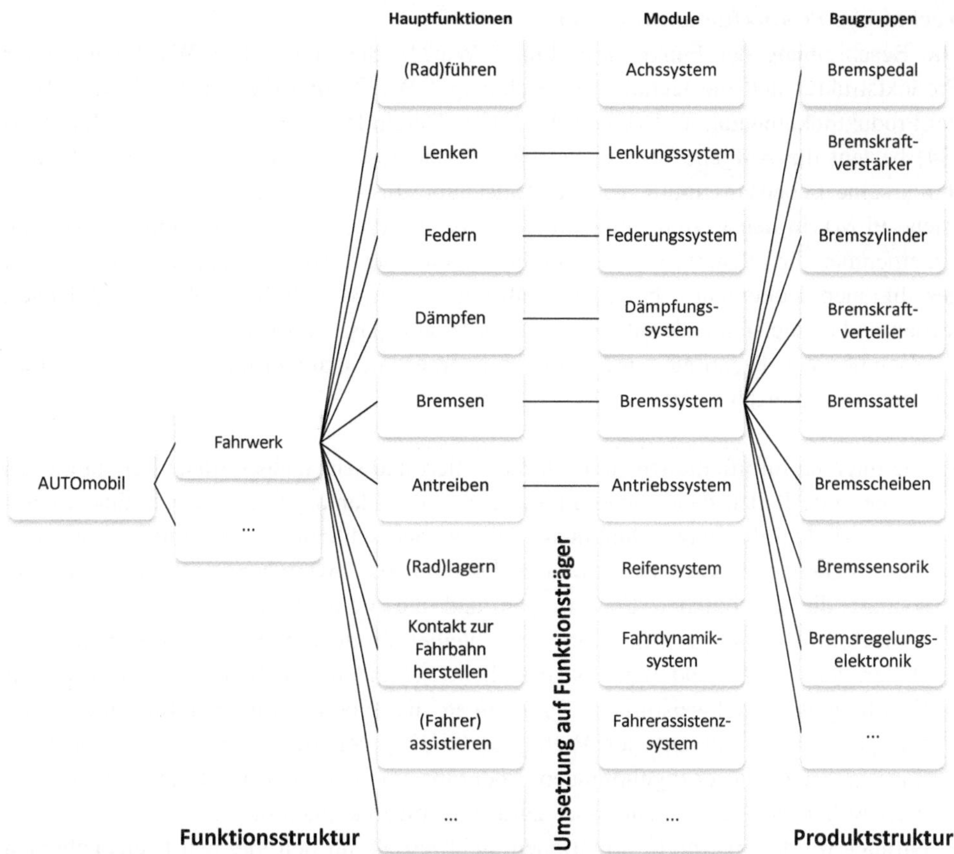

Abb. 2.16 Grundlage der Fahrzeugarchitektur: Umsetzung der Funktionsstruktur beispielhafter Hauptfunktionen des Fahrwerks [8] auf mögliche Module als Funktionsträger der Produktstruktur

Hauptfunktionen des Fahrwerks [8], die auf möglichen Modulen als Funktionsträger umgesetzt werden können. Das Zusammenführen der Funktionsstruktur und Produktstruktur bestimmt grundlegend die *Fahrzeugarchitektur*. Die Abb. 2.16 spiegelt die Definition der Fahrzeugarchitektur wider, wie wir sie am Anfang des Abschnitts 2.3 eingeführt haben. Nur selten lassen sich die Teilfunktionen des Funktionsträgers allerdings so einfach wie in dieser Abbildung umsetzen, weil die beispielhafte Hauptfunktion „Bremsen" in Teilfunktionen zerlegt werden muss, die in der Praxis nicht direkt den dargestellten Baugruppen zugeordnet werden können.

Funktionen sollten nicht mit Anforderungen verwechselt werden. Anforderungen an ein Fahrwerk würden zum Beispiel nach Merkmalen wie Fahrdynamik, -komfort, -sicherheit etc. oder Fahrwerk-Gewicht, -Kosten, -Zuverlässigkeit kategorisiert werden.

Technische Produktdokumentation

Die Beschreibung der Funktionsstruktur („Wie?"), die Stückliste („Was?") mit ihrer Produktstruktur und die technische Zeichnung („Wo?") sind die entscheidenden Teile der Produktdokumentation. Nach der Richtlinie Verein Deutscher Ingenieure (VDI) 4500 [34] besteht die Aufgabe der „technischen Produktdokumentation" darin, ein Produkt durch seine Lebensabschnitte von der Entstehung bis hin zur Entsorgung zu begleiten (siehe PLM). In den letzten Jahrzehnten wurde die Produktdokumentation in fast allen Unternehmen digitalisiert, was mit sich bringt, dass die Lesbarkeit und Anzeigefähigkeit der digitalen Dokumente, bei Aufbewahrungsfristen von dreißig Jahren und länger, fortlaufend an die sich ändernden Technologien angepasst werden müssen.

Nach der VDI-Richtlinie wird zwischen interner und externer technischer Produktdokumentation unterschieden:

- Die internen Informationen sind sehr detailliert und sehr fachspezifisch. Sie umfassen die gesamte Lebensdauer eines Produkts von der Planung über Entwicklung, Erstellung, Markteinführung, Qualitätssicherung bis schließlich zur Einstellung. Der Fahrzeughersteller kann den Umfang der internen Dokumentation selber festlegen, solange die gesetzlichen Forderungen und die Verantwortungen gegenüber dem Kunden erfüllt sind [34]. Im Normalfall bleiben Produktdokumentationen beim Hersteller, der sie unter anderem aus gesetzlichen Gründen dauerhaft archiviert, etwa zur Erfüllung der Nachweispflicht. So beruhen die Produkthaftungen für Staaten der Europäischen Union auf der Richtlinie 85/374, der zufolge man den Konstruktionsstand und die dazugehörenden Änderungsvorgänge bis mindestens zehn Jahre nach Ablieferung des Erzeugnisses zurückverfolgen können muss.
- Oftmals werden interne Informationen nicht nur als für den internen Dienstgebrauch klassifiziert, sondern zusätzlich noch als vertraulich oder sogar streng geheim. Vertrauliche interne Informationen in Organisationen dienen oft zur Differenzierung von Unternehmen im Wettbewerb. Hingegen kommen als streng geheim klassifizierte Beschreibungen eher in speziellen Fahrzeugforschungen und -entwicklungen vor. Die Vertraulichkeitsklassifizierungen von Informationen können sich über die Zeit ändern. Zum Beispiel nach der Veröffentlichung eines Geschäftsberichts.
- Die externen Informationen sind in ihrer Formulierung an den Benutzer des Produkts angepasst. Sie sollen sicherstellen, dass das Produkt sicher und bestimmungsgemäß in Betrieb genommen, verwendet, gepflegt, gewartet und entsorgt wird, und existieren in Form von Benutzerhandbüchern, Ersatzteilkatalogen, Betriebs- und Wartungsanleitungen etc.

Produktdatenmanagement

Das System für Produktdatenmanagement (PDM) bildet mit den Produktstammund Produktstrukturdaten den Kern der internen technischen Produktdokumentation. Darin wird eine Vielzahl unterschiedlicher technischer Unterlagen, die aus unterschiedlichen

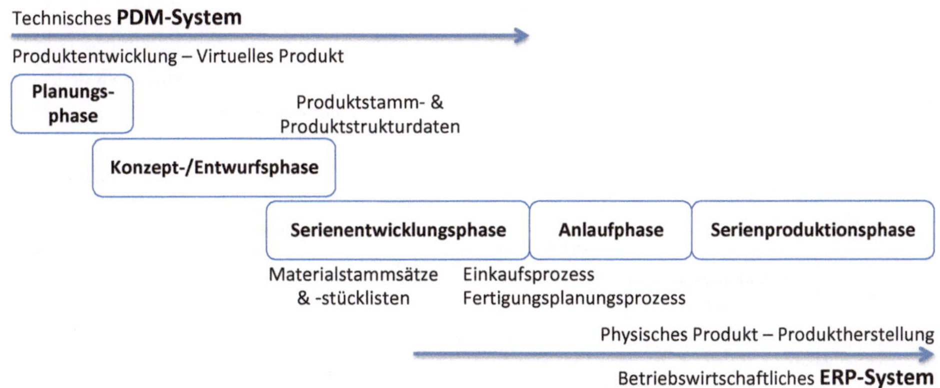

Abb. 2.17 Funktionale Schwerpunkte beim Einsatz von PDM- und ERP-Systemen in der Produktentstehung

Erzeugersystemen stammen, zum Beispiel Zeichnungen, Modelle und Berechnungsergebnisse, mit den Fahrzeugteilen verknüpft. Zudem erfordert die steigende Produktkomplexität durch die hohe Modellvielfalt in den Fahrzeugklassen (siehe Abschn. 1.3) einen höheren Grad an Vernetzung der Daten.

Das eher technische PDM-System kann man mit dem primären Fokus des virtuellen Produktes und der Unterstützung der Produktentwicklung versehen. Im Gegensatz dazu werden in ein eher betriebswirtschaftliches ERP-System die Materialstammsätze und -stücklisten eingepflegt, die der Produktionsplanung und -steuerung dienen. So kann man den Schwerpunkt der ERP-Systeme als Grundlage für die Auftragsabwicklung auf dem physischen Produkt nach der Entwicklung sehen. Im Abschn. 2.2 haben wir dargestellt, dass in der Produktentstehung die Übergänge zwischen der Produktentwicklung, Produktionsentwicklung und Produktherstellung fließend sind. Deswegen existieren in der Praxis sowohl zeitliche als auch inhaltliche Überlappungen beim Einsatz von PDM- und ERP-Systemen in der Produktentstehung (siehe Abb. 2.17). Die großen Software-Unternehmen tragen dazu wesentlich bei, weil sie den Funktionsumfang und die Funktionsschwerpunkte ständig erweitern. Dies hat zur Folge, dass eine Integration zwischen PDM- und ERP-Systemen sich nicht nur auf materialorientierte Daten reduziert. Es gibt viele überlappende Funktionalitäten, sodass eine Abgrenzung beider Systeme und deren Verwaltung von Daten und Dokumenten immer schwieriger wird.

2.4 Digitale Methoden in der Produktentstehung

Die Digitalisierung hat nicht nur die im Mittelpunkt stehende Fahrzeugarchitektur der Automobilindustrie durchdrungen. Alle Kernprozesse und unterstützenden Prozesse im gesamten Unternehmen während der Produktentstehung sind durch digitale Möglichkeiten in der Methodik und die rasante Entwicklung der IT wesentlich verändert

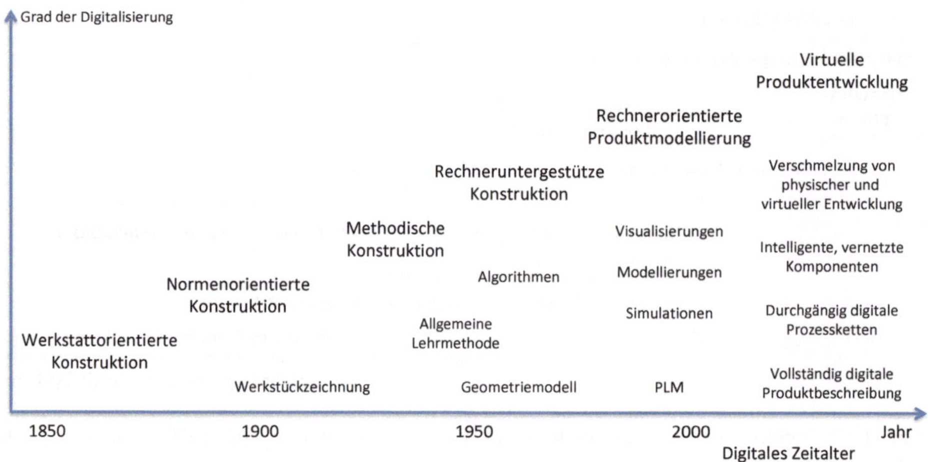

Abb. 2.18 Die Veränderungen der Arbeitstechniken in der Entwicklung und Konstruktion, angelehnt an [9]

worden. Das betrifft nicht nur die im vorherigen Abschn. 2.3.3 beschriebene digitalisierte Produktdokumentation. Die heutzutage möglichen Rechenleistungen, Datenspeicherungen und -auswertungen mitsamt deren Vernetzungen haben ein Niveau erreicht, das vollkommen neue Arbeitstechniken für Ingenieure zulässt. Die Abb. 2.18 zeigt, angelehnt an [9], die Veränderungen der Arbeitstechniken in der Entwicklung und Konstruktion.

Die ersten rechnerbasierten Stücklisten sind in hierarchischen Datenbanken bereits Anfang der 1960er-Jahren entwickelt worden. Damals setzte die erste frühe Phase der Digitalisierung in der Fahrzeugentwicklung der Automobilindustrie mit rechnerunterstützter Zeichnungserstellung, Entwurf und Konstruktion (englisch Computer-Aided Design, kurz CAD genannt) und der rechnergestützten numerische Steuerung (englisch Computer Numerical Control, kurz CNC genannt) von Produktionsanlagen ein.[16]

Unter CAD versteht man das Entwerfen und Konstruieren – insbesondere das technische Zeichnen – von Fahrzeugteilen oder des gesamten Fahrzeugs mittels IT-Systemen. Hingegen steuert man über CNC-Programme die Produktionsanlagen [36], um die Fahrzeugteile zu fertigen. Vom Entwerfen bis zum Fertigen sind unzählig viele IT-Systemen entstanden und teilweise auch wieder verschwunden, weil nicht alle Erwartungen mit den damaligen rechnerischen Möglichkeiten erfüllt werden konnten. Beispielsweise hat man bereits sehr früh mit der rechnerunterstützten Fertigung (englisch Computer-Aided Manufacturing, kurz CAM genannt) begonnen, um von CNC-Maschinen unabhängige Software zur Erstellung zu entwickeln und diese dann auch für

[16] „50 Years of CAD" http://www.designworldonline.com/50-years-of-cad. Zugegriffen am 19.12.2014.

Planungs-, Steuerungs- und Verwaltungsaufgaben in der Produktion auszubauen [28, 29]. Das Hauptproblem bei CAM lag in der Standardisierung der Schnittstellen zwischen den verschiedenen Produktionsanlagen wie auch einer einheitlichen Anbindung der CAD-Systeme. Mittlerweile ist CAM zum Sammelbegriff für IT-Systeme in der Produktion geworden, während CNC eine zentrale CAM-Anwendung geblieben ist. In den kommenden Jahren wird sich noch herausstellen, wie die vierte industrielle Revolution „Industrie 4.0" das Produktionsumfeld der Logistik, Konstruktion und Fertigung mit den neuen Möglichkeiten der Datenverarbeitung und Vernetzung verändern wird.[17]

Insgesamt haben sich die rechnerunterstützten Systeme über die Jahre zu komplexen Expertensystemen in der Automobilindustrie weiterentwickelt. Aber nicht nur die Modellierung der Geometrie mittels CAD-Systemen hat deutliche Fortschritte gemacht. Zahlreiche physische Tests und Prototypen wurden durch die Möglichkeiten der Simulation und Visualisierung von Produkteigenschaften mithilfe des Rechner ersetzt, was zu signifikanten Zeit- und Kostenreduktionen in der Produktentwicklung führte.

Zum Beispiel werden die folgenden Berechnungs- und Simulationstechnologien von Produkteigenschaften im Rahmen der rechnergestützten Entwicklung (CAE) heute standardmäßig zur Absicherung der Entwicklungen, Konstruktionen und der Produktlebensdauer in der Automobilindustrie eingesetzt:

- *Finite-Elemente-Methode* zur Simulation physikalischer Eigenschaften von Werkstoffen. Dazu gehören beispielsweise die Verformung des Fahrzeugs bei einem Aufprall, mechanische Beanspruchungen und Schwingungsverhalten von Bauteilen und Baugruppen.
- Numerische *Strömungssimulationen* (englisch Computational Fluid Dynamics) ist eine etablierte Methode der Strömungsmechanik. Sehr üblich sind Simulationen der Aerodynamik von Fahrzeuge als Alternative zu Windkanal-Versuche. Neben den Erhaltungssätzen der Physik für Masse, Impuls und Energie werden auch empirische Ansätze wie Turbulenz oder Wärmeübertragung verwendet. Die Strömungssimulation ermöglicht auch die Beobachtung von Strömungsvorgängen in optisch nicht zugänglichen Systemen wie beispielsweise motorischen Verbrennungsvorgängen.
- *Mehrkörpersimulation* dient der numerischen Berechnung der Kinetik von Systemen, die aus unverformbaren, durch Gelenke beweglich eingeschränkten Komponenten bestehen. Die Bewegungsfähigkeit wird durch Größen wie Position, Geschwindigkeit und Beschleunigung beschrieben. Damit lassen sich beispielsweise Lagerkräfte bei Beschleunigungen bestimmen.
- Messung des Gesamtgeräuschpegels durch Simulation der hörbaren Geräusche und spürbaren Schwingungen, zusammengefasst unter den Begriffen *Geräusch, Vibration, Rauheit* (englisch Noise Vibration Harshness). Es wird nach Quellen für störende Geräusche und Vibrationen sowie deren Auswirkungen auf Passagiere und

[17] „Industrie 4.0 = CIM reloaded? Hoffentlich nicht!". http://www.august-wilhelm-scheer.com/2013/03/11/industrie-4-0-cim-reloaded-hoffentlich-nicht. Zugegriffen am 19.12.2014.

Umgebungen gesucht, zum Beispiel durch Berechnung des Ausmaßes des störenden Geräuschanteils, der durch den laufenden Motor oder durch Wind entsteht.
- *Digitales Modell* (englisch Digital Mock-Up, kurz DMU genannt) dient für Einund Ausbauuntersuchungen wie auch Kollisions- und Baubarkeitsprüfungen. Dafür werden die Geometriedaten aller Fahrzeugteile in ihrer vorgesehenen Einbauposition in einem digitalen Modell für Prüfungen zusammengestellt. Speziell bei den Ein- und Ausbauuntersuchungen wird die Produktionstauglichkeit überprüft und werden kritische Abstände vermessen.

Auch in der Produktionsentwicklung sind *Ablauf- und Funktionssimulationen* entstanden. Durch Anlagen zur Simulation von Bewegungsabläufen in der Produktion kann die Systemleistung der Produktion bewertet und optimiert werden.

Die zahlreichen Methoden und Applikationen konzentrierten ihre Daten im PDM-System. Durch dessen Erweiterungen ist das Konzept „Product Lifecycle Management" (kurz PLM genannt) entstanden, das in der Literatur vielseitig genutzt wird. Wir konzentrieren PLM auf das folgende Konzept:

Product Lifecycle Management (PLM) ist ein Konzept zur Verwaltung und Steuerung der Produktdaten und Prozesse über die Lebensabschnitte von der Produktentstehung bis hin zur Entsorgung.

Damit ist PLM kein System, keine IT-Lösung oder nur ein Prozess. Die wichtigsten Aufgabenfelder in der Umsetzung des Konzepts PLM sind:

1. Die grundlegenden CAD-Systeme für Mechanik, Elektrotechnik, Elektronik sowie Software, um geometrische, technologische und funktionale Produktdaten zu erzeugen. Anwendungen sind zum Beispiel die Modellierung, technische Zeichnung, Entwicklung des Bordnetzes und die konzeptionelle Konstruktion.
2. Datenzentralisierung zur Gewährleistung der Konsistenz von Produktdaten, -strukturen und -stammdaten im PDM-System. Anwendungen sind zum Beispiel die Stückliste sowie Fahrzeugkonfiguration und -aufbau.
3. Integration von CAE- und CAM-Systemen mit Produktdatenbezug zu CAD-Systemen. CAE-Anwendungen sind zum Beispiel die Finite-Elemente-Methode, Strömungssimulationen, Mehrkörpersimulation und DMU.
4. Datenintegration von Systemen ohne direkten Produktdatenbezug zu den CAD-Systemen. Anwendungen sind zum Beispiel Qualitätsanalyse, Projektsteuerung und -management, Erprobung und Änderungsmanagement wie auch allgemeinere Systeme wie DMS und CMS zur Datenverwaltung und -archivierung.
5. Prozesse und Schnittstellen zu anderen Applikationssystemen mit Produktbezug wie ERP und SCM (englisch Supply Chain Management) zur Verwaltung der Wertschöpfungs- und Lieferkette während der Lebensabschnitte eines Produkts. Zum Beispiel die Integration der Lieferanten während der Produktentstehung.

Wir verweisen auf die Literatur [7, 30] für eine detailliertere Betrachtung des Konzepts PLM. Wegen zahlreicher Integrationen von Systemen und Daten steht die Standardisierung der Produktdaten im Mittelpunkt von PLM [25]. Der Rahmen der Standardisierungen wird sich noch zwangsläufig durch das vernetzte Fahrzeug erweitern.

Alle bisher beschriebenen Konzepte und Systeme hatten ihre Hochphase während der 1990er-Jahre. Ab Beginn des 21. Jahrhunderts spricht man vom *digitalen Zeitalter*, als die Menge der digital verfügbaren Informationen digital die derjenigen in Analogform zu übersteigen begann [13] und sich dies nicht nur in Forschung und Industrie, sondern auch im privaten Bereich durchsetzte. Dadurch änderten sich auch die Möglichkeiten der Arbeitstechniken in der Entwicklung, Konstruktion und Produktion.

Die virtuelle Produktentwicklung verfolgt das Ziel durchgängig digitaler Prozessketten mit vollständig digitalen Produktbeschreibungen. Die Ideen und Konzepte zur Verschmelzung der physischen und virtuellen Produktentstehung und -absicherung sind zurzeit weiter als die Praxis.[18]

2.5 Neue Fahrzeugarchitekturen entstehen

In den letzten Jahren haben sich nicht nur die Produktentwicklung und -herstellung durch digitale Methoden geändert, sondern auch die Fahrzeugarchitektur als die Strukturierung der Wertschöpfung des Unternehmens. Die heutzutage mögliche Miniaturisierung der Sensoren und Leistungselektronik [23], der Einsatz optimierter (Verbund-)Materialien [10] und die Modellvielfalt haben ein Niveau erreicht, das vollkommen neue Fahrzeugtechniken zulässt. Jedoch hat sich die Umsetzung digitaler Möglichkeiten in den Arbeitstechniken (siehe vorheriger Abschn. 2.4) schneller etabliert, als es in die Fahrzeugarchitektur vordringt.[19]

Im Folgenden geht es um zwei wesentliche Entwicklungen in der Fahrzeugarchitektur:

1. Die modularisierte Fahrzeugarchitektur, um die durch die Individualisierung der Fahrzeuge erzeugte Komplexität der Modellvielfalt zu reduzieren. Zum Beispiel ist in Deutschland das Angebot unterschiedlicher Fahrzeuge von 101 im Jahr 1990 auf 453 im Jahr 2014 gewachsen (siehe Abschn. 1.3).
2. Die virtuelle Fahrzeugarchitektur, um die wachsenden Informationen des digitalen Abbildes des vernetzten Fahrzeugs gezielter zu nutzen. Zum Beispiel haben Forscher

[18] In den nächsten Kapiteln werden wir auf einige Konzepte genauer eingehen und verweisen an dieser Stelle nur auf die Literatur [21, 16].

[19] Wir gehen nicht im Einzelnen auf die technischen Möglichkeiten ein, sondern verweisen auf die Literatur [23, 10].

bei Ford begonnen, mit Fahrzeugen zu experimentieren, die 250 Gigabytes an Daten pro Stunde[20] erzeugen, was mit den Datenraten der aktuellen Vernetzungsarchitekturen (siehe Abschn. 2.3.2) noch technisch unmöglich ist.

2.5.1 Die modularisierte Fahrzeugarchitektur

In Abb. 2.16 haben wir die Grundlage der Fahrzeugarchitektur durch das Zusammenführen der Funktionsstruktur und Produktstruktur bestimmt. Im Wesentlichen unterscheidet man zwischen einer integralen und einer modularisierten Ausprägung der Fahrzeugarchitektur. In der Realität existieren vor allem in historisch gewachsenen Fahrzeugarchitekturen viele Zusammenhänge zwischen Teilfunktionen wie auch Bauteilen. In einer integralen Fahrzeugarchitektur gibt es viele physische und funktionale Wechselwirkungen zwischen der Funktionsstruktur und Produktstruktur. Hingegen versucht man die Teilfunktionen wie auch die Module/Baugruppen der Produktstruktur in der modularisierten Ausprägung voneinander zu entkoppeln, um die Wechselwirkungen beider Strukturen zu minimieren. Dadurch sollen sich Änderungen innerhalb von Modulen nicht auf andere Module auswirken. Eine Gegenüberstellung beider Ausprägungen haben wir in Abb. 2.19 dargestellt.

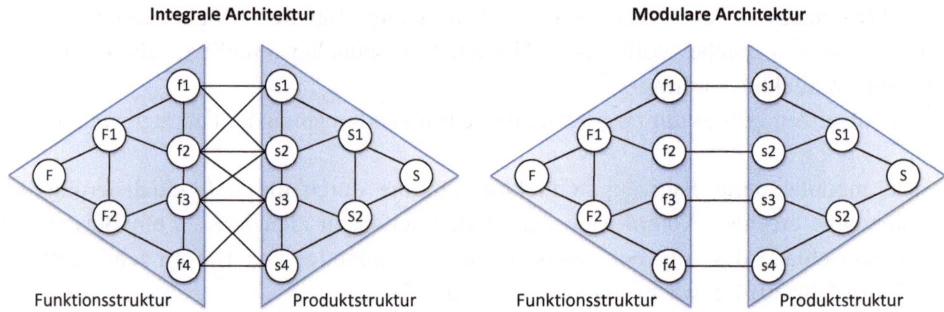

Abb. 2.19 Gegenüberstellung einer integralen oder modularisierten Ausprägung der Fahrzeugarchitektur angelehnt an [33]. F steht für die Gesamtfunktion eines Produkts und S für die Produktstruktur. Die Teilfunktionen werden durch F1, F2, f1-f4 und die Module/Baugruppen durch S1, S2, s1-s4 dargestellt

20 „Ford embracing analytics and big data to inform eco-conscious decisions, stay green". http://media.ford.com/content/fordmedia/fna/us/en/news/2013/10/25/ford-embracing-analytics-and-big-data-to-inform-eco-conscious-de.html.

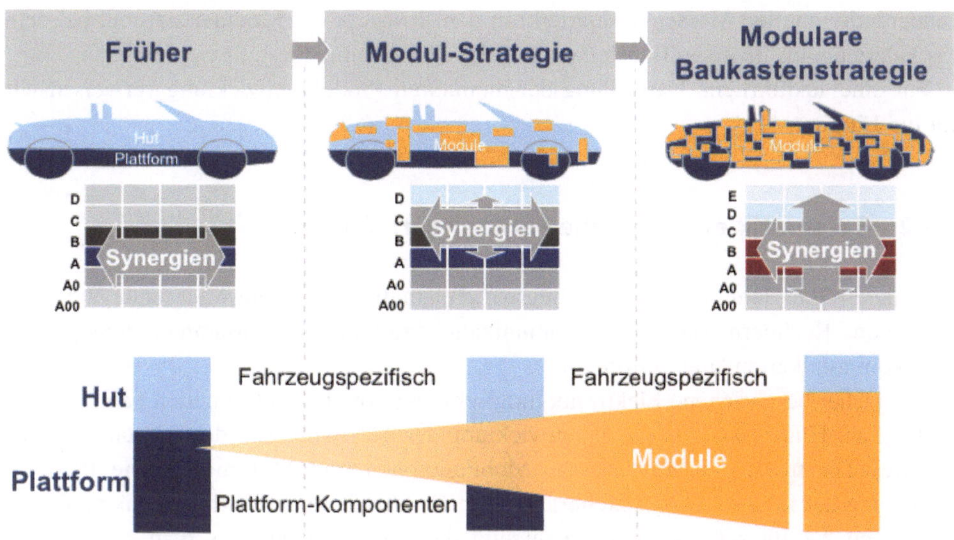

Abb. 2.20 Technisches Konzept der Modularen Baukastenstrategie von Volkswagen [38]

Die bereits frühe Gliederung des Fahrzeugs in die drei Subsysteme „Antriebssystem", „Fahrwerk" und „Karosserie" (siehe Abschn. 2.3.1) waren erste Versuche, die Fahrzeugarchitektur zu modularisieren. Den fahrfähigen Rahmen aus Antriebssystem und Fahrwerk sind wesentliche Teile der Bodengruppe des Fahrzeugs, was man unter einer *Plattform* versteht. Die Plattform stellt die technische Basis bereit, auf der unterschiedliche Modelle und Fahrzeugklassen verschiedener Marken eines Unternehmens aufbauen können. Die Aufbauten werden allgemein als *Hut* bezeichnet.

Die Modularisierung geht noch weiter als die Plattform, um einzelne Module als unabhängige Einheiten voneinander entwickeln zu können. In einer modularisierten Fahrzeugarchitektur sollte man zum Beispiel den Elektromotor eines Fensterhebers für unterschiedliche Fahrzeuge verwenden können. In der Literatur und Praxis gibt es jedoch keine einheitliche Definition, Strategie und Standardisierung der Schnittstellen zwischen den Modulen der unterschiedlichen Fahrzeughersteller [33]. Auch sind die erzielten Synergieeffekte aller Unternehmen sehr unterschiedlich. Volkswagen hat eine Vorreiterrolle mit seiner modularen Baukastenstrategie.[21] Die Abb. 2.20 zeigt das stufenweise Vorgehen von Volkswagen in der Modularisierung. Zwischen der Plattform und dem modularen Baukasten hat Volkswagen die Modul-Strategie eingeführt, um die fahrzeugklassenspezifische Plattform weitestgehend zu erhalten und nur mit einigen Modulen mit höchsten Synergiepotenzial zu beginnen. Volkswagen verfolgt das langfristige Ziel der

[21] http://www.volkswagenag.com/content/vwcorp/content/de/investor_relations/Warum_Volkswagen/MQB.html. Zugegriffen am 19.12.2014.

kundenindividuellen Massenproduktion mit dem Konzept der Modularisierung, bei dem das Fahrzeug aus diversen Bausteinen individuell zusammengestellt werden kann.

Für eine ausführliche Darstellung der modularen Produktentwicklung verweisen wir auf die Literatur [11].

2.5.2 Telematik erweitert die Fahrzeugarchitektur

Ende der 1970er-Jahre entstand der Begriff „Telematik" durch die wachsende Verflechtung von Rechnern und Telekommunikationsmitteln als Zusammensetzung von „*Tele*kommunikation"und „Infor*matik*".

Die bisher beschriebene Elektronik hing sehr eng von der traditionellen Fahrzeugherstellung ab. Hingegen stammt die Entwicklung der Telematik von der konsumentenorientierten Elektronik wie Computern, Mobiltelefonen und Multimedia. Die Produktentstehung hat in der konsumentenorientierten Elektronik andere Schwerpunkte, als wir in Abschn. 2.4 für das langlebige Fahrzeug dargestellt haben, was man aktuell zum Beispiel an den Produkten von Google und Apple sieht.

Die ersten Schritte der Telematik bestanden aus dem sukzessiven Einbinden von Telefonen in den Audiosystemen im Fahrzeug. Durch die Erweiterung der Systeme durch erste GPS-Navigationsgeräte (englisch „Global Positioning System" ein globales Positionsbestimmungssystem über Satelliten) konnten dann gezielte Verkehrsinformationen für zum Beispiel Logistikunternehmen bereitgestellt werden. Die ersten Umsetzungen mobiler Büros oder auch Internetanbindungen waren bis Ende der 1990er-Jahre nur eingeschränkt möglich. Die damaligen Techniken und Protokolle wie zum Beispiel „Wireless Application Protocol" (WAP) waren mit langsame Übertragungsraten[22] und längeren Antwortzeiten im Mobilfunk nicht sehr komfortabel zu nutzen. Darüber hinaus waren zu jener Zeit die Anzeige- und Bedienmöglichkeiten der Mobiltelefone sehr limitiert. Der Telematik-Dienstanbieter (englisch Telematics Service Provider, kurz TSP genannt) OnStar war hier ein Pionierunternehmen, das Notfall- und Informationsdienste per Knopfdruck aus dem Fahrzeug über ein volldigitales Mobilfunknetz mit seinem Service-Center verband. Wir verweisen auf die Literatur [35] für eine detailliertere Betrachtung der Telematik.

Die Telematik hat die Fahrzeugarchitektur geändert, weil durch die Zunahme an Telematikdiensten zum Beispiel höhere Anforderungen an die Batterieleistung wie auch an ein leistungsstärkeres Bordnetz erforderlich wurden. Entscheidender war aber, dass durch die Vernetzung des Fahrzeugs mit Telematikdiensten auch außerhalb der traditionellen Fahrzeugarchitektur eine Architektur entstanden ist. In den Anfangsphasen

[22] Die maximale Datenübertragungsrate lag bei 55 kBit/s, was verglichen mit dem heutigen Mobilfunkstandard der vierten Generation mit bis zu 300 MBit/s sehr langsam ist.

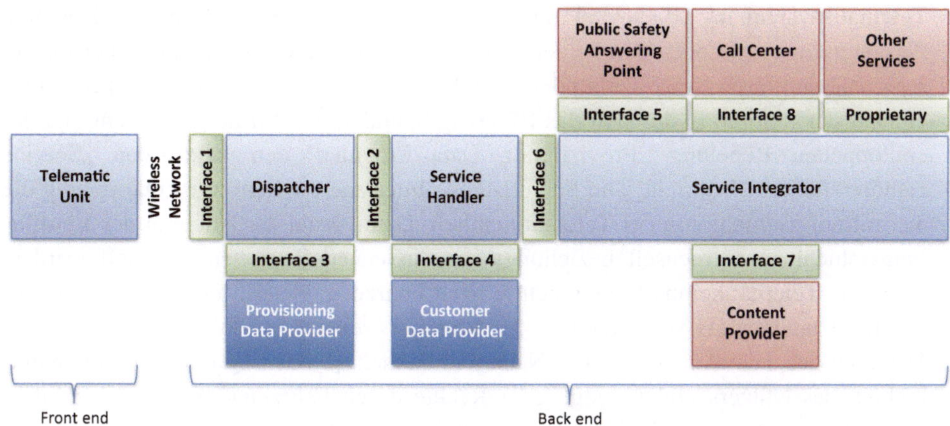

Abb. 2.21 Komponenten (hellblau), Daten (dunkelblau), Schnittstellen (grün) und Telematikdienste (rot) der Telematikarchitektur NGTP 2.0 [20]

wurden oft unterschiedliche Unternehmen zwischen dem Fahrzeug und dem eigentlichen Telematikdienst eingebunden:

1. Hersteller von Telematikeinheiten im Fahrzeug,
2. Anbieter von Telekommunikationsnetzwerken,
3. Telematik-Dienstanbieter und
4. Anbieter von Informationen, die in Telematikdienste eingebunden werden.

Die Verantwortlichkeiten konzentrieren sich im Markt, wie sich zum Beispiel Telekommunikationsunternehmen wie Ericsson oder Verizon zu Telematik-Dienstanbietern erweitert haben.

Insbesondere BMW hat die Telematikarchitektur „Next Generation Telematics Patterns“ (NGTP) vorangetrieben, um technologieneutrale Schnittstellen in der Infrastruktur zu ermöglichen und flexiblere Implementierungen neuer Telematikdienste unabhängiger vom Telematik-Dienstanbieter zu gestalten. Der Rahmen von NGTP wird aus den folgenden vier wesentlichen Komponenten bestimmt (siehe Abb. 2.21):

1. Die Telematikeinheit (englisch Telematic Unit) ist im Fahrzeug verbaut und wird oft im Bereich „Infotainment“ der Vernetzungsarchitektur des Fahrzeugs angeschlossen (siehe Abb. 2.14). Sie sammelt eigene Fahrzeuginformationen und erhält Informationen von außerhalb, die sie für Anzeigen aufbereitet. Über ein drahtloses Netzwerk kommuniziert die Telematikeinheit bidirektional mit einem „Dispatcher“.
2. Die Vermittlungsschicht hat die Aufgabe, Nachrichten über Netzgrenzen hinaus zwischen der Telematikeinheit im „Front end“ und dem nachgelagerten

Telematiksystem im „Back end“ zu vermitteln. Der „Dispatcher“ ist der Ein- und Ausgangskanal zwischen den beiden Endsystemen, die je nach Situation über lokale, regionale und ferne Netze verbunden sind. Er vermittelt abhängig von der Telematikeinheit, der Region, in der sich das Fahrzeug befindet, der Art der Nachricht und der entkoppelten Regelung „Provisioning Data Provider“ den Adressaten „Service Handler“für die Nachricht. Die Schnittstelle „Interface 1“ dient zur Entkopplung die Vermittlungsschicht von der Telematikeinheit. Damit kann der Anbieter der Vermittlungsschicht ausgewechselt beziehungsweise in neuen Regionen erweitert werden. Auch die Telematikeinheit kann sich je nach Fahrzeug, Region und Laufzeit ändern und muss unabhängig vom Anbieter des Verteilers sein.

3. Der „Service Handler“ kann den Nachrichteninhalt je nach Quelle der Telematikeinheit, des Nutzers und vorgegebener Rechte durch Fahrzeug- und Benutzerinformationen erweitern oder ändern. Er ermöglicht, herstellerspezifische Informationen in den Nachrichten zu interpretieren wie auch spezifische Details aus den Nachrichten zu entfernen, die ein Hersteller nicht mit einem Telematik-Dienstanbieter teilen möchte. Die Schnittstellen 2, 4 und 6 ermöglichen die Entkopplung der Kundendaten „Customer Data Provider“ vom Telematik-Dienstanbieter.
4. Der „Service Integrator“ stellt Telematikdienste zusammen. Im Gesamtsystem können gleichzeitig mehrere Integratoren eingebunden werden, die unabhängig voneinander je nach Region agieren. Insbesondere ist der Notruf „Public Safety Answering Point“ ein regionaler Dienst, der durch die Schnittstelle 5 gesondert getrennt wird. Die weiteren dedizierten Dienste „Call Center“ und „Content Provider“ für Informationen oder Unterstützungen können je nach Benutzerprofil sowohl global als auch regional gestaltet werden, die auch entsprechend durch die Schnittstellen 7 und 8 vom Integrator entkoppelt werden. Nicht genauer spezifiziert sind die Telematikdienste „Other Services“, die herstellerspezifische Eigenentwicklungen zur Differenzierung im Markt sein können.

Für eine detailliertere Beschreibung der Telematikarchitektur NGTP wird auf die Literatur [20] verwiesen.

Zusammengefasst hat die Telematik die Fahrzeugarchitektur nach außen erweitert und war insbesondere ein relevanter Schritt für eine ganzheitliche Architekturbetrachtung, um unternehmensweite Telematikdienste im Einklang mit der Fahrzeugarchitektur strukturieren zu können. Auch die Auseinandersetzungen mit einer anderen Art von Schnittstellen, die in einem verteilten IT-Umfeld üblich sind, aber neu in der Produktentstehung in der Automobilindustrie waren und immer noch sind, erforderten neue Kompetenzen mit einer Ausrichtung auf eine Unternehmensarchitektur. Die bereits frühen Implementierungen und eingeschränkten Infrastrukturen haben noch heute historische Spuren in der Fahrzeugarchitektur hinterlassen.

2.6 Unternehmensarchitektur im Wandel

In den vorherigen Abschnitten haben wir die Fokussierung der Fahrzeughersteller auf die Fahrzeugarchitektur beschrieben. Lediglich die Einführung der Telematik hat die Architektur dergestalt in einem Kontext mit Systemen des Unternehmens vernetzt, dass der Architekturrahmen außerhalb des Fahrzeugs erweitert wurde. Im Abschn. 2.4 haben wir über die Produktentstehung einen wesentlichen Teil der Unternehmensarchitektur beschrieben. Allerdings ist der Rahmen der Unternehmensarchitektur (siehe Abschn. 1.7) größer.

Erst durch Digitalisierungen, die die Fahrzeughersteller außerhalb der traditionellen Wertschöpfung erfassten, sind ganzheitliche Diskussionen um Unternehmensarchitekturen entstanden. In den 1980er-Jahren waren es die Büroanwendungen, in den 1990er-Jahren E-Mails wie auch das Internet mit den jeweiligen Kommerzialisierungen in den Hochphasen. In den Anfangsphasen wurden digitale Möglichkeiten isoliert voneinander aufgebaut. So wurde das Internet zu Beginn als reine Informationsplattform für den Unternehmensauftritt verwendet, wo neue separate Geschäftsorganisationen etabliert wurden [12]. Schnell gewann es aber mit der konsumentenorientierten Architektur eine neue Bedeutung im Unternehmen. Auch wenn die Anwendungsgebiete wie Konfiguratoren im Vertrieb, Werkstattsuche, Produktvermarktungen als auch der Internet-Verkauf von Accessoires schrittweise entwickelt wurden, so waren es weiterhin eher nette Websites als integrierte Dienstleistungsangebote.

Aus Sicht der IT waren Büroanwendungen, E-Mails, Unternehmens-Informationssysteme wie ERP und das Internet primäre Innovationstreiber, die Arbeitsabläufe in Unternehmen revolutioniert und enorme Effizienzsteigerungen bewirkt haben. Verglichen aber zum signifikanten Wandel der Fahrzeugarchitektur in diesem Zeitraum der letzten 30 Jahre ist es nachvollziehbar, warum sich in der Automobilindustrie der Fokus wie auch die Wertschöpfungskette nicht geändert haben. Entscheidend ist aber, dass ein schleichender Wandel im gesamten Unternehmen durch die Digitalisierung stattgefunden hat. IT ist heute überall im Unternehmen vorhanden und unterschiedlich gewachsen, doch ist bis heute keine andere geschäftsorientierte Architektur in der Automobilindustrie so gut strukturiert wie die Fahrzeugarchitektur.

Der lange Zweifel in der Automobilbranche, dass sich Produkte, die man physisch erleben muss oder die besonders teuer sind, nicht wie Bücher über das Internet verkaufen lassen, sind seit der herangewachsenen Generationen der „immer mit dem Internet Verbundenen“ (nach US Bureau of Labor statistics, geboren ab 1997) nicht mehr gültig.

Die Herausforderung liegt in der Identifizierung und Strukturierung der im Unternehmen getrennt gewachsenen Technologien, wofür wir im nächsten Kap. 3 ein Modell einführen werden.

Literatur

1. Bosch (Hrsg) (1991) CAN Specification, Version 2.0. Robert Bosch, Stuttgart http://www.bosch-semiconductors.de/media/pdf_1/canliteratur/can2spec.pdf. Zugegriffen am 19.12.2014
2. Braess HH, Seiffert U (Hrsg) (2013) Vieweg Handbuch Kraftfahrzeugtechnik. 7. Aufl. Springer Vieweg, Wiesbaden
3. Bumes T, Schlinkheider J (2013) Funktionsintegration. In: Rudolph HJ (Hrsg) Audi Q3: Entwicklung und Technik. Springer Vieweg, Wiesbaden, S 170–175
4. DIN Deutsches Institut für Normung e.V. (Hrsg) (2008) Klein Einführung in die DIN- Normen. 14. Aufl. Teubner, Stuttgart
5. DIN Deutsches Institut für Normung e.V. (Hrsg) (2012) DIN EN ISO 10209, November 2012. Technische Produktdokumentation – Vokabular – Begriffe für technische Zeichnungen, Produktdefinition und verwandte Dokumentation. Beuth, Berlin
6. DIN Deutsches Institut für Normung e.V. VDE Verband der Elektrotechnik, Elektronik und Informationstechnik e.V. (Hrsg) (2014) Technische Dokumentation: Normen für technische Produktdokumentation und Dokumentenmanagement. Beuth, Berlin
7. Eigner M, Stelzer R (2009) Product Lifecycle Management: Ein Leitfaden für Product Development und Life Cycle Management. 2. Aufl. Springer, Berlin
8. Ersoy M (2013) Struktur des Fahrwerks. In: Heißing B, Ersoy M, Gies S (Hrsg) Fahrwerkhandbuch: Grundlagen, Fahrdynamik, Komponenten, Systeme, Mechatronik, Perspektiven. 4. Aufl. Springer Vieweg, Wiesbaden, S 156–157
9. Feldhusen J, Grote K-H. (Hrsg) (2013) Pahl/Beitz Konstruktionslehre: Methoden und Anwendung erfolgreicher Produktentwicklung. 8. Aufl. Springer Vieweg, Berlin
10. Friedrich HE (Hrsg) (2013) Leichtbau in der Fahrzeugtechnik. Springer Vieweg, Wiesbaden
11. Göpfert J (2009) Modulare Produktentwicklung: Zur gemeinsamen Gestaltung von Technik und Organisation. Books on Demand, Norderstedt
12. Green L (2010) The Internet: an introduction to new media. Berg, Oxford
13. Hilbert M, López P (2011) The world's technological capacity to store, communicate, and compute information. Science. doi:10.1126/science.1200970
14. Hoischen H, Fritz A (2014) Technisches Zeichnen: Grundlagen, Normen, Beispiele, Darstellende Geometrie. 34. Aufl. Cornelsen, Berlin
15. ITQ GmbH (2014) Kompetenz in Mechatronik. München https://www.itq.de/files/itq_unternehmensbrosch_re_online.pdf. Zugegriffen: 19.12.2014
16. Khan WA, Raouf A, Cheng K (2011) Virtual manufacturing. Springer, London
17. Kindel O, Friedrich M (2009) Softwareentwicklung mit AUTOSAR: Grundlagen, Engineering, Management in der Praxis. dpunkt.verlag, Heidelberg
18. Matheus K, Königseder T (2015) Automotive ethernet. Cambridge University Press, Cambridge
19. Motor-Talk (2014) Das erste Auto aus dem 3-D-Drucker – Ihr Auto wird gedruckt. http://www.motor-talk.de/news/ihr-auto-wird-gedruckt-t5049479.html. Zugegriffen am 19.12.2014
20. NGTP Group (Hrsg) (2010) NGTP in a nutshell, Version 1.0. http://ngtp.org/wp-content/uploads/2013/12/NGTP20_nutshell.pdf. Zugegriffen am 19.12.2014
21. Ovtcharova J, Häfner P, Häfner V, Katicic J, Linke C (2015) Innovation braucht Resourceful Humans Aufbruch in eine neue Arbeitskultur durch Virtual Engineering. In: Botthof A, Hartmann EA (Hrsg) Zukunft der Arbeit in Industrie 4.0. Springer Vieweg, Berlin, S 111–124
22. Prenninger J, BMW Group (2013) Advanced diagnostics and predictive analytics of vehicle data. In: IECON 2013, 39th annual conference of the IEEE Industrial Electronics Society, Vienna. http://www.iecon2013.org/files/IECON2013_IF4_01_Prenninger.pdf. Zugegriffen am 19.12.2014
23. Reif K. Hrsg. (2012) Sensoren im Kraftfahrzeug. 2. Aufl. Springer Vieweg, Wiesbaden

24. Reif K (2014) Automobilelektronik: Eine Einführung für Ingenieure. 5. Aufl. Springer Vieweg, Wiesbaden
25. Riefler B (2009) Standardisierung von Produktdaten in der Automobilbranche. Universität Stuttgart, Dissertation
26. Roschinski A, Hansis G, Penzkofer HJ, Kerner M, Mayer K (2009) Die Fahrzeugarchitektur: Eleganz, Dynamik und Komfort. In: BMW Group (Hrsg) Der neue BMW 7er: Entwicklung und Technik. Vieweg + Teubner, Wiesbaden, S 22–29
27. Schäuffele J, Zurawka T (2013) Automotive Software Engineering: Grundlagen, Prozesse, Methoden und Werkzeuge effizient einsetzen. 5. Aufl. Springer Vieweg, Wiesbaden
28. Scheer A-W (1990) CIM Computer Integrated Manufacturing: Der computergesteuerte Industriebetrieb. 4. Aufl. Springer, Berlin
29. Scheer A-W (1997) Wirtschaftsinformatik: Referenzmodelle für industrielle Geschäftsprozesse. 7. Aufl. Springer, Berlin
30. Schuh G (2005) Produktkomplexität managen: Strategien – Methoden – Tools. 2. Aufl. Carl Hanser, München
31. Sinz C (2003) Verifikation regelbasierter Konfigurationssysteme. Eberhard-Karls-Universität Tübingen, Dissertation
32. Streicher T, Traub M (2012) Elektrik/Elektronik-Architekturen im Kraftfahrzeug: Modellierung und Bewertung von Echtzeitsystemen. Springer Vieweg, Berlin
33. Takeishi A, Fujimoto T (2001) Modularization in the auto industry: interlinked multiple hierarchies of product, production and supplier systems. IIR Working Paper WP#01-02. Institute of Innovation Research Hitotsubashi University, Tokyo
34. Verein Deutscher Ingenieure VID (Hrsg) (2006) VDI 4500 Blatt 1 Technische Dokumentation – Begriffsdefinitionen und rechtliche Grundlagen. Beuth, Berlin
35. Wallentowitz H, Reif K (Hrsg) (2011) Handbuch Kraftfahrzeugelektronik: Grundlagen – Komponenten – Systeme – Anwendungen. 2. Aufl. Vieweg + Teubner, Wiesbaden
36. Wedeniwski HJ (2007) Technologie des rechnergeführten Schleifens. Tectum, Marburg
37. Wedeniwski S (2012) Object selection based on natural language queries. Patent US20120239682A1, US-amerikanisches Patentamt
38. Winterkorn M (2012) Teil III: Jahrespressekonferenz & Investorenkonferenz 2012. Volkswagen AG, Wolfsburg. http://www.volkswagenag.com/content/vwcorp/info_center/de/talks_and_presentations/2012/03/JPK_IK_2012_Part_III.bin.html/binarystorageitem/file/Teil_III_Charts_Winterkorn.pdf. Zugegriffen am 19.12.2014
39. Zagel M (2007) Übergreifendes Konzept zur Strukturierung variantenreicher Produkte und Vorgehensweise zur iterativen Produktstruktur-Optimierung. Schriftenreihe VPE, Bd1. Technische Universität Kaiserslautern
40. Zimmermann W, Schmidgall R (2014) Bussysteme in der Fahrzeugtechnik: Protokolle, Standards und Softwarearchitektur. 5. Aufl. Springer Vieweg, Wiesbaden

Strategie, Geschäftsmodell und Architektur in der heutigen Strategie, Geschäftsmodell und Architektur in der heutigen

3

Das zentrale Thema im Zusammenspiel der drei Ebenen Strategie, Geschäftsmodell und Unternehmensarchitektur sind die Geschäftskompetenzen eines Unternehmens. Sie ermöglichen eine unternehmensweite Optimierung über die üblichen Geschäftsprozesse hinaus, und nur durch sie kann ein Geschäftskonzept geschaffen werden, das von Tausenden etablierter Prozesse unabhängig macht und damit auch große Unternehmen der Automobilindustrie zu neuen Geschäftsausrichtungen führen kann.

Die Tatsache, dass ein Unternehmen eine Strategie, ein Geschäftsmodell und eine Unternehmensarchitektur hat, liefert ihm für sich alleine genommen noch keine Wettbewerbsvorteile. Die Entwicklung eines Geschäftsmodells ist daneben eine sehr umfangreiche Aufgabe, die ein großes Maß an Zeit und Ressourcen beansprucht. Dieser hohe Aufwand ist unabhängig davon, ob man die Geschäftsausrichtung nur dokumentieren oder auch optimieren und umsetzen will, und verbirgt sich nicht in den Übersichtsbetrachtungen, die für die Automobilbranche weitgehend allgemeingültig sind und schnell in einigen grafischen Darstellungen skizziert werden könnten, sondern in der Fokussierung auf die entscheidenden Fähigkeiten des einzelnen Unternehmens, damit es in der modernen Welt mitsamt ihren neuen Technologien, den Änderungen in der Gesetzgebung und dem harten Wettbewerb langfristig überlebensfähig ist. Sind die Geschäftskompetenzen genauer untersucht, kann das erschreckende Ergebnis lauten, dass die Strategie erneuert und vielleicht sogar das Geschäftsmodell entsprechend angepasst werden muss. Größere, zuweilen schmerzvolle Organisationsänderungen sind oft die Folge.

Für ein besseres Verständnis dafür, wo und aus welchem Grund Änderungen an Teilen des Geschäftsmodells notwendig sind und wo sie gezielt verändert und zu Wettbewerbsvorteilen ausgearbeitet werden können, ist eine eindeutige Strukturierung der Unternehmensfunktionen notwendig. Die Vorgehensweise dabei wird in diesem Kapitel beschrieben.

S. Wedeniwski, *Mobilitätsrevolution in der Automobilindustrie*,
DOI 10.1007/978-3-662-44783-3_3

Die zentralen Geschäftskompetenzen detaillieren wir noch anhand einiger Geschäftsfunktionen. Diese Geschäftsfunktionen, insbesondere mit der Fokussierung auf Geschäftsprozesse und Anwendungslandschaften mitsamt ihrer Technologien, zu genau zu betrachten, wäre indes zu unternehmensspezifisch und könnte vom Beispielfall aus nicht mehr verallgemeinert werden. Einige Beispiele werden wir dennoch aufgreifen, weil die Modellierung von Geschäftsprozessen und Unternehmensarchitekturen einander vergleichbar sind [128]; mit einer ausführlicheren Darstellung würden wir den Rahmen jedoch sprengen. Im Markt haben sich viele Softwarewerkzeuge für Unternehmen etabliert [106], um nach ihren Kriterien unternehmensspezifische Architekturen zu entwickeln. Die Alfabet Enterprise Architecture Management Plattform, auf der unser Modellierungsvorgehen weitestgehend beruht, hat insbesondere in der Automobilindustrie eine weite Verbreitung [2, 148] gefunden.

Bei der Ausarbeitung von oben nach unten, also vom Allgemeinen zum Besonderen, ist unser Ausgangspunkt die Strategie.

3.1 Strategie

Bewusst oder unbewusst hat jedes Unternehmen eine Strategie als Bestandteil seiner Mission, die der Grund seiner Existenz ist. Strategien werden in Unternehmen entweder bewusst geplant und entwickelt, oder sie gehen aus den Handlungen der Unternehmensbereiche hervor. Vereinfacht kann man die Strategie als eine Vision sehen: Wo steht das Unternehmen heute, wo will es in der Zukunft sein, und wie kommt es im Rahmen des sich fortlaufend wandelnden Wettbewerbs dort hin?

Selbst das beste Navigationssystem im schnellsten Fahrzeug kann sich nicht für einen Weg entscheiden, wenn ihm das Ziel nicht bekannt ist. Visionen und Unternehmenserfahrungen allein sind keine Strategie, durch die sich ein Unternehmen erfolgreich im Wettbewerb unterscheidet. Im Folgenden werden wir uns auf Michael Porter [119] beziehen, der die Strategie im Kontext des Wettbewerbs sieht.

Ein geläufige Definition ist diese [81]:

> Strategie ist die langfristige Ausrichtung und der Rahmen einer Organisation, um Vorteile in einem sich verändernden Umfeld zu erreichen. Durch den Einsatz von Ressourcen und Kompetenzen sollen die Erwartungen der Anspruchsgruppen erfüllt werden.

Zentral bei dieser Definition ist der Fokus auf Veränderungen des Unternehmensumfelds. In der Regel sind sie nur sehr schwer vorhersehbar und damit auch schwer planbar. Für die Automobilindustrie haben sich für diese anspruchsvolle Aufgabe mehrere Modelle für Geschäftsanalysen bewährt, die im Kap. 4 angewendet werden sollen. Auf der Basis der Geschäftskompetenzen von Automobilunternehmen werden wir Strategien auf unterschiedlichen Ebenen betrachten. In größeren Unternehmen sind es üblicherweise die folgenden drei Ebenen:

- Die *Unternehmensstrategie* beschreibt das Gesamtziel und den allgemeinen Geschäftsrahmen, den sich das gesamte Unternehmen für seine Organisation setzt, um die Erwartungen der Eigentümer beziehungsweise Anteilseigner oder Anspruchsgruppen zu erfüllen. Sie bildet die Grundlage für alle weiteren Strategien und strategischen Entscheidungen im Unternehmen.
- Die *Geschäftsbereichsstrategie* konzentriert sich auf eine strategische Geschäftseinheit des Unternehmens. Üblich ist die Aufteilung nach Marken oder Produkten, wie zum Beispiel gesonderte Strategien für Lastkraftwagen, Personenkraftwagen, Busse und automobile Finanzdienstleistungen.
- Die *operative Strategieumsetzung* ist der notwendige Aktionsplan, um die Unternehmens- oder Geschäftsbereichsstrategien zu verwirklichen. Dafür müssen Ressourcen, Prozesse und Menschen effektiv geplant bzw. eingesetzt werden. Die wenigsten Unternehmen haben aber einen definierten Prozess für die Strategieumsetzung, weshalb ungeregelte Verantwortlichkeiten sie ins Stocken geraten lassen können.

Für die Entwicklung einer Strategie ist zuerst ein Team mit einem breiten Spektrum an fachlicher Qualifizierung notwendig. Neben technologischer Expertise sind auch Kenntnisse im Finanz- und Rechtswesen unumgänglich, und da die Strategie von den Mitarbeitern eines Unternehmen mitgetragen und umgesetzt werden muss, sind auch Sozialkompetenzen und Kreativität erforderlich. Ferner kann es hilfreich sein, eine Meinung außerhalb des Unternehmens einzuholen, insgesamt sollte man jedoch ohne allzu große externe Unterstützung auskommen. Es sind die eigenen Mitarbeiter, die das Unternehmen prägen, und nur mit ihnen können gemeinsame Ziele über Abteilungsgrenzen hinweg in einer Strategie formuliert werden. Allerdings darf sich der Schwerpunkt nicht auf die Formalismen strategischer Planungsprozesse reduzieren. Die Einigung auf bestimmte Antworten ist, worauf es ankommt, nicht die disziplinierte Formulierung bestimmter Fragen.

Dass es bei einer Strategie schon seit Jahrzehnten nicht mehr ausschließlich um die reine Positionierung von Unternehmen geht, sondern vielseitige interne und externe Einflussfaktoren deren Reichweite über das Unternehmen hinaus erzeugen, hat Michael Porter [118] verdeutlicht. Auch die Automobilindustrie bekommt durch die Digitalisierung und das vernetzte Fahrzeug eine neue Dynamik im Wettbewerb, der sich sehr verändert hat: Große Internetkonzerne, wie zum Beispiel Google und Apple, sind bereits in den Markt der vernetzten Fahrzeuge vorgedrungen, wo sie mit Hilfe des Internets dem Fahrer zahlreiche Funktionen zur Unterhaltung und Information, aber auch zur Assistenz bereitstellen. Das in einer Strategie zu berücksichtigende Umfeld geht jedoch über rein technologische Aspekte hinaus, was wir später noch genauer analysieren werden.

Die Zusammenfassung einer Strategie sollte zumindest die folgenden Punkte enthalten:

- Langfristige Ausrichtung
- Wettbewerbsvorteile
- Abgrenzung der Aufgabenbereiche
- Ressourcen und Kompetenzen
- Werte der entscheidenden und handelnden Personen
- Wirtschaftliche Rahmenbedingungen

Neben den rational logischen und strukturierten Vorgehensweisen bei der Erstellung einer Strategie spielt vor allem bei der internen Analyse auch Politik zwischen Unternehmensbereichen eine Rolle, wenn die durchsetzungsstarken Bereiche in den Vordergrund treten, deren Eigenschaften hohen internen politischen Einfluss auf eine Strategie haben. Das können vor allem sein:

- *Abhängigkeit* – Innerhalb großer Organisationen entstehen immer Abhängigkeiten, die oft vielfach untereinander verflochten sind. Teilweise ist das offensichtlich: Eine Personalabteilung hat einen hohen Einfluss auf die Mitarbeiterstrukturen und Talentförderungen nach einem Unternehmenszusammenschluss oder einer Firmenübernahme, weil sie strategische Organisationsentscheidungen treffen, ohne auf unterschiedliche Unternehmenskulturen und Terminologien eingehen zu können. Ein sehr prominentes Beispiel geht auf das Jahr 1998 zurück, als Daimler-Benz und Chrysler die größte Fusion der Industriegeschichte durchführten [98]. Entwicklungsbereiche können so unterschiedliche sein, dass sie logisch nicht zusammen passen, eine Personalabteilung sie aber zusammenlegt.
- *Finanzmittel* – Investitionen in die Entwicklung neuer Ideen, Produkte oder Dienstleistungen, um neue Unternehmensausrichtungen oder Geschäftsmodelle zu gestalten, müssen finanziert werden. Unterschiedliche Gruppen haben innerhalb größerer Organisationen unterschiedliche finanzielle Freiheitsgrade und damit auch entscheidende Strategieeinflüsse.
- *Position* – Größere Organisationen können nur über hierarchische Managementstrukturen zielgerichtet geführt werden. Manager haben in Organisationen die Rolle eines Katalysators und sollten handelnde Experten in Schlüsselpositionen unterstützen, aber nicht zu sehr kontrollieren. In der Realität beschränken sie sich aber nicht immer darauf, in dieser Weise positiv Einfluss zu nehmen, sondern gestalten auch die Organisationsentwicklung. Führende Positionen in Hierarchien bieten einen weitreichenden Überblick und ermöglichen damit Entscheidungen, die auf Daten und Fakten beruhen, werden aber oftmals auch politisch für Vorteilsnahmen oder Begünstigungen einzelner Führungskräfte missbraucht.
- *Einzigartigkeit* – Größere Organisationen haben viele historisch bedingte Altlasten, aber auch zahlreiche Redundanzen in Teilen des Systems, die bewusst und gewollt sind. Das mehrfache Vorhandensein identischer Informationen in verschiedenen Organisationsbereichen kann sich positiv auswirken, weil dadurch unterschiedliche

Sichtweisen und Entwicklungspotenziale auf eine Information angewandt werden können. Trotzdem bleiben oft bestimmte Schlüsselpositionen einzigartig, wie zum Beispiel ein besonders gehüteter Chef-Designer in einem Automobilunternehmen. Sein Gespür für den kommenden Geschmack in Relation zur Marke beeinflusst ganz gezielt die Geschäftsstrategie.

Im Kap. 4 werden wir anhand von Beispielen aus der Automobilindustrie einige Grundlagen für die Entwicklung und Bewertung einer Strategie vorstellen. Der Rahmen reduziert sich aber weitestgehend auf den Kontext der Digitalisierung. Eine umfassende Betrachtung der Entwicklung einer Strategie würde über den gesetzten Rahmen hinausführen, hier muss auf die breite Literaturbasis verwiesen werden. Weiterführende Literatur ist zum Beispiel [81, 101] oder [114]. Hingegen wird eine globale IT-Strategie von der Unternehmens- und Geschäftsstrategie abgeleitet. Robert Mack und Ned Frey [105] zeigen ein mögliches Vorgehen auf.

Dass eine entwickelte Strategie niedergeschrieben und einheitlich kommuniziert wird, ist entscheidend. Dies hat folgende Gründe:

- Entscheidungen von Geschäftsführungen werden nachvollziehbar. Dadurch kann in der Organisation ein Zusammengehörigkeitsgefühl mit einem gemeinsamen Fokus entstehen. Jeder Organisationsbereich kann gezielter zum Gesamterfolg beitragen.
- Aus ihr ergibt sich, wo neue Produkte, Dienstleistungen oder Systeme in der Zukunft des Unternehmens benötigt werden.
- Steuerungsgrößen, die man aufsetzen muss, um entscheidende Erfolgskriterien zu erreichen, werden konkretisiert.
- Ein transparenter Rahmen für eine pragmatische Aufteilung der Investitionen und anderer Ressourcen wird bereitgestellt.
- Die Ausrichtungen werden außerhalb des Unternehmens kommuniziert, dadurch werden Erwartungshaltungen von Geschäftsinteressenten entwickelt.

Strategien sind nur dann für den Geschäftsführer eines Unternehmens erkennbar wichtig, wenn sie im Rahmen ihrer Jahresberichte klar aufgeführt werden, um den Anteilseignern und Anspruchsgruppen die Aussicht auf ein Fortbestehen in Zukunft und Wachstum zu geben. Zu diesem letzten Punkt sollen deshalb drei Beispiele von extern kommunizierten Unternehmensstrategien der Unternehmen BMW, Audi und Daimler betrachtet werden, alle drei weltweit führende Unternehmen mit namhaften Premiummarken und entsprechender Kundenloyalität, welche die Differenzierung als strategischen Ansatz in ihrem intensiven Wettbewerbsumfeld verfolgen. Hier sind langfristige Perspektiven wichtiger als kurzfristige Erfolge.

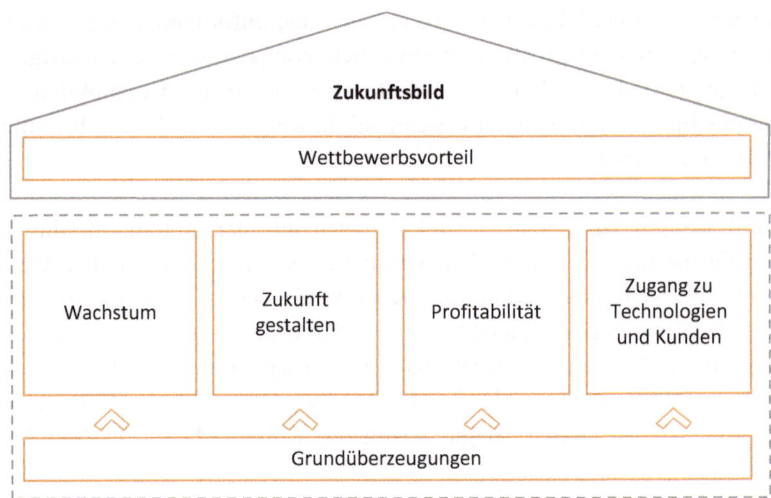

Abb. 3.1 BMW Unternehmensstrategie „Number ONE" (Quelle: „BMW Sustainable Value Report 2013" [12])

3.1.1 Unternehmensstrategie BMW

Der Vorstandsvorsitzende Dr.-Ing. Dr.-Ing. E. h. Norbert Reithofer fasst seinen Standpunkt im „Sustainable Value Report 2013" [12] folgendermaßen zusammen: „*Unser Geschäftsmodell – Premiumfahrzeuge und -dienstleistungen für individuelle Mobilität – ist unabdingbar mit Nachhaltigkeit verknüpft. Wir wollen Vorreiter sein und unseren Kunden zukunftsweisende und umweltfreundliche Lösungen bieten.*"

Im Jahr 2007 hat BMW die Unternehmensstrategie „Number ONE" verabschiedet, die bis in das Jahr 2020 reicht. Dann will BMW der unangefochtene Marktführer im Premiumsegment von Produkten und Dienstleistungen für individuelle Mobilität sein. Dazu gehören auch die Zukunft des Automobils betreffende Bereiche. Der Weg zu dieser Zielsetzung soll über die vier folgenden zentralen Handlungsfelder führen: Wachstum, Zukunft gestalten, Profitabilität und Zugang zu Technologien und Kunden. Dabei soll die Nachhaltigkeit eine Grundüberzeugung und damit ein integraler Bestandteil jedes einzelnen Handlungsfelds in der BMW-Strategie sein (siehe Abb. 3.1). Vier Handlungsfelder und Grundüberzeugungen bilden den Rahmen der im Folgenden zusammengefassten Stoßrichtungen zur Realisierung dieser Ziele. Detailliertere Informationen zu den Maßnahmen sowie den Fortschritten bei ihrer Umsetzung findet man in den zahlreichen Konzernberichten zwischen 2007 und 2014 auf den BMW Websites.

Wachstum

Das Wachstum will BMW mit den bestehenden Marken BMW, Mini und Rolls-Royce sowie ggf auch weiteren Marken erreichen; beigetragen haben dazu beispielsweise die

Segmente BMW 3er, BMW 5er und die BMW X Modelle. Aber auch neue Produkte sind in die Wachstumsplanung einbezogen. So wurde im Jahr 2013 nach der Nomenklatur der BMW-Baureihen das neue Coupé der 3er-Baureihe als BMW 4er in die Modellpalette eingeführt. Zum Wachstum kann man auch die noch sehr junge Marke BMW i zählen, die sich auf den Elektroantrieb konzentriert. Diese hat allerdings noch stärkere Wurzeln in den beiden strategischen Handlungsfeldern „Zukunft gestalten" und „Zugang zu Technologien und Kunden". Beispielsweise spricht BMW i neue Kundengruppen und -bedürfnisse mit umweltbewusster, emissionsfreier, lautloser und urbaner Mobilität an, um langfristiges Wachstum zu erreichen.

Das Wachstum soll aber nicht nur mit neuen Produkten, sondern auch mit der Erschließung neuer Märkte erreicht werden. Dazu gehören bei BMW insbesondere die drei Hauptvertriebsregionen Asien, Amerika und Europa. Im Vergleich zu früher, hat BMW dort in den letzten Jahren eine viel ausgewogenere Marktposition erreicht, was einen Wettbewerbsvorteil bei Marktschwankungen bedeutet. Zu den Wachstumszielen von BMW gehört auch die Erhöhung von Kapazitäten in Schwellenländern. Das Absatzziel von über zwei Millionen Fahrzeugen in einem Jahr mag in einem Dezimalsystem attraktiv klingen, ist aber unterm Strich auch nur ein Zahlenwert, der durch sinnvollere Ziele ersetzt werden könnte.

Zukunft gestalten

Eine aktive Gestaltung der Zukunft über die gesamte Wertschöpfungskette hinweg bedeutet, zu investieren und bewusste Risiken einzugehen. BMW verfolgt hier drei wesentliche Stoßrichtungen: Emissionsreduzierung, Elektromobilität und integrierte Mobilitätsdienstleistungen – mit und ohne Auto. Damit spricht BMW zahlreiche ökologische und gesellschaftliche Themen an, wie zum Beispiel Klimawandel, Ressourcenverknappung und Urbanisierung.

Bezüglich alternativer Antriebstechnologien konzentriert sich BMW auf den Elektroantrieb und ist führend in der Serienfertigung mit extrem leichten und festen Materialien wie kohlefaserverstärkten Kunststoffen für die Karosserie. Die Leichtbau-Technologie ist etwa 50 Prozent leichter als Stahl und etwa 30 Prozent leichter als Aluminium; das verwendete Material ist indes bis zu achtmal teurer als Stahl. Dennoch ist die Gewichtsreduktion eine der wichtigsten Maßnahmen zur Senkung des Kraftstoffverbrauchs von Fahrzeugen und damit zur Erfüllung der gesetzlichen Emissionsvorgaben für Abgase und CO_2-Effizienz [147].

In der Zukunft sieht BMW die Mobilität im interdisziplinären Gesamtzusammenhang und will urbane Mobilität verändern. Zu den neuen Konzepten individueller Mobilität, die ihre Nutzer einfach und komfortabel ans Ziel bringen soll, gehören Carsharing-Programme wie DriveNow, Parklösungen wie ParkNow, Dienstleistungen wie ChargeNow und die Vernetzung von verschiedenen Mobilitätsdienstleistungen auch für Verkehrsmanagement und -technologien. Aber bereits heute ist BMW mehr als nur ein Hersteller von Fahrzeugen. Mit ConnectedDrive, das bis zum Jahr 2017 weltweit von etwa 5 Millionen BMW Fahrzeugen genutzt werden soll, ist das Unternehmen führender Anbieter von online-basierten Diensten im Auto. Die Individualisierung von Diensten ist auch für BMW Gebrauchtfahrzeuge möglich. Dazu bietet BMW einen einzigartigen Store, in dem Dienste nicht nur über das Internet gebucht werden können, sondern auch unterwegs über das fahrzeugeigene Bordsystem.

Profitabilität

Die Kostensenkung im weltweiten Produktionsnetzwerk von BMW ist ein primärer Fokus. Hier wurden zahlreiche Reduzierungen im Energie- und Wasserverbrauch realisiert, ebenso wurden das Abfallaufkommen und die Emissionen von flüchtigen organischen Verbindungen vermindert.

Neben den üblichen Programmen zur Kostensenkung und Leistungsverbesserung richtet BMW auch besonderes Augenmerk auf die Minimierung von Risiken zur Verbesserung der Profitabilität. Insbesondere fallen die beiden Themenschwerpunkte „Finanzrisiken vermeiden“ und „Rohstoffe sichern“ auf.

BMW ist wegen internationaler Geschäfte in verschiedenen Währungen mit Finanzrisiken konfrontiert. Diese steuert BMW über den Abgleich der Produktion in unterschiedlichen Währungsländern wie Deutschland, USA, China und Brasilien mit Verkaufsnachfragen und dem Einkaufsvolumen im Fremdwährungsraum. Umfangreich definierte Steuerungsprozesse werden auch für die Überwachung verfügbarer Rohstoffe und deren Preisrisiko genutzt. Je nach Risikobewertung sichert sich BMW durch Finanzderivate und unterschiedlich lang abgeschlossene Lieferverträge mit Preisbindungen für Rohstoffe ab.

Zugang zu Technologien und Kunden

Im Handlungsfeld der kontinuierlichen Erschließung neuer Technologien, die mit dem Zugang zu relevanten Kundengruppen verbunden ist, erkennt man schnell, dass der Kunde im Mittelpunkt steht, zu dem BMW den direkten Zugang aufbaut. Die klassischen Händlernetze bekommen neue Rollen oder werden sogar von BMW umgangen, um einen direkten Kontakt zum Kunden zu bekommen. Dazu drei Beispiele: die neue Rolle „Product Genius“ in Handelsbetrieben, der direkte Verkauf und mobile Apps.

Im Jahr 2013 wurden rund 700 Product Geniuses in etwa 450 Handelsbetrieben eingesetzt. Diese neue Rolle wird von provisionsfreien Experten ausgefüllt, die dem Kunden ohne Verkaufsdruck ein besseres Verständnis des Produkts vermitteln. Damit will BMW das Produkterlebnis des Kunden vor den klassischen Verkauf stellen. Zusätzlich baut BMW mit dem direkten Handel über ein mobiles Verkäuferteam, das Internet und telefonische Informations und Kundendienste insbesondere für die Marke BMW i eine neue Kundenschnittstelle auf.

Über den direkten Handel hinaus werden dem Kunden von BMW i Ventures zahlreiche Mobilitätsdienstleistungen über Apps bereitgestellt, um auch nach dem Verkauf des Fahrzeugs noch in direktem Kundenkontakt zu stehen.

Nachhaltigkeit

Aussagen von BMW wie im „Sustainable Value Report 2013“ [12]: „Unser Erfolg basiert nicht nur auf Finanzkennzahlen, sondern auch auf der soliden Verankerung des Unternehmens in der Gesellschaft. Die Wahrnehmung von sozialer und ökologischer Verantwortung gehört für uns zum unternehmerischen Selbstverständnis“ tragen wesentlich dazu bei, dass das Unternehmen eine so gute Reputation als Arbeitgeber genießt (siehe Tab. 1, Kap. 2). Der gesamte Bericht enthält eine Vielzahl von Themen von erneuerbaren Energien und geringem Verbrauch der Ressourcen über die Gesundheit der Mitarbeiter bis zur Vielfalt des Unternehmens. Durch den erfolgreichen Umweltschutz und das soziale Engagement erzielte BMW im September 2013 zum achten Mal in Folge den Super Sector Leader im „Dow Jones Sustainability Group Index“ dem weltweit bedeutendsten Aktienindex für nachhaltig wirtschaftende Unternehmen. Die Unternehmensethik und die positive Wirkung nach außen zeigen sich noch in sehr vielen weiteren Engagements und Mitgliedschaften, wie zum Beispiel in UN Global Compact mit dem Ziel ökologischer und sozialer Verantwortung zur Achtung der international anerkannten Menschenrechte und deren Wahrung durch angemessene Arbeitsbedingungen.

3.1.2 Strategie der Marke Audi

Der Markenkern von Audi „Vorsprung durch Technik“ soll die Werte Sportlichkeit, Progressivität und Hochwertigkeit umfassen. Der Audi Konzern hat sich mit seinen drei Premiummarken Audi, Lamborghini und Ducati die Mission gesetzt, Kundenbegeisterung vielfältig und weltweit erlebbar zu machen.

Im Jahr 2010 wurde erstmalig die Strategie 2020 vorgestellt. Bis dahin will Audi die weltweit führende Marke im Segment der Premiumautomobile sein. In den Jahren nach 2010 wurde die Strategie fortlaufend verfeinert, um den sich ändernden wirtschaftlichen, ökologischen und gesellschaftlichen Anforderungen gerecht zu werden. Im Geschäftsbericht 2013 hat Audi weiterhin im Mittelpunkt der Strategie 2020 die Mission der weltweiten Kundenbegeisterung und hierfür die vier folgenden Handlungsfelder definiert: Innovationen prägen, Erlebnisse schaffen, Verantwortung leben und Audi gestalten (siehe Abb. 3.2). Die wichtigsten Stoßrichtungen im Rahmen der vier Handlungsfelder und Ziele sind im Folgenden zusammengefasst; detailliertere Informationen zu den Maßnahmen und Fortschritten findet man in den zahlreichen Konzernberichten zwischen 2010 und 2014 auf den Audi Websites.[1]

[1] http://www.audi.com/corporate/de/unternehmen/unternehmensstrategie.html. Zugegriffen am 19.12.2014.

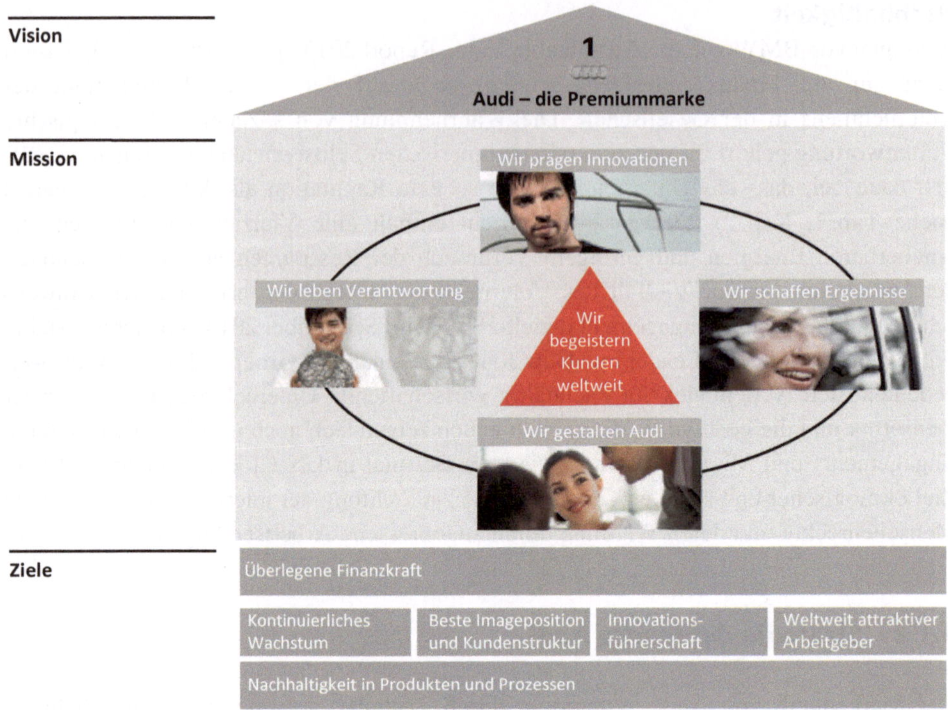

Abb. 3.2 Strategie der Marke Audi (Quelle: Audi Geschäftsbericht 2013)

Innovationen prägen

Der Audi Konzern will seinen Kunden neben sportlichen, qualitativ hochwertigen und innovativen Fahrzeugen auch umfassende Mobilitätslösungen anbieten. Dafür stehen die drei Schlüsseltechnologien „alternative Antriebe", „Leichtbau" und „Konnektivität" im Fokus.

Im Gegensatz zu BMW setzt Audi im Bereich der Antriebstechnologie noch nicht voll und ganz auf die reine Elektromobilität. Im Jahr 2014 sind die alternativen Antriebe e-tron mit Plug-in-Hybrid-Technologie und g-tron mit einem bivalenten Motor für den Betrieb mit Erdgas im Fokus.

Die Leichtbautechnologie hat bei Audi bereits seit dem Jahr 1981[2] durch den Einsatz von Aluminium eine besondere Bedeutung. Allerdings hatte sich der Leichtbau in den Anfangsphasen noch auf einige wenige Bauteile beschränkt, was eine nur geringe Auswirkung auf die Gewichtsreduzierung des Fahrzeugs und die damit einhergehende Senkung des Kraftstoffverbrauchs hatte. Mitte 1994 jedoch präsentierte Audi mit dem A8 die weltweit erste Aluminiumkarosserie in einem Serienfahrzeug der Oberklasse. Audi sieht

[2] Zuerst ab dem Jahr 1981 im Rennsport mit Audi quattro Rallye und dann ab 1983 in der Serie mit Audi Sport quattro.

aber auch, ähnlich wie BMW, die Potenziale der kohlenstofffaserverstärkten Kunststoffe, aus denen sich im Vergleich zu Stahl oder Aluminium viel leichtere Autos bauen lassen. Bei der Entwicklung von Karbonelementen arbeitet Audi mit der Sportwagen-Tochter Lamborghini zusammen. Das erklärte Ziel ist, mithilfe eines intelligenten Materialmix sowie der Funktions- und Systemintegration in neuartige Fahrzeugarchitekturen das Fahrzeuggewicht über die gesamte Produktpalette weiter zu reduzieren. Hier werden Aluminium, Stahl und faserverstärkte Kunststoffe miteinander kombiniert – jedes Material dort, wo es am sinnvollsten eingesetzt werden kann. Für Audi ist der Kompromiss aus Gewichtsreduzierung und Wirtschaftlichkeit weiterhin entscheidend bei Großserienmodellen.

Alle Funktionen, die den Fahrer mit dem Internet, dem Automobil und der Umwelt vernetzen, werden unter der Bezeichnung Audi connect zusammengefasst. Im Audi Geschäftsbericht 2013 zählen dazu 23 verschiedene Dienste der Bereiche Navigation und Mobilität, Kommunikation sowie Infotainment wie beispielsweise Wetter, Nachrichten und Verkehrsinformationen oder Music Stream. Einige von ihnen können zusätzlich über myAudi personalisiert werden. Darüber hinaus kommen auch noch Technologien hinzu, die künftig die Datenübertragung von einem Auto zum anderen wie auch die direkte Kommunikation mit der Infrastruktur, beispielsweise mit Ampeln, ermöglichen werden.

Erlebnisse schaffen

Innovative Vertriebsformate stehen für Audi im Mittelpunkt, um Kunden mit Erlebnissen zu begeistern. Ein Beispiel ist Audi City[3], das als interaktiver Schauraum einen digitalen Zugang aus allen Blickwinkeln in Originalgröße und hoher Qualität zur gesamten Modellvielfalt der Marke Audi ermöglicht. Unter Erlebnis ist die Konfiguration des Traumwagens in allen möglichen Farb- und Ausstattungsvarianten zu verstehen, der auch gleich – wie in einem Autohaus – online bestellt werden kann. Im Jahr 2014 bietet Audi diese modernen Autohäuser in den Metropolen London, Peking und Berlin an.

Verantwortung leben

Der Audi Konzern fokussiert alle Aktivitäten zum Thema Nachhaltigkeit auf die fünf Themenbereiche: „Wirtschaften", „Produkt", „Umwelt", „Mitarbeiter" und „Gesellschaft". Mit dem umfassenden Corporate Responsibility Report 2012 und dessen Aktualisierung 2013 wurden im Mai 2014 für jedes Thema transparent Ziele, Maßnahmen, Termine und Erfüllungsgrade veröffentlicht. Die aufgeführten Ziele werden sowohl aus unternehmensinternen Anforderungen wie auch aus den Erwartungen verschiedener externer Interessengruppen je nach Relevanz abgeleitet. Einige wenige Beispiele pro Themenbereich greifen wir heraus.

[3] http://www.audi.de/de/brand/de/innovation-erleben/audi-city.html. Zugegriffen am 19.12.2014.

Die Gewährleistung der wirtschaftlichen Stabilität von Audi wird als besonders relevant von den Interessengruppen bewertet. Zwei Ziele sind die Vermeidung von Korruption und die Sensibilisierung der Mitarbeiter für das Thema Kartellrecht.

Die produktbezogenen Themen wurden im Jahr 2013 sowohl unternehmensintern als auch von externen Interessengruppen als besonders relevant für die Nachhaltigkeit bewertet. Ein besonderes Ziel ist die Angebotserweiterung durch die alternativen Antriebskonzepte der Erdgas- und Elektromobilität, ferner die Reduzierung des Kraftstoffverbrauchs und der CO_2-Emissionen, was auch ein Ziel im Themenbereich Umwelt ist. Ein weiteres Umweltziel besteht in der Verringerung des Verbrauchs natürlicher Ressourcen in der Fertigung.

Themenschwerpunkte für Mitarbeiter sind beispielsweise die Aus- und Weiterbildung durch die Einführung neuer Ausbildungsberufe und -programme für Zukunftstechnologien und die Vereinbarkeit von Beruf und Familie/Privatleben.

Im Februar 2012 ist der Audi Konzern dem Global Compact der Vereinten Nationen beigetreten und bekennt sich als aktives Mitglied ausdrücklich zu dessen zehn Prinzipien in den Bereichen Umweltschutz, Menschenrechte, Arbeitsnormen und Korruptionsbekämpfung. Dazu veröffentlicht der Audi Konzern den Fortschrittsbericht 2013 als gesellschaftlichen Beitrag im Mai 2014.

Audi gestalten

Bei der Gestaltung geht es um die kontinuierliche Entwicklung und Anpassung der Strukturen und Prozesse der Organisation und dabei insbesondere um das Meistern der Herausforderungen, die das Volumenwachstum, der stetige Ausbau des Produktangebots, die zunehmende Internationalisierung sowie die Entwicklung neuer Technologien und Geschäftsfelder mit sich bringen.

3.1.3 Unternehmensstrategie Daimler

Es ist unumstritten, dass das Unternehmen Daimler als Erfinder des Automobils (siehe Abschn. 1, Kap. 2) die räumliche Mobilität mit richtungsweisenden Innovationen maßgeblich geprägt hat. Darüber hinaus hat Daimler auch für die Zukunft den Anspruch, Vorreiter bei der Weiterentwicklung der Mobilität zu sein.

Im Daimler Geschäftsbericht 2014 sind die folgenden vier strategischen Ziele beschrieben:

- *Führend in Technologie und Innovation.* Daimler will mit seinen Produkten im Bereich der Sicherheit, beim autonomen Fahren sowie bei umweltverträglichen Technologien führend sein.
- *Begeisterte Kunden.* Daimler will durch Schnittstellen im Kauf- und Nutzungsprozess jederzeit im Kontakt mit dem Kunden stehen.

Abb. 3.3 Daimler Strategie (Quelle: Daimler Geschäftsbericht 2014)

- *Erstklassige Teams.* Für Daimler bilden die vier Unternehmenswerte Begeisterung, Wertschätzung, Integrität und Disziplin das Fundament seines Handelns. Insbesondere leitet die Integrität das Handeln in Bezug auf die Diversität der Mitarbeiter, das Unternehmen, Geschäftspartner und Kunden.
- *Profitables Wachstum.* Daimler will bis zum Jahr 2020 mit seiner Wachstumsstrategie „Mercedes-Benz 2020“ für Personenkraftwagen die Führungsrolle bei Premiumfahrzeugen haben. Speziell mit der Marke smart will Daimler seine Vorreiterrolle in der urbanen Mobilität weiter ausbauen. Anders als BMW und Audi hat Daimler auch Wachstumsziele im Bereich der Nutzfahrzeuge, auf die hier nicht eingegangen werden soll. Die Wachstumsziele im Bereich Mobilitätsdienstleistungen sind bei Daimler Financial Services aufgehängt.

Daraus ableitend definiert das Unternehmen vier strategische Wachstumsfelder, auf die es sich konzentrieren will (siehe Abb. 3.3). Einige Aspekte der vier strategischen Wachstumsfelder seien näher beleuchtet und für weitergehende Details auf den Geschäftsbericht 2014 verwiesen. Die Wachstumsfelder ähneln auf der Ebene der vier Titel denjenigen bei BMW und Audi, doch findet man einige Unterschiede im Detail, vor allem bei den Mobilitätsdienstleistungen im vierten Wachstumsfeld.

Das Kerngeschäft stärken

Im Mittelpunkt der Stärkung des Kerngeschäfts stehen

- die umfassende Erneuerung und Erweiterung des Modellprogramms in allen Segmenten und der weitere Ausbau des internationalen Produktionsnetzwerks.
- die Verbesserung der Kostenstrukturen, um nachhaltig profitabel zu wachsen. Ein Programm dazu ist die Umsetzung der Modulstrategie, um die steigende Komplexität,

die durch zusätzliche Modellvarianten entsteht, zu bewältigen. Neben der Modulstrategie soll auch die Restrukturierung des Vertriebs in Deutschland zur Verbesserung der Kostenstrukturen beitragen.
- die verstärkte Orientierung der Organisation am Kunden, um eine durchgehende Kundenbetreuung über den gesamten Lebenszyklus der Produkte sicherzustellen.

In neuen Märkten wachsen

Daimler sieht, dass das Wachstum der weltweiten Automobilnachfrage in den kommenden Jahren zum größten Teil in den Märkten außerhalb Europas, Nordamerikas und Japans stattfinden wird, und will vor allem in Schwellenländern wie Brasilien, Russland, Indien, China und anderen wachsen. Dafür will Daimler seine Präsenz vor Ort ausbauen und, wo sinnvoll, Kooperationen mit lokalen Partnern aufbauen.

Bei grünen Technologien und Sicherheit führend sein

Das Portfolio der Antriebstechnologien reicht bei Daimler von der Optimierung von Verbrennungsmotoren über die Hybridisierung bis hin zum lokal emissionsfreien Fahren. Das breite Portfolio soll noch weiter entwickelt werden, um unterschiedliche Mobilitätsanforderungen nachhaltig gestalten zu können. Damit ist Daimler nicht so sehr auf die Technologie festgelegt wie oder Audi.

Im Daimler Nachhaltigkeitsbericht [32] wird weitreichender auf einen langfristigen ökonomischen Erfolg im Einklang mit Umwelt und Gesellschaft eingegangen als im Geschäftsbericht. Neben technologischen Themen geht Daimler auch auf Gesundheitsmanagement und Arbeitsschutz ein.

Vor allem mit den Erweiterungen der Assistenzsysteme und der Umsetzung des autonomen Fahrens strebt Daimler an, seine Vorreiterrolle im Bereich der aktiven und passiven Sicherheit sowohl bei Personenkraftwagen als auch bei Nutzfahrzeugen weiter auszubauen.

Vernetzung und neue Mobilitätskonzepte maßgebend vorantreiben

Daimler baut seine Angebote an Mobilitätsdienstleistungen für den privaten, geschäftlichen und öffentlichen Bereich weiter aus. Hierzu zählen zum Beispiel car2go, CharterWay, Bus Rapid Transit oder die Mobilitätsplattform „moovel". Mit moovel bietet Daimler seinen Kunden die Möglichkeit, unterschiedliche individuelle und öffentliche Mobilitätsangebote optimal miteinander zu verbinden und über ein Bezahlsystem abzurechnen.

Auf der Grundlage zunehmender Digitalisierung und Vernetzung erprobt und erweitert Daimler seine kundenorientierten Dienstleistungsangebote im Internet unter „Mercedes me". Ein neuer Dienst ist „Mercedes connect me", der beispielsweise Unfall-, Wartungs- und Pannenmanagement sowie die Ferndiagnose zur Verfügung stellt. Darüber hinaus werden Mobilitätsdienstleistungen, Vernetzungen des Fahrzeugs und die Kundenorientierung in den Dienst „Mercedes move me" integriert.

3.1.4 Vergleich mit japanischen Unternehmen

Die größte Stärke der deutschen Automobilindustrie, wie sich aus den Beispielen ergibt, liegt in der Abdeckung des Premiumsegments in der Klassifizierung obere Mittelklasse und Oberklasse (siehe Abschn. 3, Kap. 1). Die japanischen Fahrzeughersteller haben ihren Fokus dagegen auf eine umfassende Kostenführerschaft im Segment der Massenhersteller gerichtet. Ihre Unternehmensstrategie unterscheidet sich deshalb von denen der Premiumhersteller, die auf kapitalintensiveren Geschäftsmodellen aufbauen. Im Durchschnitt investierten die Japaner im Verhältnis zum Umsatz während eines Fünfjahreszeitraums bis zum Jahr 2012[4] 30 Prozent weniger als die europäischen Fahrzeughersteller (auch im Segment der Massenhersteller). Durch die geringeren Investitionen für die reine Fahrzeugherstellung entstehen Vorteile und Freiräume in Forschung und Entwicklung im Bereich alternativer Fahrzeug- und Antriebskonzepte. Toyota beispielsweise produziert das erste Fahrzeug mit Wasserstoffantrieb unter dem Namen „Mirai“ (was übersetzt „Zukunft“ bedeutet) in Großserie. Aus der Sicht der Ingenieure sind solche Erfolge revolutionär. Aus der Sicht der Geschäftsmodelle in Richtung einer Mobilitätsindustrie sind es eher nur inkrementelle Verbesserungen.

Unternehmenskultur, Denkweise und Philosophie sind in Japan sehr pragmatisch und zielorientiert. Eines ihrer Prinzipien [104] besagt, dass sich ein Problem in der Produktion nicht vom Schreibtisch aus lösen lässt, sondern nur an der Quelle analysiert und behoben werden kann. Im Mittelpunkt der japanischen Weiterentwicklungskultur „Kaizen“ steht die kontinuierliche, systematische und schrittweise Verbesserung unter Einbindung der Mitarbeiter. Im Jahr 1986 fasste Masaaki Imai das Konzept Kaizen [72] detailliert zusammen. Im deutschsprachigen Raum wurde daran angelehnt der „Kontinuierliche Verbesserungsprozess“ und im angelsächsischen der „Continuous Improvement Process“ etabliert. Dabei soll die Größe der Veränderung keine primäre Rolle spielen, vielmehr soll es auf das Bewusstsein aller Mitarbeiter ankommen, die ständig nach Verbesserungen Ausschau halten. Im Fokus von Toyota liegen insbesondere die Bereiche Qualität, Lieferzeit und Kosten.

Kaizen konzentriert sich auf permanente Verbesserungen in kleinen Schritten, meist auf der operativen Ebene, mit einer Orientierung an kurzfristigen Ergebnissen. Dadurch differenziert es sich von größeren Innovationssprüngen und langfristig geplanten Transformationen in Richtung neuer unbekannter Wege, wie eine Mobilitätsindustrie es erfordert. Darüber hinaus ist die Freude an der ständigen Verbesserung der Konstruktion und Herstellung die treibende Motivation. Dadurch beschränken sich die Innovationen auf den Materialfluss und vernachlässigen den Geldstrom des Absatzmarktes.

[4] „Building cars with less capital“. http://www.mckinsey.com/Insights/Manufacturing/Building_cars_with_less_capital. Zugegriffen am19.12.2014.

3.2 Geschäftsmodell

Vereinfacht formuliert ist an der Strategie das zukünftige Wunschziel des Unternehmens abzulesen. In derselben Weise zeigt ein Geschäftsmodell – oft als Momentaufnahme des aktuellen Geschäfts – an, wie seine Geschäfte zu einem bestimmten Zeitpunkt zusammenpassen.

Das Geschäftsmodell ist entscheidend für die ganzheitliche Ausrichtung von Unternehmen und prägt ihre Geschichte. Wirklich erfolgreiche Unternehmen unterscheiden sich nicht in der Findung, sondern in der Umsetzung der Geschäftsmodelle und damit auch in ihrer Strategie. Bis heute gibt es in der Literatur aber noch keine allgemein akzeptierte Definition eines Geschäftsmodells, was auch aus der uneinheitlichen Abgrenzung des Begriffs Strategie folgt. In der Praxis findet man viele unterschiedliche Arten der Modellierung der Wertschöpfung eines Geschäftes. Jedes Unternehmen hat aber ein Geschäftsmodell im Sinne der Beschreibung des Geschäftes, das die Erfolge oder Misserfolge in einem Kontext kommuniziert.

Wir nutzen die folgende Definition des Geschäftsmodells [113]:

> Das Geschäftsmodell stellt eine überschaubare Aggregation aller relevanten Aspekte eines Geschäfts auf hoher Abstraktionsstufe dar. Dabei zeigt es im Wesentlichen, wie ein Unternehmen im Gesamtkonzept funktioniert, wie es Werte erstellt und bereitstellt und daraus Erträge erwirtschaftet. Das Geschäftsmodell wird für einen festen Zeitpunkt betrachtet.

Unser Schwerpunkt bei der Aufgabe, ein Geschäftsmodell auf einfache Weise zu beschreiben, um daraus eine Unternehmensarchitektur abzuleiten, ist eine statische Sichtweise: Das Geschäftsmodell als Momentaufnahme eines Rahmenplans, wie ein Unternehmen zu einem bestimmten Zeitpunkt funktioniert und Erträge erwirtschaftet. Dieser Ansatz hilft, unternehmerische Aktivitäten im Rahmen der Wertschöpfung verständlich zu kommunizieren. Eine strategische Perspektive der Transformation von Geschäftsmodellen enthält er aber nicht. Durch die Strategie wird dem aktuell gültigen Geschäftsmodell die Dimension Zeit hinzugefügt. Die Transformation des Geschäftsmodells über einen festgelegten Zeitraum kann formuliert und die Veränderungen des Geschäfts vom aktuellen Zustand hin zu einem gesteckten Ziel am Ende dieses Zeitraums können dargestellt werden.

Unser Modell beruht auf der einfachen Voraussetzung, dass durch das Investieren von Leistungen in ein Geschäft am Markt ein Wertbeitrag generiert werden kann. Darauf aufbauend gliedern wir das Geschäftsmodell in die folgenden vier Fragestellungen (siehe Abb. 3.4):

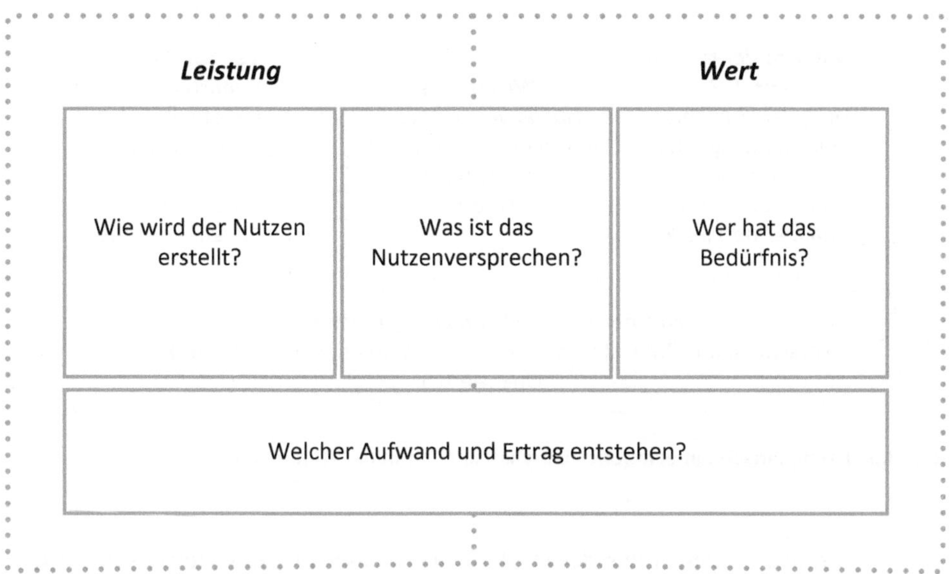

Abb. 3.4 Ein vereinfachtes Geschäftsmodell zur Strukturierung des Einsatzes von Leistungen in ein Geschäft, wodurch ein Wert im Markt entstehen kann. Die Strukturierung basiert auf den vier grundlegenden Fragen „Wie?", „Was?", „Wer?" und „Welche?"

Wer ist die Zielgruppe, die ein Unternehmen mit seiner Ausrichtung und seinen Leistungen ansprechen will?

Die Kunden stehen bei dieser Frage im Mittelpunkt. Oft werden sie in unterschiedliche Zielgruppen aufgeteilt, um gezielter auf Bedürfnisse oder Rahmenbedingungen eingehen zu können. Insbesondere ist es wichtig, festzulegen, welche Kundenbeziehungen aufgebaut und wie sie gepflegt werden. In der Beziehung werden die Kanäle und Medien bestimmt, mittels derer ein Unternehmen mit dem Kunden in Kontakt steht.

Was ist das Nutzenversprechen eines Unternehmens, um die Bedürfnisse von Kunden in einer Zielgruppe zu befriedigen?

Es entstehen Werte und damit einhergehende Wettbewerbsvorteile des Unternehmens im Markt, die von den Kunden wahrgenommen werden. Die individuellen Kriterien und Möglichkeiten der Kunden bestimmen letztendlich, ob das Nutzenversprechen die Bedürfnisse befriedigt oder ob sogar eine längerfristige Bindung möglich ist. Durch das Wertangebot wird auch impliziert, welche Bedürfnissbefriedigungen das Unternehmen seinen Kunden nicht verspricht, die damit auch nicht im Fokus der Unternehmensziele stehen.

Wie wird der Nutzen für die Kunden mit Hilfe von Ressourcen und Partnern erbracht?

Ein Nutzenversprechen kann oft nur in der Zusammenarbeit mit Lieferanten oder Komplementären erreicht werden. Die Partner müssen aber auch für sich einen Nutzen und Wert in der Wertschöpfung finden, um am Geschäftsmodell teilnehmen zu wollen.

Wie wird der Nutzen erstellt? Designer, Zulieferer von Fahrzeugteile, Entwickler, Fabrik, Markenidentität, Händlernetzwerk	***Was ist das Nutzenversprechen?*** Automobil, Transporter, Lastwagen, Bus, Motorrad	***Wer hat das Bedürfnis?*** Person mit finanziellem Freiraum für eigenes Fahrzeug zur individuellen, räumlichen Mobilität
Welcher Aufwand und Ertrag entstehen? Forschung und Entwicklung, Herstellung, Marketing, Fahrzeugverkauf, Finanzierung		

Abb. 3.5 Exemplarisch ein etabliertes Geschäftsmodell in der Automobilindustrie

Welche Erträge entstehen aus der erfolgreichen Umsetzung des Nutzenversprechens beim Kunden?

Die Unternehmensgewinne entstehen aus unterschiedlichen Einnahmequellen und den dafür notwendigen Kostenstrukturen. Sie entscheiden über den Wert des Geschäftsmodells und damit über den nachhaltigen Erfolg. Verschiedenste Modelle sind als Einnahmen möglich, zum Beispiel eine Einmalzahlung für ein AUTOmobil, eine nutzungsorientierte Bezahlung für ein Gemeinschaftsfahrzeug oder fortlaufende Gebühren für eine Versicherung.

Mit diesen vier Fragen allein lässt sich natürlich kein Unternehmen beschreiben. Das Motiv oder die übergeordneten Motivationen und den Sinn des Unternehmens sprechen wir mit ihnen nicht an. Die Konzentration auf die vier Fragen hat den Sinn, in einem einfach gehaltenen Modell die wesentlichen Einflussfaktoren auf die Unternehmensarchitektur zur Verwirklichung des Geschäfts zusammenzufassen.

In der Automobilindustrie ist das Geschäft durchgängig über das Produkt Fahrzeug definiert sowie über die Dienstleistungen im Fahrzeugkontext, die den Kunden bereitgestellt und über die Märkte, die bedient werden. Ein Beispiel eines etablierten Geschäftsmodells in der Automobilindustrie ist in der Abb. 3.5 dargestellt. Ganz bewusst haben wir dennoch das Geschäftsmodell allein über den Nutzen beschrieben, den ein Unternehmen seinen Kunden stiftet. Das Produkt und der Markt sind Teil der sich um diesen gruppierenden Wertschöpfung, um ein Nutzenversprechen für Kunden mit Mobilitätsbedürfnissen zu erfüllen.

Näher betrachtet ist aber heutzutage zwischen einem Automobilunternehmen und dem Endkunden als Nutzer des Fahrzeugs kaum eine Beziehung vorhanden. Der Vertrieb als eigentliche Kundenschnittstelle kümmert sich hauptsächlich um die Händlerbeziehungen und den Verkauf der Fahrzeuge als Nutzenversprechen. Die wahre Beziehung zum

Kunden findet man detailliert in der eindeutigen Fahrzeuglebensakte, egal, wo sich das Fahrzeug befindet oder wem es gehört. Damit haben die Werkstätten die intensivste Beziehung zu den Endkunden. Die meisten Werkstätten sind unabhängig vom Fahrzeughersteller und vertreten primär eigene Interessen, weniger die Markenidentität des Herstellers. Letztendlich stellt man sich außerdem die Frage: Wer ist wirklich gerne in der Werkstatt? Der Grund für einen Werkstattaufenthalt ist immer ein Problem mit dem Fahrzeug, und gegebenenfalls entstehen zusätzliche Kosten, die meistens nicht zu einer Verbesserung, sondern lediglich zur Wiederherstellung des Soll-Zustands des Fahrzeugs führen. Das ist keine Motivation im Sinne der Wertschöpfung, doch ein erster Ansatzpunkt zur gezielten Änderung des Geschäftsmodells für das digitale Zeitalter, in dem eine Vielfalt neuer und veränderter Geschäftsmodelle es ermöglicht, die die Mobilitätsbedürfnisse von Kunden nicht ausschließlich über den Verkauf eines Fahrzeug befriedigen. Die Veränderung des Geschäftsmodells und die damit verbundenen Strategien werden wir im Kap. 4 diskutieren.

Im Hinblick auf unseren Schwerpunkt der Unternehmensarchitektur haben wir das Thema „Geschäftsmodell“ als Grundlage für deren Umsetzung nur gestreift und verweisen für eine tiefere Diskussion von Teilmodellen zur Modellierung des Geschäfts auf die Literatur [1, 113] und [175].

3.3 Geschäftsdomänen

Das primäre Ziel von Geschäftsdomänen ist es, kritische Aspekte des Geschäfts in einzelne Schwerpunktbereiche zu konsolidieren. Ihr Modell ist rein funktional und wird unabhängig von Prozessen, Organisationen und Anwendungen gestaltet. Wir definieren eine Geschäftsdomäne folgendermaßen:

> Eine Geschäftsdomäne ist eine fachliche Zusammenfassung von Kompetenzen im Unternehmen, die für die Umsetzung des Geschäftsmodells benötigt werden. Jede Domäne erfüllt einen konkreten Geschäftszweck und hat einen logischen Grund, im Unternehmen zu existieren. Ähnlich wie das Geschäftsmodell wird ein Modell aus Geschäftsdomänen nur für einen festen Zeitpunkt und nicht einen Zeitraum erstellt.

Ein Unternehmen ist in mehrere Geschäftsdomänen strukturiert, die zusammengefasst ein Modell über unterschiedliche Ebenen bilden, das sehr komplex und aufwendig werden kann. Um im Rahmen dieses Buches zu bleiben und uns nicht in zu vielen Details zu verlieren, werden wir deshalb die fachlichen Situationen und Problemstellungen in der Automobilindustrie in vielen Fällen vereinfacht darstellen, etwa so, als sollte ein neues Automobilunternehmen ohne Altlasten aufgebaut werden. Dennoch versuchen wir mögliche Konfliktbereiche in den Geschäftsdomänen auf der Ebene der Kompetenzen

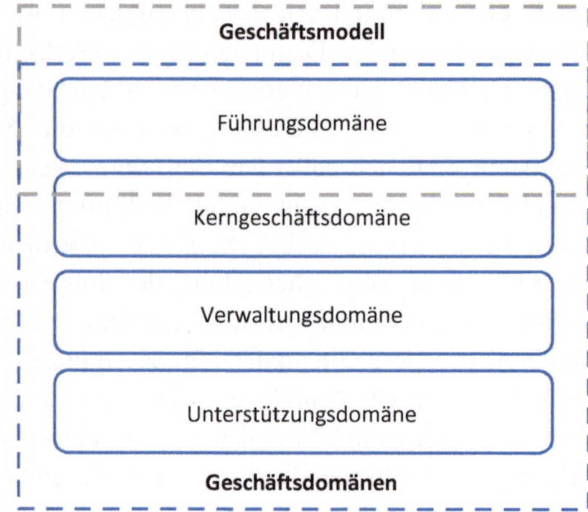

Abb. 3.6 Die Umsetzung des Geschäftsmodells geschieht zum einen über die Geschäftsdomänen der Führungsebene, zum anderen über die Teilbereiche der Planungsfunktionen der Geschäftsdomänen, die dem Kerngeschäft des Unternehmens zugeordnet sind. Die Kerngeschäftsebene umfasst die wichtigsten Geschäftsdomänen des Unternehmens und ist industriespezifisch

aufzudecken, vor allem dann, wenn deren fachliche Kompetenzen durch die Digitalisierung verändert werden.[5]

Wir kategorisieren die Geschäftsdomänen in Führung, Kerngeschäft, Verwaltung und Unterstützung (siehe Abb. 3.6). Bei den Kategorien inklusive aller Geschäftsdomänen geht es um eine rein fachliche Betrachtung. Hier gibt es keine Hierarchie im Sinne einer Organisation. Domänen berücksichtigen auch keine geografischen Verteilungen.

Führungsdomänen

Die Führungsdomäne bildet mit der „Unternehmenssteuerung“ den Rahmen des Übergangs in der Umsetzung der Frage im Geschäftsmodell, wie welcher Ertrag unter welchen Risiken entsteht und der dafür notwendige Aufwand gesteuert wird. Die Kontrolle der Risiken und Finanzen hat die höchste Bedeutung in einem wirtschaftlichen Unternehmen, wenn es um eine objektive Messung der aufgewendeten Leistungen und erreichten Werte geht (siehe Abb. 3.4).

Kerngeschäftsdomänen

Die Kerngeschäftsdomänen umfassen alle primären Unternehmenskompetenzen, die für das Nutzerversprechen notwendig sind. Damit fassen sie die wichtigsten Geschäftsdomänen des Unternehmens zusammen, die sich je nach der Art des Fahrzeugherstellers

[5] Für eine genauere Betrachtung zur Identifizierung und Bündelung von Geschäftsdomänen sei auf die Literatur verwiesen [3].

unterscheiden können. Die wesentlichen Domänen siedeln sich entlang der Produktlebensdauer an, weil das Produkt das Nutzerversprechen des Geschäftsmodells ist. Diese Domänen tragen zur Wertschöpfung des Unternehmens bei.

Die Lebensdauer des Fahrzeugs beginnt mit der Domäne „Forschung und Entwicklung". Im einleitenden Abschn. 3, Kap. 1 hatten wir aufgeführt, wie äußerst hoch der Wertschöpfungsanteil der Zulieferer am Produkt und seiner Stückliste (siehe Abschn. 3, Kap. 2) ist. Deswegen ist die Domäne „Beschaffung und Eingangslogistik" eine grundlegende Aktivität, damit alle Bauteile den Weg über den Einkauf ins Endprodukt finden, das letztendlich über die Ausgangslogistik zum Händler gelangt. Der Mittelpunkt des Unternehmens, um das Nutzerversprechen zu erstellen, ist die Fertigung und Montage des Produktes, was in der Domäne „Produktion" zusammengefasst wird. Die „Vermarktung und Kommunikation" als Vorbereitungsphase der Geschäftsdomäne „Vertrieb und Ausgangslogistik" führen wir in zwei getrennten Domänen auf. Dennoch ist es sinnvoll, wenn beide sehr eng kooperieren. Der Vertrieb, die Übergabe des Fahrzeugs an den Kunden wie auch die Phase nach dem Verkauf werden durch Finanzierungsmöglichkeiten der Domäne „Finanzdienstleistung" gefördert. Die letzte Domäne der Produktlebensdauer aus dem Bereich der Kerngeschäftsdomänen ist die „Kundendienstunterstützung".

Verwaltungsdomänen

Die Verwaltungsdomänen umfassen alle betrieblichen Unternehmenskompetenzen, die nur mittelbar der eigentlichen Wertschöpfung dienen. Sie gewährleisten die Gestaltung und Betreuung der reibungslosen Abläufe, die für das Nutzerversprechen notwendig sind.

In allen Organisationen gibt es die Geschäftsdomäne „Personal", die sich auf die Bereitstellung eines zielorientierten Personaleinsatzes konzentriert. Die zweite Domäne in der Kategorie der Verwaltungsdomänen ist die „Qualität". Sie soll möglichst fehlerfreie Produkte und eine Qualitätswahrnehmung beim Kunden über die relativ lange Lebensdauer der Fahrzeuge sicherstellen. Einige Kompetenzen in der Domäne Qualität könnte man auch dem Kerngeschäft der Fahrzeugherstellung zuordnen, weil die Sicherheit im Fahrzeug als Konsumgut so hoch ist, dass auch die Zulassung für den Verkauf streng reguliert ist. Alle finanziellen Verwaltungsaufgaben werden in der Geschäftsdomäne „Finanz- und Rechnungswesen" zusammengefasst; einige Kompetenzen könnten auch der Führungsdomäne zugeordnet werden.

Unterstützungsdomänen

Die Unterstützungsdomänen verursachen Kosten und erzeugen oft keinen direkt spürbaren Nutzen für das Geschäftsmodell, stellen aber das Fundament für die Umsetzung bereit, welches aus zwei Geschäftsdomänen besteht. Die Domäne „Infrastruktur" fasst alle notwendigen Betriebsmittel zur Umsetzung des Geschäfts durch Standorte, Maschinen, Geräte etc. zusammen. Die zweite Domäne ist weiter gefasst und strukturiert Geschäftskompetenzen für eine „übergreifende Unterstützung" im Unternehmen. Wir verteilen die Kompetenzen der klassischen IT über beide Domänen dieser Ebene.

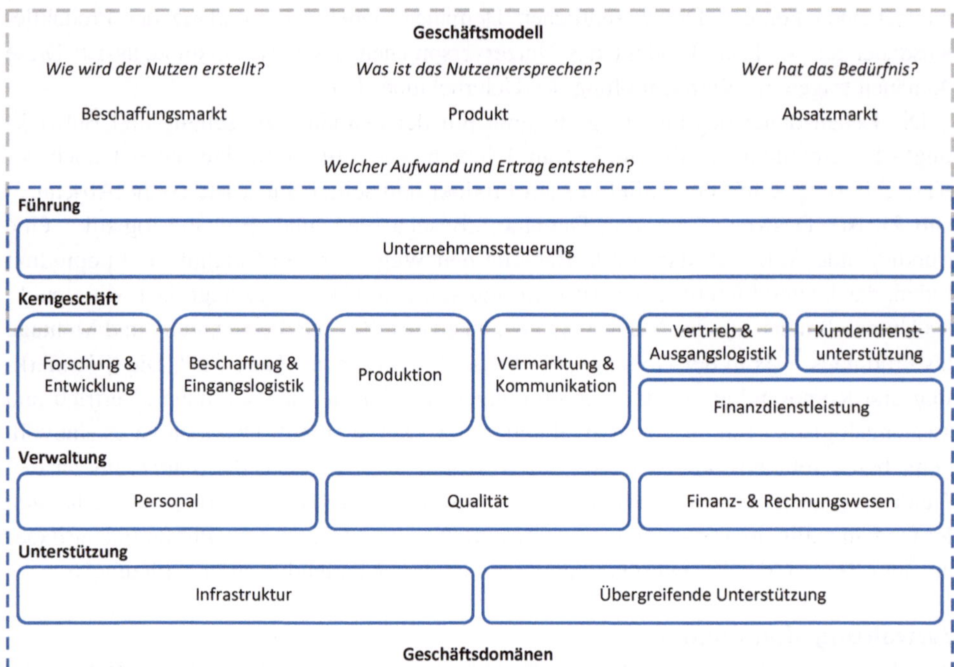

Abb. 3.7 Überführung des Geschäftsmodells in Geschäftsdomänen der Automobilindustrie

In Abb. 3.7 sind die vier beschriebenen Kategorien mit ihren Geschäftsdomänen zusammengefasst. Die Abbildung verdeutlicht auch den Übergang des Geschäftsmodells in die Geschäftsdomänen insbesondere über die Führungskategorie. Nicht alle Kompetenzen eines Unternehmens lassen sich leicht auf die beschriebenen Geschäftsdomänen abbilden. Wir haben auch in diesem Abschnitt stillschweigend die Annahme getroffen, dass es nur ein konzernweites Geschäftsmodell gibt. In der Praxis enthalten die Automobilunternehmen viele Tochtergesellschaften, Gemeinschaftsunternehmen, Kooperationen, Kapitalbeteiligungen etc., in denen bewusst unterschiedliche Geschäftsmodelle gesteuert werden. Beispielsweise verfolgt das Mobilitätsunternehmen moovel ein anderes Geschäftsmodell als der Mutterkonzern Daimler. Darauf gehen wir noch detaillierter im 4. Kapitel ein.

Die Tendenz, noch weitere Geschäftsdomänen aufzustellen, findet man vor allem dann, wenn bestehende Organisationsstrukturen während der Erstellung des Modells genutzt werden und versucht wird, eine möglichst exakte Momentaufnahme des Unternehmens zu modellieren, obwohl in komplexen Unternehmen nicht alle Domänen fachlich abgrenzbar sind. Im Rahmen der Automobilindustrie beschränken wir uns auf ein Minimum an Domänen und überlassen Erweiterungen dem jeweils einzelnen Unternehmen. Wichtig ist, dass sich Domänen nicht in einem eigenen System aufrechterhalten sollten, sondern im Einklang mit der Geschäftsausrichtung stehen.

Zusammengefasst bildet das Modell der Domänen ein essenzielles Werkzeug, um ein Gesamtbild zu entwickeln, bevor wir das Vordringen der Digitalisierung in der Automobilindustrie vertiefen und bewerten. Mithilfe der Geschäftskompetenzen werden in den folgenden Abschnitten die einzelnen Domänen im Detail dargestellt.

3.4 Geschäftskompetenzen und -komponenten

Geschäftsdomänen sind die entscheidende Ebene, um Unternehmen auszurichten und zu optimieren. Ihr einfacher und übersichtlicher Aufbau, in dem nur sehr weit gefasste Schwerpunktbereiche des Geschäfts konsolidiert werden, wird durch die Geschäftskompetenzen detaillierter beschrieben, einem Modell, das eine tiefere Analyse des Unternehmens ermöglicht und einen Überblick über die Kompetenzen im Unternehmen verschafft, die zur Wertschöpfung benötigt werden. Da Spezialisierungen des Geschäfts Differenzierungen im Markt leichter ermöglichen, haben die Geschäftskompetenzen eine zentrale Bedeutung für eine erfolgreiche Umsetzung des Geschäftsmodells. Beider Weiterentwicklung steht in enger wechselseitiger Beziehung, wenn es um Transformationen auf Unternehmensebene geht.

In der Fachliteratur sind Begriffe wie Geschäftskompetenzen und -komponenten unüblich; es werden fast ausschließlich englische Fachbegriffe, wie „Business Competency, Business Capability, Business Component" verwendet, die allerdings in der Literatur wie auch in Softwarewerkzeugen sehr uneinheitlich eingesetzt werden. Nicht immer wird dabei auch ihr Sinn hinterfragt. In unserem Kontext setzt sich eine Geschäftskompetenz aus einer Kombination von Wissen, Fähigkeiten, Fertigkeiten, Sachmitteln und Einstellungen einer Organisation zusammen, die ein Unternehmen zu einzigartigen Marktleistungen befähigt.

Wir definieren eine Geschäftskompetenz und -komponente folgendermaßen:

> Eine Geschäftskompetenz it eine stabile fachliche Fähigkeit eines Unternehmens, die es befähisgt, Marktleistungen für einen Geschäftszweck in einem bestimmten Aufgabenbereich mit mehreren Geschäftskomponenten regelmäßig zu erbringen. Eine Geschäftskomponente enthält Querverweise auf Gruppierungen von Geschäftsprozessen, die die eigentliche Wertschöpfung vollziehen, daneben können Geschäftsservices, die auf Applikationen und Daten beruhen, Bestandteile einer Geschäftskomponente sein. Im Modell der Geschäftskompetenzen sind alle aufgeführten Kompetenzen eindeutig und unabhängig voneinander. Sie bilden die fachliche Zusammenfassung aller lose gekoppelten Kompetenzen im Unternehmen, die für die Umsetzung des Geschäftsmodells benötigt werden. Die Kompetenzen eines Unternehmens repräsentieren zwar nur eine zeitlichen Momentaufnahme, bilden aber die zentrale Ebene zur Weiterentwicklung der Unternehmensausrichtung und Wertschöpfung.

Abb. 3.8 Struktur einer Geschäftskompetenz angelehnt an das „Component Business Model"

Aufbauend auf der vorherigen Definition strukturieren wir die Geschäftskompetenz, angelehnt an das „Component Business Model" der IBM [116], nach den folgenden Fragestellungen (siehe Abb. 3.8):

- *Geschäftszweck*: Wofür werden die Fähigkeiten, die Fertigkeiten und das Fachwissen benötigt?
- *Aufgabenbereiche*: Welche zusammenhängende Aufgaben werden regelmäßig durchgeführt?
- *Einsatzmittel*: Welche Personal- und Sachmitteleinsätze sind erforderlich?

Dazu gehören zum Beispiel Technologien, Materialien, Werkzeuge, Maschinen, IT, Methoden oder Finanzmittel. Nachhaltige Wettbewerbsvorteile zeichnen sich im Zusammenspiel mit den personengebundenen Fähigkeiten, Fertigkeiten, Wissen und Erfahrungen aus, die wiederholt einsetzbar sind.

- *Steuerung*: Wie werden Aufgaben und Einsatzmittel geleitet und gelenkt?
- *Geschäftskomponenten*: Welche Geschäftsprozesse setzen Teilkompetenzen um? Welche Geschäftsservices werden bereitgestellt und welche benötigt?

Bei der Identifizierung und Strukturierung der Geschäftskompetenzen ist es wichtig, zu verstehen, dass von innen nach außen und von außen nach innen jeweils unterschiedliche Merkmale entscheidend sind. Einerseits sollten sich Kompetenzen nach außen hin losgelöst voneinander im Unternehmen entwickeln, um eine hohe Flexibilität und

Reaktionsfähigkeit zu ermöglichen. Andererseits sollten die Geschäftskomponenten innerhalb jeder Kompetenz einen Zusammenhalt bilden, um eine hohe Effizienz und Qualität umzusetzen.

Einige Geschäftskompetenzen des Unternehmens liefern einen direkten Mehrwert und Nutzen für externe Kunden, andere existieren nur intern zur Unterstützung der Wertschöpfung. Deshalb unterteilen wir die Kompetenzen für ein Modell in primäre und sekundäre Geschäftskompetenzen. Die Leistungen, die mit den primären Geschäftskompetenzen erbracht werden, sind entscheidend für den Geschäftserfolg und die Wettbewerbsfähigkeit. Sie sind auch Umsatzträger, weil Kunden mit ihnen im direkten Kontakt stehen und bereit sind, dafür einen Preis zu zahlen. Die sekundären Geschäftskompetenzen sind dagegen für den Kunden unerkennbar und in seinen Augen eher irrelevant. Aber sie beeinflussen dennoch wesentlich die Effektivität und Effizienz der primären Geschäftskompetenzen. In den Kerngeschäftsdomänen finden sich üblicherweise die meisten primären Geschäftskompetenzen eines wirtschaftsorientierten Unternehmens wieder. Die Charakterisierung von primären und sekundären Kompetenzen können je nach den Geschäftsmodellen der Unternehmen in derselben Branche voneinander abweichen.

Als zusätzliche Charakterisierung im Modell der Geschäftskompetenzen sei noch festgehalten, was ein Unternehmen alleine leisten kann und in welchen Bereichen es spezialisierte Unterstützungen von anderen externen Unternehmen integrieren muss, wenn es sie nicht selber erstellen kann. Externe primäre Geschäftskompetenzen können durchaus auch in Kerngeschäftsdomänen vorkommen. Wir hatten beispielsweise bereits im Abschn. 3, Kap. 1 aufgeführt, dass die Zulieferer im Bereich Automobilbau einen äußerst hohen Wertschöpfungsanteil besitzen.

Neben der Definition der Geschäftskompetenzen ist auch die Darstellung des Modells am „Component Business Model“ angelehnt. Dort werden alle wesentlichen Geschäftskompetenzen gruppiert in den Domänen aufgeführt. Zusätzlich kategorisieren wir die Kompetenzen in jeder Domäne in den folgenden drei unterschiedlichen Verantwortlichkeitensebenen für das Geschäft:

Steuerung — Die Kompetenzen der steuernden Verantwortlichkeit repräsentieren das strategische Leitbild und die einzuhaltenden Richtlinien. Sie sichern das langfristige Fortbestehen und die Werthaltigkeit der Geschäftsdomäne im Unternehmenskontext. Sie ermöglichen und fördern die Zusammenarbeit unterschiedlichster Kompetenzen im Unternehmen, unabhängig davon, ob sie primär, sekundär, intern oder extern sind.

Kontrolle — Die Kompetenzen der mittleren Schicht dienen zur gegenseitigen Kontrolle der steuernden und ausführenden Verantwortlichkeiten. Sie überwachen Leistungen und Umsetzungsergebnisse, verwalten Ausnahmen, entscheiden über Folgen bei Abweichungen, hüten Vermögenswerte und sichern Informationen ab. Dafür stellen sie relevante Kennzahlensysteme für Prozessbewertungen über Messwerkzeuge bereit.

Ausführung Die Kompetenzen der auszuführenden Verantwortlichkeit stehen mit beiden Beinen auf dem Boden, wo konkrete Kenntnisse, Fertigkeiten, Fähigkeiten, Erfahrungen, Wissen, fachliches und soziales Handeln gefordert sind. Durch ihre operativen Geschäftskomponenten leisten sie die Wertschöpfung des Unternehmens für den Endkunden.

Das Zusammenspiel aller drei Ebenen ist sehr wichtig. Die Geschäftskompetenzen liegen brach, wenn die Motivation in der Steuerung fehlt. Umgekehrt läuft die Motivation ins Leere, wenn auszuführende Kompetenzen nicht entsprechend entwickelt sind. Auszuführende Kompetenzen und steuernde Motivationen können nur in einem kontrollierten Wertesystem langfristig verstanden und daraus folgend verbessert werden. Dennoch muss nicht jede Domäne zwangsläufig alle drei Ebenen der Verantwortlichkeiten von Kompetenzen enthalten. Die Geschäftskompetenzen sollen Unternehmen in die Lage versetzen, sich flexibel und schnell auf zukünftige Veränderungen – zum Beispiel durch das Vordringen der Digitalisierung und der sich dadurch ändernden Geschäfte – neu auszurichten.

Aus der zweidimensionalen Zuordnung der Geschäftskompetenzen im Modell ergibt sich eine tabellarische Ansicht. In der Abb. 3.9 stellen wir schematisch das beschriebene Modell mit beispielhaften primären (gefüllt), sekundären (umrahmt), internen und externen Geschäftskompetenzen dar. Die Geschäftskompetenzen werden so gestaltet, dass es keine überlappenden Kompetenzbereiche gibt.

Mit dem Modell der Geschäftskompetenzen können unterschiedliche Analysen zur Identifizierung der Stärken und Schwächen des Geschäfts eines Unternehmens im Wettbewerb durchgeführt werden, beispielsweise die Identifizierung der Kompetenzen, die im Hinblick auf Umsatzwachstum, Kostenreduzierung, Gewinnerhöhung, Auslagerung (extern) oder Ausgliederung (intern) die höchste Aufmerksamkeit verdienen.

Unser wesentlicher Schwerpunkt für die Analyse liegt in der Identifizierung und Spezialisierung derjenigen Kompetenzen, die bei der Entwicklung eines neu ausgerichteten Geschäftsmodells relevant werden, wenn sich ein Unternehmen aus der Automobilindustrie in die Mobilitätsindustrie entwickeln will. Dafür müssen wir aber zuerst das Modell der Geschäftskompetenzen für die heutige Automobilindustrie entwickeln.

Die Geschäftskompetenzen selbst müssen indes nicht von Grund auf neu entwickelt werden. Ein guter Einstieg sind die bereits etablierten Referenzmodelle für Geschäftsprozesse, wie zum Beispiel das branchenneutrale Process Classification Framework (PCF) des American Productivity & Quality Center (APQC)[6]. Im nächsten Abschnitt gehen wir darauf noch detaillierter ein, bevor wir die Prozesse in Einklang mit Geschäftskomponenten bringen, um einen fachlichen Fokus auf mögliche Geschäftskompetenzen zu entwickeln. Es ist nicht unbedingt ratsam, das Modell der Geschäftskompetenzen ohne

[6] http://www.apqc.org/process-classification-framework-pcf. Zugegriffen am 23.12.2014.

Führungs-domänen		Kerngeschäfts-domänen		Verwaltungs-domänen		Unterstützungs-domänen	
Geschäfts-domäne	Geschäfts-domäne	Geschäfts-domäne	Geschäfts-domäne	Geschäfts-domäne	Geschäfts-domäne	Geschäfts-domäne	Geschäfts-domäne
Steuerung							
primär intern	sekundär intern	primär intern	primär intern	primär intern	sekundär intern	sekundär intern	sekundär intern
sekundär intern		sekundär intern	primär intern	sekundär intern		sekundär intern	sekundär intern
sekundär intern			sekundär intern	sekundär intern			
Kontrolle							
primär intern	primär intern	primär intern	primär intern	primär intern	sekundär intern	sekundär intern	primär intern
sekundär intern	sekundär intern	primär extern	primär intern	sekundär extern	sekundär extern		sekundär extern
	sekundär extern	sekundär intern	sekundär extern		sekundär extern		
Ausführung							
primär intern	primär intern	primär extern	primär intern	primär intern	primär intern	sekundär extern	primär intern
primär intern	sekundär intern	sekundär intern	primär intern	sekundär intern	sekundär extern		sekundär extern
sekundär intern			sekundär extern	sekundär extern			sekundär extern

Abb. 3.9 Tabellarische Ansicht des Modells der Geschäftskompetenzen im Kontext der Domänen, angelehnt an das „Component Business Model"

eigene unternehmensspezifische Anpassungen zu übernehmen. Jedes Unternehmen sollte bedenken, in welchen Kerngeschäftskompetenzen es sich im Wettbewerb differenzieren möchte. Wettbewerbsvorteile liegen gerade in der Spezialisierung von Kompetenzen. Andernfalls können Wettbewerber allgemeingültige Beschreibungen auf Basis hergeleiteter Prozessstandardisierungen leicht imitieren, und eine Differenzierung wäre im Wettbewerbsmarkt nicht möglich.

Bei den Geschäftskompetenzen konzentrieren wir uns auf die fachlichen Eigenschaften und vermeiden dabei weitestgehend den Begriff Management, der für zahlreiche Aufgabenfelder, wie beispielsweise Anforderungsmanagement, Änderungsmanagement, Personalmanagement, Qualitätsmanagement etc., sonst häufig verwendet wird. Solche Bezeichnungen umfassen sowohl Verwaltungs- und Organisationsaspekte wie auch organisatorische Maßnahmen, für die früher Begriffe wie Anforderungswesen, Änderungswesen, Personalwesen, Qualitätswesen etc. geläufig waren. Management wird oft nur als Kontrollfunktion missverstanden und in jeder Unternehmenskultur unterschiedlich definiert und gelebt. Unterschiede im betrachteten Rahmen der globalen Unternehmen entstehen zum Beispiel, weil Anforderungsmanagement im Englischen Requirements Management, aber auch noch umfassender Requirements Engineering sein kann. Im Kern geht es aber immer um Anforderungen, die bei einer Umsetzung in einem Produkt oder einer Dienstleistung berücksichtigt werden sollten. Deswegen vereinfachen wir die Bezeichnungen von Geschäftskompetenzen und fassen einige auch zusammen, weil beispielsweise eine Anforderung und eine Änderung in der Entwicklung im engen Zusammenspiel stehen.

Die gewählten Begriffe der Geschäftsdomänen und -kompetenzen konzentrieren sich auf die fachlichen Kompetenzen der Automobilbranche, die bei einer Transformation der Unternehmensarchitektur in eine Mobilitätsindustrie relevant werden könnten. Die unterstützende Funktion des Managements spielt in unserer Betrachtung der Unternehmensarchitektur eine untergeordnete Rolle, da die Organisationsstrukturen nicht durch die Kompetenzen abgebildet werden sollen.

3.5 Referenzmodelle für Geschäftsprozesse

Die Geschäftsprozesse vollziehen die tatsächliche Wertschöpfung eines Unternehmens über die Ausführung einer Folge von Einzeltätigkeiten. Unter der Wertschöpfung wird ein betriebswirtschaftlicher Wertzuwachs verstanden, der eine Wertsteigerung im Sinne von Zusatznutzen für externe oder interne Kunden ist [7]. Mittlerweile haben viele Unternehmen ihre Ausrichtungen an Geschäftsprozessen orientiert und sie tief in die Unternehmensstrukturen verankert. Dazu gibt es eine sehr umfangreiche Literatur, auf die näher einzugehen hier zu weit führen würde, deshalb an dieser Stelle ein Verweis auf die Literatur [55, 133] und [136], die zu einem besseren Verständnis von Geschäftsprozessen in der Praxis verhilft. Darüber hinaus gibt es auch zahlreiche weiterführende Literaturen zu Geschäftsprozessen in Industriebetrieben, insbesondere das Referenzwerk von Prof. Dr. August-Wilhelm Scheer [134].

Unser Schwerpunkt sind bestehende Referenzmodelle für Geschäftsprozesse in der Automobilindustrie, die wir für die Identifizierung und Gestaltung von Geschäftskompetenzen nutzen können. Die Geschäftsprozesse haben wir mit den Geschäftskomponenten und -services verbunden (siehe Abb. 8, Kap. 1). Letztere werden üblicherweise durch eine formale Prozessmodellierung beschrieben. Verbreitet ist die von IBM entwickelte Sprache Business Process Modeling Notation (BPMN [145, 169]), die als Übergang zwischen fachlichen und technischen Prozessmodellen dienen kann und den Kern für eine Service Oriented Architecture (SOA, [48]) bildet. Seit 2005 wurde BPMN von der Object Management Group (OMG)[7] übernommen und weiterentwickelt.

[7] OMG ist ein internationales Konsortium, das sich mit der Entwicklung von Standards für herstellerunabhängige, objektorientierte Programmierung beschäftigt http://www.omg.org. Zugegriffen am 23.12.2014.

Execute								
Product Development			Supply Chain			Customer Relations		
Market	Research	Develop	Acquire	Build	Fulfill	Brand	Sell	Support
Analyze Market	Define Opportunity	Define Product Requirements	Qualify Supplier	Request Resource	Order Inquiry	Define Brand Requirements	Target Customer	Register Customer
Analyze Performance	Forecast Technology	Select Technology	Issue Request	Issue Material	Confirm Order	Differentiate Brand	Qualify Target	Manage Incident
Define Need	Acquire Technology	Design Product	Evaluate Proposal	Build Product	Plan Load	Select Market Channels	Position Solution	Resolve Problem
Architect Solution	Define New Technology	Design Process	Negotiate Contract	Verify Product	Receive Warehouse	Architect Brand	Develop Relationship	Process Return
Develop Case	Validate Technology	Validate Product	Place Order	Package Product	Fill Order	Validate Brand	Assess Need	Educate Customer
Validate Opportunity	Protect Technology	Align Supply Chain	Receive Order	Stage Product	Ship Order	Protect Brand	Develop Proposal	Deliver Service
Product Roadmap	Transfer Technology	Define Product Lifecycle	Verify Order	Release Product	Deliver Order	Assess Supply Network	Present Proposal	Monitor Experience
	Introduce Technology	Launch Product	Transfer Inventory		Verify Receipt	Create Marketing Roadmap	Finalize Contract	
			Process Invoice		Install & Test	Launch Brand	Review Win/Lost	
					Invoice			

Abb. 3.10 Übersichtsausschnitt der Ausführungsprozesse der Industrievariante Manufacturing des Value Reference Models der Value Chain Group

Ein hilfreicher Einstieg ist das Process Classification Framework (PCF) für Automotive (OEM), welches als Version 6.1.0[8] von IBM und APQC als offenes Standardmodell entwickelt und im Juli 2014 veröffentlicht wurde. Das Dokument umfasst etwa 1.000 Prozesse mit dazugehörigen Aktivtäten und einigen Aktionen, die nur auf einem hohen Abstraktionsgrad ohne detaillierte Beschreibungen formuliert sind. Das breite Portfolio aus Prozessen ist in primäre Leistungs-/Ausführungsprozesse und sekundäre Verwaltungs-/Unterstützungsprozesse unterteilt. PCF ist mit Open Standards Benchmarking (OSB) gekoppelt, welches sehr umfassende Leistungsmetriken[9] für die Prozesse des PCF-Rahmenwerks öffentlich bereitstellt.

Ein weiteres betriebswirtschaftliches Prozessmodell ist das Value Reference Model[10], welches von der Value Chain Group entwickelt wird. Es umspannt einen breiten Rahmen an Prozessen, die es auch in Varianten für Industrien gibt. In Abb. 3.10 ist ein Ausschnitt der Ausführungsprozesse aus der Industrievariante Manufacturing dargestellt, welche in die drei Prozessgruppen „Product Development“, „Supply Chain“ und „Customer Relations“ unterteilt sind. Dahinter stehen Standardprozessbeschreibungen bis zur Ebene der Aktivitäten zur Verfügung. Zusätzlich werden ähnlich wie bei PCF auch umfassende Leistungsmetriken bereitgestellt.

[8] http://www.apqc.org/knowledge-base/documents/apqc-process-classification-framework-pcf-automotive-oem-pdf-version-610. Zugegriffen am 23.12.2014.

[9] http://www.apqc.org/sites/default/files/files/osb_CompleteBPMeasureList.pdf. Zugegriffen am 23.12.2014.

[10] http://www.value-chain.org/bptf/buildingblocks/vrm/. Zugegriffen am 23.12.2014.

Andere Arten von Referenzprozessmodellen werden von Softwareherstellern bereitgestellt [89]. Sie enthalten zwar meistens allgemeingültige Strukturen von Geschäftsprozessen und Daten, beziehen sich aber immer nur auf die eigenentwickelten Softwaresysteme. Beispielsweise bietet das Unternehmen SAP betriebswirtschaftliche Software inklusive Prozessmodellen unter anderem für die Automobilbranche[11] an. Bei der Anwendung solcher Softwaresysteme wird empfohlen, die implementierten Referenzprozesse zu übernehmen und Anpassungsaufwände zu minimieren, was ihre generelle Anwendbarkeit einschränkt. SAP erarbeitet in enger Zusammenarbeit mit Kunden, Partnern und Experten aus Industrien verschiedene Modelltypen und integriert diese in ihre Softwaresysteme. Viele der verwaltenden oder unterstützenden Funktionen, wie zum Beispiel Buchführung, Finanzierung, Einkauf, Lagerhaltung oder Personalwesen, haben in einem Unternehmen selten eine strategische Bedeutung. Vorteilhaft ist es, die Geschäftsprozesse auf standardisierte Softwaresysteme auszurichten, insbesondere während der Globalisierung eines Automobilunternehmens. Ein Gesamtüberblick der SAP Value Map auf oberster Ebene für die Automobilindustrie ist in Abb. 3.11 dargestellt.

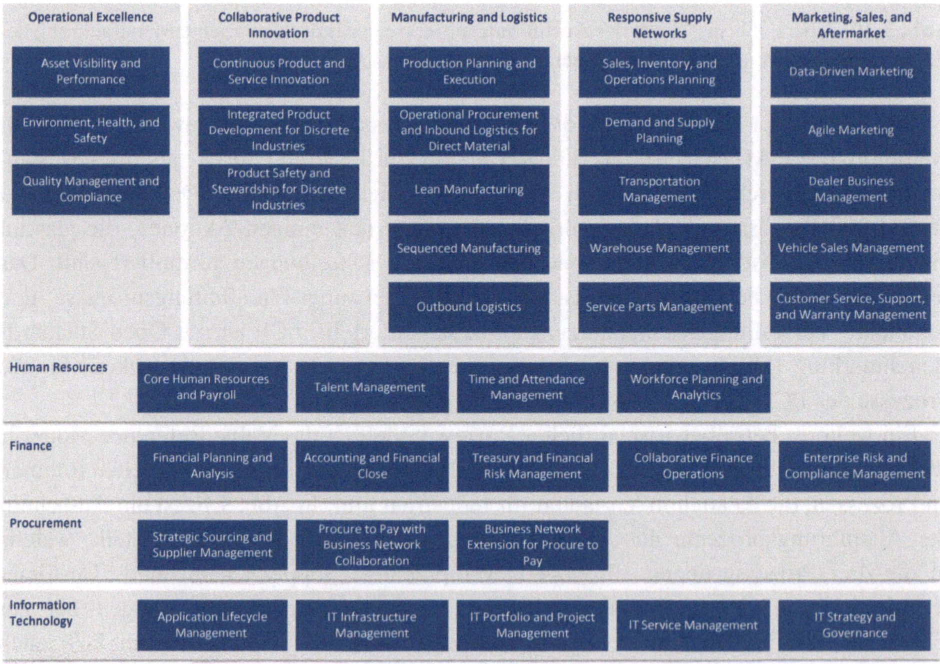

Abb. 3.11 Gesamtüberblick der SAP Value Map auf oberster Ebene für die Automobilindustrie (Stand 2014)

[11] https://solutionexplorer.sap.com/solexp/ui/vlm/i_autom/vlm/i_autom-ind-i_autom. Zugegriffen am12.01.2015.

3.6 Geschäftskompetenzen in der Automobilindustrie

Aufbauend auf den in den vorherigen Abschnitten vorgestellten Modellen werden wir in diesem Abschnitt Geschäftskompetenzen in der Automobilindustrie zusammenstellen, die als Grundlage für das Strukturieren und Verstehen eines Referenzmodells genutzt werden können. Ihre Beschreibungen sind ohne Anspruch auf Vollständigkeit und decken nur einen Teil der Geschäftskomponenten und -zwecke ab. Einige Kompetenzen werden für manche Fahrzeughersteller bislang eher Teil von Zukunftsplänen sein als der aktuellen Realität zu entsprechen. Andere Hersteller müssen erst noch die Bedeutung dieser Frage erkennen, um eine Übersicht ihrer globalen Kompetenzen zu identifizieren. Auch die Aufteilung der Komponenten auf die Kompetenzen kann unterschiedlich ausgelegt werden und je nach Unternehmen variieren. Es mag auch Fahrzeughersteller geben, für die ein derartiges funktionales Referenzmodell bereits vor Jahren ausgearbeitet wurde und die jetzt in einer Transformationsphase sind; darauf wird im nächsten Kap. 4 genauer eingegangen.

Der Schlüssel zu einem Referenzmodell der Unternehmensarchitektur ist die Geschäftsarchitektur, die wir anhand der Geschäftskompetenzen ganzheitlich gestalten werden. Die für jeden Leser passende Beschreibungstiefe zu wählen, ist dabei nicht ganz einfach, deshalb hat sie beim Allgegemeingültigen eher einen einführenden Charakter und den Schwerpunkt auf der Automobilindustrie, wobei natürlich alle wesentlichen Kern- und Rahmenprozesse berücksichtigt werden.

Die Anzahl der möglichen Geschäftskompetenzen für die Automobilindustrie nimmt rasant zu, was einen Gesamtüberblick unmöglich macht. Deswegen hatten wir uns auch schon im Entwurf der Geschäftsdomänen für die Automobilindustrie (siehe Abb. 3.7) auf ein Minimum an Domänen beschränkt, deren hauptsächliche Geschäftskompetenzen, um das jeweilige Geschäft repräsentieren zu können, nun im Fokus liegen. In einem ersten Schritt müssen wir uns dabei auf eine bestimmt Art von Fahrzeughersteller konzentrieren (siehe Abschn. 3, Kap. 1). Ein fiktives Automobilunternehmen, das Personenkraftwagen herstellt, soll als Beispiel dienen, um möglichst praxisbezogen und konkret ein Modell aus Geschäftskompetenzen zu erstellen. In einzelnen Kompetenzen und Komponenten werden wir auch konkrete Beispiele anführen.

3.6.1 Unternehmenssteuerung

Die Führungsverantwortung im Unternehmenskomplex einer Automobilindustrie ist sehr vielseitig; die Globalisierung der Weltwirtschaft, eine Verschiebung der Absatzmärkte und viele neue Triebkräfte des externen Umfelds der Automobilbranche im digitalen Zeitalter, noch detaillierter dargestellt im 4. Kapitel, müssen dabei Berücksichtigung finden.

Die Geschäftsdomäne „Unternehmenssteuerung“ fasst die Kompetenzen für eine strategische, integrierte und übergreifende Steuerung aller anderen Geschäftsdomänen des Unternehmens zusammen. Dafür setzt sie den Rahmen, die Unternehmenswerte und Ausrichtung. Sie balanciert alle Geschäftsdomänen entlang des operativen Tagesgeschäfts bis hin zu potenziell zukünftigen Geschäftsmodellen im Einklang mit den bestehenden Fachkompetenzen und Kernprozessen.[12]

Neben den klassisch ingenieurwissenschaftlich ausgeprägten Kernkompetenzen spielen verstärkt finanzielle Führungsaufgaben eine wichtige Rolle. Die Aufgabe des kaufmännischen Geschäftsführers oder Finanzvorstands – Chief Financial Officer (CFO) – hat sich insbesondere in den letzten Jahren neben der Rolle des Geschäftsführers oder Vorsitzenden der Geschäftsleitung – Chief Executive Officer (CEO) – zu der eines kritischen Entscheidungsträgers entwickelt [42]. Obwohl die Automobilindustrie in den vergangenen Jahrzehnten viele Weltwirtschaftskrisen mitgemacht hat, erlangte die Finanzkrise ab 2007 eine besondere Bedeutung für den CFO [149], dies auch vor dem Hintergrund, dass die Automobilindustrie mit dem Fall General Motors im Juni 2009 vom größten Insolvenzverfahren in der Geschichte der Vereinigten Staaten schwer getroffen wurde. Aber auch die vielen Zulieferer, die sich ganz auf die Automobilbranche ausgerichtet haben, sind im Schatten der Großen in eine Rezession gerutscht.

Investoren und der Kapitalmarkt verlangen deshalb von der Unternehmensführung solide finanzwirtschaftliche Kompetenzen, verbunden mit einer transparenten Berichterstattung. Die finanzwirtschaftliche Steuerung hat sich als grundlegend für die Wettbewerbsfähigkeit im Fortbestand und in der Entwicklung eines Unternehmens etabliert, und der CFO hat zunehmend mehr steuernde und strategische Aufgaben in der Automobilindustrie übernommen. Das bedeutet: Liebhaberprojekte ade, gewinnorientierte Angelegenheiten treten in den Vordergrund.

Die Geschäftsdomänen der Automobilindustrie (siehe Abb. 3.7) haben wir auf einige vereinfachte Herausforderungen der Unternehmenssteuerung in Abb. 3.12 zusammengefasst. Allerdings sollte die Analyse in einer konkreten unternehmensspezifischen Steuerung detaillierter auf der Ebene der Geschäftskompetenzen erfolgen. Für die Steuerung ist wichtig, an welcher Stelle der vier Quadranten eine Domäne oder Kompetenz platziert ist. Insbesondere auf der Seite der zukünftigen Geschäftsmodelle besteht oft Ungewissheit und Unklarheit. In diesem Fall ist das Identifizieren von fehlenden Kompetenzen wichtiger als ihre genaue Platzierung.

Im Vordergrund steht nun die Frage, welche Kompetenzen die Steuerung des Unternehmens gestalten, um die Unternehmensführung im Marktumfeld und dessen Veränderungen bestmöglich zu unterstützen. Größere Unternehmen sind keine Organisationen, die rein auf Basis planerischer Kompetenzen in einer strikten Hierarchie zielorientiert von oben nach unten gelenkt werden können. Die Geschäftsführung muss abstrakte Kompetenzen der Unternehmenssteuerung so operationalisieren, dass deren Umsetzung zum Erfolg des Unternehmens beitragen kann, was leichter gesagt ist als getan. Die Unternehmensstrategie ist eine steuernde Geschäftskompetenz, die wir bereits

[12] Zur detaillierteren Diskussion der Unternehmenssteuerung gibt es weiterführende Konzepte, für die wir auf die Literatur [90] verweisen.

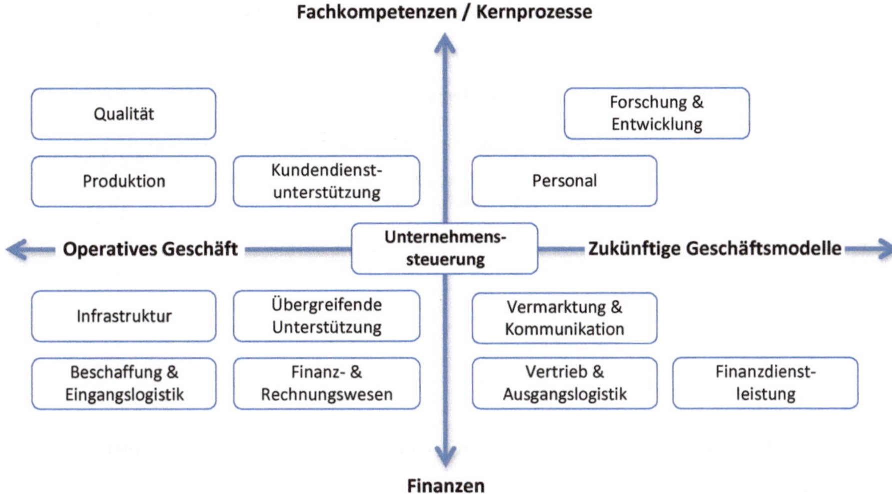

Abb. 3.12 Vereinfachte Abbildung der Geschäftsdomänen auf vier Herausforderungen in der Unternehmenssteuerung

im Abschn. 3.1 eingeführt haben. Bewusst wurde das Beispiel des Unternehmens Audi gewählt. Die Produkte seiner drei Premiummarken Audi, Lamborghini und Ducati können noch in einer Strategie zusammengefasst werden, obwohl deren Produktfertigung jeweils sehr unterschiedlich ist. Wie sieht es aber mit der Strategie der Muttergesellschaft aus? Der Konzern Volkswagen hat eine Modellpalette, die sich über zwölf Marken[13] erstreckt. So stellte das Manager Magazin im Dezember 2010 die Frage: „Ist das Zwölfmarkenreich noch zu steuern?“[14].

Insgesamt reichen also die Geschäftskompetenzen innerhalb der Domäne „Unternehmenssteuerung“ alleine nicht aus, um das Unternehmen in seiner Komplexität auch tatsächlich zu steuern. Dies wurde in der Abb. 3.7 dargestellt, indem Teile der Geschäftskompetenzen der Kerngeschäftsdomänen der Steuerung des Unternehmens zugeordnet wurden.

Die Domäne „Unternehmenssteuerung“umfasst die folgenden acht Geschäftskompetenzen (siehe Abb. 3.13):

Steuerung:
- Ziele, Werte, Prinzipien
- Unternehmensstrategie
- Unternehmens- und Prozessstruktur
- Unternehmensdokumentation

[13] http://www.volkswagenag.com/content/vwcorp/content/de/brands_and_products.html. Zugegriffen am 23.12.2014.

[14] http://www.manager-magazin.de/unternehmen/autoindustrie/a-733019.html. Zugegriffen am 23.12.2014.

Abb. 3.13 Die Geschäftskompetenzen der Domäne „Unternehmenssteuerung“

Kontrolle:
- Integrität und Recht
- Risiken und Finanzen
- Sicherheit
- Umwelt

Steuernde Geschäftskompetenzen

Der nachhaltige unternehmerische Erfolg hängt maßgeblich von der Motivation in der Steuerung ab. Insbesondere dienen die folgenden drei Treiber dem Geschäftszweck:

1. Nachhaltigkeit für ein dauerhaftes Bestehen des Unternehmens mit Werten und Prinzipien
2. Langfristiges Vertrauen der internen und externen Anspruchsgruppen in die Unternehmenssteuerung
3. Kontinuierliche Verbesserung der Effizienz und Produktivität der Unternehmensprozesse in der globalisierten Weltwirtschaft

Ziele, Werte, Prinzipien

Ein Unternehmen braucht klare Aussagen und Anweisungen zu Werten als Maßstab für Entscheidungen und Handlungsweisen, an denen sich die Mitarbeiter und Führungskräfte orientieren können [170]. In den drei aufgeführten Strategiebeispielen der Automobilindustrie (siehe Abschn. 3.1) ist zu erkennen, dass die Unternehmenskultur und Ethik für die Realisierung der Ziele genauso entscheidend sind wie die fachlichen Qualifikationen. BMW redet von Grundüberzeugungen neben den Handlungsfeldern, Audi von „Wir leben Verantwortung“ und Daimler davon, dass sich seine Mitarbeiter an den Unternehmenswerten Begeisterung, Wertschätzung, Integrität und Disziplin orientieren. Alle drei zeigen gemeinsam auf, dass Verletzungen der Unternehmensethik den Erfolg und die Reputation des Unternehmens gefährden.

Doch alleine schon die drei Industrieländer USA, Japan und Deutschland, in denen die Automobilindustrie einen der bedeutendsten Industriezweige darstellt und jeder Hersteller vertreten ist, sind kulturell sehr unterschiedlich geprägt. So kann typisch amerikanischer satirischer Humor leicht zu Missverständnissen in anderen Kulturen führen. Oder die deutsche direkte Art, Kritik zu formulieren, kann in anderen Kulturen verletzend wirken, weil in vielen asiatischen Ländern grundsätzlich sparsamer und vorsichtiger mit Kritik umgegangen wird.

Wie ist der Einsatz von sozialen Medien mit der Unternehmensstrategie und-kultur vereinbar? Es geht nicht um den kontrollierten und geregelten Einsatz durch die Vermarktung und offizielle Kommunikation des Unternehmens, sondern um das Problem, dass soziale Medien einen Kommunikationswandel in der gesamten Belegschaft des Unternehmens bewirken. Daher sollten Unternehmen, die soziale Medien in ihrer offiziellen Kommunikation einsetzen, eine offene Kommunikationskultur auch bei ihren Mitarbeitern pflegen und fördern, um erfolgreich zu sein. Dies jedoch führt zu einem Verlust der Kontrolle über publizierte Inhalte und wird zu einem Thema der Geschäftskompetenz Sicherheit, da beispielsweise das Risiko besteht, dass geschäftlich sensible Daten bewusst oder unbewusst preisgegeben werden.

Eine Geschäftsführung muss nicht nur die Werte vorgeben, sondern sie auch vorleben, damit sie sich im gesamten Unternehmen entfalten können. Somit resultiert die Unternehmenskultur aus dem persönlichen Verhalten der Führungskräfte. Was ist wichtig und angemessen? Worauf liegen die Schwerpunkte? Für die Beantwortung solcher Fragen sind Prinzipien und eine eindeutige interne Kommunikation notwendig. So hat beispielsweise der Vorstandsvorsitzende Dieter Zetsche im Jahr 2006 angeordnet „Wir wollen den Vorstand dort haben, wo die Action ist“[15], dass der Vorstand zu den Unternehmenswurzeln im Daimler Stammwerk StuttgartUntertürkheim zurückkehren soll, wo die

[15] http://www.automobilwoche.de/article/20080714/HEFTARCHIV/988029673/sternzeichen-daimler-chef-zetsche-zum-umzug-der-konzernzentrale. Zugegriffen am 23.12.2014.

Autos gebaut werden[16] und wo man das Öl riechen kann, wenngleich dieser Ortswechsel für den viel reisenden Vorstand mehr Aufwand bedeutet.

Alle drei führen als globale Fahrzeughersteller den Grundsatz der unternehmerischen *Sozialverantwortung* in ihren regelmäßigen Berichten „Corporate Social Responsibilities" auf. Dazu gehören der Respekt vor und die Einhaltung der international anerkannten Menschenrechte, wie beispielsweise der Ausschluss von Zwangsarbeit und Kinderarbeit, Unterlassung jeglicher Diskriminierung und die Gewährung gleichen Lohns für gleichwertige Arbeit. Diese Verantwortung resultiert aus der Globalisierung der Märkte und der Organisation weltweiter Wertschöpfungsketten durch die global agierende Automobilindustrie. Der Respekt und die Einhaltung ist eine Seite der Führungsebene. Welche Werte sind aber in der Realität der harten Wettbewerbswirtschaft, in der die Unternehmen stehen, überhaupt lebbar? Kann die Umsetzung aufrichtiger Werte in die Praxis ein Wettbewerbshindernis sein?

Die drei Automobilunternehmen sind nur als Beispiele zu verstehen. Im Abschn. 3.1.4 hatten wir auch die hohe Bedeutung der Unternehmenswerte von Toyota mit seinen Prinzipien [104] aufgeführt.

Jedes Unternehmen steht in ständiger *Beziehung zu Anspruchsgruppen*. Dazu zählen Anteilseigner, Investoren, Mitarbeiter, Kunden, Lieferanten, Partner, staatliche Institutionen und die Öffentlichkeit. Jede von ihnen hat unterschiedliche, zum Teil gegenläufige Interessen an das Unternehmen und erwartet bestimmte Mitspracherechte. Durch interaktive Kommunikation über die Integration der Erwartungen und deren Auswirkungen auf die Unternehmenssteuerung kann langfristig Vertrauen gewonnen werden. Insbesondere in Krisenzeiten ist der Dialog mit Investoren anspruchsvoll. Die Unternehmenssteuerung schafft den Rahmen für die unterschiedlichen Beziehungen in der externen und internen Kommunikation, während die tatsächliche Kommunikation in anderen Geschäftskompetenzen stattfindet. So übernimmt die Geschäftsdomäne „Vermarktung und Kommunikation" große Teile der internen und externen „Unternehmenskommunikation", nicht aber die Vielzahl spezieller direkter Kommunikationen wie etwa die „Finanzmarktkommunikation" der Geschäftsdomäne „Finanz- und Rechnungswesen" oder die Lieferantenkommunikation in der Geschäftskompetenz „Lieferantenbeziehung"der Domäne „Beschaffung und Eingangslogistik".

Unternehmensstrategie

Werkzeuge für die Unternehmensstrategie haben wir bereits im Abschn. 3.1 eingeführt. Im Kap. 4 werden wir noch konkreter auf die Strategie- und *Marktentwicklung* im *Unternehmens- und Wettbewerbsumfeld* der Automobilindustrie eingehen, um langfristige *Wettbewerbsvorteile* zu diskutieren.

[16] http://www.spiegel.de/wirtschaft/immobiliendeal-daimlerchrysler-verkauft-stuttgarter-konzern-zentrale-a-445099.html. Zugegriffen am 23.12.2014.

Die Unternehmensstrategien von großen Konzernen müssen nicht frei von Widersprüchen sein. Mit Blick auf Abb. 3.12 soll klar werden, dass die Umsetzung von neuen Geschäftsmodellen im etablierten Tagesgeschäft nicht zwangsläufig in bester Harmonie vonstatten geht, sondern dass erst durch Widersprüche von unten neue Geschäftsmodelle reifen können. Wichtig ist dabei die *Integration* aller Geschäftsbereichsstrategien in die operative Strategieumsetzung und deren Freigaben auch bei Widersprüchen, insbesondere dann, wenn die Digitalisierung das Geschäft des Konzerns durchgehend ändert.

Das *Produkt- und Dienstleistungsportfolio* repräsentiert das Nutzungsversprechen des Unternehmens und legt sein Angebot im Markt fest. Die strategische Gestaltung des Portfolios, im Speziellen die Modellpalette der Fahrzeuge (siehe die unterschiedlichen Fahrzeugklassen im Abschn. 3, Kap. 1), steht im Mittelpunkt der Geschäftsausrichtung der Fahrzeughersteller. Dabei müssen Kundenbedürfnisse und Trends unter Berücksichtigung der Ziele, Fähigkeiten und Potenziale des Unternehmens erkannt und in ein Produkt- und Dienstleistungsportfolio umgesetzt werden. Für ein Unternehmen ist es von essenzieller Bedeutung, zu wissen, welche Positionierung es im Wettbewerbsumfeld hat. Genauer gesagt, es muss wissen, in welchen Märkten es seine Produkte und Dienstleistungen mit welchem Umsatz, Gewinn und Marktanteil absetzen kann und seinen Anteil ausbauen will. Daraus ergeben sich die Stärken und Schwächen des Unternehmens, auch bezogen auf einzelne Produkte und Dienstleistungen. Es findet ein regelmäßiger Abgleich statt, ob die Unternehmensziele mit dem vorhandenen Portfolio erreichbar sind oder ob in neue Marktoder Kundensegmente investiert werden muss. Besonders bei der Veränderung der Modellpalette der Fahrzeuge müssen Kosten und Risiken bewertet werden. Hingegen sind sie bei Nachfolgemodellen besser kalkulierbar, weil man sich auf Erfahrungen vom Vorgängermodell stützen, den Schwerpunkt auf bestehende Kunden setzen und das Wissen des Vertriebs mit einbeziehen kann. Die Details werden in der Geschäftskompetenz „Marktanalyse und Erfolgsbewertung“ der Domäne „Vermarktung und Kommunikation“ ausgearbeitet, bevor sie entschieden und gesteuert werden.

Im Portfolio müssen langfristige Ziele der Produktmarken sichergestellt werden. Jede Marke hat eine Identität, die durch Kennwerte geprägt ist und auch so vermarktet wird. Wenn beispielsweise eine Marke für Sportlichkeit oder Komfort steht, dann sollte man diese Kernaussagen in jedem neuen Produkt unter dieser Marke wiederfinden.

Das Portfolio der Produkte und das Portfolio der Dienstleistungen wird in der Praxis oft noch getrennt voneinander behandelt und organisiert. Beispielsweise findet man bei vielen Fahrzeugherstellern die Steuerung des Produktportfolios in der Geschäftsdomäne „Forschung und Entwicklung“, wo es sich sehr einseitig nur auf die Fahrzeugentstehung beschränkt. Ein Dienstleistungsportfolio ist oftmals überhaupt nicht strategisch gesteuert oder findet sich nur im Rahmen der Geschäftsdomäne „Finanzdienstleistung“ wieder. In diesen Fällen ist eine ganzheitliche Qualifizierung und Bündelung von Kundenanforderungen an Produkte mit kundenindividuell integrierten Dienstleistungen nicht möglich.

Unternehmens- und Prozessstruktur

Die Unternehmenssteuerung setzt grundsätzliche Richtlinien für die *Organisationsstruktur* des Unternehmens auf. Dabei geht es nicht nur um das Berichtswesen der internen Mitarbeiter, sondern auch um *Kooperationsmodelle* im globalen Markt. Es gibt viele Formen von Verbindungen zu anderen Unternehmen, wie zum Beispiel ein Gemeinschaftsunternehmen, *Unternehmensbeteiligungen* oder eine strategische Allianz. Es gibt geringe oder enge Zusammenarbeitsmodelle bei geringem oder hohem Wettbewerb [29]. Beispielsweise haben die beiden eigenständigen Unternehmen Renault und Nissan Motor trotz hohem Wettbewerb eine enge Zusammenarbeit über eine Allianz ermöglicht. Die Gründung, Betreuung und Abwicklung von Gemeinschaftsunternehmen ist daneben üblich, um in China überhaupt Autos bauen und verkaufen zu können. Auslagerungen und Ausgliederungen von Geschäftsprozessen werden nicht mehr nur zur Kostensenkung durchgeführt, sondern gleichzeitig auch zur Qualitätsverbesserung und Angebotsverbreiterung. Alles wird sorgfältig vorbereitet und durchgeführt, um langfristige Kompetenzvorteile und -nachteile richtig zu steuern. Neu ausgerichtete *Prozessrichtlinien* zeitigen dabei langfristige Auswirkungen.

Unternehmensdokumentation

Was muss bzw. sollte in einem Unternehmen dokumentiert werden? Diese Frage ist so elementar, dass sie auch die Unternehmenssteuerung mit einbeziehen muss. In dieser Geschäftskompetenz geht es nicht um eine unternehmensweite Erstellung von Inhalten; vielmehr hat jede einzelne Geschäftskompetenz ihre eigene Dokumentation, die sie nach unternehmensweit geltenden *Vorgaben und Standards* erstellen, freigeben, veröffentlichen, pflegen und aufbewahren muss. Alle Unternehmensdokumente, die sowohl über verschiedenste Kommunikationskanäle intern genutzt als auch öffentlich zugänglich gemacht werden, sollten bei globalen Unternehmen einen durchgängig einheitlichen und widerspruchsfreien Teil der *Unternehmensidentität* repräsentieren. Darüber hinaus müssen Dokumente nicht nur *global* zugänglich, sondern auch weltweit verständlich sein, auch im Sinne der Anpassung der Unternehmenssprache an die einzelnen Länderkulturen. So wird etwa in amerikanischen Organisationen die deutsche Genauigkeit der Dokumentation von Besprechungen als überformal wahrgenommen.

Im Jahr 1998 wurde der größte Zusammenschluss der Industriegeschichte mit den beiden Unternehmen Daimler-Benz und Chrysler durchgeführt [98]. Die Englischkenntnisse der meisten deutschsprachigen Mitarbeiter erwiesen sich aber als nicht ausreichend für eine effektive Arbeitsbeziehung. Darüber hinaus erschwerte sich der Austausch dadurch, dass fast alle fachlichen Dokumente in Deutsch verfasst waren und kaum ein englischsprachiger Mitarbeiter über Deutschkenntnisse verfügte. Somit war es für beide Seiten unmöglich, die Unternehmensdokumentation als Ganzes zu verstehen. Mittlerweile ist es in immer mehr Automobilunternehmen üblich geworden, dass Unternehmensdokumentationen primär in Englisch erstellt werden. Nur die japanischen Fahrzeughersteller sind davon noch weit entfernt.

Kontrollierende Geschäftskompetenzen

Welches Wertegefühl ist korrekt? Die steuernden Kompetenzen haben den Rahmen aufgezeigt, nicht aber die Folgen bei Verstößen.

Die folgenden fünf Treiber dienen dem Geschäftszweck:

1. Erhöhung der Transparenz der Unternehmensrisiken durch einen umfassenden Einblick in die Eintrittswahrscheinlichkeiten, Auswirkungen und mögliche, regionsabhängige Reaktionen
2. Bessere Bewertung von Finanz-, Wirtschafts-, Sicherheits- und Umweltrisiken und Verstößen gegen gesetzliche und rechtliche Vorschriften und Steuerung von Gegenmaßnahmen
3. Betrugsvermeidung im Zusammenhang mit finanziellem Verlust durch eine zeitnahe Erkennung, die ein frühzeitiges Eingreifen erlaubt
4. Reduzierung von Sicherheits-, Gesundheits- und Umweltstrafen durch eine systematische Identifizierung, Analyse und Steuerung von Risiken
5. Reduzierung von Bußgeldern durch Verbesserung von Verbrauch, Emissionen und anderen Umweltvorschriften, um Verordnungen und Gesetzgebung zu erfüllen

Integrität und Recht

Die Vielzahl an *Rechten, Gesetzen und Unternehmensvorgaben*, die auf ein Unternehmen und seine Belegschaft wirken, sind für den einzelnen Mitarbeiter nicht mehr überschaubar. Dennoch muss ein ordnungsgemäßes und rechtskonformes Verhalten aller Unternehmensaktivitäten gewährleistet sein. Die Belegschaft kann dafür nur durch eine gezielte Aufklärung und Schaffung von Transparenz sensibilisiert werden. Beispielsweise hat Daimler eine Richtlinie für integres Verhalten veröffentlicht [31]. Es muss klare Verhaltensregeln und Anweisungen mit Konsequenzen zur Beachtung von Recht, Gesetz und Unternehmenswerten geben, aber auch Unterstützung und Beratung bei Fragen zu möglichen Verstößen. Insbesondere die *Korruptions- und Betrugsbekämpfung* ist von hoher Bedeutung, um nicht das Vertrauen der internen und externen Anspruchsgruppen zu verlieren.

Neben Meldepflichten und konformer Reaktionen der Mitarbeiter ist die *Interne Revision* eine vom Tagesgeschäft unabhängige Prüfungs- und Beratungsaktivität, die die Unternehmensführung bei der Steuerung und Kontrolle unterstützt [49]. Die Interne Revision muss unabhängig vom zu überprüfenden Arbeitsablauf sein und darf auch keine Verantwortung für die Ergebnisse tragen. Neben gezielter Überwachung korruptionsanfälliger Organisationsstrukturen und Geschäftsabläufe agiert sie auch präventiv durch die Identifizierung von neuen Korruptionsgefahren in neuen Regionen/Märkten oder Geschäftsmodellen. Ein besonderes Augenmerk richtet sie auf die internen Kontrollumfelder und -systeme bei der Überprüfung von Finanztransaktionen und Buchhaltungs- und Finanzprozessen. Zusätzlich werden in speziellen Situationen auch externe Stellen wie Ermittlungsbehörden oder Wirtschaftsprüfer in Untersuchungen mit einbezogen. Die Interne Revision überprüft vor allem auch die Geschäftskompetenz „Internes Kontrollsystem" der Domäne „Finanz und Rechnungswesen".

Risiken und Finanzen

Die betrachteten Risiken sind Unsicherheiten im Unternehmensumfeld, die man über qualitative und quantitative Bewertungen von Eintrittswahrscheinlichkeiten und möglichen Auswirkungen zu verstehen versucht. Risiken können Schäden oder Verluste für ein Unternehmen bedeuten und stellen somit Möglichkeiten negativer künftiger Entwicklungen der wirtschaftlichen Lage des Unternehmens mit potenziellen Auswirkungen auf die Vermögenswerte dar. Neben wirtschaftlichen Schäden können auch unerwünschte Ereignisse anderen Zielerreichungen entgegenstehen. Die deutsche Gesetzgebung [27] verankert das Risikomanagement im Aktienrecht, in dem eine Verpflichtung zur Berichterstattung als Bestandteil des Jahresabschlusses enthalten ist[17]. Nicht alle Unternehmen in der Automobilindustrie sind indes Aktiengesellschaften. Zu den bekanntesten Automobilzulieferern gehört Bosch mit einer nicht börsennotierte Tradition von über 125 Jahren. Aber auch Chrysler war für einige wenige Jahre von den Kurszetteln der Börsen verschwunden und in der Liste der größten nicht börsennotierten Unternehmen Amerikas aufgetaucht, als Daimler Chrysler an den Finanzinvestor Cerberus verkauft hatte. Dennoch sind dies nur sehr wenige Einzelfälle von Großunternehmen, die ihr Risikomanagement auch ohne aktienrechtliche Vorgaben nach anderen Sorgfaltspflichten und Vorgaben implementieren. Deshalb hat das Risikomanagement eine steuernde Bedeutung auf der Ebene der Geschäftsführung erlangt, wo die Unternehmensleitung durch transparente, nachvollziehbare *Standards und Methoden* einen umfassenden Einblick ermöglicht.

Es werden mehrere Risikoarten unterschieden. Im Fokus stehen an erster Stelle die rechtlichen, wirtschaftlichen, finanziellen und politischen Risiken, aber auch der technische Fortschritt als Produktrisiko, wodurch die von Unternehmen hergestellten Produkte durch neue Technologien und Digitalisierungen schneller veralten. In einem fortlaufenden Prozess findet die *Identifikation, Analyse und Bewertung* der Risiken nach definierten Kriterien zur Absicherung des Geschäftes statt [174], und auch für unbekannte Risiken wird ein Puffer geschaffen, um sich mit ihnen frühzeitig auseinandersetzen zu können.

Die finanzwirtschaftlichen Risiken umfassen meistens die folgenden vier Bereiche, in denen die Steuerung von risikovermeidenden, −minimierenden, -übertragenden und -akzeptierenden Verfahrensweisen entscheidend ist:

Marktrisiken — wie Zins-, Währungs- und Rohstoffrisiken wegen internationaler Geschäfte. Wir hatten beispielsweise erwähnt, dass BMW (siehe

[17] Beispielsweise Schaeffler Geschäftsbericht 2013 http://www.schaeffler-annual-report.com/group-management-report/report-on-opportunities-and-risks_/. Zugegriffen am 23.12.2014.

Abschn. 3.1.1) die Währungsrisiken über den Abgleich der Produktion in unterschiedlichen Währungsländern wie Deutschland, USA, China und Brasilien mit Verkaufsnachfragen und Einkaufsvolumen im Fremdwährungsraum steuert. Durch Zinssicherungsgeschäfte kann der Einfluss auf die Ertrags-, Finanz und Vermögenslagen verringert werden.

Vertragsrisiken stehen besonders in Verbindung mit Großaufträgen, beispielsweise bei Herstellern von Nutzfahrzeugen, Baumaschinen und Baugeräten. Generell ist die *Vermeidung und Begrenzung* von Insolvenzen der Lieferanten in der weltweiten Wertschöpfungskette der Automobilindustrie Teil des Tagesgeschäfts geworden, was auch immer Auswirkungen auf die Liquiditätsrisiken hat.

Liquiditätsrisiken entstehen, wenn Unternehmen ihre Zahlungsverpflichtungen bei Fälligkeit nicht erfüllen können. Dabei wird zwischen kurz-, mittel- und langfristigen Liquiditätsrisiken differenziert. Das Risiko kann aus nicht erhaltenen Kundeneinzahlungen steigen, wenn sich der klassische Verkauf eines Fahrzeugs in ein Geschäftsmodell zur Bezahlung der Nutzung wandelt.

Pensionszusagen sind Risiken, die aus Verpflichtungen betrieblicher Altersversorgungen für die Arbeitnehmer entstehen. Sie gehören jedoch nicht nur zur Vergangenheit, wie zum Beispiel die Anmeldung der Insolvenz der Autostadt Detroit im Juli 2013, wo sich die drei großen amerikanischen Autobauer General Motors, Ford und Chrysler in der Finanzkrise gesundgeschrumpft hatten und der Staat alles abfangen musste. Mit dem Wandel in der Mobilitätsindustrie wird ein traditioneller Fahrzeughersteller auch noch grundlegende Reformen bei Pensionsverpflichtungen durchmachen. Dienstleistungsund Softwareunternehmen wie SAP agieren nämlich unter anderen Verpflichtungen bei Pensionszusagen im Markt ähnlich wie es in der Mobilitätsindustrie geschehen wird, um wettbewerbsfähig zu sein. Beispielsweise war IBM vor 25 Jahren ähnlich zu den Fahrzeugherstellern stärker auf die Produktion von Hardware und Technologien fokussiert und musste durch die Transformation zu einem Dienstleistungsund Softwareunternehmen im Jahr 2010 ihren Verpflichtungen bei Pensionszusagen zum Unmut der Belegschaft dem Markt anpassen [64].

Wir verweisen auf die Literatur [17] für eine detailliertere Betrachtung der Bewertungen finanzwirtschaftlicher Risiken. Ihre abgeleiteten Maßnahmen sind eng mit der Geschäftskompetenz „Vermögensverwaltung“ der Domäne „Finanz- und Rechnungswesen“ verbunden.

Die verschiedenen Perspektiven von Risiken und Finanzen erzeugen in der Planung und Steuerung eine große Menge an Berichtsinhalten, verursacht durch Führungswechsel oder neue Regulierungen. Es herrschen Situationen wie in klassisch unkontrollierten IT-Landschaften, wo neue Applikationen hinzukommen, aber bestehende nicht ersetzt oder heruntergefahren werden. Entsprechend sind nicht selten die angeforderten Daten bereits Bestandteil anderer Berichte, oder der tatsächliche Nutzen wird nicht nachhaltig über die Zeit hinweg kritisch geprüft.

Fokussierte Prognosen können Verschwendungen vermeiden, wie sie beispielhaft in der Literatur [122] aufgeführt werden:

- Hohe Zahl unnützer Prognosen und Planungsgespräche
- Mehrfache Berechnung und mehrfaches Zusammenstellen gleicher Zahlen
- Unzählige Reports wandern ungelesen in den Papierkorb oder Archiv
- Endlose Konsolidierungen und Abstimmungen von Reports
- Endlose Diskussionen zwischen Vertrieb und Finanzbereich über die richtigen und wichtigen Steuerungsgrößen.

Bereits verbreitete Grundgedanken wie Kaizen (siehe Abschn. 3.1.4) des Toyota Produktionssystems [104, 112] könnten auch hierauf übertragen werden.

Sicherheit

Unter Sicherheit wird Angriffssicherheit (englisch security, lateinisch securus, „ohne Sorge") und Betriebssicherheit (englisch safety, lateinisch salvus, „unverletzt, gesund") zusammengefasst. Im Fahrzeug oder in der Fabrik steht an erster Stelle die Betriebssicherheit zum Schutz von Menschen von Gefahrenquellen im Sinne eines physischen Abstandes im Vordergrund. Die Angriffssicherheit umfasst vor allem den Schutz von IT-Systemen im Fokus im Sinne einer Immunität. Der Übergang zwischen Angriffssicherheit und Betriebssicherheit wird fließend, wenn wir uns mit der Digitalisierung in Richtung vernetztes Fahrzeug und vernetzte Fabrik weiterentwickeln, da es in der Digitalisierung und Vernetzung keine physischen Distanzen mehr gibt. Deshalb können wir alles unter dem Aspekt Sicherheit zusammenfassen, auch wenn die Lösungen sehr unterschiedlich sind. Da, wo die Sicherheit nicht mehr greift, beschreibt die Zuverlässigkeit das Ausfallverhalten des Systems. Das Gefahrenpotenzial hängt somit sowohl von der Sicherheit als auch von der Zuverlässigkeit eines Systems ab, etwa eines Antiblockiersystems. Die Kunden sind bereit, für eine höhere Betriebssicherheit (zum Beispiel Kindersicherungen, Fahrerassistenzsysteme) und Zuverlässigkeit ihres Fahrzeugs einen höheren Preis zu bezahlen, was aber noch nicht für die Angriffssicherheit gilt. Zusammengefasst kann Sicherheit immer mehr nur noch durch eine enge Integration von Angriffssicherheit und Betriebssicherheit gewährleistet werden.

Die Sicherheit und Integrität der vier Dimensionen *Person, Eigentum, Prozess und Information* sind ein tragender Grundsatz der Unternehmensführung und der Geschäftsrichtlinien. Dafür sind unternehmensweit gültige *Sicherheitsvorgaben* mit übergreifender

Planung und Steuerung von Maßnahmen zur Reduktion von Risiken entscheidend, auch wenn unterschiedliche regionale Adaptionen an lokale Regulierungen erforderlich sind.

Als Bedrohungen zählen für ein weltweit operierendes Unternehmen:

- Organisatorische Mängel wie zum Beispiel ungeklärte Verantwortungen und Zuständigkeiten, fehlende Unternehmensrichtlinien, Schulungen und Sensibilisierungen sowie ungenügende Dokumentation
- Vorsätzliche Handlungen wie zum Beispiel bei bewusst vorgenommenen Beschädigungen, Missbrauch oder Diebstahl
- Technische Probleme wie zum Beispiel Störungen der Stromversorgung, Hardwareoder Netzwerkausfälle oder Fehlfunktionen in der Software
- Fahrlässiges Benutzerverhalten durch fehlendes Sicherheitsbewusstsein, mangelhafte Bedienung und Wartung oder Verstöße gegen Sicherheitsmaßnahmen
- Höhere Gewalt wie Umweltkatastrophen durch Brand- und Wasserschäden, Naturgewalt durch Sturmschäden, Blitzschlag oder Erdbeben, aber auch behördliche Maßnahmen

Somit kann ein Unternehmen Sicherheit ähnlich wie Risiken behandeln, indem es äußere und innere Gefahren nach Eintrittswahrscheinlichkeiten und möglichen Auswirkungen und Abwendungen bewertet, nur eben unter Berücksichtigung dessen, dass Sicherheit und Risiko gegenläufig zueinander stehen, das heißt, eine hohe Sicherheit bedeutet ein niedriges Risiko und umgekehrt. Je nach den Unternehmenswerten oder Regionen können unterschiedliche Maßnahmen zur *Gefahrenfrüherkennung und -abwehr* innerhalb des Unternehmensgeländes vorgesehen werden, wie zum Beispiel:

- Bauliche und infrastrukturelle Betriebssicherheit über Zutrittskontrollen, Einbruchsschutz, redundante Stromversorgungen oder Brand- und Wasserschutz
- Personelle und organisatorische Sicherheit durch Unternehmensrichtlinien, Schulungen und Sensibilisierungen der Mitarbeiter, Geheimhaltungsverpflichtungen, Prüfung der Integrität von Mitarbeitern oder Versicherungsschutz
- Technische Angriffssicherheit über Daten- und Netzwerksicherungen, Verschlüsselungen, Zugangs- und Zugriffsberechtigungen oder Sicherheitsüberwachungen und Protokollierungen

Aber auch Maßnahmen außerhalb des Unternehmensgeländes sind für die Angriffssicherheit wie auch Betriebssicherheit relevant, wie zum Beispiel:

- Meist denkt man beim klassischen Personenschutz nur an wenige besonders exponierte Persönlichkeiten. Es kann aber auch um die Sicherheit von Mitarbeitern außerhalb des Unternehmensgeländes und seiner Produktionsstätten gehen, zum Beispiel in Unterkünften während eines Auslandseinsatzes in instabilen und unsicheren Regionen.

- Unter Schutz des Eigentums fallen nicht nur die festen Standorte mit ihren Einrichtungen, Infrastrukturen und Kommunikationsanlagen. Zum Beispiel hatten wir zu Beginn im Einleitungskapitel das neuartige Versuchsfahrzeug von Google erwähnt. Versuchsfahrzeuge gab es schon in der Zeit vor Google, und schon damals hatten die Fahrzeughersteller ein Interesse daran, der Öffentlichkeit nicht alles zu früh preiszugeben. Dementsprechend werden Versuchsfahrzeuge in öffentlichen Forschungseinrichtungen und Universitäten gesondert geschützt. Besondere Herausforderungen gibt es bei kurzfristigen und provisorischen Aktivitäten. Hierzu gehören die klassischen Messestände oder innovative Vertriebskanäle wie temporäre „Pop-up-Stores“[18] in Innenstädten.
- Informationen (wie Firmendaten, Kundendaten, Verträge, Datenbanken) können heutzutage nicht mehr innerhalb eines Unternehmensgeländes gebunden werden. Durch fehlenden Datenschutz kann ein größerer Schaden verursacht werden als durch den Verlust von Unternehmenswissen aufgrund personeller Veränderungen. Die Teleheimarbeit hat sich durch die vielen technologischen Möglichkeiten wie Wechselmedien in den letzten Jahren so schnell geändert, dass Unternehmen kaum noch einen Überblick haben, wo ihre Daten verteilt sind, und daher versuchen, sie durch Klassifizierungen des Erstellers von Informationen nach dem Quellenprinzip qualifiziert zu schützen. Beispielsweise gibt es die Klassifizierungen „öffentlich“ „nur für den internen Dienstgebrauch“ „vertraulich“ oder „(streng) geheim“ (siehe Abschn. 3, Kap. 2). Ein derartiges System ist aber nur so sicher, wie es die *Sicherheit der Geschäftsprozesse* für alle Informationsgeber, –übermittler und -empfänger verbindlich umsetzen kann, was in vielen Fällen entweder technisch nicht möglich oder aus betrieblichen Gründen nicht durchsetzbar ist. Hier bleiben oft nur zusätzliche personelle und organisatorische Maßnahmen, die aber nicht immer außerhalb des Unternehmensgeländes gesetzlich möglich sind.

Nicht alles kann im voraus geplant und vorbereitet werden. Die globalen, komplexen Strukturen und Geschäftsprozesse der Automobilunternehmen bewegen sich zunehmend auf politisch und wirtschaftlich unsicheren Handlungsfeldern. Eine unternehmensweit vernetzte Organisation für den *Not- und Krisenfall* ist erforderlich, die auch situationsbedingt mit nationalen und internationalen Sicherheitsbehörden kooperieren muss.

Vor allem die technischen Angriffsarten ändern sich ständig und erzielen durch das Fortschreiten der Digitalisierung immer größere Auswirkungen. Deshalb müssen in regelmäßigen Abständen die *Wirksamkeit, Zweckmäßigkeit und Aktualität* der Maßnahmen geprüft und gegebenenfalls angepasst werden.

[18] Autobauer geht neue Wege: Daimler eröffnet „Mercedes me“-Shop in Hamburg. http://www.stuttgarter-zeitung.de/inhalt.autobauer-geht-neue-wege-daimler-eroeffnet-mercedes-me-shop-in-hamburg.eaec43bf-c3c5-44b2-ab3e-d3f1750a43a6.html. Zugegriffen am 23.12.2014.

Zusammengefasst leistet die Sicherheit einen aktiven Beitrag zur wirtschaftlichen Funktionsfähigkeit eines Unternehmens. Damit ist sie auch Teil der Wertschöpfung in der Unternehmenssteuerung.

Umwelt

Neben den Finanz-, Wirtschafts- und Sicherheitsrisiken sind in den letzten Jahren die Risiken im Bereich Umwelt mit Fokus auf betrieblichem Umweltschutz hinzugekommen. So sind beispielsweise die Bedrohungen durch Natur- und Umweltkatastrophen nicht nur im Bereich Sicherheit zu untersuchen. Es können genauso Verstöße gegen Umweltschutzauflagen durch Verschmutzungen folgen. Insbesondere die Fahrzeughersteller sehen sich in zunehmendem Maße mit konkreten Erwartungshaltungen externer Anspruchsgruppen in Bezug auf ihr ökologisches Handeln konfrontiert. Zudem haben sich die rechtlichen und regulatorischen Anforderungen deutlich verschärft; Gleiches gilt sinngemäß für die Berücksichtigung des Gemeinwohls. Deshalb haben Umweltrisiken in der Unternehmenssteuerung im Kontext von Nachhaltigkeit kontinuierlich an Bedeutung gewonnen.

Zu den weltweit anerkannten *Standards und Regulierungen* gehören das Umweltmanagement nach der Norm ISO 14001 [57] und das Energiemanagement gemäß DIN EN ISO 50001 [58]. Beide Normen bezwecken reduzierte Umweltbelastungen und kontinuierliche Verbesserungen umweltbezogener Leistungen. Beispielsweise hat das Daimler Werk in Sindelfingen ein Umweltmanagementsystem gemäß ISO 14001 im Jahr 1995 eingeführt und es im Jahr 2012 um ein Energiemanagementsystem nach ISO 50001 erweitert [33].

Beide Normen konfrontieren heutzutage alle Fahrzeughersteller mit nachhaltigen Maßnahmen zum Umweltschutz in Bereichen wie *Energie, Wasser, Abfall, Emissionen*, die sich durch die gesamte Wertschöpfungskette ziehen. In Entwicklung, Konstruktion, Produktion, Betrieb von Anlagen, Recycling etc. werden von der Unternehmensführung *Umweltleitlinien* aufgesetzt und überprüft, um Ressourcen zu schonen und Umweltbelastungen zu minimieren. Die Fahrzeughersteller veröffentlichen regelmäßig Umwelterklärungen ihrer Standorte, um eine kontinuierliche Verbesserung und Beurteilung des unternehmerischen Handelns in Bezug auf Nachhaltigkeit zu ermöglichen. Sie enthalten alle wichtigen standortbezogenen Umweltdaten und -ziele wie auch die aktuell durchgeführten *Maßnahmen und Umsetzungsstände*, zum Beispiel BMW[19], Audi[20] und Daimler[21].

[19] Umwelterklärung 2013/2014. BMW Standort München. Werk 01.10, Werk 01.30. http://www.bmw-werk-muenchen.de/lowband/com/de/verantwortung/1_Q_2013-2014_Muenchen.pdf. Zugegriffen am 23.12.2014.

[20] Audi Standort Ingolstadt: Umwelterklärung 2013.http://www.audi.com/content/dam/com/DE/corporate-responsibility/enviroment/audi_umwelterklaerung_2014_ingolstadt.pdf. Zugegriffen am 23.12.2014.

[21] Daimler Umwelterklärungen der Werke. http://www.daimler.com/dccom/0-5-84972-49-1665525-1-0-0-0-0-0-0-0-0-0-0-0-0-0-0.html. Zugegriffen am 23.12.2014.

3.6.2 Forschung und Entwicklung

In der Geschäftsdomäne „Forschung und Entwicklung“ steckt die gesamte Historie der Produktentstehung, die wir im 2. Kapitel eingeführt haben. Einige Geschäftskompetenzen wie Elektrik oder Software sind über die Zeit in der Domäne eingetreten und herangewachsen. Sie repräsentiert den Ursprung der Kompetenzen der Fahrzeughersteller. Der Produktentstehungsprozess ist sehr fließend zwischen dieser Geschäftsdomäne und der darauf folgenden „Produktion“.[22] Im Übergang gibt es viele überlappende Geschäftskompetenzen, die je nach Unternehmen unterschiedlich zugeordnet werden. In Abschn. 2, Kap. 2 wurde aufgezeigt, dass ein eindeutiger Schnitt zwischen Entwicklung, Konstruktion und Produktion nicht möglich ist. Auch ist die Produktentwicklung in Unternehmen generell immer etwas unterschiedlich, im Wesentlichen aber ähnlich strukturiert. Insbesondere die Digitalisierung hat in den letzten Jahrzehnten einen Beitrag dazu geleistet, weil parallel zur eigentlichen Entwicklung digitale Modelle einschließlich Fertigungs- und Montagesimulationen entstanden sind (siehe Abschn. 4, Kap. 2).

In Abb. 3.14 ist ein schematisches Referenzmodell für den Rahmen dieser Geschäftsdomäne dargestellt, welches die Abb. 4, Kap. 2 aus der Sicht der Produktentwicklung detailliert. Der dargestellte Ablauf lehnt sich an die Richtlinie Verein Deutscher Ingenieure (VDI) 2221 [159] und die ergänzende Richtlinie VDI 2222 [160] an, ist aber nicht als Darstellung eines Terminplans oder zeitlicher Relationen der einzelnen Phasen einer Entwicklungszeit zu verstehen. Eine Serienentwicklung kann beispielsweise je nach Art der Konstruktion oder Entwicklungskultur eines Unternehmens länger als eine Konzeptentwicklung dauern. So bestehen erhebliche Unterschiede im zeitlichen Ablauf bei einer weiterentwickelten Modellpflege durch eine Anpassungs- oder Variantenkonstruktion und bei der grundlegenden Neuentwicklung eines Fahrzeugs. Die beiden VDI-Richtlinien sind als allgemeingültiges Rahmenkonzept zu sehen, die auch zwischen Einzel-, Kleinserien- und Großserienprodukt schrittweise wiederholt werden. In der Praxis sind viele neue Konzepte hinzugekommen, zum Beispiel durch die Modulentwicklung (siehe Abschn. 5.1, Kap. 2). Auf die vielen Rahmenbedingungen der Entwicklung und Konstruktion können wir nicht eingehen und verweisen auf die Literatur [22, 61, 154]. Ein anschauliches Beispiel der Fahrzeugentwicklung am Fahrzeug Mercedes-Benz SL ist in der Literatur [50] dargestellt.

Der Rahmen dieser Geschäftsdomäne „Forschung und Entwicklung“ deckt die Aufgaben im Produktentstehungsprozess bis zum Einzelprodukt und den Freigaben zum Serienanlauf. Ein ähnlicher Rahmen für diese Domäne wurde in [88] gesetzt, im

[22] Wir überspringen die Geschäftsdomäne „Beschaffung und Eingangslogistik“, die wir im Modell zwischen „Forschung und Entwicklung“ und „Produktion“ eingereiht haben. Sie ist in ähnliche Phasen aufgeteilt und sichert den Produktentstehungsprozess ab, weil ohne sie die Produktherstellung nicht möglich ist. Sie spielt aber eine untergeordnete Rolle im an die Richtlinie VDI 2221 angelehnten Produktentstehungsprozess.

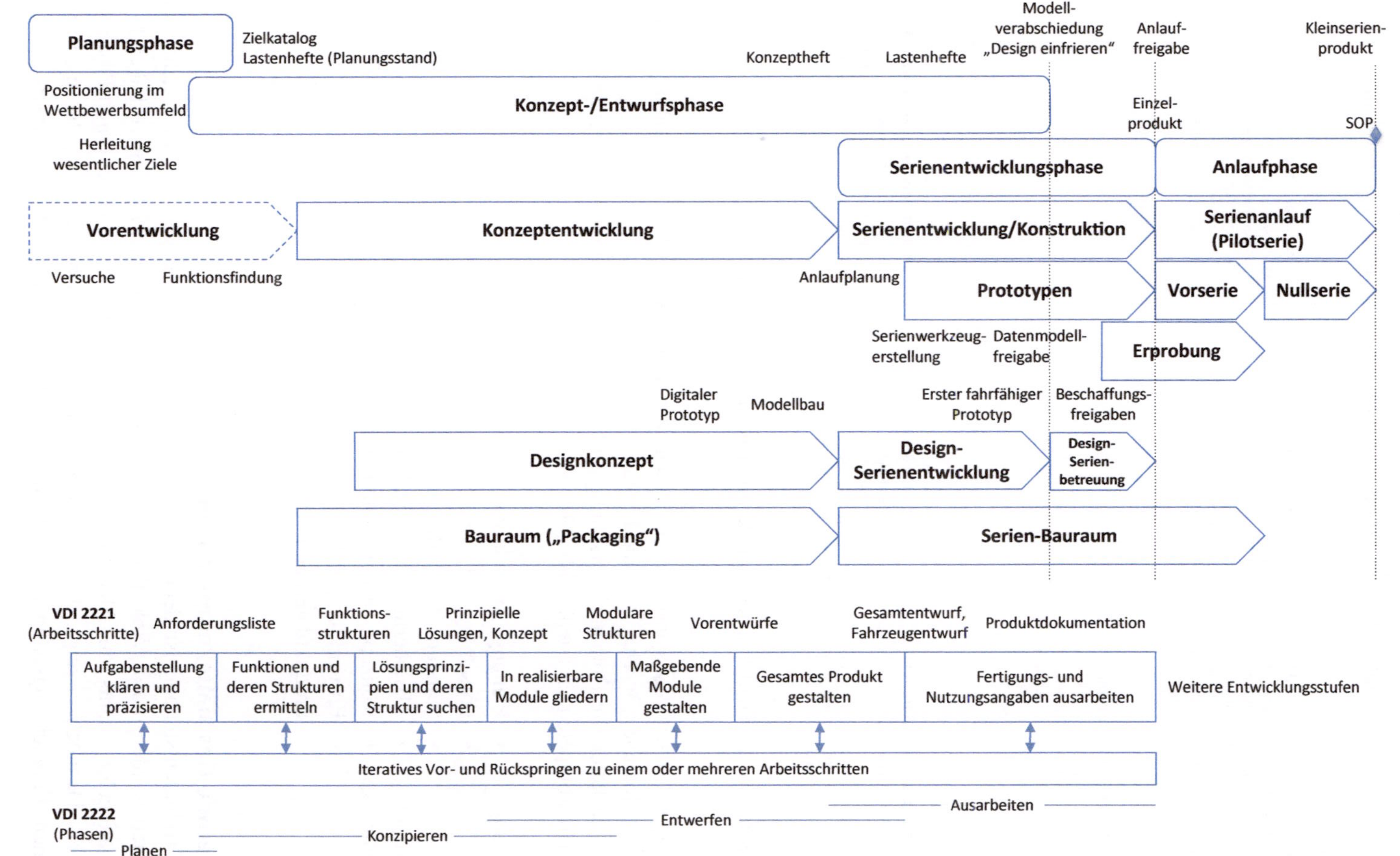

Abb. 3.14 Ein schematisches Referenzmodell für den Produktentstehungsprozess, angelehnt an die sieben Arbeitsschritte der Richtlinie VDI 2221 [159] als Rahmenkonzept. Die Abbildung stellt keinen Terminplan oder zeitliche Relationen einzelner Phasen einer Entwicklungszeit dar

Geschäftskompetenzen der Kerngeschäftsdomäne: Forschung & Entwicklung

Steuerung

Planung, Anforderung, Änderung	Forschung & Vorentwicklung	Standard, Methode, Prozess
•Umsetzungsplanung der Modellpalette •Entwicklungsfreigabe & -entscheidung •Lastenheft, Zielsetzung, Analyse •Kostenrechnungssystem, Zielpreis •Integration, Konfigurationsmöglichkeit	•Universität, Forschungseinrichtung •Patent, Geheimhaltung •Machbarkeitsstudie •Versuche, Wirkprinzip •Funktionsfindung, technische Risiken	•Spezifikation, Norm, Zertifizierung •Computer-Aided Engineering •VDI-Richtlinien •Produktentsehungsprozess •Synchronisierung & Schnittstellen

Kontrolle

Absicherung & Erprobung
•Digitaler Prototyp, Simulation, CAE-System •Digitale & virtuelle Modellabsicherung •Physische Absicherung, Versuchsreihen •Machbarkeitsnachweis, Produkthaftung •Vorgehen, Ablauf, Ergebnisse, Testprog.

Ausführung

Konzept, Design, Bauraum	Entwicklung & Konstruktion	Produktdaten & -dokumentation
•Grundbauraum, Fahrzeugentwurf •Formfindung •Maßkonzept, Bauraumgrenzflächen •Modellierung & Modellaufbau •CAD-System, Konzeptheft	•Serienmodell, Pflichtenheft •Mechanische Entwicklung •Elektrik- & Elektronikentwicklung •Softwareentwicklung	•Dokumentationssystematik •Redaktionssystem, Redaktionsleitfaden •Übersetzung, Terminologie-Verwaltung •Zuliefer-Dokumentation, Fremdfabrikate •CMS & DMS, PDM-System

Abb. 3.15 Die Geschäftskompetenzen der Domäne „Forschung und Entwicklung"

Unterschied dazu verlagern wir lediglich die Integration der Lieferanten in die Geschäftsdomäne „Beschaffung und Eingangslogistik".

Wir gestalten die Domäne „Forschung und Entwicklung" durch die folgenden sieben Geschäftskompetenzen (siehe Abb. 3.15):

Steuerung:
- Planung, Anforderung, Änderung
- Forschung und Vorentwicklung
- Standard, Methode, Prozess

Kontrolle:
- Absicherung und Erprobung

Ausführung:
- Konzept, Design, Bauraum
- Entwicklung und Konstruktion
- Produktdaten und –dokumentation

Steuernde Geschäftskompetenzen

Die Produktentstehung ist derart komplex, dass übergreifend geplant, überwacht und gesteuert werden muss. Viele Fahrzeughersteller setzen das Entwicklungsvorhaben mit internationalen Teams um, Abstimmungen und Freigaben werden dabei durch Prozesse geregelt. Dennoch lassen sich viele länderübergreifende Arbeitsschritte, die auch mit externen Entwicklungspartnern erfolgen, nicht linear steuern. Ein interaktives und interdisziplinäres Vorgehen, bei dem auch improvisierte Maßnahmen laufend unterstützt werden müssen, ist sehr üblich.

Die folgenden drei Treiber dienen dem Geschäftszweck:

1. Entwicklung neuer Produkte zur Erreichung der Unternehmensziele wie Umsatzwachstum
2. Produktentwicklungen im vorgesehenen Zeit- und Kostenrahmen
3. Transparenz der Finanz- und Kapazitätsanforderungen in Forschung und Entwicklung

Planung, Anforderung, Änderung

Im Unterschied zur strategischen Planung des Produktportfolios in der „Unternehmensstrategie“ der Geschäftsdomäne „Unternehmenssteuerung“konzentriert sich diese Geschäftskompetenz auf die operative *Umsetzungsplanung der Modellpalette*. Dabei geht es um die Gesamtübersicht, welche Fahrzeugklassen mit welchen Ausstattungen in welchen Märkten angeboten und vermarktet werden. Resultierend aus der Gesamtübersicht werden Planungen, *Freigaben und Entscheidungen* für die Entwicklung vorbereitet. Manche Freigaben wie beispielsweise die Verabschiedung des Modells aus der Konzept- und Entwurfsphase erfolgen durch die „Unternehmenssteuerung“. Die dafür notwendigen Freigaben von Datenmodellen oder Stücklisten zur Vorbereitung der Beschaffungen, die für die Herstellung der Fahrzeuge notwendig sind, werden in Gremien dieser Geschäftskompetenz gesteuert.

Bei neuen wie auch bei bestehenden Produkten muss die Produktsteuerung eine Nachhaltigkeit der Marke langfristig sicherstellen. Hierbei geht es um die Umsetzung der Markenidentität in den Produkten. Ein Kunde sollte beispielsweise ein sportliches Fahrzeug erleben, wenn die Marke Sportlichkeit repräsentiert. Solche Kennwerte müssen auf die Ebenen der einzelnen Bauteile heruntergebrochen und in funktionalen *Lastenheften* definiert werden. Darin werden technische Zielwerte und Umfänge bestimmt und entsprechend priorisiert, die während der Entwicklungsphasen kontinuierlich überprüft werden. Bei einem sportlichen Fahrzeug etwa würden Ingenieure entsprechend höhere Zielvorgaben für die Entwicklung des Fahrwerks bekommen. Weitere *Zielsetzungen* sind zum Beispiel die Erfüllung von Funktionen, Gewährleistung von Sicherheit, Beachtung von Ergonomie, Vereinfachung der Fertigung, Erleichterung der Montage, Sicherstellung der Fehlerfreiheit und Dokumentation, Einhaltung von Standards und Schnittstellen, Minimierung von Ressourcenverbrauch, Ermöglichung von Transport, Verbesserung des Gebrauchs, Unterstützung der Instandhaltung, Anstreben von Recycling und permanenter Kostenreduzierung.

Immer gibt es mehr Produktideen und -vorschläge, als in der Produktentstehung aufgenommen und umgesetzt werden können. Zukünftige Kundenbedürfnisse, die über mehr als fünf Jahre vorausgeplant werden müssen, sind oft nur schwer abschätzbar und bewertbar. Umso wichtiger sind klar definierte Auswahlkriterien für qualifizierte und priorisierte Anforderungen, die auch noch Jahre später im Vertrieb nachvollziehbar sind. Eine ständige Herausforderung ist es, die *Integration* der Anforderungen und deren Wirken auf die Entwicklungsphasen vorherzusehen. In der Entwicklung können Änderungen nicht vermieden werden, weil vieles oft erst im Zusammenhang unterschiedlichster fachlicher Aspekte auftritt. Soweit es möglich ist, werden in der Planung die Auswirkungen von Maßnahmen zur Umsetzung von Änderungsvorhaben auf Abhängigkeiten und Seiteneffekte *analysiert* und dokumentiert; aber alle Auswirkungen, die durch die Fahrzeugphysik möglich sind, können nicht im Voraus geplant werden. Die Versionierung aller Änderungen ist eine elementare Grundvoraussetzung im Produktentstehungsprozess. Zum Beispiel kann ein neuer Mercedes-Benz Actros (zweite Generation, Modelljahr 2011) aus mehr als 300.0000 Einzelteilen bestehen, deren Entwicklung in ihrem Verlauf mehrere Tausend Anforderungsänderungen generiert[23].

Das Ergebnis der Planungsphase ist eine Anforderungsliste, auf Lastenhefte verteilt, welche die wesentlichen Ziele und Bedingungen der zu lösenden Aufgabe enthalten. Während der Entwicklungsphasen werden in den Lastenheften neben funktionalen Anforderungen und technischen Produkteigenschaften auch finanzielle Kennzahlen, terminliche Ziele, Qualitäts- und Leistungsanforderungen zusammengeführt. Am Ende der Konzeptphase mit der Modellverabschiedung geben die Lastenhefte die Rahmenbedingungen für die Serienentwicklung vor. Die Lastenhefte dienen auch für Ausschreibungen, um Lieferanten mit ihren Lösungsvorschlägen einzubinden.

In der Produktplanung wird anhand der Anforderungslisten, externer Einflüsse des Marktumfelds und interner Einflüsse im Unternehmen die Aufgabenstellung konkretisiert. Neben den technischen Anforderungen an das Produkt und ihren Aufwendungen, insbesondere für die Prioritäten, werden mit *Kostenrechnungssystemen* eine Kostenobergrenze und verschiedene marktspezifische Einflussgrößen zur Ermittlung der *Zielpreise* der Fahrzeuge mit marktspezifischen Grundausstattungen festgelegt, bevor mit der Entwicklung begonnen wird [47], um wirtschaftlich nicht vertretbare Lösungen frühzeitig auszusondern [54].

Eine geplante Auftragsfertigung erfordert im Vergleich zu einer Lagerfertigung noch weitere Planungen von Regeln und Einschränkungen in den *Konfigurationsmöglichkeiten* von Fahrzeugmerkmalen, Leistungsmodulen und Ausstattungen. Im Abschn. 3.1, Kap. 2 haben wir insbesondere die Konfigurationslogik anhand der regelbasierten Variantenstückliste beschrieben. Aber auch in der Lagerfertigung werden *Produktvarianten* geplant, deren Konfigurationen baubar sein müssen. Viele Baubarkeitsregeln entstehen schrittweise erst in den Entwicklungsphasen, wo Änderungen kontinuierlich durchlaufen werden.

Jedoch findet man in der Praxis nur selten eine einheitliche Vorgehensweise der Produktplanung im gesamten Unternehmen, speziell bei generellen Zielsetzungen wie der Erweiterung der Anwendbarkeit der Produkte. Vor allem in großen Konzernen wie

[23] Daimler EDM CAE Forum 2013. http://www.daimler.com/edm-cae-forum/0-1140-1615763-49-1615772-1-0-0-0-0-1-0-1615763-0-0-0-0-0-0-0-0.html. Zugegriffen am 23.12.2014.

beispielsweise Volkswagen, wo viele Marken[24] durch Akquisitionen hinzugekommen sind, entstehen Überlappungen in Funktionen und Produkten.

In Abb. 3.14 haben wir die Planungsphase nur am Anfang des Produktentstehungsprozesses positioniert und beschrieben. Damit decken wir die wesentlichen Aufgabenfelder ab, aber nicht alle, die in der Richtlinie VDI 2220 [157] angeführt sind. Einige Arbeitsschritte, wie zum Beispiel die Ideenfindung in der Geschäftskompetenz „Wissen und Idee" der Domäne „Übergreifende Unterstützung", wurden in anderen Geschäftsdomänen konsolidiert.[25]

Das Planen und Entwickeln eines komplexen Fahrzeugs ist in der Praxis kein präziser Prozess. Gelebt wird ein interaktiver Ablauf, in dem Fehler entstehen und Optimierungen möglich sind. Änderungen können in keiner Entwicklungsphase vermieden werden und müssen ganzheitlich gesteuert werden. Je später eine Änderung in der Entwicklung oder auch Produktion erforderlich wird, umso höher sind die damit verbundenen Kosten. Späte Änderungen, die sich zum Beispiel aus Erkenntnissen in der Fahrzeugerprobung ergeben, können trotz zahlreicher frühzeitiger Absicherungen auftreten und werden hinsichtlich ihrer Notwendigkeit gründlich durchleuchtet und bewertet, bevor sie entschieden werden.

Forschung und Vorentwicklung

Die Forschung und teilweise auch die Vorentwicklung finden im Unternehmen kontinuierlich statt und beschränken sich damit nicht nur auf den Produktentstehungsprozess. In unserer Darstellung in Abb. 3.14 kann die Vorentwicklung die Planungsphase und den Anfang der Konzeptphase begleiten, um technische Risiken noch vor der geplanten Entwicklung vorwegzunehmen. Sowohl die Forschung als auch die Vorentwicklung setzen den technischen Rahmen der Produktplanung und -entstehung, womit sie einen Einfluss besitzen, welcher der Unternehmensstrategie als steuernder Geschäftskompetenz gleichkommt.

Die gemeinsamen Eigenarten der Forschung und Vorentwicklung in der Automobilindustrie sind:

- die Anspruchsgruppen sind unbekannt,
- der Kundennutzen ist nicht immer darstellbar,
- der Anforderungsumfang ist unklar und
- die technische Umsetzbarkeit ist nicht absehbar.

---

[24] Zwölf Marken aus sieben europäischen Ländern gehören zum Konzern Volkswagen. http://www.volkswagenag.com/content/vwcorp/content/de/brands_and_products.html. Zugegriffen am 23.12.2014.

[25] Für eine detailliertere Diskussion unterschiedlicher Ansätze und Konzepte der Produktplanung sei auf die Literatur [144] verwiesen.

In der Forschung wird unterschieden zwischen

- reiner Grundlagenforschung, die zur Gewinnung neuer wissenschaftlicher Erkenntnisse und Erfahrungen dient. Darunter werden experimentelle oder theoretische wissenschaftliche Arbeiten verstanden. Zum Beispiel wird durch die Materialforschung die generelle Wissensbasis erweitert. Da die Ergebnisse oft nicht geschützt werden können, arbeiten Unternehmen meist mit *Universitäten oder Forschungseinrichtungen* zusammen, etwa mit den Instituten der Max-Planck-Gesellschaft.
- gerichteter Grundlagenforschung, die sich auf die Erarbeitung eines bestimmten Basis- oder Hintergrundwissens konzentriert, das zur Lösung eines aktuellen oder zukünftigen Problems beitragen könnte. Zum Beispiel richtet sich die Unfallforschung im Bereich Prävention, ständiger Verbesserung der Fahrzeuge und der Entwicklung neuer Sicherheitssysteme durch Identifizieren, Rekonstruieren und Analysieren häufiger Unfallursachen aus.
- angewandter Forschung, die zur Gewinnung wie auch Weiterentwicklung von Wissen, Fähigkeiten und wissenschaftlichen Erkenntnissen mit praktischem Zielbezug dient. Beispielsweise dienen die Ergebnisse direkt der Produktherstellung oder der Entwicklung bestimmter Methoden und Prozesse. Das hergeleitete Wissen wird häufig durch *Patente oder Geheimhaltungen* geschützt. Dazu gehören beispielsweise Fahrzeugstudien, die neue Ideen in Form eines kompletten Fahrzeugs als *Machbarkeitsstudie* zeigen, aber nicht straßentauglich sind. Sie bilden einen fließenden Übergang zu Vorentwicklungen.

Die Vorentwicklung kann zur konkreten Vorbereitung der Produkt- oder Verfahrensentwicklung einer Fahrzeugmodellreihe dienen, aber auch unabhängig vom Produktentstehungsprozess die Umsetzbarkeit neuer Technologien prüfen. In *Versuchen* werden neue Konzepte mit neuen *Wirkprinzipien*[26] aus der Forschung auf prinzipielle Anwendbarkeit im eigenen Produktportfolio experimentell geprüft. Machbarkeitsstudien stellen einen fließenden Übergang von angewandter Forschung und Vorentwicklung dar. In der Planungsphase liegt bei einer Neuentwicklung ein besonderer Fokus auf der *Funktionsfindung* des Produkts, wenn neue, anspruchsvolle Bauteile involviert sind, um *technische Risiken* zu minimieren und eine Produkteinführung weitgehend zu sichern.

In der Praxis ist es üblich, dass das Innovationsmanagement in der Vorentwicklung organisiert wird, um systematisch die Machbarkeit von Ideen nahe an den Produkten, Anwendungen, Techniken und Verfahren nachzuweisen. Wir haben die Innovationen in der Geschäftskompetenz „Wissen und Idee“ der Domäne „Übergreifende Unterstützung“ zugewiesen, damit Innovationen ganzheitlicher von Unternehmensstrategien, auch im

[26] Wirkprinzipien eines Systems sind nach der Technischen Regel VDI 2242 [158] die Art, Form und Intensität des physikalischen oder chemischen Effekts, Auswirkungen wie Schwingungen, Lärm, Strahlung, Temperatur, Stoffe.

Rahmen vom AutoMOBIL (siehe Abschn. 1.1), abgeleitet und entwickelt werden können. Dies auch vor dem Hintergrund, dass Innovationen heute im gesamten Unternehmen zu einem großen Teil in Zusammenarbeit mit Lieferanten entstehen und somit auch unternehmensweit einheitlicher behandelt werden können.

Standard, Methode, Prozess

Ein Standard ist eine Vereinheitlichung, beispielsweise in den Bereichen Technik und Methodik, die sich gegenüber anderen Arten und Weisen durchgesetzt hat. Unter der Standardisierung kann vereinfacht die Erarbeitung von *Spezifikationen* gesehen werden. Im Rahmen einer Standardisierung müssen nicht zwingend alle interessierten Kreise und die Öffentlichkeit mit einbezogen werden. Hier unterscheidet sich der englische Sprachgebrauch des Begriffs Standard, welcher mehr unserem Begriff *Norm* entspricht. Weltweit erstellt zum Beispiel die Organisation ISO (International Standard Organisation) international abgestimmte Normen, die als ISO-Normen veröffentlicht werden. Die Normung bezeichnet die Formulierung, Herausgabe und Anwendung von Regeln, Leitlinien oder Merkmalen durch eine anerkannte Institution.

Für Fahrzeughersteller sind auf internationaler Ebene primär die folgenden Normungsorganisationen relevant:

- Allgemeine Normung ISO
  http://www.iso.org
- Normen im Bereich der Elektrotechnik und Elektronik IEC (englisch International Electrotechnical Commission)
  http://www.iec.ch
- Normen im Bereich der Telekommunikation ITU (englisch International Telecommunication Union)
  http://www.itu.int

Auf europäischer Ebene:

- Europäisches Komitee für Normung CEN (französisch Comité Européen de Normalisation)
  http://www.cen.eu
- Europäisches Komitee für elektrotechnische Normung CENELEC (französisch Comité Européen de Normalisation Électrotechnique) http://www.cenelec.eu
- Europäisches Institut für Telekommunikationsnormen ETSI (englisch European Telecommunications Standards Institute)
  http://www.etsi.org

Und auf deutscher Ebene:

- Allgemeine Normung DIN (Deutsches Institut für Normung
  http://www.din.de
- Deutsche Kommission Elektrotechnik Elektronik Informationstechnik DKE im DIN und VDE (Verbands der Elektrotechnik, Elektronik und Informationstechnik) für Normen in Elektrotechnik, Elektronik und Informationstechnik
  https://www.dke.de

Speziell der DIN-Normenausschuss Automobiltechnik[27], der dem Verband der Automobilindustrie (VDA) angegliedert ist, vertritt die nationalen, regionalen und internationalen Normungsinteressen der Institutionen und Unternehmen der Automobilindustrie auf dem Gebiet des Kraftfahrzeugwesens.[28]

Im Bereich Software und IT sind Begriffe wie Standard und Spezifikation geläufig, nicht hingegen der Begriff Norm. Internationale Standardisierungsorganisationen sind beispielsweise:

- Institute of Electrical and Electronics Engineers (IEEE) bildet unter anderem Gremien für die Standardisierung von Techniken, Hardware und Software
  http://www.ieee.org
- World Wide Web Consortium W3C, das Gremium für offene Web-Standards
  http://www.w3.org
- OSGi Alliance (früher Open Services Gateway initiative – Standardisierung einer offenen Infotainment-Plattform im Fahrzeug) spezifiziert eine hardwareunabhängige Softwareplattform
  http://www.osgi.org

Die in der Fahrzeugtechnik entstandenen Normen können mit der schnellen Zunahme der Bedeutung von Software im Fahrzeug wie auch in der IT des vernetzten Fahrzeugs mithalten. Hierzu werden noch mehr Veränderungen stattfinden, sodass diese Geschäftskompetenz breiter im Unternehmen aufgestellt werden muss als nur in der Geschäftsdomäne „Forschung und Entwicklung“ alleine für das Fahrzeug.

Bei der Planung der Vertriebsmärkte der zu entwickelnden Fahrzeuge müssen die in den einzelnen Ländern geltenden Zulassungskriterien wie auch Gesetze und Normen in der Entwicklung berücksichtigt werden. Mit der Durchführung von marktoder länderübergreifenden *Zertifizierungen* wird die Einhaltung von Vorgaben nachgewiesen. Bei den gesetzlichen Vorgaben wird zwischen Produktgesetzen (zum Beispiel Abgasnormen oder Beleuchtungsvorschriften) und Auflagen zu den Produktionsverfahren unterschieden.

---

[27] http://www.naautomobil.din.de. Zugegriffen am 23.12.2014.

[28] Für eine detailliertere Betrachtung der Normung verweisen wir auf die Literatur [8].

In den Forschungsund Entwicklungsaufgaben werden unterschiedlichste Methoden mit physischem oder digitalem Fokus eingesetzt. Viele von ihnen sind weltweit anerkannt und standardisiert. Einige Beispiele im Rahmen der rechnergestützten Entwicklung (englisch *Computer-Aided Engineering*, kurz CAE genannt) wurden im Abschn. 4, Kap. 2 aufgeführt.

In der Praxis orientieren sich zwar die Methoden und Prozessabläufe an den *VDI-Richtlinien* 2221 [159] und 2222 [160], dennoch hat jeder Fahrzeughersteller seine eigenen Erweiterungen und Änderungen. So heißt beispielsweise der phasenbasierte Fahrzeugentwicklungsprozess von Daimler „Mercedes Development System" [50], in dem etwas andere Meilensteine als im *Produktentstehungsprozess* in Abb. 3.14 definiert sind. Bei den Meilensteinen ist eine klare Darstellung der Zwischenziele relevant. Im Abschn. 3.5 hatten wir einige Prozessmodelle vorgestellt, wie beispielsweise PCF, die auf der Ebene der Arbeitsschritte die Entwicklung eines neuen Fahrzeugs beschreiben. Die Prozesse und Methoden für die Entwicklung von Fahrzeugen, Modulen und Teilen ändern sich mit der Zeit, oft bedingt durch den Einsatz neuer Werkzeuge, fortschreitende Digitalisierung in der Entwicklung und weitere Optimierungen. In der Prozessgestaltung ist die Synchronisierung der Entwicklungsabläufe durch festgelegte Schnittstellen relevant, weil viele Teams parallel arbeiten. Zum Beispiel erfordern die Konzeptentwicklung, das Designkonzept und das Paketieren von Fahrwerk, Antriebssystem, Ausstattung, Unter-/Aufbau etc. zahlreiche *Synchronisierungen und Schnittstellen*.

Kontrollierende Geschäftskompetenzen

Die hohe Variantenanzahl der Fahrzeugklassen und die unterschiedlichen Aufbauvarianten innerhalb einer Baureihe (siehe Abschn. 3, Kap. 1) machen viele parallel laufende Entwicklungen notwendig. Deshalb findet heute hauptsächlich eine baureihenübergreifende Modulentwicklung (siehe Abschn. 5.1, Kap. 2) statt. Dennoch muss das modularisierte Gesamtsystem abgesichert werden, was einen gezielten Einsatz von Kapazitäten der Prüfstände und Simulationsmethoden für jedes entwickelte Fahrzeug erfordert.

Absicherung und Erprobung

Mit der Konzeptentwicklung wird ein *Digitaler Prototyp* erstellt, der ausschließlich durch rechnergestützte *Simulationen* abgesichert und optimiert wird. Die Anforderung an ein Modell oder einen Prototyp ist, eine möglichst nahe Abbildung des künftigen Produktes zu erreichen. Die digitalen und physischen Modellaufbauten sichern die Designund Bauraumvorschläge in den frühen Entwicklungsphasen ab. Von grundlegender Wichtigkeit ist die geometrische Kontrolle, damit keine Kollisionen der Bauteile im Verbund entstehen. Es gibt aber noch vielseitigere Untersuchungen an Prototypen, wie beispielsweise in der Aerodynamik, Klimatisierung, Thermodynamik und Akustik auf Vibrationen, Struktursteifigkeit, Energiemanagement, Fahrleistung, Betriebsfestigkeit, Verschleiß oder Lebensdauer [8]. Mit unterschiedlichen Untersuchungsmethdoen werden dabei Ziele verfolgt wie beispielsweise die Eignung von Funktion, Belastbarkeit, Ergonomie, Montage oder Instandhaltung.

Im Rahmen der rechnergestützten Entwicklung (englisch *Computer-Aided Engineering*, kurz CAE genannt) (siehe Abschn. 4, Kap. 2) gibt es zahlreiche Berechnungsund Simulationstechnologien, um Produkteigenschaften und Integrationen von Bauteilen und -gruppen im Fahrzeug nachzuweisen und abzusichern. Man unterscheidet *digitale und virtuelle Modellabsicherungen.* Die digitale Absicherung basiert auf den Daten der CAD- und *CAE-Systeme.* und ermöglicht durch Virtualisierung interaktive Modelle im Kontext des gesamten Fahrzeugs. Solche Virtualisierungen können in einer sehr frühen Entwicklungsphase beginnen, zum Beispiel beim Außendesign im Rahmen des rechnergestützten Designs (englisch Computer-Aided Styling, kurz CAS genannt), aber auch in detaillierteren Außen- und Innenraumgestaltungen [21]. Die virtuellen Modelle ermöglichen zusätzliche Simulationsmethoden in späteren Bestätigungsphasen der Entwicklung während der Gesamtgestaltung des Fahrzeugs in unterschiedlichen Umweltmodellen wie beispielsweise Klimabedingungen.

Trotz der technologischen Möglichkeiten und Fortschritte digitaler Modelle sind *physische Absicherungen*, wie zum Beispiel durch experimentelle *Versuchsreihen*, weiterhin notwendig und unverzichtbar. Auch wenn es nur um Bestätigungsmessungen geht, so sind sie für *Machbarkeitsnachweise* und Absicherung der *Produkthaftungen* weiterhin notwendig.

Neben den unfallfolgenmindernden Maßnahmen zur Begrenzung des zu erwartenden Schadens an Insassen (passive Sicherheitselemente wie beispielsweise Sicherheitsgurt, Airbag oder Fahrgastzelle) gewinnen immer häufiger unfallvermeidende Maßnahmen zur Herabsetzung der Unfallhäufigkeit durch Assistenzsysteme (aktive Sicherheitssysteme wie beispielsweise Antiblockiersystem ABS, Antriebsschlupfregelung ASR oder Elektronisches Stabilitäts-Programm ESP) an Bedeutung [22].

Insbesondere wegen der Sicherheitssysteme ist in der Praxis eine Kombination der digitalen Berechnungen und der physischen Tests zur Absicherung der zu entwickelnden Fahrzeuge zielführend [96]. Das *Vorgehen*, der *Ablauf* und die *Ergebnisse* der rechnergestützten und physischen Tests sind oft standardisiert und basieren auf etablierten *Testprogrammen.* Sie erfassen das gesamte Fahrzeug mit seinen Funktionen, bestehend aus der mechanischen Konstruktion, der Elektrik und Elektronik und der Softwareanteile. Dabei müssen auch besondere Vorschriften, staatliche Gesetze oder Anordnungen eingehalten werden, die von externen Prüforganisationen, wie zum Beispiel dem Technischen Überwachungsverein „TÜV“, kontrolliert werden.

Den finalen Nachweis aller geplanten Fahrzeuganforderungen liefert die Erprobung, die in der Serienvorbereitung unter vielfältigen Einsatzbedingungen der unterschiedlichen Zielmärkte erfolgt. Dazu gehört die Fahrerprobung über mehrere Zehntausend Testkilometer unter klimatisch normalen und extremen Bedingungen. Zum Beispiel Winter- und Sommerfahrten, bei Regen und extrem staubigem Gelände. Denn ein Fahrzeug sollte nicht nur am Nordpol, der Sahara, die Alpen und im Extremfall noch durch das

Wattenmeer erfolgreich fahren können, sondern auch unter normaleren Bedingung auf der Schwäbischen Alb nicht überfordert sein.

Es geht um die Fahrzeuglebensdauer bei Temperaturen zwischen minus 25 und plus 80 Grad Celsius und einer Windlast bei Windgeschwindigkeiten zwischen 60 und 250 km/h, aber auch schlichtweg darum, die Ganzjahrestauglichkeit nachzuweisen. Teams aus Entwicklern und Fertigungstechnikern nutzen die Erprobungsfahrzeuge, um letzte Problemfelder zu identifizieren und die Produktionsprozesse vor der Serienproduktion SOP abzusichern. Auszüge aus Testberichten werden oftmals auch veröffentlicht.[29]

Ausführende Geschäftskompetenzen

In Abschn. 3, Kap. 2 wurde aufgezeigt, wie sich die Verhältnisse zwischen Mechanik, elektr(on)ischen Komponenten und Software im Fahrzeug kontinuierlich verschieben, was sich zwangsläufig auf den Entwicklungs- und Konstruktionsablauf auswirkt. Dennoch werden wir die Geschäftskompetenzen vereinfacht entlang der mechanischen Aspekte eines Fahrzeugs darstellen, weil dies weiterhin die Praxis der meisten Fahrzeughersteller ist.

Konzept, Design, Bauraum

Die Fachkompetenzen für die ganzheitliche Gestaltung eines neuen Fahrzeugs, beginnend mit der Erstellung des Fahrzeugkonzepts über das Design bis zum Paketieren sind sehr unterschiedlich. Sie alle müssen in ständiger Abstimmung zueinander stehen, bis die Verabschiedung des Modells („Design einfrieren" [45]) durch die Geschäftsführung erfolgt. Deshalb fassen wir diese simultanen Aufgabenfelder Konzept, Design und Bauraum aus der Unternehmenssicht in einer Geschäftskompetenz zusammen. Der Rahmen dieser Geschäftskompetenz deckt die Aufgaben im Produktentstehungsprozess bis zum Einzelprodukt und den Freigaben zum Serienanlauf.

In der Vorentwicklung entstehen die Ideen und Impulse für das grundlegende Fahrzeugkonzept im Rahmen der Unternehmensund Markenidentität. Die Konzeptdefinition beginnt bereits parallel zur Produktplanungsphase. Das Fahrzeuggrundkonzept ist der konstruktive Entwurf einer Produktidee, mit dem die grundsätzliche Umsetzbarkeit abgesichert wird. Sie stellt die wesentlichen Subsysteme und Module (siehe Abschn. 3.1, Kap. 2) mit ihren Eigenschaften zusammen. Der Grundstein des Fahrzeugkonzepts ist die Plattform beziehungsweise der Baukasten (siehe Abschn. 5.1, Kap. 2). Weitere Schwerpunkte der Gestaltung in der Konzeptdefinition liegen dabei auf den folgenden Festlegungen der „Grundbauraum" [22]:

[29] Zum Beispiel „Erprobung unter extremen Bedingungen: Neuer Unimog und neuer Econic in der Wintererprobung und bei letzten Testeinsätzen". http://media.daimler.com/dcmedia/0-921-1130157-49-1585024-1-0-1-0-0-0-0-0-0-1-0-0-0-0-0.html. Zugegriffen am 23.12.2014.

- Aufbauausprägung, Fahrzeuggrundform und zukünftige Varianten,
- Anzahl Sitzplätze, Raumbedarf Insassen,
- Stauraum und Volumina (zum Beispiel Tank),
- Hauptabmessungen (zum Beispiel die wesentlichen Außen- und Innenabmessungen) sowie
- Motor- und Antriebskonzept (zum Beispiel Verbrennungs- oder Elektromotor).

Ausgehend von der Konzeptdefinition gibt das Design der Technik eine Form, die über die reine Geometrie hinausgeht und speziell auf die benutzerbezogenen Faktoren eingeht. Im Design gibt es keinen einheitlich normierten Prozess, um die Grundsätze des Gestaltens zu strukturieren. Es sind schrittweise Annäherungen an die grundlegenden Prinzipien der *Formfindung* und technischen Machbarkeit, die ständigen Veränderungen unterworfen sind. Zwar gibt es strukturierte Prozesse und Richtlinien für die Konzept- und Bauraumphase im Rahmen der Produktentstehung (siehe die sieben Arbeitsschritte nach VDI 2221 in Abb. 3.14), sie sind aber vor allem in den frühen Phasen noch eine schrittweise Ausarbeitung des *Fahrzeugentwurfs* mit dem Ziel, eine konstruktiv bestmögliche Lösung unter der Berücksichtigung verschiedenster Einflussgrößen zu erreichen. Beispielsweise muss das Zusammenspiel der folgenden Faktoren ständig überprüft werden [21]:

Technische Faktoren:

- Entwicklung/Konstruktion (zum Beispiel Abmessungen der Module oder Erfüllung vorgesehener Funktionen)
- Produktion (zum Beispiel inner- und außerbetriebliche Montagevorgänge sind einfach und eindeutig)
- Verwertung/Recycling (zum Beispiel eingesetzte Materialien, Wiederverwendung oder -verwertung)

Wirtschaftliche Faktoren (in enger Abstimmung mit der Geschäftskompetenz „Planungs- und Steuerungssystem“ der Geschäftsdomäne „Finanz- und Rechnungswesen“):

- Herstellungs- und Vertriebskosten (zum Beispiel vorgegebene Kostengrenzen einhalten, wirtschaftliche Fertigung, neue Markt- oder Kundensegmente, Vertriebsausbildung für neue Funktionen oder Modelle)
- Anschaffungs- und Betriebskosten (zum Beispiel Kraftstoffverbrauch, Aufwandsminimierung für Austausch von Fahrzeugkomponenten sowie Wartungs-, Inspektions-, Instandsetzungs- oder Reparaturkosten)
- Gewinnspanne (zum Beispiel durch Marktanalyse potenzieller Käufer)

Administrative Faktoren:

- Gesetze/Vorschriften/Empfehlungen (zum Beispiel CO_2-Emission, Herstellungsfreundlichkeit, Insassenschutz)
- Prozesse/Organisation (zum Beispiel Lieferanteneinbindung, Globalisierungen)

Benutzerbezogene Faktoren:

- Ergonomie (zum Beispiel Bedienkomfort)
- Gebrauch/Nutzen (zum Beispiel Einsatzzweck, Lebensphase, Alltagsansprüche, Freizeitaktivitäten, Jahreszeit/Wetter)
- Ästhetik/Design (zum Beispiel Ausstattungen, Gesamteindruck, Farbgebung)
- Soziale und kulturelle Einflüsse (zum Beispiel Tradition, Produktwiedererkennungswert, Kontinuität, Markenwahrnehmung)

Viele dieser Faktoren sind nicht international vereinheitlicht. Dazu gehören vor allem gesetzliche Vorgaben wie zum Beispiel Sichtfelder oder Außenspiegel sowie regionalbedingte Bedürfnisse der Benutzer. Zusätzlich stehen sich oft die favorisierten Lösungen aus den jeweiligen Sichten des Konzept, Designs und Bauraum entgegen. In solchen Situationen müssen Kompromisse gefunden werden, insbesondere dann, wenn das Design mit seinen nur gefühlsmäßig erfassbaren Sehnsüchten und Emotionen [103] Gestaltungen plant, die den messbaren Möglichkeiten des Bauraums entgegenstehen. Kompromisse müssen aber auf allen Seiten gefunden werden, weil nur das Design ein originelles und differenzierendes „Gesicht in einer Menge" technisch ähnlicher Fahrzeuge gestaltet und daher einen hohen Stellenwert hat.[30] Schließlich macht oft schon der erste Blick auf ein Fahrzeug eine Kaufentscheidung aus, wo insbesondere die erlebbare Außen- und Innenraumgestaltung die Wahrnehmung des Fahrzeugs prägt. Allerdings liegt die Kunst des Designs nicht nur in der Einzigartigkeit, sondern auch in einer erkennbaren Familienzugehörigkeit zur Modellpalette des Herstellers.

Die schrittweise Konkretisierung des Bauraumbedarfs und das konkreter werdende *Maßkonzept* führen zur Definition von *Bauraumgrenzflächen* als initiale geometrische Beschreibung des Fahrzeugs. Weitere Konkretisierungen der Konstruktionen berücksichtigen die Grenzflächen. In der Ausarbeitungsphase resultieren immer genauere digitale und physische Modelle, mittels derer auch sämtliche Werkstoffe festgelegt werden. Auch im Zeitalter der virtuellen Entwicklung hat ein physisches Modell weiterhin eine hohe Bedeutung, um das erlebbare Raumgefühl und die Materialien des Fahrzeuginnenraums durch Menschen überprüfen und beurteilen zu lassen, die sich in Körperbau und subjektivem Empfinden unterscheiden. Dennoch werden physische Modelle nicht mehr

[30] Über 80 % der Bauteile werden von Zulieferer entwickelt, die oft mehrere OEMs gleichzeitig bedienen. Siehe Abschnitt 1.3.

alleine von Hand geformt und hergestellt. *CADSysteme* und individuelle Fertigungsmaschinen unterstützen *Modellierung und Modellaufbau.*

Kontrollen und Absicherungen auf Vollständigkeit, Richtigkeit und Normenkonformität der Modelle finden statt, bevor die Daten für Voruntersuchungen an die Konstruktion weitergegeben werden. Das Ergebnis ist ein *Konzeptheft*, welches die Inhalte des zu entwickelnden Fahrzeugs beschreibt und auf dessen Basis die Serienentwicklungsphase beginnen kann.

Entwicklung und Konstruktion

Mit der Konzeptentscheidung, Designfestlegung und Modellverabschiedung beginnt eine der dichtesten Entwicklungsphasen bezüglich komplexer Entscheidungen, um das Modell möglichst ohne Entwicklungsschleifen und Verzögerungen zu einem *Serienmodell* für den Serienanlauf auszuarbeiten. Die Paketieren wird weiter fortgeführt, bekommt aber mit der Serienentwicklung das Ziel, alle Bauteile in einer geometrisch und physikalisch kompatiblen Anordnung zusammenzubringen. Das Design ist im Wesentlichen mit der Modellverabschiedung abgeschlossen. Dennoch ist eine Serienbetreuung des Designs bis zum kundenfähigen Einzelprodukt weiterhin notwendig, um die im Detail unterschiedlichen Teile der Lieferanten in sich stimmig wirken zu lassen. Zum Beispiel müssen mit den Lieferanten die verschiedenen Farb-, Material- und Oberflächenkonzepte abgestimmt werden.

Einen wesentlichen Unterschied zur Serienentwicklung und Konzeptentwicklung stellen die Zusammenarbeitsmodelle mit vielen außerbetrieblichen Organisationen dar. Dazu gehören sowohl die unternehmens- und länderübergreifende Zusammenarbeit mit Tochterunternehmen, Lieferanten, Gemeinschaftsunternehmen als auch Kooperationen mit anderen OEMs. Komplexe Organisationsstrukturen entstehen aufgrund der großen Zahl an Teilen unterschiedlichster Technologien, verbunden mit komplexen Produktionsabläufen. Für die Zusammenarbeitsmodelle werden oft die ausgearbeiteten Lastenhefte als Ausschreibungsgrundlagen verwendet, in denen beschrieben wird, „Was?" und „Wofür?" entwickelt oder produziert werden soll. In den Ausschreibungsphasen entstehen die *Pflichtenhefte* der potenziellen Auftragnehmer, die in konkreter Form beschreiben, „Wie?" und „Womit?" die Anforderungen gelöst werden können (siehe Abb. 3.16). Aufbauend auf das akzeptierte und ausgewählte Pflichtenheft wird der Vertrag für die Zusammenarbeit mit dem Auftragnehmer geschlossen. Oft sind Hunderte von

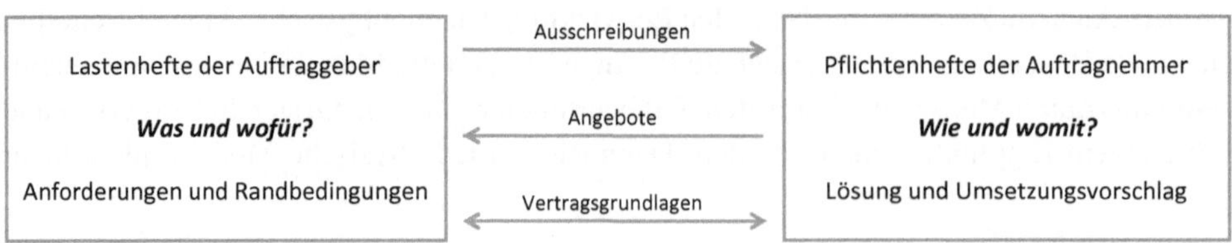

Abb. 3.16 Lastenhefte und Pflichtenhefte zur Festlegung der Zusammenarbeit zwischen den Fahrzeugherstellern und Lieferanten

Entwicklungs- und Teilelieferanten, die von der Geschäftsdomäne „Beschaffung und Eingangslogistik“ unterschiedlich eingestuft und integriert werden, in die Erstellung des Serienfahrzeugs involviert. Einige spezielle Lieferanten mit besonderen Eigenschaften sind bereits in frühere Konzeptphasen oder auch Vorentwicklungen einbezogen, was für sie einerseits einen strategischen Wettbewerbsvorteil gegenüber der Konkurrenz bedeutet, andererseits aber auch Investitionen und Risiken zur Folge hat, weil ein OEM solchen Lieferanten gewisse Vorleistungen abverlangt.

In der Detailentwicklung, die bis auf die Teileebene heruntergebrochen wird, müssen die folgenden drei sehr unterschiedlichen Entwicklungsarten im engen Kontakt mit den Lieferanten integriert werden:

1. Die *mechanische Entwicklung* von Baustrukturen, Werkstofftechnik und die Anwendung zahlreicher physikalischer und chemischer Methoden und Verfahren in den Bereichen Statik, Kinematik, Kinetik, Schwingungen, Strömungen etc. erfolgt auf den Ebenen der physischen Teile, der Module und des Gesamtfahrzeugs. Die Entwicklung erfolgt in unterschiedlichen Fachteams der Bereiche Antriebssystem, Fahrwerk, Unter-/Aufbau, Ausstattung und fahrzeugübergreifende Funktionen. Der Fokus liegt auf Funktionsfähigkeit, Integrierbarkeit und möglichen Fertigungsverfahren. Außer dem Fahrzeug selbst werden auch die Betriebsmittel und Sonderwerkzeuge für seine Fertigung und Montage konstruiert. Es gibt viele Optimierungsmöglichkeiten, wie die Verwendung von Gleichteilen oder baureihenübergreifenden Modulen.
2. Die *Elektrik- und Elektronikentwicklung* konzentriert sich sowohl auf die einzelnen Systeme wie Stromversorgung, Kommunikation, Unterhaltung, Komfortelektronik, Sicherheitselektronik, Bordnetz- und Bussystem, Sensorik und Steuergeräte, Kabel- und Leitungssätzen etc. wie auch auf deren Integration ins Gesamtfahrzeug unter den elektrotechnischen Rahmenbedingungen wie Energieverteilung, Netzschwankungen, Elektrowärme, Schirmung, Sicherung etc.
3. *Softwareentwicklung* wird in der Praxis noch oft mit der Entwicklung der Elektronik zusammengefasst, was im Rahmen der eingebetteten Software, vor allem wenn sie in Steuergeräten integriert ist, auch Sinn hat. Mit dem vernetzten Fahrzeug entstehen weitere Felder im Rahmen des virtuellen Fahrzeugs, bei dem die Softwareentwicklung inklusive Tests und Versionierung vom Lebenszyklus des Fahrzeugs und seiner Elektronik getrennt werden. Zu diesen Feldern gehören zum Beispiel neu programmierbare Steuergeräte, Ferndiagnosesysteme und änderbare digitale Bedienkonzepte im Fahrzeug. Allerdings gehört Software ohne direkten Zugriff oder Bezug zu Fahrzeugfunktionen zur Geschäftskompetenz „IT Entwicklung und Dokumentation“ der Domäne „Übergreifende Unterstützung“. Hingegen können Zugriffe über Schnittstellen auf Fahrzeugfunktionen für Software auf mobilen Endgeräten erlaubt werden, wie beispielsweise der virtuelle Schlüssel mit all seinen

Vor- und Nachteilen.[31] Derartige Softwareentwicklung ist auch Teil dieser Geschäftskompetenz.

Die klassische Trennung zwischen der Entwicklung und dem anschließenden fertigungsbezogenen Konstruieren verliert heute in vielen Unternehmen immer mehr an Bedeutung. Beide Tätigkeiten sind oft als Einheit in der Serienentwicklung aufgegangen. Mit dem Abschluss der Serienentwicklungen erfolgen die Beschaffungsfreigaben für die Serienwerkzeuge und -bauteile.

Produktdaten und -dokumentation

Die Produktdokumentation ist nur noch historisch in der Geschäftsdomäne „Forschung und Entwicklung" und bei den Fahrzeugherstellern organisiert. Diese Geschäftskompetenz hat die zentrale Aufgabe, ein Fahrzeug über seine komplette Lebensdauer einheitlich zu dokumentieren, und umfasst alle notwendigen Informationen zur Entwicklung, Produktion, Prüfung, Betreuung und Entsorgung. Wenn der Fahrzeugverkauf weiterhin das primäre Geschäftsmodell des Unternehmens bleibt, ist es in vieler Hinsicht vorteilhaft, wenn die Dokumentation an der Quelle der Produktentstehung verwaltet wird und. Durch eine Vernetzung, die über das reine Fahrzeug hinausgeht, und Geschäftsmodelle in Kombination mit Dienstleistungen für ein AutoMOBIL muss die Geschäftskompetenz „Produktdaten und -dokumentation" in eine eigene zentrale Geschäftsdomäne für Produkte und Dienstleistungen zentralisiert werden. Es stellt sich die Frage, ob in der Praxis die Dokumentation komplett zentralisiert werden kann.

Die Produktdokumentation ist ein sehr umfangreicher Teil des hergestellten Produktes und muss in gleichbleibender Qualität ausgeliefert werden. Im Abschn. 3.3, Kap. 2 wurden die unterschiedlichen Arten von Primärinformationen allgemein beschrieben. Es gibt Normen, wie DIN 6789, Richtlinien, wie die VDI-Richtlinie 4500, und unterschiedliche Veröffentlichungen [95], die die Technische Dokumentation gliedern und in einen fachlichen Kontext setzen. Eine etwas ältere *Dokumentationssystematik* wird beispielsweise in DIN 6789 definiert, die wir daran angelehnt in Abb. 3.17 darstellen.

Wir übertragen diese Systematik auf die Geschäftsdomänen und -kompetenzen und führen in der Tab. 3.1 nur einige wenige Beispiele auf, die während der Lebensdauer eines Fahrzeugs entstehen.

Die Daten und Dokumente werden außer im PDM-System auch in den Dokumentenmanagementsystemen (DMS) und Inhaltsverwaltungssystemen (englisch Content Management System, kurz CMS genannt) gesichert, strukturiert verwaltet und in nachgelagerten Phasen zur Verfügung gestellt. Die externe technische Produktdokumentation wird meist elektronisch mit einem *Redaktionssystem* erstellt und in einem

[31] „Connected Drive: ADAC deckt IT-Sicherheitslücke bei 2,2 Millionen BMW auf". http://www.automobilwoche.de/article/20150130/NACHRICHTEN/150139999/1276/connected-drive-adac-deckt-it-sicherheitslucke-bei-22-millionen-bmw-auf. Zugegriffen am 07.02.2015.

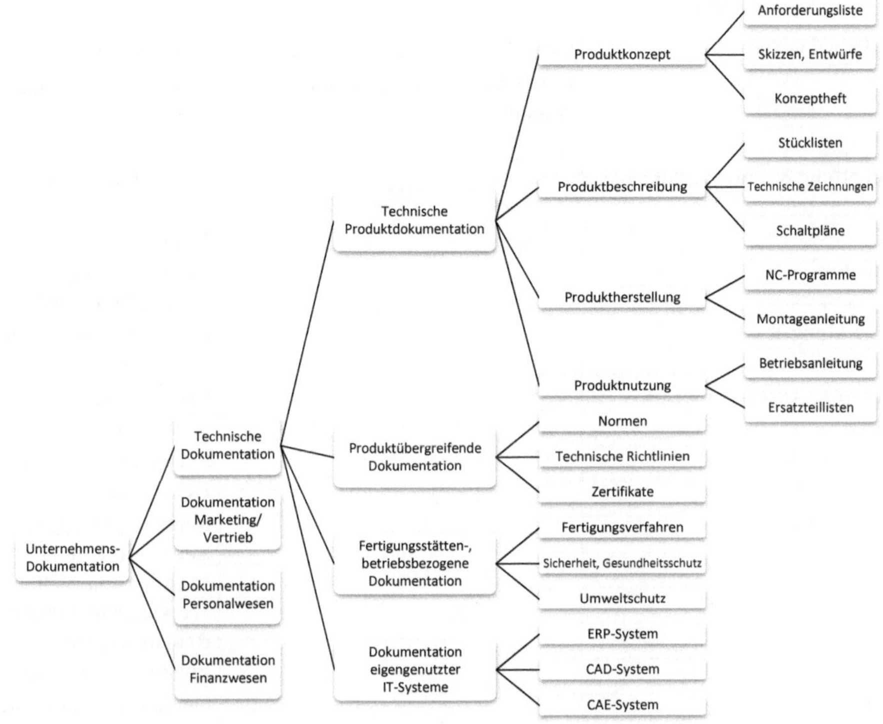

Abb. 3.17 Systematik der Unternehmensdokumentation in Anlehnung an DIN 6789

Tab. 3.1 Beispiele der Produktdokumentation, die während der Lebensdauer eines Fahrzeugs in den unterschiedlichen Geschäftsdomänen entstehen

Geschäftsdomäne	Geschäftskompetenz	Dokumente
Forschung & Entwicklung	Planung, Anforderung, Änderung	Marktstudie, Zielkatalog Anforderungsliste Zielpreise
	Forschung & Vorentwicklung	Forschungsergebnisse Patente
	Standard, Methode, Prozess	Richtlinien Zertifikate Prozessbeschreibungen
	Absicherung & Erprobung	Versuchs-, Messdaten Test-/Prüfberichte
	Konzept, Design, Bauraum	Skizzen, Entwürfe CAD-Daten Konzeptheft

(Fortsetzung)

Tab. 3.1 (Fortsetzung)

Geschäftsdomäne	Geschäftskompetenz	Dokumente
	Entwicklung, Konstruktion, Anlauf	Lasten-, Pflichtenhefte Stücklisten Schaltpläne
Beschaffung & Eingangslogistik		Ausschreibungen Bestellungen Verträge
Produktion		NC-Programme Montageanleitung
Vermarktung & Kommunikation		Prospekte, Fotomaterial Kampagnen
Vertrieb & Ausgangslogistik		Listenpreise Verkaufskatalog
Finanzdienstleistungen		Finanzierungsvertrag Kontoauszug
Kundendienst		Reparaturaufträge Betriebsanleitung Wartungsintervalle Werkstattausstattung Reklamationen Entsorgungsauftrag
Qualität		Qualitätsprüfungsdaten Gewährleistungs- und Kulanzkalkulation

DMS verwaltet. Im *Redaktionsleitfaden* werden sowohl Vorgaben der Geschäftskompetenz „Unternehmensdokumentation“ als auch regionale, nationale und internationale Gesetze und Richtlinien berücksichtigt, wie zum Beispiel das Produkthaftungsgesetz oder gesetzlich festgeschriebene Übersetzungspflichten für Produktdokumente. Die technische Produktdokumentation muss in den Sprachen der Zielmärkte genauso exakt und präzise sein wie in der Herstellersprache. Zur Unterstützung kommen verschiedene Systeme für die *Übersetzung* oder für die *Terminologie-Verwaltung* zum Einsatz, welche über die Geschäftskompetenz „Assistenz“ der Domäne „Übergreifende Unterstützung“ gesteuert werden. Dabei muss die *Zulieferer-Dokumentation* so integriert werden, dass man zwischen Eigen- und *Fremdfabrikat* nicht unterscheiden kann.

Der Übergang zwischen dem feiner strukturierten *CMS und DMS* ist fließend. Das primäre Ziel von CMS ist, Inhalte aus verteilten Quellen wie Websites, Stammsätze, Dokumentinhalte und andere Medienformen zu verknüpfen und zusammenzustellen.

Damit wird ein neues Dokument generiert, welches dann in einem DMS abgelegt werden kann.

3.6.3 Beschaffung und Eingangslogistik

Das Ziel der Beschaffung ist es,

- die benötigte Art von Rohstoffen und Materialien
- in der erforderlichen Qualität
- in ausreichender Menge
- zum richtigen Zeitpunkt
- am Bedarfsort und
- zu möglichst günstigen Preisen

bereitzustellen und damit die wirtschaftliche Versorgungskette sicherzustellen.

Durch die sinkenden Wertschöpfungstiefe der Fahrzeughersteller[32] wächst die Bedeutung der Beschaffung und des Einkaufs bei externen Lieferanten für die Wettbewerbsfähigkeit des Unternehmens. Insbesondere ist der Materialkostenanteil mit 68,4 Prozent verglichen zu anderen Kostenarten wie Personalkosten mit 14,7 Prozent des Bruttoproduktionswert in der Automobilindustrie sehr hoch.[33] Dadurch hat die Beschaffung einen wesentlichen Einfluss auf den Gewinn eines Unternehmens, weil sich Kostensenkungen durch die geringe Wertschöpfungstiefe und die hohen Einkaufskosten stärker auf den Unternehmensgewinn auswirken als eine Steigerung des Umsatzes [77].[34]

Aber auch die Globalisierung und Versorgungsschwankungen, die wachsende Anzahl von Fahrzeugvarianten und die damit verbundene Materialvielfalt verschiedenster Antriebssysteme führen zu steigenden Anforderungen an die Domäne „Beschaffung und Eingangslogistik", die sich längst nicht mehr alleine an den Einkaufskosten orientiert. Strategische Partnerschaften und globale Allianzen haben in neuen Wachstumsmärkten und -themen wie dem vernetzten Fahrzeug neue Wertorientierungen geschaffen. Dadurch enthält die Beschaffung neben der operativen eine zusätzliche strategische Ebene mit dem Einkauf als eine ihrer Teilkompetenzen.

[32] Wie im Abschnitt 1.3 beschrieben, ist der Wertschöpfungsanteil der OEM im Vergleich zu den Zulieferern auf 29 % zurückgegangen.

[33] Statistisches Bundesamt „Kennzahlen der Unternehmen des Verarbeitenden Gewerbes 2012" unter „Herstellung von Kraftwagen und Kraftwagenteilen". https://www.destatis.de/DE/ZahlenFakten/Wirtschaftsbereiche/IndustrieVerarbeitendesGewerbe/Tabellen/KennzahlenVerarbeitendesGewerbe.html. Zugegriffen am 23.12.2014.

[34] „In der Automobilindustrie gibt es die Faustformel, dass die Einsparung von einem Prozent bei Material- und Materialgemeinkosten soviel Zusatzgewinn bringt wie eine Umsatzsteigerung vom mindestens 10 %" [165].

Die Beschaffung ist bereits in die Phase der Produktentwicklung eingebunden, um die Serienentwicklung mit den unterschiedlichen Subsystem-/Modul-, Baugruppenund Teilelieferanten zu planen, bevor die Beschaffungsfreigaben für den Serienanlauf erfolgen (siehe Abb. 3.14). Als Faustregel gilt, dass die Profitabilität einer Fahrzeugbaureihe in der Serienproduktion nicht mehr möglich ist, wenn sie nicht bereits durch die Beschaffung in der Vorserie erreicht wurde. In der deutschen Automobilindustrie ist der Einkauf global aufgestellt, um das hohe Einkaufsvolumen zentral für alle Werke zu steuern.

Man ist sich in der Industrie überwiegend einig, dass ein einheitlich zentralisiertes Einkaufssystem vorteilhaft ist, auch wenn für die Profitabilität oftmals weniger als hundert Baugruppen, Module oder Bauteile maßgeblich sind. Die japanische Automobilindustrie folgt mittlerweile auch diesen Vorteilen, obwohl die Meinungen auseinandergehen, inwieweit der Einkauf im Lieferantenmarkt noch differenzierend ist und wie viele Geschäftsprozesse durch betriebswirtschaftliche ERP-Systeme insbesondere der Materialwirtschaft [67] oder durch Systeme für das Lieferantenbeziehungsmanagement (englisch Supplier Relationship Management, kurz SRM genannt) [20] vereinheitlicht werden können.

Der Begriff „Logistikkette“ erstreckt sich über die gesamte Wertschöpfungskette. Sowohl in der Literatur [5, 62] als auch in praktischen Umsetzungen werden Teilbereiche der Kette wie die Beschaffungslogistik, die Produktionslogistik und die Distributionslogistik unterschiedlich definiert. In dieser Domäne ist die Eingangslogistik, die nach der Bestellung durch den Einkauf und Lieferung durch den Lieferanten erfolgt, ein Teil der Beschaffungslogistik [134]. Sie umfasst die Annahme der Waren der Lieferanten, ihre Zwischenlagerung sowie den Transport zur Produktionsstätte. Zusätzlich erfassen wir mit ihr auch die Produktionslogistik für Vorprodukte (siehe Abb. 3.18). Damit werden in der Eingangslogistik die fremdbezogenen wie auch die eigengefertigten Materialien für den Einsatz in der Produktion abgedeckt. Die darauf folgende Produktionslogistik setzen wir nur in Bezug mit der innerbetrieblichen Logistik der in der Produktion verbundenen

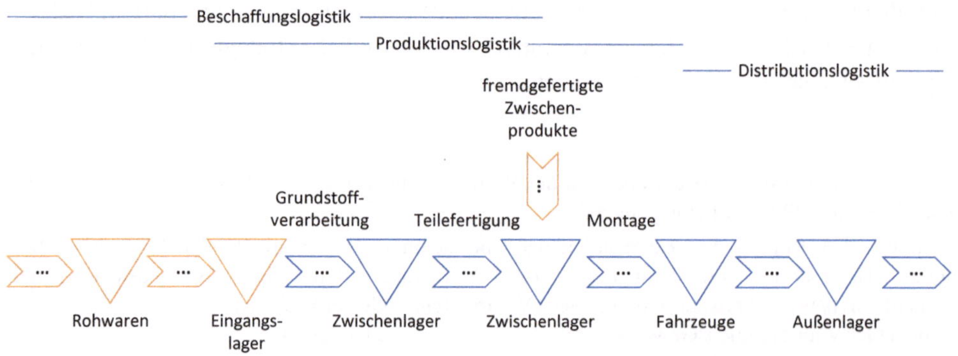

Abb. 3.18 Beispielhafte Kette der Beschaffungs-, Produktions- und Distributionslogistik mit Abgrenzung der Eingangslogistik (orange)

Geschäftskompetenzen der Kerngeschäftsdomäne: Beschaffung & Eingangslogistik

Steuerung

Beschaffungsstrategie	Logistikplanung & -steuerung	Lieferantenbeziehung
•Beschaffungsportfolio, Marktforschung •Eigenfertigung, Fremdbezug/Zukauf •Lieferantenportfolio, •Initialen Lieferantenbewertung •Einkaufsprozess, Einkaufsregeln	•Versorgungs- & Verpackungsplanung •Logistikstrukturplanung •Logistikprozesse •Beschaffungsformen, Logistikkonzept •Logistiklastenheft	•Lieferantenpflege, -erziehung, -förderung •Lieferantenentwicklung •SRM-System •Lieferantenkommunikation, -stammdaten •Rollen & Berechtigungen

Kontrolle

Lieferantenbewertung	Beschaffungsoptimierung
•Bewertungskriterien, -kennzahlen •Vertragserfüllung •Entwicklungsmaßnahmen •Lieferantenrisiken •Lieferantendossier	•Bedarfsermittlung, Bestand, Inventur •Bedarfsbündelung, Optimierungsvorgaben •Einkaufsmaßnahmen, Härtegradsystematik •Einkaufserfolgsmessung •Logistikabsicherung, Leistungserbringung

Ausführung

Einkaufsvergabe & -vertrag	Produktionsversorgung
•Einkaufsanfrage, Einkaufssystem •Lieferantenauswahl, Angebotsbearbeitung •Vergabeverhandlung, Vertragsgestaltung •Bestellentscheidung, Lieferanteneinspruch •Rahmenvertrag	•Wareneingang, Eingangs- & Zwischenlager •Rohwaren & Vorprodukte •Materialbereitstellung, Warenbestand •Lagerhaltungssystem, Bestandsausgleich •Ladungsträger, Leihgutabwicklung

Abb. 3.19 Die Geschäftskompetenzen der Domäne „Beschaffung und Eingangslogistik"

Lager-, Transport und Entsorgungsprozesse von Produktionsrückständen, was Bestandteil der Domäne „Produktion" ist.

Die Beschaffung kümmert sich aber auch um nicht-produktionsrelevante Waren und Dienstleistungen, die das Unternehmen in unterstützenden Prozessen benötigt. Für eine weiterführende Betrachtung der Beschaffung und Eingangslogistik sei auf die Literatur [97, 165] verwiesen.

Wir gestalten die Domäne „Beschaffung und Eingangslogistik" durch die folgenden sieben Geschäftskompetenzen (siehe Abb. 3.19):

Steuerung:
- Beschaffungsstrategie
- Logistikplanung und -steuerung
- Lieferantenbeziehung

Kontrolle:
- Lieferantenbewertung
- Beschaffungsoptimierung

Ausführung:
- Einkaufsvergabe und -vertrag
- Produktionsversorgung

Steuernde Geschäftskompetenzen

Die Beschaffung der Waren zur Herstellung der Fahrzeuge und die Beziehung zu den Lieferanten hat unternehmensweit eine strategisch zentrale Rolle. Die dafür notwendige Logistik muss langfristig über die Fahrzeugentstehung hinweg kaufmännisch wie auch fachlich geplant werden [141].

Beschaffungsstrategie

Die strategische Beschaffung fokussiert sich auf den Beschaffungsmarkt mit einem Beschaffungsportfolio, einem strategischen Lieferantenportfolio und nachvollziehbaren Beschaffungsprozessen. Sie muss die Produktions- und Marktstrategien des Unternehmens integrieren. Das Beschaffungsportfolio besteht aus betriebsfremden Werkstoffen (Roh-, Hilfs- und Betriebsstoffe), Handelswaren sowie nicht selbst erzeugten Kaufprodukten.

Zur Festlegung der Einkaufsstrategie wird eine *Beschaffungsmarktforschung* durchgeführt. Dazu gehören unterschiedliche Kriterien und Modelle, die zur Entscheidungsfindung zwischen *Eigenfertigung, Fremdbezug/Zukauf* (englisch Makeor-Buy) und intermediären Koordinationsformen wie der Arbeitsteilung bei der Wertschöpfung mittels Lohnunternehmern [109] dienen. Ein OEM muss sich in vielen Situationen fast immer für den Fremdbezug entscheiden, wie zum Beispiel bei der Bereitstellung der ständig wachsenden Anzahl von Elektronikbauteilen im Fahrzeug (siehe Abb. 5, Kap. 2).

Deswegen wird das strategische *Lieferantenportfolio* abhängig vom Beschaffungsmarkt in verschiedenen Material- und Warengruppen definiert. Dazu gehören zum Beispiel potenzielle Lieferanten und Stammlieferanten für Elektronikbauteile, Werkstoffe, Standardteile oder Massenware. Unkritische Warengruppen zeichnen sich durch ein geringes Versorgungsrisiko aus, dessen Komplexität, Volumen oder Kosten gering sind. Hingegen haben strategische Warengruppen ein hohes Versorgungsrisiko, wie zum Beispiel spezielle ECU-Technologien, die nur sehr wenige Lieferanten herstellen können. Hier sind oft spezielle Zusammenarbeitsmodelle wie Kooperationen mit Lieferanten notwendig. Auch die Beschaffungswege haben einen Einfluss auf die strategische Ausrichtung der Lieferantenstruktur. Speziell bei Veränderungen im Beschaffungsmarkt müssen Risiken nach aktuellen Gegebenheiten bewertet werden.

Die registrierten Lieferanten in den Material- und Warengruppen werden häufig in drei grobe Klassen eingestuft:

1. bevorzugter Lieferant,
2. zu entwickelnder Lieferant und
3. verbotener Lieferant.

Die Einstufung ergibt sich aus der Zulassung und der *initialen Lieferantenbewertung*. Beispielsweise setzt Daimler die Methoden „On-site Assessment“ bei Werksbesichtigungen und „Internal Cross-functional Assessment“ bei Produkten und Dienstleistungen vor SOP zur Planung und Durchführung der initialen Bewertung von Lieferanten ein [34].

Abb. 3.20 Schematischer Beschaffungsprozess angelehnt an SAP ERP in der Materialwirtschaft

In der Beschaffungsstrategie werden *Einkaufsprozesse* zur Absicherung der Nachvollziehbarkeit des operativen Einkaufs definiert und dokumentiert. Einen beispielhaften Beschaffungsprozess haben wir schematisch in Abb. 3.20 dargestellt, angelehnt an SAP ERP. Die Prozesse variieren je nach Komplexität der Ausschreibung und Verfügbarkeit von Lieferanten am Markt. Insbesondere für bevorzugte Lieferanten werden oft Rahmenverträge unabhängig von Ausschreibungen abgeschlossen, um die Vertragsgestaltung bei Ausschreibungen zu vereinfachen und zentral besser zu steuern.

Neben den Prozessen werden auch einige steuernde *Einkaufsregeln* definiert und verwaltet. Dazu gehören zum Beispiel die Vertreterregelungen, Unterschriftsregelungen und Wertgrenzen bei Genehmigungen.

Logistikplanung und -steuerung

Die Logistikplanung hat angelehnt an [93] unterschiedliche Aufgabenfelder während der Versorgungs-, *Verpackungs- und Logistikstrukturplanungen* entlang des Produktentstehungsprozesses (siehe Abb. 3.21).[35] Die zentralen Inhalte der unterschiedlichen Planungen sind:

- Planungen der *Logistikprozesse* (siehe Abb. 3.22) und des Warenstroms,
- Prognosen der Logistikkosten, verursacht durch Transport, Behälter, Güterumschlag, Lagerung, Bestand und Fehlmengen, und
- materielle und finanzielle Investitionsplanungen.

Die strategische Festlegung der Art der geplanten Fertigung (siehe Abb. 2, Kap. 2) und der *Beschaffungsformen* werden primär von der Logistiksteuerung bestimmt [151]. Im Wesentlichen wird im *Logistikkonzept* der Steuerung zwischen den folgenden drei Beschaffungsformen unterschieden:

Einzelbeschaffung	erfolgt beim Auftreten eines konkreten Bedarfs. Das benötigte Material wird erst dann bestellt.
Vorratsbeschaffung	verläuft losgelöst von konkreten Bedarfen. Es werden große Materialmengen bezogen und gelagert.
Bedarfsgerechte Beschaffung	erfolgt eng abgestimmt mit der Produktherstellung. Beispiele für lagerlose Direktanlieferung sind „Just-In-Time“ oder „Just-In-Sequence“ mit zentraler Materialflusssteuerung und Kanban mit dezentraler Verbrauchssteuerung.

[35] Wir verweisen auf die Literatur [93] für eine detailliertere Beschreibung der Planungen.

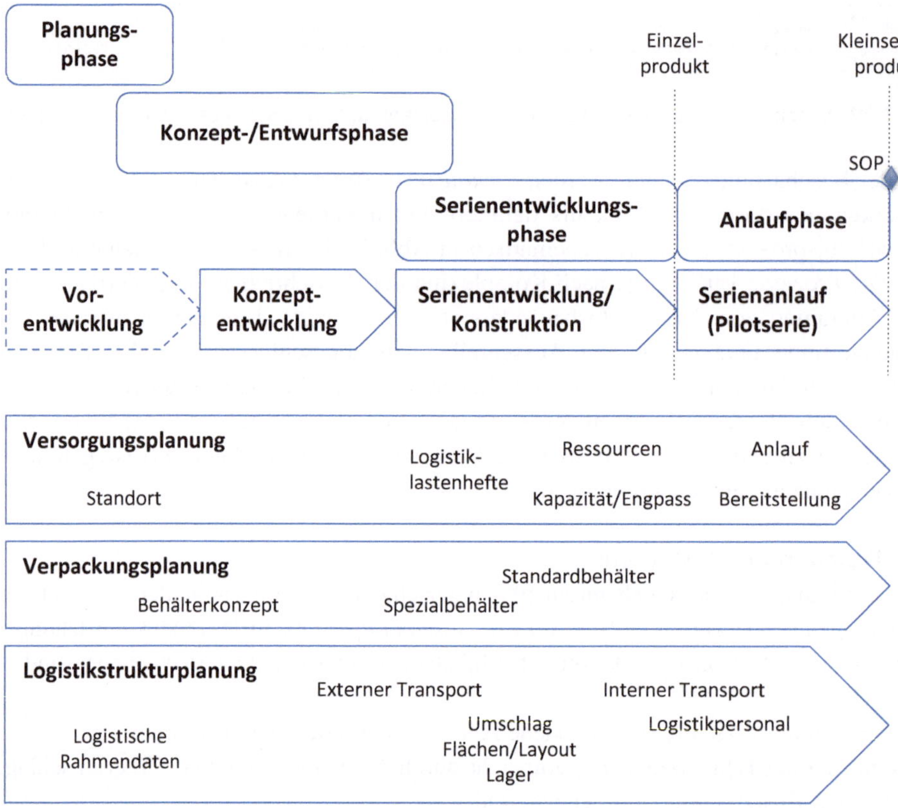

Planungs-
phase
Einzel-
produkt
Kleinserien-
produkt
Konzept-/Entwurfsphase
SOP
Serienentwicklungs-
phase
Anlaufphase
Vor-
entwicklung
Konzept-
entwicklung
Serienentwicklung/
Konstruktion
Serienanlauf
(Pilotserie)
Versorgungsplanung
Logistik-
lastenhefte
Ressourcen
Anlauf
Standort
Kapazität/Engpass
Bereitstellung
Verpackungsplanung
Standardbehälter
Behälterkonzept
Spezialbehälter
Logistikstrukturplanung
Externer Transport
Interner Transport
Umschlag
Logistikpersonal
Logistische
Rahmendaten
Flächen/Layout
Lager

Abb. 3.21 Planungsbereiche der Logistikplanung im Produktentstehungsprozess Abb. 2.4 angelehnt an [93]

Lieferanten-
aufträge
Lieferung
Waren-
annahme
Zwischen-
lagerung
Transport zur
Produktions-
stätte
Bereit-
stellung
Waren-
eingangs-
kontrolle
Waren-
eingangs-
meldung
Einlagerung

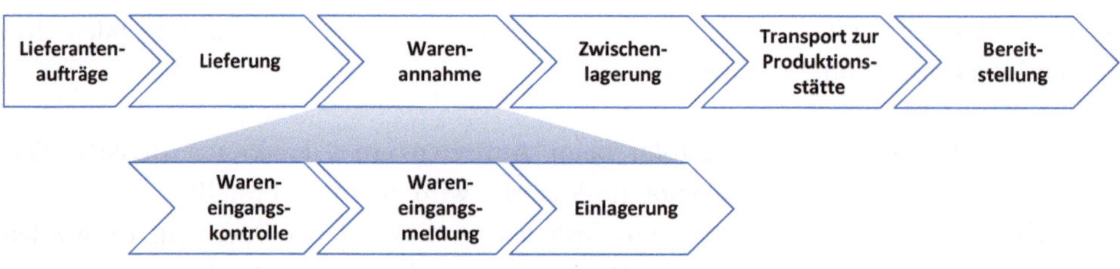

Abb. 3.22 Schematischer Prozess der Eingangslogistik

Bereits Beginn der 1950er-Jahre entwickelte Toyota das System Kanban zur Planung und Steuerung des Materialflusses in der Produktion [104].

Grundsätzlich unterscheidet man zwischen der Logistikplanung vor und nach SOP und untergliedert sie in eine strategische, taktische und operative Ebene. Hierzu verweisen wir auf die weiterführende Literatur [138].

Im *Logistiklastenheft* werden alle logistischen Anforderungen des OEMs im Rahmen des Ausschreibungs- und Vergabeprozesses von geplanten Anlieferumfängen (Teile, Baugruppen, Module, Subsysteme) spezifiziert. Je nach Beschaffungsform variieren die Vorgaben und der Detaillierungsgrad, was in der Literatur [93] näher erläutert wird.

Lieferantenbeziehung

Bereits frühe Phasen der Entwicklungsprozesse gestalten sich heute zu einem großen Teil in Zusammenarbeit mit Lieferanten, was insbesondere durch die große Anzahl an Teilen unterschiedlichster Technologien bedingt wird. Haben noch bis in die 1970er-Jahre viele Automobilunternehmen ihre Kabelsätze selbst hergestellt, ist heute die Entwicklung teilweise und die Fertigung vollständig an Systemlieferanten ausgelagert. Die Detailkonstruktion eines Bordnetzes wird oft nur noch bei Lieferanten durchgeführt. Für die frühzeitig eingebundenen Lieferanten ergibt sich ein strategischer Wettbewerbsvorteil gegenüber der Konkurrenz, wodurch das Verhandeln von Preisen und Lieferbedingungen für die Beschaffung erschwert wird. Dennoch suchen Fahrzeughersteller immer häufiger nach potenziellen Lieferanten, die strategische Partnerschaften langfristig eingehen.

Durch einen frühzeitigen Aufbau strategischer Partnerschaften mit Lieferanten und einer nachhaltigen Lieferantenbeziehung können gemeinsame Anstrengungen zur Kostenreduktion auf dem weiten Gebiet der Technologie im Fahrzeug erreicht werden.

Zur Steuerung der Lieferantenbeziehung haben sich die folgenden vier Methoden etabliert [6]:

Lieferantenpflege dient zum Aufbau eines partnerschaftlichen Verhältnisses bei einer bestehenden Beziehung.

Lieferantenerziehung besteht aus Maßnahmen, die für den Lieferanten eine Anerkennung seiner Leistungen darstellen, aber auch Sanktionen, wenn die Leistungen nicht den Anforderungen entsprechen. Anerkennungen sind zum Beispiel Auszeichnungen, Prämien oder eine Erhöhung der Lieferquote. Sanktionen können hingegen Abmahnungen, verstärkte Kontrollen, Senkung der Lieferquote oder selektive oder vollständige Sperrung bis zur Entfernung aus dem Lieferantenstamm sein.

Lieferantenförderung steigert das Leistungsniveau eines bestehenden Lieferanten.

Lieferantenentwicklung baut einen neuen Lieferanten in einem neuen Markt auf.

Zur strategischen Planung und zentralen Steuerung von Beziehungen eines Unternehmens zu seinen Lieferanten wurde das *SRM-System* entwickelt, um eine nachhaltige Bindung und Unterstützung des Einkaufs im Beschaffungsprozess zu unterstützen. Im SRM-System wird das Lieferantenportfolio mit der initialen und laufenden Bewertung und den *Lieferantenstammdaten* gepflegt und entwickelt. Das System ermöglicht auch eine integrierte und konsistente *Lieferantenkommunikation* entlang des Beschaffungsprozesses. Darüber hinaus werden die *Rollen und Berechtigungen* der

Lieferanten verwaltet, zum Beispiel Zugang zu bzw. Zugriffe auf Ressourcen wie Gebäude oder IT-Systeme.

Es herrscht aber noch viel Bewegung in der Entwicklung der Systeme für Lieferantenbeziehungen. Zum Beispiel existiert das Webgestützte LieferantenmanagementSystem „Lima on Web" [135] nicht mehr, welches erst vor einigen Jahren von Daimler mit einem Fokus auf die Vorserie entwickelt wurde.

Ein Kernproblem besteht daneben in der Art der Verwaltung der Lieferantenstammdaten, die von den Fahrzeugherstellern weiterhin traditionell in eigenen Systemen gespeichert werden. Bei den Tausenden Kontakten, die die weltweit agierenden Fahrzeughersteller haben, sind Kontaktinformationen schnell veraltet oder falsch, oder man landet gar bei einem anderen Lieferanten. Dieselbe Situation entsteht auch, wenn ein Lieferant die Stammdaten seiner Kunden selbst verwaltet. Das führt nicht nur zu Redundanzen, sondern dazu, dass man hauptsächlich Daten anderer Unternehmen verwaltet. Das aus dem Internet bekannte Prinzip der offenen vernetzten Daten „Linked Open Data" ist mittlerweile auch für Unternehmen zeitgemäß [60], sodass es seine Kontaktinformationen und Adressen selber pflegen und über Dienste im Netz den Partnern zur Verfügung stellen kann. Vertragstechnisch gibt es einige Rahmenbedingungen in den Verantwortlichkeiten, mit denen eine Umsetzung nicht ganz so einfach möglich ist. Dennoch sind solche Einsätze von aktuellen Technologien der richtige Weg, die Beziehungen zwischen Unternehmen zu modernisieren.

Kontrollierende Geschäftskompetenzen

Es besteht ein kontinuierlicher Verbesserungsbedarf in der Beschaffung und Lieferantenkontrolle, wenn es um Kostensenkungen, Qualitätserhöhungen, Risikominimierungen, Reduzierung von Durchlaufzeiten etc. im Einkauf geht [28].

Lieferantenbewertung

Neben der initialen Lieferantenbewertung in der Geschäftskompetenz „Beschaffungsstrategie" erfolgt eine laufende Bewertung nach definierten Kriterien. Die *Bewertungskriterien* der Lieferanten und deren Gewichtungen sind immer unternehmensabhängig. Einheitlich ist aber bei allen Unternehmen die *Vertragserfüllung*, in der bewertet wird, wie der Lieferant seine vertraglichen Verpflichtungen erfüllt. Genauere Bewertungen sind oft kosten-, liefer- und leistungsbezogen. Zum Beispiel sind die folgenden Standardbewertungskriterien zur Bestimmung der Leistungsfähigkeit von Lieferanten üblich:

- Preis,
- Liefertermin,
- Liefermenge und
- Rücklieferungen.

Speziell bei bevorzugten Lieferanten gibt es noch zahlreiche Zusatzbewertungskriterien, wie zum Beispiel:

- technische Kompetenz und Innovationsfähigkeit,
- Zuverlässigkeit bezüglich Mengen- und Termintreue,
- Qualität der gelieferten Teile und
- finanzielle Stabilität.

Aus den Bewertungskriterien ergeben sich *Bewertungskennzahlen*, um die Lieferanten zu klassifizieren und ihre Leistungsfähigkeit in Bezug auf quantitative und qualitative Anforderungen des Fahrzeugherstellers zu bewerten. Wegen der hohen Anzahl an möglichen Kennzahlen zu Lieferanten verweisen wir an dieser Stelle nur auf die Literatur [28, 79].

Daimler beispielsweise setzt das eigenentwickelte System „External Balanced Scorecard"[36] für eine einheitliche Definition der laufenden Leistungsbewertung von Lieferanten ein [34]. Regelmäßig findet eine vereinheitlichte Auswertung im Verhältnis zum Geschäftsvolumen durch einen Soll-Ist-Vergleich der festgelegten Kennzahlen mit den Daten der unterschiedlichen Fachbereiche, dem operativen Einkauf und dem Lieferanten statt. Die Ergebnisse werden dokumentiert und in den meisten Fällen direkt an die einzelnen Lieferanten über das Lieferantenportal[37] kommuniziert.

Abhängig von den identifizierten Handlungsfeldern der Bewertungen werden *Entwicklungsmaßnahmen* für die Geschäftskompetenz „Lieferantenbeziehung" abgeleitet. Der Status von laufenden und abgeschlossenen Maßnahmen wird regelmäßig überprüft und dokumentiert. Besonders kritisch sind finanzielle Entwicklungen von Lieferanten, die Risiken und Lieferengpässe für den Fahrzeughersteller bedeuten können. Sowohl die damit verbundenen *Lieferantenrisiken* durch einen Ausfall als auch die Auswertungen wesentlicher Verträge, Leistungsmerkmale, Leistungsumfänge und der davon abhängige Umsatz werden in einem *Lieferantendossier* gebündelt.

Beschaffungsoptimierung

Zu den laufenden Optimierungen der Beschaffung gehören die Abgleiche der geplanten *Bedarfsermittlungen* und der tatsächlichen *Bestände* nach unterschiedlichen Schwellenwerten in den Lagerungen durch die *Inventur*. Daraus werden Maßnahmen abgeleitet, die neben Reduzierungen und Erhöhungen auch *Bedarfsbündelungen* von Einzel- sowie Dauerbedarfen bedeuten können. Insbesondere hat die Beschaffungsoptimierung einen Fokus auf die kritischen und kostenintensiven Bauteile der Stückliste wie auch die Neuteile in der Vorserie (Teil des Serienanlaufs, siehe Abb. 3.21), wo es noch keine Erfahrungswerte oder solide Prognosen für zukünftige Bedarfe aus Vorjahren gibt [82]. Hier kann ein täglicher Abgleich der geplanten und erzielten Bedarfszahlen für Neuteile im Serienanlauf stattfinden.

[36] „Lieferantenmanagement: Mercedes schafft mehr Transparenz" http://www.beschaffung-aktuell.de/home/-/article/16537505/26156641/Sehen. Zugegriffen am 23.12.2014.

[37] „Daimler Supplier Portal" http://daimler.portal.covisint.com. Zugegriffen am 23.12.2014.

In der Praxis (aber auch in der Theorie) gibt es keine „optimale“ Bedarfsplanung. Neben der Datenqualität, auf deren Basis die Bedarfsplanung optimiert werden soll, sind auch die vielschichtigen und gegenläufigen Bedingungen schwierig auf ein Optimum zu bringen. So sind beispielsweise die Kosten der Rüstzeit, die Maschinenauslastung und die Lagerkosten in der Planung abhängig voneinander, und komplexen Bedingungen kann man sich nur annähern. Dazu haben auch gesetzte Prioritäten große Einflüsse, etwa, wo ein Fahrzeughersteller vorzugsweise das Material für die Produktion, den Handel oder den Kundendienst beschafft. Hingegen haben Ersatzteile die höchste Priorität bei Herstellern von Baumaschinen. So kann man die Anzahl der Bedingungen weiter fortführen, um die Komplexität der Bedarfsplanung zu verdeutlichen. Zu den Bedingungen gehören auch unterschiedliche zeitliche Betrachtungen, etwa eine operative Planung für die nächsten 14 Tage oder eine längerfristige Orientierung für den nächsten Monat.

Prognosen der Entwicklungen im Beschaffungsmarkt, zum Beispiel mögliche Materialknappheiten oder breitere Lieferantenangebote betreffend, werden als Optimierungsvorgaben in den Zielvereinbarungen des Einkaufs definiert. Die umgesetzten Einkaufsmaßnahmen und deren Effekte werden regelmäßig kontrolliert und dokumentiert. Beispielsweise kann der Fortschritt des Einkaufserfolgs mit einer Härtegradsystematik durch die folgenden Stufen geplant und gemessen werden [69]:

Härtegrad 1: Ziel formuliert, durch grob geplante Einsparung abgeschätzt
Beispiel: 50.000€ durch Materialeinsparung am Gehäuse

Härtegrad 2: Maßnahme plausibilisiert
Beispiel: Lieferantenworkshop zur Materialoptimierung

Härtegrad 3: Maßnahme ausgearbeitet durch konkret definierte und freigegebene Aktivitäten
Beispiel: Workshop durchgeführt; Material konstruiert

Härtegrad 4: Maßnahme umgesetzt durch Auftrag an Lieferanten
Beispiel: Neues Gehäuse bestellt

Härtegrad 5: Maßnahme ergebniswirksam, identifizierbar durch die Gewinn- und Verlustrechnung der Umsetzung
Beispiel: Neues Gehäuse beim Lieferanten bezahlt

In dieser Darstellungsform können laufende und abgeschlossene Kosteneinsparungen und -potenziale im Einkauf dargestellt und dokumentiert werden. Die Veränderungen sind im Verlauf definierter Zeiträume unmittelbar als *Einkaufserfolgsmessung* ablesbar.

Die Überwachung der *Logistik* dient nicht nur zur *Absicherung* der Produktionsversorgung, sondern auch zur operativen Koordination der *Leistungserbringung*. Dazu gehören operative Konsolidierungen von Logistikaufträgen, Einzel- und Regeltransporten und Fahrzeugdienstleistungen.

Ausführende Geschäftskompetenzen

Die Einkaufsvergabe und die daraus resultierenden Verträge mit den Lieferanten sind zentrale operative Kompetenzen in der Beschaffung und ermöglichen die kritische Produktionsversorgung der Wertschöpfungskette des Fahrzeugherstellers.

Einkaufsvergabe und -vertrag

Die operative Beschaffung eines Materials, einer Ware oder Dienstleistung beginnt mit der *Einkaufsanfrage* bei einem Lieferanten. Die folgenden Varianten haben sich etabliert, um über *Einkaufssysteme* die Anfragen an Lieferanten zu steuern, vom Einholen der Angebote über den Angebotsvergleich bis hin zur *Lieferantenauswahl*:

Leistungsanfrage (englisch Request for Information, kurz RFI genannt) an mögliche Lieferanten, ob sie einen Bedarf grundsätzlich mit einem Listenpreis beantworten können.

Preisanfrage (englisch Request for Quotation, kurz RFQ genannt) an passende Lieferanten, die grundsätzlich die Leistungsfähigkeit besitzen, auf einen detailliert beschriebenen Bedarf (Lastenheft) eine Leistungsbeschreibung mit einem möglichst präzisen Preis abzugeben.

Angebotsanfrage (englisch Request for Proposal, kurz RFP genannt) an qualifizierte Lieferanten, die auf einen detailliert beschriebenen Bedarf ein bindendes Angebot (Pflichtenheft) für ein Gültigkeitszeitraum abgeben können, sodass im Falle ihrer Auswahl ein Vertragsabschluss zustandekommen kann.

Beschaffungsprozesse (siehe Abb. 3.20) stützen sich auf standardisierte IT-Systeme, welche die Abläufe und Kommunikationen nachvollziehbar und revisionssicher dokumentieren. Vor allem in der *Angebotsbearbeitung* müssen alle eingeholten Angebote auf Vollständigkeit und auf Einhaltung formaler Vorgaben unter dem Grundsatz der Gleichbehandlung geprüft werden. Die Einkaufssysteme müssen eine nachvollziehbare Vergabeentscheidung nach unternehmensweit geltenden Richtlinien und festgelegten Kriterien sicherstellen.

Bei größeren Beschaffungen kann eine Lieferantenauswahl über mehrere Stufen durch alle Varianten der Anfragen RFI, RFQ und RFP inklusive der jeweiligen *Vergabeverhandlung* erfolgen. Sie dienen zur Beseitigung von Schwachstellen in den einzelnen Angeboten und bereiten die *Bestellentscheidung* vor. Die fachlichen Prüfungen erfolgen durch die jeweiligen Fachbereiche, die die Ausschreibungsunterlagen erstellt haben. Hingegen werden die juristischen Überprüfungen der Verträge mit dem Lieferanten durch die Domäne „Übergreifende Unterstützung“ als Unterstützung der Geschäftskompetenz „Recht und Vorschrift“ durchgeführt. In der *Vertragsgestaltung* werden rechtlich bindende Vertragsdokumente erstellt. Diese durchlaufen Genehmigungen gemäß geltenden Richtlinien und auch nach Anpassungen bei *Lieferanteneinsprüchen*. Mit der

Beauftragung des Lieferanten und seiner Auftragsbestätigung ist der Einkauf abgeschlossen.

Der Beschaffungsprozess kann jedoch bei Bestellanforderungen für nicht produktionsrelevante Verbrauchsmaterialien und Dienstleistungen auf Basis bestehender *Rahmenverträge* oder vergangener Lieferungen deutlich einfacher sein.

Der gesamte Verlauf aller Dokumente mit Änderungen und internen Bearbeitungsvermerken während des Beschaffungsprozesses wird nach definierten Aufbewahrungsfristen und Zugriffsberechtigungen revisionssicher in einem DMS abgelegt.

Produktionsversorgung

Durch die festgelegten Konzepte, wie beispielsweise das System „Kanban" [104] in der „Logistikplanung und -steuerung" wird maßgeblich die Gestaltung der Produktionsversorgung bestimmt. Zur Produktionsversorgung gehören der *Wareneingang*, die Bewirtschaftung der *Eingangs- und Zwischenlager* für *Rohwaren und Vorprodukte* sowie die *Materialbereitstellung* für die Produktion (siehe Abb. 3.18). Neben der regulären Versorgung müssen auch Sonderbedarfe und Fehlteile oder dringend benötigte Materialien in der Produktion gleich im Wareneingang gesondert gesteuert werden.

Dort erfolgen zahlreiche Überprüfungen und Dokumentationen der physischen Übernahme von fremdbezogenen wie auch eigengefertigten Waren, bevor sie in den Bestand aufgenommen werden. Warenprüfungen als Teil des Wareneingangs, die über Verpackungsschäden und kaufmännische Aspekte wie Liefermenge und -termin hinausgehen, werden in der Geschäftskompetenz „Qualitätsabsicherung" der Domäne „Qualität" durchgeführt, die bei Schäden reklamiert. Die kaufmännische Buchung der angenommenen Ware erfolgt in der Geschäftskompetenz „Buchführung, Abschluss" der Domäne „Finanz- und Rechnungswesen".

Das angenommene Material wird gemäß dem Bedarf entweder direkt zur Produktion oder zu einer entsprechenden Lagerhaltung weitergeleitet. Die komplette Verwaltung der Sortierungen des *Warenbestandes*, des Lagerplatzes, der Lagerbewegungen, der Inventur wie auch der Kommissionierung erfolgt oft über standardisierte *Lagerhaltungssysteme* wie zum Beispiel ERP-Systeme [84]. Bei einer zentralen Auslegung der Lagerhaltungssysteme sind Konsolidierungen und *Bestandsausgleiche* von Mehr- und Minderbestand zwischen verschiedenen Lagerstandorten möglich.

Die Gestaltung und Verwaltung innerbetrieblicher Versand- und Transportabwicklungen zwischen Vorproduktelager, Rohwarenlager und Produktionsstätten sind mittlerweile auch durch IT-Systeme [102] standardisiert, werden aber in den meisten Fällen vom externen Logistikdienstleister geleistet. Dagegen gehören die *Ladungsträger* und insbesondere die Spezialbehälter in vielen Fällen den OEMs, welche die operative *Leihgutabwicklung* mit den Logistikdienstleister verantworten. Eventuell entstehende Zollabwicklungen werden in der Geschäftskompetenz „Recht und Vorschrift " der Domäne „Übergreifende Unterstützung" durchgeführt.

Abb. 3.23 Die Geschäftskompetenzen der Domäne „Produktion“

3.6.4 Produktion

Die Domäne „Produktion“ realisiert das Serienfahrzeug unter Planung und Erstellung der dafür notwendigen Umgebungen und Betriebsmittel. Es gibt zwar unterschiedliche Arten der Fahrzeugproduktion (siehe Abb. 2, Kap. 2), doch haben diese nur Einfluss auf die Details der Geschäftskompetenzen. Neben den drei wesentlichen Arten Auftragsfertigung, Lagerfertigung und Auftragskonstruktion gibt es noch andere, speziellere Arten, wie die Produktion den Marktanforderungen folgt, zum Beispiel beim Export in Märkte, die durch hohe Einfuhrzölle den Import von fertigen Fahrzeugen erschweren. BMW verfolgt hier die Strategie mit „Completely Knocked Down“-Werken, um solche Märkte zu bedienen. Dabei werden Fahrzeuge als Bausätze exportiert und anschließend für den Verkauf nur noch zusammengesetzt oder je nach Zerlegungsgrad zusammengebaut [93].

Wir gestalten die Domäne „Produktion“ durch die folgenden sieben Geschäftskompetenzen (siehe Abb. 3.23):

Steuerung:
- Produktionsprozess und -simulation
- Produktionsplanung und -steuerung
- Betriebsmittelplanung

Kontrolle:
- Produktionsabsicherung

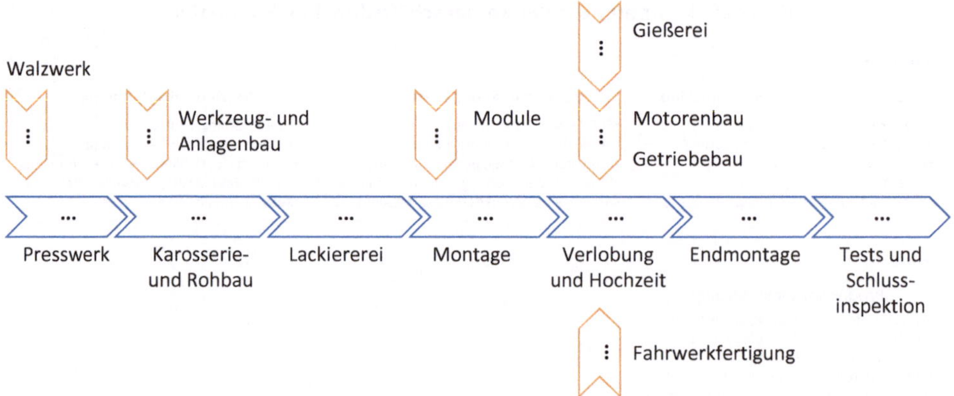

Abb. 3.24 Typischer Ablauf der Hauptprozesse (blau) in der Automobilfertigung. Komponenten und Vormonate (gelb)

Ausführung:
- Serienvorbereitung
- Fertigung
- Montage und Intralogistik

Steuernde Geschäftskompetenzen

Zur Steuerung der Produktion dienen die Geschäftskompetenzen „Produktionsprozess und -simulation" um die relevanten Produktionstechniken zu konzipieren und strategisch abzusichern, die zentrale „Produktionsplanung und -steuerung" und die „Betriebsmittelplanung", um die technischen Voraussetzungen für die Produktion sicherzustellen.

Produktionsprozess und -simulation

In den Produktionsprozess werden die herzustellenden Produkte und die dafür benötigten Fabriken, Produktionsanlagen, Logistik und Betriebsmittel zur maschinellen und manuellen Be- und Verarbeitung von Rohstoffen und Zwischenprodukten integriert. Dazu gehören langfristige *Produktionsprozessplanungen* zur Definition und Detaillierung der Produktionsabläufe einschließlich ihrer *Produktionssimulation und -validierung* wie auch die Integration mit operativen Produktions- und Produktionslogistiksteuerungen. Simuliert werden beispielsweise der Mengendurchsatz in der Fertigung und Montage für festgelegte Fahrzeugvarianten und Schichtbetriebe wie auch Ausfallszenarien für Maschinen und Anlagen [11].

Dafür gestaltet das *Produktionsprozessdesign* die heterogenen Haupt- und Nebenprozesse der Fertigung, Montage und der dafür notwendigen Produktionslogistik. Insbesondere bildet die *Lieferketten- und Lagerplanung* die Grundlage für den Prozess der operativen Produktionslogistik.

Die Abb. 3.24 zeigt einen typischen Prozessablauf in der Automobilfertigung. Je nach Fahrzeughersteller und -modell unterscheiden sich Arbeitsschritte bzw. sind komplett bei

Lieferanten ausgelagert. In Anlehnung an den in der Literatur üblicherweise beschriebenen Prozessablauf in der Automobilfertigung [22] fassen wir ihn in den folgenden sieben Hauptprozessoren zusammen:

1. Mit dem Rohmaterial, schweren Stahl- und Aluminiumrollen aus dem Walzwerk, beginnt der Fertigungsprozess eines Fahrzeugs. Im Presswerk werden zuerst Bleche von den großen Rollen abgewickelt und in geeignete Stücke zerschnitten. In mehreren Arbeitsschritten in der Pressenstraße werden die Bleche in die gewünschte Form umgeformt.
2. Im anschließenden Karosserie- und Rohbau fügen Industrieroboter die vielen Blechteile zu einer Karosserie zusammen. Dabei kommen Techniken wie Punktund Laserschweißen, Nieten und Kleben zum Einsatz. Nach dem Waschen, Bearbeiten und Qualitätssichern der Karosserieoberflächen erfolgt der nächste Hauptprozess in der Lackiererei.
3. In der Lackiererei verschaffen die verschiedenen aufgetragenen Lackschichten der Karosserie nicht nur eine Farbe, sondern auch Korrosionsbeständigkeit. Nach einer gründlichen Reinigung, Spülung und Phosphatierung als Haftgrund der Lackschichten erfolgt die kathodische Tauchlackierung, bei der in einem Tauchbecken mit Hilfe von Elektrostatik der Lack gleichmäßig auf die Oberfläche aufgebracht wird. Es folgen zahlreiche weitere Arbeitsschritte wie Spülen, Trocknen, Schleifen, Versiegeln und Reinigen. Erst beim Auftragen des Basis- und Klarlacks durch Spritzroboter bekommt die Karosserie schließlich ihre eigentliche Farbe. Nach erfolgreicher Inspektion der lackierten Karosserien gehen sie weiter in die Montage.
4. Die Fahrzeugkarosserie wird ganzheitlich lackiert. Die Türen werden entfernt und in einer gesonderten Linie bearbeitet, bevor die zahlreichen Montageschritte im Innen- und Außenbereich beginnen. Viele Bauteile und Module werden über Lieferanten oder ausgelagerte Teilefertigungen beschafft und treffen über die Eingangslogistik im Wareneingang des Montagewerks ein. Ein Großteil der Einzelteile und Baugruppen wird vorab zu Modulen wie Sitzanlagen komplettiert und zum richtigen Zeitpunkt in die Montagefolge eingesteuert. So werden etwa in der Motorvormontage die angelieferten Motoren und Getriebe montiert, bevor die „Verlobung“ stattfindet.
5. Als „Verlobung“ bezeichnet man denjenigen Arbeitsschritt, in dem die komplettierte Motor-Getriebe-Einheit auf die Vorderachse des zukünftigen Fahrzeugs gesetzt wird. Höhepunkt der Montage ist allerdings das Zusammenführen der Karosserie mit dem Antriebssystem und dem Fahrwerk, was als „Hochzeit“ bezeichnet wird. Das Antriebssystem und das Fahrwerk werden oft an anderen Standorten gefertigt und geprüft.
6. In der Endmontage erfolgt die Motorenverkabelung, das Anschließen von Leitungen, der Sitzeinbau, die Befüllung mit Betriebsmitteln und die Montage weiterer Anbauteile wie zum Beispiel Räder. Abschließend werden die separat komplettierten Türen wieder eingebaut. Eine immer größere Bedeutung gewinnt das Aufspielen der Software für die Steuergeräte im Fahrzeug (siehe Abschn. 3.1, Kap. 2), die dem Fahrzeug erst die notwendige Funktion gibt.

7. Zum Abschluss erfolgen zahlreiche funktionale und optische Überprüfungen und die Schlussinspektion, die über die Geschäftskompetenz „Qualitätsabsicherung" der Domäne „Qualität" gesteuert wird. Schließlich erfolgt eine Prüffahrt des fertiggestellten Fahrzeuges auf einer werksinternen Prüfstrecke, bevor es in der Waschanlage und im Innenraum gereinigt wird. Die finale Freigabe für den Transport erfolgt nach allen bestandenen Qualitätskontrollen.

Neben dem regulären Prozessablauf gibt es zahlreiche Sonderbehandlungen bei Problemsituationen oder im Falle von Fehlteilen. Zusätzlich finden auch regelmäßige Audits mit umfassenderen Prüfungen einzelner Fahrzeuge aller Varianten statt.

Ein besonderes Fallbeispiel ist die Unterstützung des Betriebspersonals beim *Kontinuierlichen Verbesserungsprozess*, in Japan auch Kaizen genannt (siehe Abschn. 3.1.4). Für Kaizen wurde eine Reihe bewährter Methoden und Werkzeuge zusammengestellt [72], die auf

- mathematischen Grundlagen („The Seven Statistical Tools"),
- Vorgehensmethoden („The Five-Step KAIZEN Movement"),
- Regelwerken (sieben Arten der Verschwendung des Toyota-Produktionssystems [112]),
- Problemlösungstechniken („The New Seven Problem-Solving Tools" und „Plan-Do-Check-Action")

sowie deren Visualisierungen beruhen.

Produktionsplanung und -steuerung

Eine Geschäftskompetenz „Produktionsplanung und -steuerung" (PPS) konzentriert sich heute nicht mehr nur auf eine ausschließlich innerbetriebliche Planung der Produktionsprozesse, sondern auch auf die Steuerung des Lieferantennetzwerks des produzierenden Unternehmens, insbesondere durch die kontinuierliche Auslagerung des Wertschöpfungsanteils an die Lieferanten (siehe Abschn. 3, Kap. 1). Heutzutage wird oft das umfassendere *ERP-System* (siehe Abb. 17, Kap. 2) mit dem produktionsseitig orientierten *PPS-System* als Kernbestandteil eingesetzt.

Ein PPS-System ist ein rechnergestütztes Produktionsplanungs- und -steuerungssystem, das zur Planung des Produktionsprogramms, der Mengen, Termine und Kapazitäten und zur Aufbereitung und Steuerung der Aufträge eingesetzt wird. Neuerdings werden PPS/ERP-Systeme auch mit Feinplanungssystemen (englisch Advanced Planning and Scheduling, kurz APS genannt) gekoppelt, um die Stücklistenauflösung mit Beziehungen zwischen Teilen und Kundenaufträgen zu erweitern [152]. Dadurch kann sichergestellt werden, dass nur materialversorgte Aufträge in die Fertigung gelangen und der gesamte Durchsatz in der Fabrik optimiert wird. Ein *APS-System* ist vor allem in der Auftragsfertigung notwendig, denn mit ihm kann eine verteilte Fertigung unterschiedlicher Zwischenprodukte und eine Montage über verschiedene Produktionsstandorte und Automatisierungskonzepte hinweg geplant und gesteuert werden.

Die *Produktionsprogrammplanung* ist die Ermittlung der Primärbedarfe bei Grobplanungen und Prognoserechnungen der zu fertigen Fahrzeuge. Mit der Übernahme und Umwandung der Vertriebsaufträge in die *Produktionsaufträge* entstehen die Anforderungen des Vertriebs an die Produktion, Fahrzeuge zu einem bestimmten Termin in einer bestimmten Menge herzustellen. In der sehr aufwendigen *Bedarfsauflösung* [134] wird anhand der Stückliste des Primärbedarfs auf Basis gültiger Auflösungsregeln der Sekundärbedarf an Baugruppen und Einzelteilen bestimmt (siehe Abschn. 3.1, Kap. 2). Daraus entsteht die *Materialbedarfsplanung*, die die Fertigungsaufträge mit Beschaffungskalkulationen für die fremdbezogenen und eigengefertigten Materialien festlegt. Um die zur Verfügung stehenden Fertigungs- und Montagestandorte möglichst optimal auszulasten, werden *Termine und Kapazitäten* in den Stufen Durchlaufterminierung, Kapazitätsbedarfsrechnung, Kapazitätsbestimmung, Reihenfolgeplanung und Kapazitätsangebotsermittlung geplant [52]. Genauere Planungen durch den Abgleich unterschiedlichster Kriterien erfolgen in der Geschäftsdomäne „Beschaffungsoptimierung". Daraus wiederum entstehen werksspezifische Termin- und Belegungspläne wie auch der *Arbeitsplan* für die *Produktionseinsatzsteuerung*, worauf die Fertigungsaufträge freigegeben werden. Im PPS-System wird eine Übersicht der Aufträge und ihrer Erfüllung sichergestellt.[38]

Betriebsmittelplanung

Diese Geschäftskompetenz bildet die technischen Voraussetzungen für die Produktion, indem sie sich auf die Planung und Konzeption von Fabriken, Produktionsanlagen und weiteren Betriebsmitteln wie Serienwerkzeuge fokussiert. Zu materiellen Betriebsmitteln gehören zum Beispiel:

- Grundstücke, Werksgelände,
- Gebäude, Fertigungshallen, Büroräume,
- Maschinen, Produktionsanlagen, Werkzeuge,
- Betriebs- und Geschäftsausstattungen (Büromöbel, Lager- und Werkshalleneinrichtungen).

Typischer Anlass für eine *Fabrikplanung* ist die Neuplanung, was Teil einer strategischen Planung von *Produktionsstandorten und -konzepten* ist. Häufiger ist aber eine Veränderungsplanung notwendig, wenn in einer bereits bestehenden Produktionsstätte ein Umbau, eine Modernisierung vorhandener Anlagen oder eine Erweiterung der bestehenden Einrichtungen vorzunehmen sind. Da die Veränderungen in solchen Fällen in bestehende Strukturen und technische Anlagen eingreifen, kann ihre Planung nicht losgelöst von den laufenden Betriebsprozessen betrachtet werden.

[38] Für ihre detailliertere Betrachtung sei auf die Literatur [68] verwiesen.

In der Fabrikplanung werden die erforderlichen räumlichen, technischen und organisatorischen Voraussetzungen für die Realisierung eines geplanten Produktionsprogramms geschaffen. Sie erstreckt sich von der Planung der Betriebsstätten bis zum Anlauf der Produktion. Der Umfang der Fabrikplanung kann sich auf die Umplanung einer einzelnen Maschine mit ihren Nebeneinrichtungen beschränken oder die Errichtung eines neuen Werkes umfassen. Um die Verwaltung der Fabrik als Immobilie und um ihren Bau kümmert sich die Geschäftskompetenz „Betriebsmittel und Versorgung" der Domäne „Infrastruktur". Bei einer Fabrikplanung gibt es heute die folgenden drei wesentlichen Ziele:

1. Wirtschaftlichkeit der Produktion durch möglichst kurze Durchlaufzeiten zur Ver- und Entsorgung der Materialien und Erzeugnisse bei geringer Bestandshaltung,
2. Flexibilität der Einrichtungen und umsetzbaren Abläufe, um eine rasche Anpassung an Nachfrageverschiebungen hinsichtlich Produktart und -menge zu ermöglichen und
3. eine umweltbewusste Fabrik mit motivierenden Arbeitsgestaltungsmöglichkeiten, die im Rahmen der Geschäftskompetenzen „Ziele, Werte, Prinzipien" und „Umwelt" der Domäne „Unternehmenssteuerung" vorgegeben werden.

Das *Fabrikkonzept* umfasst die *Grundstücks-, Gebäude- und Hallenaufteilung*, die Produktionslogistik und die erforderlichen Produktionsanlagen und Betriebsmittel. Eine weiterführende Betrachtung der Fabrikplanung ist in der Literatur [171] zu finden.

Bereits in den späten 1980er-Jahren wurde die Fabrikplanung in der Automobilindustrie von der Digitalisierung erfasst und über alle produktionsrelevanten Betriebsmittel erweitert, so bei Volkswagen durch das Hallen-Layout-System „HLS" und bei Daimler durch das Fabrikplanungs- und Informationssystem „FAPLIS". Es handelte sich dabei um die ersten grundsätzlichen Schritte in Richtung rechnerunterstützter Fabrikplanung, wo Konzeption und Planung von Anlagen wie zum Beispiel Fördertechnik, Bühnentechnik, Lacktechnik, Klimatechnik in CAD-Systemen möglich wurden. Die damals entwickelten IT-Systeme bestehen im Wesentlichen bis heute.[39]

Allerdings wurden die Planungsmöglichkeiten im weitreichenderen Konzept der *Digitalen Fabrik* zusammengeführt. Nach [19] und den Grundlagen der Richtlinie VDI 4499 definieren wir die Digitale Fabrik folgendermaßen:

> „Die Digitale Fabrik ist der Oberbegriff für ein umfassendes Netzwerk von digitalen Modellen, Methoden und Werkzeugen – unter anderem der Simulation und dreidimensionalen Visualisierung –, die durch ein durchgängiges Datenmanagement integriert werden. Ihr Ziel ist die ganzheitliche Planung, Evaluierung und laufende Verbesserung aller wesentlichen Strukturen, Prozesse und Ressourcen der realen Fabrik in Verbindung mit dem Produkt." [162]

[39] https://efaplis.supplier.daimler.com/wiki/. Zugegriffen am 23.12.2014.

In der Digitalen Fabrik werden zum Beispiel nicht nur Fertigungsstraßen mit Robotern in der Montage geplant, sondern es werden auch die Abfolgen mit Verund Entsorgungen durch Transportfahrzeuge simuliert. Mittlerweile werden fast alle Produktionsprozesse digital geplant und gesteuert, bevor sie physisch umgesetzt werden. Dadurch ist diese Geschäftskompetenz eng mit „Produktionsprozess und -simulation" gekoppelt, bei unterschiedlichen Schwerpunkten der beiden Kompetenzen. Näheres dazu in der weiterführenden Beschreibung der Digitalen Fabrik in der Literatur [19].

Die Fertigungsplanung ist weitestgehend deckungsgleich mit der „Produktionsplanung und -steuerung", befasst sich aber detaillierter mit der Teilefertigung und insbesondere der Planung und Konzeption der *Fertigungshilfsmittel*. Unter den Fertigungshilfsmitteln klassifiziert man Werkzeuge, Vorrichtungen, Meß- und Prüfmittel, um bestimmte Vorgänge im Produktionsprozess (siehe Abb. 3.24) auszuführen. In der Praxis erfolgt eine Grob- und Feinplanung der Produktionssysteme durch die Erarbeitung der Produktionsabläufe, Bewertung und Auswahl der Varianten bis hin zur Erstellung eines Realisierungsplanes [123]. In der zugehörigen *Kostenplanung* werden die *Werkzeugkosten* zur Absicherung der Produktionskosten kalkuliert, siehe hierzu die weiterführende Literatur zur Fertigungsplanung [36].

Kontrollierende Geschäftskompetenzen

Die komplette Produktion muss durch entsprechende Kontrollen abgesichert werden. An derjenigen Stelle jedoch, wo der auftragsanonyme Teil zum auftragsbezogenen Teil der Produktion übergeht (siehe Abb. 2, Kap. 2), bekommt die Geschäftskompetenz „Produktionsabsicherung" einen anderen Fokus. Diese Stelle nennt man in der Produktion „Verlobung", weil ab da eine Beziehung zwischen Kunden- und Produktionsauftrag hergestellt wird. Zusätzlich zur Absicherung der Produktion wird ab dieser Stelle auch die Umsetzung der individuellen Kundenwünsche abgesichert.

Produktionsabsicherung

In dieser Geschäftsdomäne geht es um die Absicherung der Produktion mit deren *Prozessen, Betriebspersonal und Betriebsmitteln*, nicht aber des Produkts, das während seiner Entstehung durch die Geschäftskompetenz „Absicherung und Erprobung" der Domäne „Forschung und Entwicklung" und die Geschäftskompetenz „Qualitätsabsicherung" der Domäne „Qualität" abgesichert wird.

Insbesondere in der Produktion gibt es eine Vielzahl von *Produktionskennzahlen* [10]. Kennzahlen sind für kontinuierlich zu optimierende Produktionsprozesse unabdingbar, erfordern jedoch eine zuverlässige *Produktionsdatenerfassung*. Die Komplexität liegt aber weniger in der reinen Anzahl begründet, sondern in den Beziehungen zwischen den Kennzahlen und darin, wie man die tatsächliche Effektivität und Effizienz praxisnah misst. Ein Beispiel ist das vielschichtige Modell von Messgrößen zwischen den geplanten Zeiten und der tatsächlichen Hauptnutzungszeit vonWerkzeugen, angelehnt an VDI-Richtlinie 3423 [163] (siehe Abb. 3.25). In der Zwischenzeit hat man viele Kennzahlen mit den Berechnungsgrundlagen definiert und allgemeingültig als Teil der

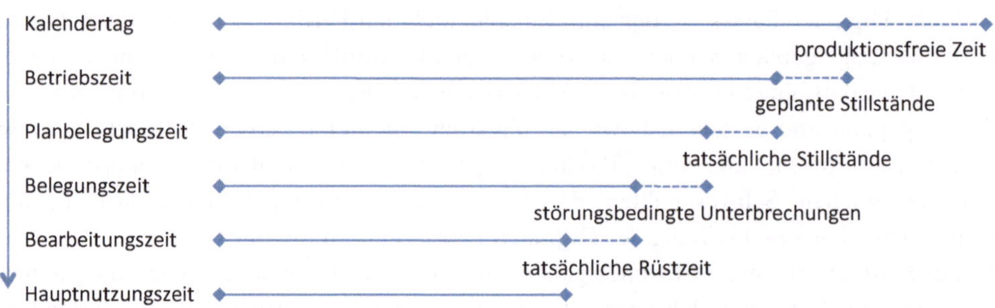

Abb. 3.25 Vielschichtiges Modell von Messgrößen zwischen den geplanten Zeiten und der tatsächlichen Hauptnutzungszeit von Werkzeugen

internationalen Norm ISO 22400–2:2014 [73] standardisiert. Die *Produktionsüberwachung* der werksspezifischen und werksübergreifenden Kennzahlen zur Messung der Wirtschaftlichkeit der Produktion und Produktionslogistik sind aber nicht die einzigen Möglichkeiten, um Schwachstellen im Betriebsablauf zu erkennen.

So bietet eine *Betriebsmittelverwaltung* die Möglichkeit, eine regelmäßige *Wartung und Pflege* der eingesetzten Produktionsanlagen und Werkzeuge zu gewährleisten, von der einfachen Reinigung oder Schmierung bis hin zu aufwendigen Instandhaltungen, und dadurch die Produktion vorbeugend abzusichern. Dabei müssen für die Betriebsmittel, ähnlich wie beim Produkt, besondere Vorschriften, staatliche Gesetze oder Anordnungen eingehalten werden, die von externen Prüforganisation, wie zum Beispiel dem Technischen Überwachungsverein „TÜV", kontrolliert werden. Zur Absicherung gehört auch die Verfügbarkeits- und Haltbarkeitsprüfung von Betriebsmitteln.

Heute sind viele Aufgaben der konsolidierten *Produktionsüberwachung und Berichterstattung* durch ERP-Systeme standardisiert [9].

Ausführende Geschäftskompetenzen

Die Herstellung von Fahrzeugen teilt den Materialfluss, wie in Abb. 3.18 dargestellt, in die folgenden drei Bereiche auf [168]:

Grundstoffverarbeitung	umfasst alle verfahrenstechnischen Prozesse zur chemischen und physischen Veränderung von formlosen Stoffen.
Teilefertigung	stellt meist Zwischenprodukte her, die aus Sicht des Fahrzeugs unfertige Erzeugnisse sind.
Montage	fügt fremdbezogene oder eigengefertigte Zwischenprodukte in mehreren Schritten bis zum fertigen Fahrzeug zusammen.

Aus Sicht der Geschäftskompetenzen fassen wir die operative Vorbereitung der Fahrzeugherstellung aller drei Herstellungsbereiche zusammen. Die Serienproduktion teilen wir in die zwei Geschäftskompetenzen „Fertigung" einschließlich der Verwaltung von Anlagen und Betriebsmitteln und „Montage und Intralogistik" auf.

Serienvorbereitung

Die Geschäftskompetenz „Serienvorbereitung" hat ihren Schwerpunkt auf Produktionsentwicklung und -hochlauf im Produktentstehungsprozess (siehe Abb. 4, Kap. 2). Der Serienanlauf ist der Beginn der Produktherstellung und somit die erstmalige Durchführung des Produktionsprozesses für ein Fahrzeug, welcher später in der Serienproduktion regelmäßig ausgeführt werden soll.

In der operativen Vorbereitungsphase der Produktion müssen die geplanten Betriebsmittel konstruiert und gefertigt werden. Der größte Teil der *Betriebsmittelfertigung*, wie beispielsweise für spezielle Serienwerkzeuge, erfolgt durch Fremdbezug bei Lieferanten, welche häufig auch die Installation, Schulung und Inbetriebnahme in der Produktionsstätte übernehmen. Die dafür erforderlichen *Betriebsmittelaufträge* werden über die Geschäftskompetenz „Einkaufsvergabe und -vertrag" der Domäne „Beschaffung und Eingangslogistik" abgewickelt, während die dazu passende *CNC-Programmierung* der Maschinenwerkzeuge vom OEM entwickelt werden kann. Diese ist über die gesamte Fertigung hinweg entscheidend für den reibungslosen Serienanlauf. Immer aber sind Änderungen an den Programmen zur Feinsteuerung mehrerer Produktionsanlagen während der Pilotserie erforderlich.

Neben den Betriebsmitteln ist auch die *Anlaufplanung* zur Vorbereitung der Serienproduktion mit der Planung von Anlaufszenarios entscheidend. Bei ihren Anlaufkurven handelt es sich um grobe Zeitpläne der Vorserie. Dabei wird festgelegt, wann welche Testfälle mit welchen Fahrzeugvarianten durchgeführt werden. Mit der Anlaufkurve wird das täglich geplante Produktionsvolumen während des Produktionshochlaufs beschrieben. In Abb. 3.26 sind ein Serienanlauf und eine Anlaufkurve dargestellt. Die Anlaufphase wird in die folgenden drei Teilphasen unterteilt [140]:

1. Die erste Hauptphase im Serienanlauf ist die *Vorserie*, in der Prototypen in größerer Stückzahl unter seriennahen Bedingungen hergestellt werden, jedoch noch nicht in allen Bauteilen mit Serienwerkzeugen. Diese Phase erfordert eine sehr hohe Flexibilität, weil noch viele Sonderprozesse durchgeführt werden müssen. Der Anlauf ist noch nicht eingeschwungen, und viele Abläufe geschehen unter werkstattähnlichen Bedingungen. Aber im Vergleich zum reinen Produktfokus beim Bau der Prototypen vor der Vorserie (siehe Abb. 3.14) sind die Ziele der Vorserie die Funktionsfähigkeit des hergestellten Fahrzeugs sowie Tests der notwendigen Fertigungs- und Montageprozesse. Insbesondere die Abstimmung der zugelieferten Bauteile erfordert eine enge Zusammenarbeit mit den Lieferanten.
2. Die zweite Hauptphase der seriennahen Produktion ist die *Nullserie*, die sich an die Vorserie anschließt. Sie bezeichnet man, wie die Vorserie, auch noch als Teil der Pilotserie. Im Mittelpunkt stehen die Produktionsprozesse, um die Bedingungen einer Serienproduktion zu erreichen. Die fremdbezogenen Materialien und Zwischenprodukte stammen in der Nullserie aus der Serienproduktion der Lieferanten, ebenso erfolgen der Materialfluss und der Einsatz der Werkzeuge unter Serienbedingungen. Die Produktionstests werden in mehreren getrennten Phasen vorgenommen, in denen

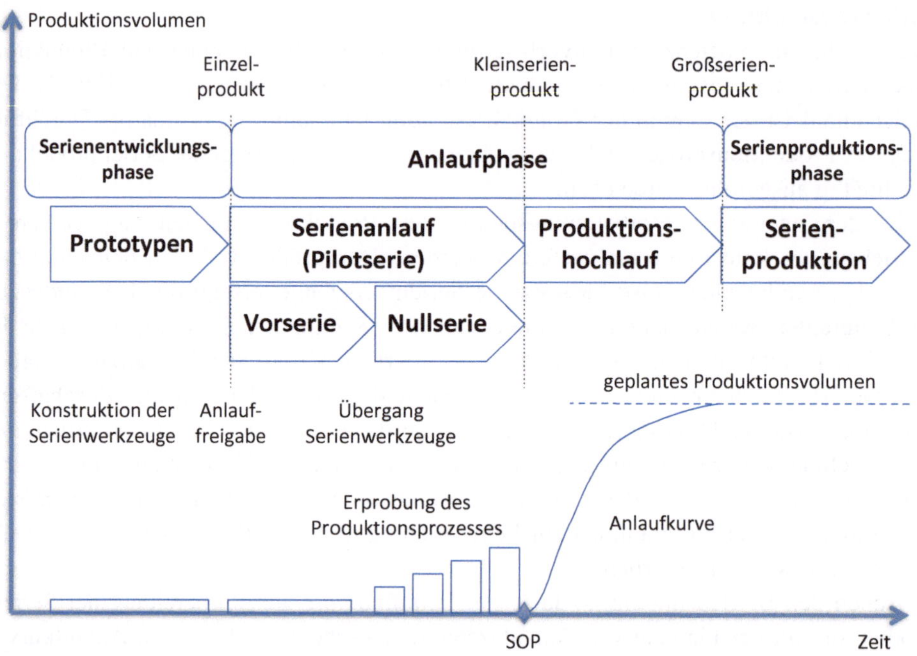

Abb. 3.26 Der Serienanlauf in den drei Hauptphasen Vorserie, Nullserie und Produktionshochlauf

jeweils Erkenntnisse gesammelt und in der darauffolgenden Phase umgesetzt werden. Mit dem steigenden Produktionsvolumen und der seriennahen Produktion mit Serienmaterial werden nicht nur die Anlagen, Prozesse und Werkzeuge getestet, sondern auch die Mitarbeiter für ihre künftigen Aufgaben geschult.

3. Nach dem erfolgreichen Abschluss der Pilotserie beginnt mit dem SOP der *Produktionshochlauf*. Erst in dieser Phase werden die ersten verkaufsfähigen Fahrzeuge hergestellt. In manchen Unternehmen wird für diesen Meilenstein der Begriff „Job Nr. 1" verwendet. Im Hochlauf sind oft die Taktzeiten noch länger als in der anschließenden Serienproduktion; auch rechnet man mit einer höheren Anzahl an Produktions- und Logistikstörungen, einem niedrigeren Produktionsvolumen sowie einem erhöhten Bedarf an Arbeitsaufwänden und Materialien. Im Mittelpunkt steht die Prozessstabilisierung. Sobald geplante Kriterien wie Produktionsvolumen, Qualitätsvorgaben und *Produktionsdurchlaufzeiten* in einem stabilen Produktionsablauf erreicht werden, geht der Hochlauf in die Serienproduktion über.

In der Automobilindustrie gibt es unterschiedliche Klassifizierungen von *Anlauftypen*. So ist ein Serienanlauf auch für eine neu errichtete Fabrik oder neue Anlagen notwendig, weil sich der Produktionsprozess ändert. Generell klassifiziert man den Serienanlauf nach Prozess- und Produktänderungen; Letzteren sind die Modellpflege oder neue Varianten des Fahrzeugs zugeordnet. Die Komplexität ergibt sich meistens aus der Vielfalt der

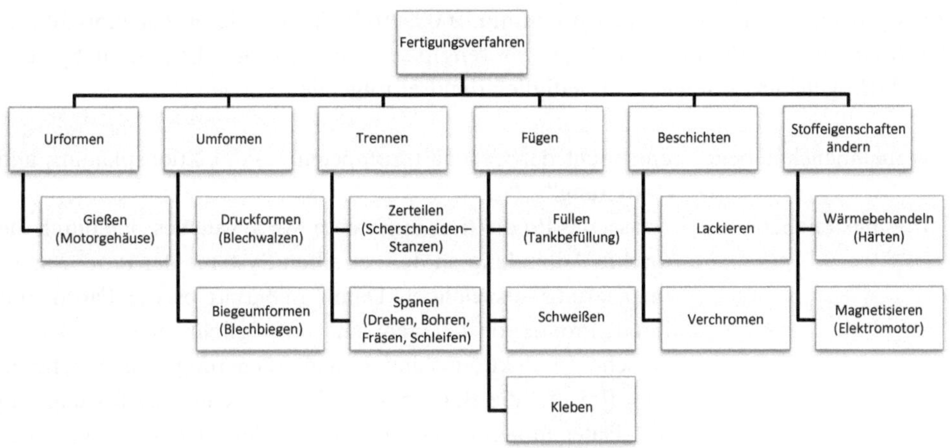

Abb. 3.27 Einige wenige Fertigungsverfahren der sechs Hauptgruppen nach DIN 8580 [40]

betroffenen Bauteile und der damit verbundenen Lieferanten. Werden neue beteiligt, entstehen auch Prozessänderungen in der Produktion und der benötigten Anlagen.

Fertigung

Die Geschäftskompetenz „Fertigung" fassen wir für die *Grundstoffverarbeitung und Teilefertigung* zusammen, auch wenn man aus technischer Sicht beide trennen müsste. Aus logischer Sicht aber erzeugen beide unfertige Zwischenprodukte durch definierte Oberflächen und ähneln einander sowohl im Ablauf der schrittweisen Veränderung der Form und der Stoffeigenschaften als auch in den Hauptfeldern der Produktionstechnik (Energie-, Fertigungs- und Verfahrenstechnik). Der primäre Schwerpunkt der Kompetenz liegt auf Fertigungstechniken, die durch *Fertigungsverfahren und -systeme* Formen schaffen und ändern und Eigenschaftsänderungen von Stoffen bewirken. Nach DIN 8580 [40] werden urformende, umformende, trennende, fügende, beschichtende und stoffeigenschaftändernde Fertigungssysteme unterschieden. In der Abb. 3.27 sind nur einige wenige Fertigungsverfahren der sechs Hauptgruppen nach DIN 8580 dargestellt.[40]

Die Fertigungsstraße ist die räumliche Abfolge der Produktionssysteme, auf denen in zeitlicher Abfolge die Fertigungsverfahren zur Herstellung der Fahrzeugteile durchgeführt werden. Die verschiedenen Produktionssysteme müssen ganzheitlich zum Betrieb und zur Optimierung der Produktionsstätte gesteuert werden, wie es zum Beispiel im Toyota-Produktionssystem [112] geschieht. Im Produktionsbetrieb unterscheidet man die Steuerungssysteme auf verschiedenen Ebenen. Die Norm DIN 62264–1 [41] definiert ein aus fünf Ebenen bestehendes Modell, in dem die *Fertigungspläne* von der Unternehmensebene über ERP-Systeme bis hin zur anlagespezifischen Feldebene beschrieben sind.

[40] Wir verweisen hier auf die Literatur [61] zur Vertiefung der Fertigungstechnik.

Hingegen unterscheidet die VDI-Richtlinie 5600 [164], in der die aufgabenorientierte Beschreibung des *Produktionsleitsystems* (englisch Manufacturing Execution System, kurz MES genannt) festgelegt ist, lediglich die drei folgenden Ebenen:

Unternehmensleitebene entspricht der Geschäftskompetenz „Produktionsplanung und -steuerung".

Fertigungsleitebene erfasst das Produktionsleitsystem MES, welches sich durch die direkte Anbindung an die verteilten Systeme der Prozessautomatisierung auszeichnet. Damit integriert es die Fabrik mit ihren Produktionsanlagen und ermöglicht eine werksspezifische Produktionsplanung und -steuerung. Dazu gehören zum Beispiel die Betriebs- und Maschinendatenerfassung und die Datenaufbereitung, die neben der Datenerfassung des Betriebspersonals die Basis für die Auftrags- und Maschinensteuerung in der Fabrik bildet. Der Produktionsstatus der Geschäftskompetenz „Produktionsabsicherung" wird regelmäßig an die Unternehmensleitebene zurückgemeldet.

Fertigungsebene erfasst die *Industrieroboter- und Automatisierungssysteme* und die Produktionsanlagen, die oft von Roboteroder CNC-Programmen oder einer speicherprogrammierbaren Steuerung (englisch Programmable Logic Controller, kurz PLC genannt) überwacht und geregelt werden. CNC dient zur Bewegungssteuerung und PLC zur Funktionssteuerung (Kühlmittel, Schmierung, Aggregate, Schutzvorrichtungen) der Werkzeugmaschine. Nach [41] gibt es detailliertere Stufen, die auf einer Feldebene die Ein- und Ausgangssignale wie auch die Anzeigearten der Anlagen beschreiben.

Durch den gleichzeitigen Einsatz von Betriebspersonal und industriellen Anlagen in der Fertigung hat die Betriebs- und Arbeitssicherheit in der Fabrik einen besonderen Schwerpunkt. Die *Sicherheitstechnik* konzentriert sich auf die Risiken, die mit dem Gebrauch der Technik, dem Betrieb industrieller Anlagen und dem Umgang mit Stoffen verbunden sind, ermittelt Gefährdungspotenziale und bewertet die Risiken. Der *Umwelt- und Gesundheitsschutz* steht verstärkt im Fokus der nachhaltigen Produktion von Fahrzeugen und wird durch Leitlinien der Geschäftskompetenzen „Umwelt" und „Sicherheit" der Domäne „Unternehmenssteuerung" gesteuert. Dazu gehören zum Beispiel ein sicherer Umgang mit Schad- und Gefahrstoffen ebenso wie eine umweltbewusste Energietechnik und die Entsorgungslogistik von Produktionsrückständen und Verpackungen.

Montage und Intralogistik

Die operative Abwicklung der Montageaufträge mit ihren innerbetrieblichen Materialund Warenströmen steht im Mittelpunkt dieser Geschäftskompetenz. Die innerbetriebliche Logistik oder Intralogistik kann nicht immer ohne Weiteres von der Geschäftskompetenz „Produktionsversorgung" der Domäne „Beschaffung und Eingangslogistik" getrennt werden. Unter Intralogistik verstehen wir die in Abb. 3.18 dargestellte Produktionslogistik unter Ausschluss der Eingangslogistik. Zu ihr gehören die fördertechnischen Systeme der *Fördertechnik*, der interne *Werksverkehr und -versand* bis zur *Versorgung* des Betriebspersonals am Montageband mit den notwendigen Bauteilen. Jeder Montageplatz wird zudem auch mit den bedarfsgerechten *Bereitstellungsformaten*, zum Beispiel Behältergrößen, versorgt.

Üblich sind Pufferlager an größeren Produktionsstandorten, die zwischen zwei aufeinanderfolgenden Produktionsstufen angeordnet sind, um einen möglichst reibungslosen Produktionsablauf sicherzustellen. Dafür müssen die *Materialströme und Warenbestände* in den Produktionslagern mit ihren Kapazitäten, Teile- und Sonderbedarfsmeldungen und der Kommissionierung in den Ein- und Ausgängen verwaltet werden. Insbesondere bei der Auftragsfertigung, die eine hohe Variantenvielfalt der zu verbauenden Teile mit sich bringt, muss in der Versorgung der Montage die *Reihenfolgesynchronität* (oft unter dem Begriff „Just-in-Sequence-Produktion") sichergestellt werden.

Anhand des Arbeitsplans und der vorgegebenen *Taktzeit* erfolgt die Montageausführung der zugeordneten *Arbeitsvorgänge* an den jeweiligen Arbeitsstationen. Jede von ihnen ist mit den entsprechenden Betriebsmitteln ausgestattet und wird regelmäßig mit den nötigen Materialien und Waren versorgt. Je nach dem geplanten Produktionsprozess gibt es unterschiedliche Montageabschnitte, manuelle ebenso wie automatische, etwa die Vormontage zur Komplettierung der Motor-GetriebeEinheit, die Endmontage und die Schlussinspektion.[41]

3.6.5 Vermarktung und Kommunikation

In der Geschäftsdomäne „Vermarktung und Kommunikation" geht es um die interne und externe Kommunikation des Unternehmens, die allerdings nicht alle operativen Kommunikationen zwischen dem Unternehmen und den unterschiedlichen Bezugsgruppen im Markt übernimmt. So findet zum Beispiel die „Finanzmarktkommunikation" in der Geschäftsdomäne „Finanz- und Rechnungswesen" oder die Lieferantenkommunikation in der Geschäftskompetenz „Lieferantenbeziehung" der Domäne „Beschaffung und Eingangslogistik" statt.

[41] Für eine weitergehende Betrachtung der Montagetechnik verweisen wir auf die Literatur [94].

Abb. 3.28 Die Geschäftskompetenzen der Domäne „Vermarktung und Kommunikation"

Mit der letztgenannten Domäne findet in der Kette der Kerngeschäftsdomänen eine Schwerpunktverlagerung vom Beschaffungsmarkt auf den Absatzmarkt statt (siehe Abb. 3.7). Die Vermarktung orientiert sich an den Kunden und Wettbewerbern in den Absatzmärkten und bildet damit eine entscheidende Vorbereitungsphase für den Vertrieb. Wir gestalten diese Domäne durch die folgenden acht Geschäftskompetenzen (siehe Abb. 3.28):

Steuerung:
- Unternehmenskommunikation
- Unternehmens- und Markenidentität
- Vermarktungskonzept

Kontrolle:
- Marktanalyse und Erfolgsbewertung
- Öffentlichkeits- und Medienbeziehungen

Ausführung:
- Redaktion und Lektorat
- Vermarktungsmaßnahmen
- Medienarchiv

Steuernde Geschäftskompetenzen

Die steuernden Geschäftskompetenzen müssen kanalspezifische und kanalübergreifende Kommunikationen des Unternehmens mit seinen Identitäten vermarkten.

Unternehmenskommunikation

Die Reputation eines Unternehmens hängt maßgeblich von seiner Kommunikation ab; richtungsweisend dafür ist in erster Linie die Geschäftskompetenz „Ziele, Werte, Prinzipien“ der Domäne „Unternehmenssteuerung“. Darauf aufbauend lässt sich die Unternehmenskommunikation für sechs Bezugsgruppen mit unterschiedlicher Orientierung gliedern, die auch komplementär wirken (siehe Abb. 3.29):

- Die aufgabenorientierte *Mitarbeiterkommunikation* verfolgt nicht nur die rein internen Informationspflichten. Der Dialog mit und zwischen den Mitarbeitern hat das Ziel, einen kontinuierlichen Informationsfluss und -austausch zu gestalten, um die Motivation und die Identifikation mit dem Unternehmen positiv zu beeinflussen. Die interne sowie organisationsspezifische Kommunikation kann sich in bestimmten Fällen auf ausgewählte Zielgruppen einschränken, wie zum Beispiel auf einzelne Standorte oder bestimmte Fachbereiche. In Krisenphasen ist sie unverzichtbar.

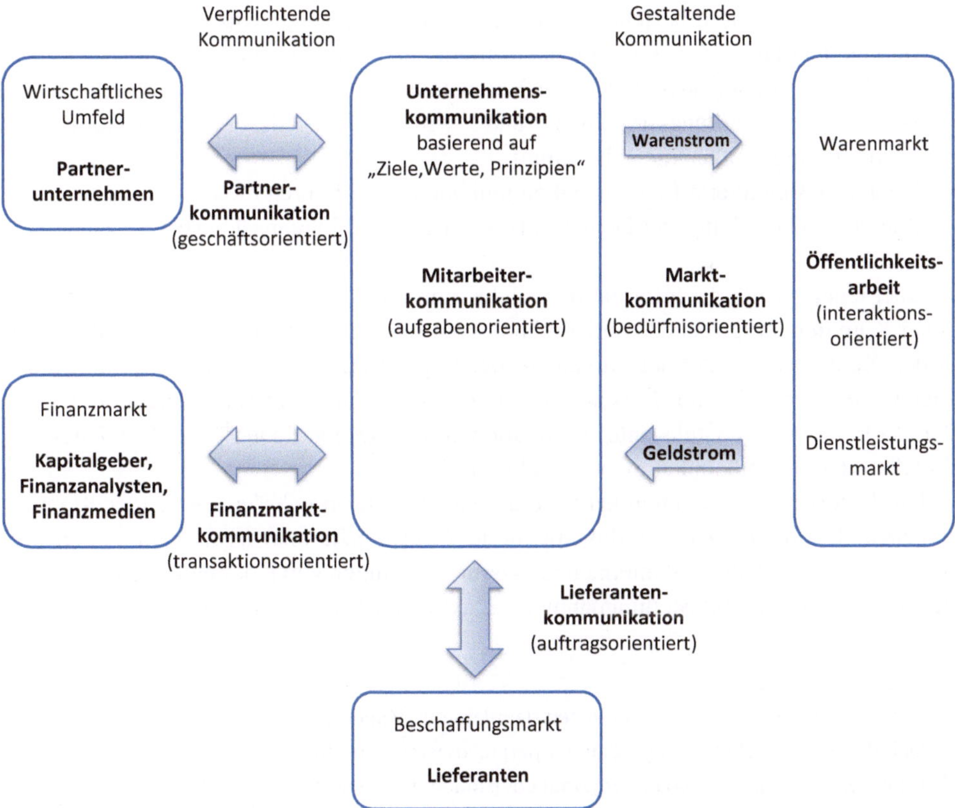

Abb. 3.29 Unternehmenskommunikation für sechs Bezugsgruppen mit unterschiedlicher Orientierung

- Die geschäftsorientierte *Partnerkommunikation* findet zwischen zwei oder mehr kooperierenden, rechtlich und wirtschaftlich unabhängig voneinander agierenden Partnerunternehmen mit einem gemeinsamem Vorhaben statt [29]. Im weiteren Sinne kann auch die Hersteller-Händler-Kommunikation dieser Kategorie zugeordnet werden.
- Die bedürfnisorientierte *Marktkommunikation* ist ein entscheidender Teil der Wertschöpfungskette und wird über die gestalterischen Fähigkeiten der Geschäftskompetenz „Vermarktungskonzept" gesteuert. Die Bezugsgruppe sind bestehende und potenzielle Kunden.
- Die transaktionsorientierte Finanzmarktkommunikation unterliegt gesetzlichen Regulierungen und Auflagen. Sie ist eine verpflichtende Kommunikation zu den Kapitalgebern und bildet die Grundlage zu den Finanzanalysten und den Finanzmedien als Multiplikatoren. Die Geschäftskompetenz „Finanzmarktkommunikation" befindet sich in der Domäne „Finanz- und Rechnungswesen".
- Die Öffentlichkeitsarbeit will interaktionsorientiert eine Beziehung zu unterschiedlichsten Bezugsgruppen aufbauen, was nur indirekte Auswirkungen auf den Geschäftserfolg hat. Im Vordergrund steht das gesamte Erscheinungsbild des Unternehmens, somit besteht ein Bezug zur Geschäftskompetenz „Unternehmensund Markenidentität". Zur Öffentlichkeitsarbeit gehören beispielsweise Förderungen sozialer, kultureller oder sportlicher Veranstaltungen. Diese Art der Kommunikation hat viele Gestaltungsfreiheiten und wird durch die Geschäftskompetenz „Vermarktungsmaßnahmen" bestimmt.
- Die auftragsorientierte Lieferantenkommunikation wird durch die Geschäftskompetenz „Lieferantenbeziehung"der Domäne „Beschaffung und Eingangslogistik" gesteuert.

Über unterschiedliche Informations- und Kommunikationssysteme und die Integration neuer Kommunikationskanäle und Technologien wird letztlich eine höhere Produktivität in den Kontakten mit den jeweiligen Bezugsgruppen erreicht, denen bestimmte Portale zugewiesen sind, wie zum Beispiel ein Mitarbeiterportal[42], ein Lieferantenportal[43], ein Portal für entwicklungsrelevante Informationen und Applikationen[44], ein Kundendienst-Portal[45] oder ein endkundenorientiertes Portal[46].

Die Unternehmenskommunikation muss dabei widerspruchsfrei mit „einer Stimme" sprechen. Dafür gibt es klar dokumentierte *Kommunikationsvorgaben* mit *Freigabesteuerungen* für Inhalte und interne und externe Nutzungen von Kommunikationskanälen. Besonders kritisch sind Stellungnahmen zu aktuellen Entwicklungen im Unternehmen,

[42] „Daimler Mitarbeiter-Portal" http://enter.daimler.com. Zugegriffen am 23.12.2014.

[43] „Daimler Supplier Portal" http://daimler.portal.covisint.com. Zugegriffen am 23.12.2014.

[44] „Engineeringportal" http://daimler.portal.covisint.com. Zugegriffen am 23.12.2014.

[45] „After-Sales Portal Mercedes-Benz" http://portal.aftersales.i.daimler.com. Zugegriffen am 23.12.2014.

[46] „Mercedes me" http://mercedes.me. Zugegriffen am 23.12.2014.

weshalb es auch klare Regeln für den Umgang der Mitarbeiter mit sozialen Medien und ein einheitliches Konzept für den Einsatz von Systemen zur *Kommunikationsintegration und -kombination* gibt, seit dem die Digitalisierung eine sehr hohe Varianz an Möglichkeiten der *Multikanal- und Direktkommunikation* mit Bezugsgruppen eröffnet hat.

Hierbei spielt die Vielfältigkeit der Generationen mit ihren unterschiedlichen Kommunikationsgewohnheiten eine wichtige Rolle, insbesondere dann, wenn die Automobilunternehmen viele unterschiedliche Generationen mit ähnlichen Produkten im Waren- und Dienstleistungsmarkt ansprechen müssen.[47]

Unternehmens- und Markenidentität

Die Geschäftskompetenz „Ziele, Werte, Prinzipien" der Domäne „Unternehmenssteuerung" ist richtungsweisend für eine Unternehmensidentität, die ein Unternehmen in seiner Gesamtheit der Merkmale auszeichnet und von anderen Unternehmen unterscheidet. Zu den strategischen Ausrichtungen in der Automobilbranche gehören beispielsweise die Technologieorientierung oder die Produkt- und Marktfelder. Somit stellt die Unternehmensidentität ein *Kommunikationskonzept* dar, in dem die Beziehung zu Mitarbeitern, Kunden, Lieferanten, Konkurrenten und verschiedenen externen Interessengruppen geklärt wird. Aus ihr kann auch die Attraktivität als Arbeitgeber resultieren (siehe Tab. 1, Kap. 2).

Um ein einheitliches *Erscheinungsbild* des Unternehmens zu gewährleisten, werden über Regeln und Richtlinien *Kommunikationsvorlagen* für verschiedene Medien und Einsatzzwecke festgelegt und bereitgestellt, zum Beispiel

- das Logo (Farben, Platzierung, Proportionen) und die Verwendung in Kombination mit anderen Logos,
- die verwendeten Schriftarten,
- die Auswahlkriterien für Bilder und Abbildungen,
- die verwendeten Fachbezeichnungen in unterschiedlichen Sprachfassungen und
- die Farbpaletten für die verschiedenen Kommunikationsmittel.

Wir verweisen auf die weiterführende Literatur [15] für eine detailliertere Diskussion der Unternehmensidentität.

Viel mehr als das Erscheinungsbild und Verhalten des Unternehmens wird vom Konsumenten der *Markenauftritt* durch das *Markenversprechen* und das daraus folgende *Markenerlebnis* wahrgenommen. Jede Marke repräsentiert sowohl einen symbolischen als auch funktionalen Nutzen. In vielen Märkten wird ein Fahrzeug nicht nur zweckgebunden zur Fortbewegung genutzt, sondern ist vordergründig durch einen Status in der

[47] Für eine weiterführende Betrachtung der Unternehmenskommunikation sei auf die Literatur [176] verwiesen.

Gesellschaft repräsentiert. Deshalb hat für Fahrzeughersteller die Markenidentität weiterhin einen sehr hohen Stellenwert. Die Großen der Branche vereinigen unterschiedliche *Einzelmarken*, die unterschiedlich gestaltet und im Markt positioniert werden. Oft fehlt aber ein übergreifender Markenauftritt der kombinierten Produkt- und Dienstleistungsangebote, wie ihn beispielsweise Daimler mit den Marken moovel, car2go, Blacklane, smart, Mercedes-Benz etc. über die Unternehmens- und Markenkommunikation „Mercedes me" praktiziert.[48]

Im Automobilmarkt versucht man, Kunden mit weitgehend homogenen Bedürfnisstrukturen durch Segmentierungen zusammenzufassen. Die offensichtlichsten Segmentierungen sind die im Markt verfügbaren Fahrzeugklassen (siehe Abschn. 3, Kap. 1). Viele Fahrzeughersteller greifen bei Segmentierungen auch weiterhin auf technische Kriterien zurück, wie zum Beispiel Form, Abmaße, Leistungsdaten oder Ausstattungen. Jedoch müssen die Fahrzeugmodelle im Rahmen der Ausrichtung der Marke zur *Marktsegmentierung* nach den unterschiedlichen Lebensstilen und dem Kaufverhalten der potenziellen Kunden entwickelt werden. So haben beispielsweise Alleinstehende ein anderes Kaufverhalten als Familien und können nicht allein durch technische Kriterien segmentiert werden. Deshalb müssen Kriterien für die Segmentierung sowohl nach emotionalen als auch rationalen Kaufbedürfnissen gewählt werden.

Der *Markenwert* ist eine wichtige Basis der Kundenwahrnehmung im strategischen Wettbewerb. Beispielsweise sind im Jahr 2014 die Marken Mercedes-Benz, BMW, Volkswagen und Audi bei Interbrand[49] unter den zehn wertvollsten deutschen Marken aufgeführt worden. Weltweit gehören Toyota, Mercedes-Benz, BMW und Honda unter die zwanzig wertvollsten Marken. Insgesamt werden unter den Top 100 von Interbrand im Jahr 2014 16 Automobilmarken aufgeführt.

Für eine tiefergehende Gegenüberstellung der Marken und ihrer Strategien verweisen wir auf die weiterführende Literatur [86].

Vermarktungskonzept

Das Vermarktungskonzept beschäftigt sich intensiv mit den Absatzmärkten. Es sorgt für die marktgerechte Kommunikation und Gestaltung der Produkte bzw. Dienstleistungen und der entsprechenden marktgerechten Preise. Damit definiert es die Grundstrukturen, die sich auf die folgenden drei verschiedenen Ausprägungen beziehen:

- das Gesamtunternehmen mit allen Absatzmärkten und Marktleistungen,
- eine Produktmarke oder Geschäftseinheit mit ausgewählten Marktsegmenten und Zielgruppen oder

[48] Mercedes me" http://mercedes.me. Zugegriffen am 23.12.2014.

[49] „2014 – Best Global Brands – Interbrand" http://bestglobalbrands.com/2014/ ranking. Zugegriffen am 23.12.2014.

- eine einzelne Marktleistung mit – beispielsweise – einem besonderen Markteintritt als Anlass.

Hier wäre Daimler als Gesamtunternehmen zu nennen, eine fokussierte Produktmarke wäre Freightliner und eine einzelne Marktleistung „Mercedes-Maybach Pullman".

In der Praxis beginnt die Konzepterstellung mit der *Marktforschung*, mit der sie häufig durch externe Befragungen oder Beobachtungen koordiniert wird. *Leistungsvergleiche* mit anderen Unternehmen werden in der Regel für dieselbe Branche durchgeführt, um aus ihnen die gegenwärtige Situationen zu analysieren, mögliche relevante Entwicklungen zu prognostizieren und daraus resultierende Schlussfolgerungen zu ziehen. Diese Schlussfolgerungen können beispielsweise Erklärungsansätze für das Kauf- und Nutzungsverhalten der Kunden sein oder wichtige Indikatoren für die Preisfindung. Die tatsächliche Analyse erfolgt in der Geschäftskompetenz „Marktanalyse und Erfolgsbewertung".

Im Vermarktungskonzept wird eine Kombination aus einsetzbaren Maßnahmen, basierend auf den vier grundlegenden Instrumente der Vermarktung „Produkt-, Preis-, Vertriebs- und Kommunikationspolitik" (englisch „Product, Price, Place, Promotion") [107], festgelegt:

Product:	Was wird angeboten und was erwartet?
Price:	Zu welchen Konditionen wird angeboten?
Place:	Wo und wie wird angeboten?
Promotion:	Wie werden Kundenkontakte gepflegt?

Die Kombination der eingesetzten Instrumente wird als *Marketing-Mix* bezeichnet. Es können entweder Einzelmaßnahmen oder Kampagnen mit einem speziellen Fokus auf eine genauere inhaltliche und zeitliche Planung entstehen. Speziell die *Preispolitik* mit dem Setzen und Optimieren der *Preisstrukturen* bietet zahlreiche Möglichkeiten, den Absatz, Umsatz und Gewinn positiv zu beeinflussen. Der Preisprozess für die regionale und länderspezifische Erstpreispositionierung von neuen Modellen und Modellreihen beginnt häufig mit der Analyse der Wettbewerbspreise. Die nachträgliche Korrektur einer zu hohen oder zu niedrigen Erstpreispositionierung ist nur begrenzt möglich. Die Preisoptimierungen sind ohne IT-Systeme kaum noch überschaubar, wenn es um Preisabstände unterschiedlicher Motoren, alternative Antriebskonzepte, Serien- und Sonderausstattungen, Finanzierungskonditionen etc. geht. Üblicherweise werden technische Unterscheidungskriterien bei der Preisbildungsentscheidung berücksichtigt, wie beispielhaft in Tab. 3.2 dargestellt. Zur weiterführenden „Verbesserung des Ertrages auf der Marktseite" siehe [44].

Je nach Zielgruppe des *Kampagnenkonzepts* definiert man im *Kampagnenplan* eine überschneidungs- und widerspruchsfreie Umsetzung über das *Kampagnenportfolio*. Mögliche Kanäle des Portfolios sind zum Beispiel Werbespots in Rundfunk und Fernsehen, Prospekte oder das Internet. Je nach den Möglichkeiten der Werbekanäle können Kampagnen feiner angepasst und optimiert werden.

Tab. 3.2 Beispielhafte technische Unterscheidungskriterien als Basis für Preisbildungsentscheidungen nach [44]

Technisches Kriterium	niedriger zu bepreisen ...	... als
Abmessungen	Abgasrohr Edelstahl 30 cm	Abgasrohr Edelstahl 50 cm
Material	Querstrebe Blech	Querstrebe Aluminium
Funktion	Außenspiegel unbeheizt	Außenspiegel beheizt
Innovation	Windschutzscheibe	Windschutzscheibe mit Regensensor

Durch die Verschiebung der produktzentrischen Sicht der Fahrzeughersteller auf eine kundenzentrische Sicht in der Mobilitätsindustrie entsteht aus einem Suchen von „Kunden für Kampagnen" ein Wechsel in Richtung „Kampagnen für Kunden". Zusammen mit der Änderung des Nutzerversprechens des Geschäftsmodells von einem AUTOmobil zu einem AutoMOBIL würde sich damit das komplette Vermarktungskonzept des Unternehmens ändern, zumal das bisher große emotionale Potenzial des AUTOmobils bei Kundengruppen des AutoMOBILs schwindet.

Eine vertiefende Behandlung des Vermarktungskonzepts bietet die weiterführende Literatur [108], speziell verwiesen sei auf die Literatur [44] für weiterführende Betrachtungen der Vermarktung mit den Trends in der Automobilindustrie.

Kontrollierende Geschäftskompetenzen

Zu den kontrollierenden Geschäftskompetenzen gehören Marktanalysen, Erfolgsbewertungen und Instrumente, um nach innen und außen ein langfristig kontinuierliches Erscheinungsbild im Interesse des Unternehmens aufzubauen.

Marktanalyse und Erfolgsbewertung

Häufig werden kommerziell betriebene Marktforschungsinstitute beauftragt, um bei einer *Marktuntersuchung oder Entscheidung* unterstützend zu wirken, etwa im Hinblick auf die Entwicklung eines Testmarkts, mit dessen Hilfe die voraussichtliche Akzeptanz eines neuen Fahrzeugs ermittelt werden kann, oder im Hinblick auf eine Entscheidung in einem früheren Stadium in der Produktentstehung, wo die grundsätzliche Erweiterung des Produktprogramms mit einem neuen Fahrzeug analysiert werden soll.

Der Ablauf ist immer weitgehend ähnlich. Zuerst werden die Ausrichtung und die Bedingungen der Untersuchung festgelegt, dann anhand der festgelegten Ziele die *Analysemodelle* zur *Datenerfassung und -auswertung* bestimmt. Mit der umgesetzten Datensammlung und -analyse mündet die Untersuchung in den *Analysebericht*, in dem die Ergebnisse, Schlussfolgerungen und Handlungsempfehlungen festgehalten werden. Aus Letzteren können Vermarktungsmaßnahmen entstehen, deren erfolgreiche Umsetzung mit einer weiteren Marktanalyse überprüft werden kann.

Eine Vermarktung, die auf Studien basiert, bewirkt immer Unsicherheiten. Gerade bei Trendthemen versuchen Marktforschungsinstitute, durch Umfragen, Statistiken und Studien repräsentative Erhebungen und Prognosen zu erstellen, um eine Aussage über eine

Gesamtheit zu treffen. Genau genommen stützt sich aber alles auf Zufalls- oder Quotenstichproben, die durch die „repräsentative“ Untermenge eine gleiche Verteilung aller für die Untersuchung relevanten Merkmale aufweisen soll. In der Praxis sind Zufallsstichproben faktisch nicht realisierbar. Aber auch die genauen Kriterien hinter einer Quotenstichprobe werden oft nur teilweise offengelegt und durch unterschiedliche Interessen beeinflusst. Wie kann man repräsentative Stichproben festlegen, wenn erst durch die Untersuchung selbst festgestellt wird, welche Merkmale tatsächlich für eine Prognose relevant sind? Wie kann sichergestellt werden, dass in Umfragen nicht Ersatzhandlungen in den Vordergrund gestellt oder nur das bestätigt bzw. nicht beantwortet wird, was eine Umfrage herausfinden möchte?[50]

Im nächsten Kap. 4 werden wir konkreter auf mögliche Analysemodelle unter Berücksichtigung der vielseitigen externen und internen Einflussfaktoren im Umfeld der Automobilbranche eingehen.

In der Praxis versucht man, über *Erfolgs- und Kommunikationskennzahlen* die Vermarktungsmaßnahmen und Kommunikationen des Unternehmens effizient zu steuern, indem der *Umsetzungsstatus* mit einer Bewertung der Wirksamkeit regelmäßig überprüft und dokumentiert wird [115]. Quantitative Messungen sind in der Vermarktung und Kommunikation nur schwer möglich. Bei der Qualität geht es um die Relevanz für die Zielgruppen, das heißt, wie die Werbung verstanden wird und ob sie motivierend wirkt. Ihre Wirksamkeit wird über die *Werbeerinnerung* gemessen, weil jede noch so gute Werbung irrelevant wird, wenn man sie vergisst.

Ausführende Geschäftskompetenzen

Die ausführenden Geschäftskompetenzen sind „Vermarktungsmaßnahmen“, „Redaktion und Lektorat“ und „Medienarchiv“.

Vermarktungsmaßnahmen

Mit dem operativ geplanten Marketing-Mix werden die Zielsetzungen und Strategien des „Vermarktungskonzepts“ durch konkrete Maßnahmen umgesetzt. Dafür stehen dem Unternehmen viele Gestaltungsmöglichkeiten zur Verfügung. Bei einem AUTOmobil reicht eine rein informative Werbegestaltung nicht aus, um sich im Wettbewerb zu differenzieren, vielmehr muss es in der Vermarktung sichtbar und erlebbar sein, um das große emotionale Potenzial zu adressieren. Eine der wichtigsten Techniken ist hier die *Bildkommunikation*. Im Werbeauftritt wird bewusst eine Kombination von Fahrzeug und Person gewählt, um eine Identifikation durch eine Zielgruppe zu erreichen. Neben den Instrumenten der persönlichen Kommunikation werden traditionell insbesondere die Instrumente der Massenkommunikation eingesetzt, was beispielsweise bedeutet, dass Schwerpunkte auf spezifische Äußerlichkeiten in den Fahrzeugbildern gesetzt werden.

[50] Auf viele Unsicherheiten und Fragestellungen können wir hier nicht näher eingehen und verweisen auf die Literatur [14] für eine weiterführende Betrachtung der Marktforschung.

Die traditionellen *Werbemittel* wie Anzeigen und Beilagen in Druckmedien wie Zeitungen, Zeitschriften und Büchern werden in der Automobilindustrie fast ausschließlich von *Medienagenturen* übernommen. Während das rechnergestützte Setzen hochwertiger Dokumente über *DTP-Systeme* (Desktop Publishing) nicht mehr so komplex ist, wie es früher war, ist der Einsatz interaktiver multimedialer Systeme in der Vermarktung noch ein junges Thema.

Ein Schwerpunkt des Werbebudgets ist weiterhin die Planung und Betreuung von *Veranstaltungen und Messeständen.* Zu den fünf größten internationalen Automobilausstellungen gehören:

Deutschland:	„Internationale Automobil-Ausstellung“
Vereinigten Staaten:	„North American International Auto Show“
Frankreich:	„Mondial de l'Automobile“
Schweiz:	„Geneva International Motor Show“
Japan:	„Tokyo Motor Show“

Durch die Vernetzung und aufgrund neuer digitaler Themenschwerpunkte im AutoMOBIL werden neben diesen traditionellen Automessen fachfremde Veranstaltungen wie die IT-Messe CeBIT in Hannover oder die Fach-Messe für Unterhaltungselektronik Consumer Electronics Show (CES) in Las Vegas immer wichtiger.

Auf diesen Veranstaltungen koordiniert die Vermarktung nicht nur die Stände der eingesetzten Präsentations- und *Werbefahrzeuge*, sondern auch die Räumlichkeiten, Dekorationen, Verpflegungen, Technik, Werbegeschenke, Unterhaltung etc. für die Journalisten ebenso wie für alle Interessenten. Spezielle *Medienarbeiten* und Kommunikationen werden im Rahmen der *Meinungsführerbetreuung* für Presse, Journalisten oder VIPs gezielt zur Verkaufsförderung aufbereitet. Neben den großen Auftritten gibt es auch sehr viele regionale Veranstaltungen wie Pressekonferenzen oder Sport- und Kulturveranstaltungen, die genauso wichtig für eine nachhaltige *Medienbeziehung* sind und erfordern, dass Anfragen von Medien, Journalisten und anderen Multiplikatoren sorgfältig bearbeitet werden müssen.

Jeder Fahrzeughersteller hat in der Nähe seiner Zentrale ein eigenes Museum, dessen Verwaltung oft extern erfolgt. Dennoch liegt die Verantwortung des umgesetzten Erscheinungsbilds bei der Geschäftskompetenz „Vermarktungsmaßnahmen“. Aber im digitalen Zeitalter ändern sich auch klassische Museen und mit ihnen die Aufgabenfelder der Geschäftskompetenz. Als Beispiel sei die „Autostadt“ rund um Volkswagen mit seinen Marken als interaktive Erlebniswelt in Wolfsburg genannt.

Die *Förderung* sozialer, kultureller oder sportlicher Einrichtungen und Veranstaltungen muss nicht immer im direkten Zusammenhang mit dem Unternehmen stehen. Die junge, mobile Generation will als Zielgruppe eher selbstgesteuert das zu bietende Angebot wahrnehmen. Hier gewinnen das Internet und die sozialen Medien eine neue Bedeutung in der Vermarktung, in der Google eine völlig andere

Marktdurchdringung hat als die traditionellen Fahrzeughersteller, welche die Kaufkraft eher in den älteren Generationen sehen.

Redaktion und Lektorat

Ein Fahrzeughersteller erstellt im Rahmen der *Medienkommunikation* zahlreiche Vermarktungsdokumente wie Pressetexte, Präsentationen oder Websites. Jedoch gibt es noch viel mehr externe Informationen und Dokumente des Unternehmens, die während der Produktentstehung erstellt werden (siehe Abschn. 3.3, Kap. 2). Beispielsweise sind Anleitungen und relevante Hinweise für einen reibungslosen Kundendienst in den weltweit verteilten Werkstätten besonders kritisch, da ja keine Sprachbarrieren im Weg stehen dürfen. Dafür müssen *Sprachund Übersetzungsdienste* der Geschäftskompetenz „Assistenz" in der Domäne „Übergreifende Unterstützung" koordiniert und integriert werden.

Diese Geschäftskompetenz hat eine entscheidende operative Rolle in der Freigabesteuerung der „Unternehmenskommunikation". Dabei geht es nicht nur um *Textüberarbeitung* und -qualität oder inhaltliche Überprüfungen, sondern auch um die Berücksichtigung der „Unternehmens- und Markenidentität". Eine besondere Bedeutung in *Logik und Lesbarkeit* bekommt die „Finanzmarktkommunikation" der Geschäftsdomäne „Finanz- und Rechnungswesen" mit dem *Geschäftsbericht*, wo verschiedenste interne und externe Autoren in einem Dokument integriert werden.

Medienarchiv

Die Archive der Printmedien und die Bildarchive verwalten alle erstellten *digitalen und physischen Medienmaterialien* im Rahmen der Medienkommunikation. Sie unterstützen bei der *Kategorisierung und Recherche* archivierter Kommunikationen. Ein *DMS* hat in den letzten Jahren zentrale Bedeutung erlangt, weil ein Großteil der Kommunikation elektronisch festgehalten werden kann. Während physische Fahrzeuge in Museen aufbewahrt und erhalten werden, stellen sich bei elektronischen Informationen andere Probleme in der *Langzeitarchivierung*. Durch die geringe Haltbarkeit der Trägermedien und Datenformate können Informationsverluste entstehen, weil zum Beispiel durch einen *Medien- und Systemwandel* die archivierten Daten nicht mehr lesbar sind. Schwierig sind proprietäre Formate und urheberrechtliche Beschränkungen, was beispielsweise CAD-Daten betrifft.

3.6.6 Vertrieb und Ausgangslogistik

Der Vertrieb ist das Bindeglied zwischen den drei Bezugsgruppen Produktion, Händler und Endkunden, während die Produkte und Dienstleistungen über die Partner- und Marktkommunikation in den Geldstrom umgesetzt werden (siehe Abb. 3.29). Vertrieb sollte eigentlich besser unmittelbarer Kundenkontakt heißen. In der Automobilindustrie besteht aber überwiegend nur der indirekte Vertrieb über den Vertragshandel. Die Kundennähe gibt es lediglich für Geschäfts- und Sonderkunden über den Direktvertrieb.

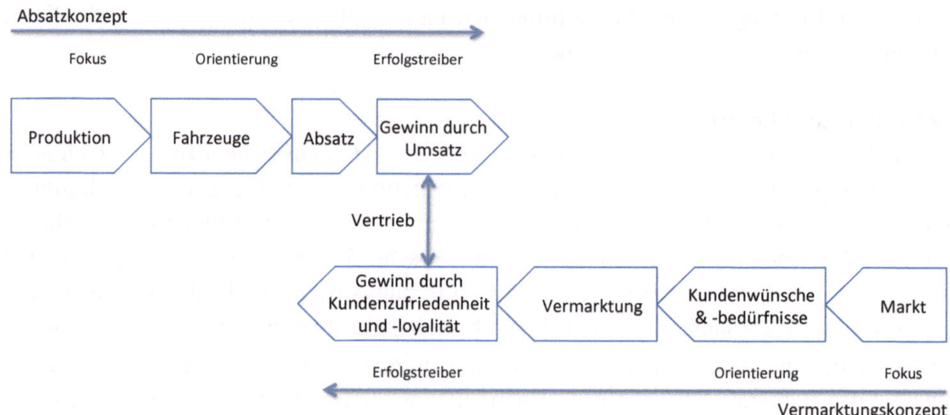

Abb. 3.30 Verbindung des Absatz- und Vermarktungskonzepts

Dazu können beispielsweise Behörden, Großkunden mit Fuhrpark, Mitarbeiter, VIPs oder Journalisten gehören.

Die Geschäftsdomäne „Vermarktung und Kommunikation" haben wir als diejenige Domäne eingeführt, in der die Schwerpunktverlagerung vom Beschaffungsmarkt auf den Absatzmarkt in der Kette der Kerngeschäftsdomänen stattfindet. Der Vertrieb muss das Absatzkonzept mit dem Vermarktungskonzept für den Kunden verbinden (siehe Abb. 3.30). Ein traditioneller Fahrzeughersteller orientiert sich primär am Absatzkonzept, was bedeutet, dass der Vertrieb Gewinn durch Umsatz anstrebt. Das Vermarktungskonzept orientiert sich dagegen primär an den Kundenwünschen und -bedürfnissen mit dem Ziel Gewinn durch Kundenzufriedenheit und -loyalität. Spätestens in einer Mobilitätsindustrie muss der Vertrieb beide Konzepte abgestimmt miteinander verbinden, weil sich ein Mobilitätsdienstleister primär am Vermarktungskonzept orientiert. Damit ist der Vertrieb weiter gefasst als der Verkauf alleine, weil der Verkauf im Wesentlichen nur die direkt auf den Verkaufsabschluss gerichtete Kundenbetreuung umfasst.

Prof. Dr. August-Wilhelm Scheer in [134] macht deutlich, dass die dort aufgeführte „Beschaffungslogistik und Vertriebslogistik" einander in vielen Funktionen und Abläufen ähnlich sind oder es zumindest bei Veröffentlichung des Buches waren, auch wenn sie in der Betriebswirtschaftslehre in der Regel getrennt behandelt werden. Über das Detaillieren der Geschäftskompetenzen und durch den Wandel der Digitalisierungen werden wir feststellen, dass sich die Eingangs- und Ausgangslogistik, und seien es auch nur Teile davon, nicht in einer separaten Geschäftsdomäne bündeln lassen.

Wir gestalten die Domäne „Vertrieb und Ausgangslogistik" durch die folgenden acht Geschäftskompetenzen (siehe Abb. 3.31):

Steuerung:
- Vertriebsstrategie und Kunde
- Absatz, Bedarf, Bestand
- Distributionssystem

Geschäftskompetenzen der Kerngeschäftsdomäne: Vertrieb & Ausgangslogistik

Steuerung

Vertriebsstrategie & Kunde
- Vertriebsprozess, Dokumentationsvorlagen
- Kundenbeziehung & -bindung
- Kundenbindungsstrategie, Kundenloyalität
- Loyalitätsprogramm, CRM-System
- Vertriebszielplanung

Absatz, Bedarf, Bestand
- Vertriebsplanung
- Absatzprognose
- marktspezifische Bedarfsermittlung
- vorhandener Fahrzeugbestand

Distributionssystem
- Distributionskanal, Handelsverkauf
- Distributionsweg, Zentrallager
- Großhandel, Vertragshändler
- Belieferungsprozess, Notfallprogramm
- Direktvertrieb

Kontrolle

Vertriebsleistung
- Vertriebskennzahlen, Erfolgsmessung
- Finanz-, Prozess- & Kundenperspektive
- Vertriebskultur

Distributionsoptimierung
- Distributionsnetzwerk
- Routing, Transport, Verteilzentren
- Standortoptimierung

Ausführung

Qualifizierung, Angebot, Vertrag
- Interessentengewinnung
- Erfassen, Qualifizieren, Priorisieren
- Beratung, Erlebnis, Probefahrt
- Angebotsumfang, -inhalt & -kalkulation
- Angebotserstellung &-verhandlung

Auftrag & Distribution
- Auftragsabwicklung, Terminabgleich
- Auftragserfassung, Auftragserfüllung
- Versand, Fahrzeugbestand, Auslieferung
- ERP- & CRM-System

Übergabe & Dokumentation
- Produkteinweisung, Produktabnahme
- Beanstandung, Schlüsselübergabe
- Homologation, Typgenehmigung
- Zulassungsdokument, Betriebserlaubnis
- Vertriebsdokumentation

Abb. 3.31 Die Geschäftskompetenzen der Domäne „Vertrieb und Ausgangslogistik"

Kontrolle:
- Vertriebsleistung
- Distributionsoptimierung

Ausführung:
- Qualifizierung, Angebot, Vertrag
- Auftrag und Distribution
- Übergabe und Dokumentation

Steuernde Geschäftskompetenzen

Die zahlreichen neuen digitalen Möglichkeiten fordern die Automobilunternehmen zu neuen Vertriebsstrategien heraus, um die Fahrzeuge Kunden und potenziellen Neukunden auf neuen Wegen zugänglich zu machen. Neben der zunehmend kundenorientierten Geschäftskompetenz „Vertriebsstrategie und Kunde"sind auch planerische Kompetenzen „Absatz, Bedarf, Bestand" und die vertriebslogistische Steuerung des „Absatzweges" notwendig.

Vertriebsstrategie und Kunde

In der Vertriebsstrategie werden die *Vertriebsprozesse* gestaltet und jeweils an Markt und Produkt angepasst. Ein zentraler Prozess ist der Verkauf, der überwiegend in den drei Phasen Vorverkauf, Verkauf und Nachverkauf gesteuert wird. Die Automobilunternehmen haben unterschiedliche Ausprägungen des Verkaufsprozesses in den drei

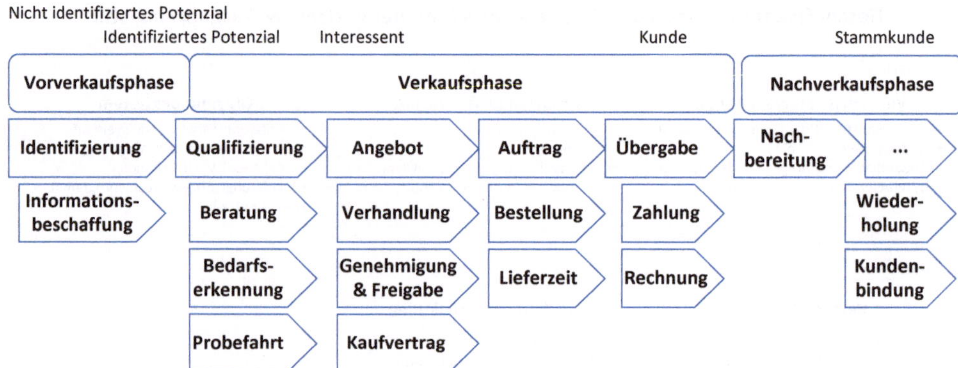

Abb. 3.32 Vereinfachter Verkaufsprozess mit einigen Maßnahmen über die drei Verkaufsphasen Vorverkauf, Verkauf und Nachverkauf. Die Maßnahmen des Vertriebs entlang des Prozesses zielen dabei im Wesentlichen auf die Möglichkeiten des Marketing-Mix ab

Verkaufsphasen, beginnend mit einem identifizierten Potenzial, aus dem ein qualifizierter Interessent und schließlich ein Kunde werden kann. Insbesondere ein qualifizierter Interessent und schließlich ein Kunde werden kann. Insbesondere unterscheidet sich der Ablauf des Verkaufs von Dienstleistungen vom reinen Produktverkauf, weil der Kaufprozess des Kunden anders ist. Unterschiede im Fahrzeugverkauf zeigen sich auch beim Vergleich der Auftragsfertigung mit der Lagerfertigung. Einen vereinfachten Verkaufsprozess über die drei Verkaufsphasen stellt Abb. 3.32 dar. Die Maßnahmen des Vertriebs entlang des Prozesses nutzen dabei im Wesentlichen die Möglichkeiten des Marketing-Mix, wodurch eine enge Zusammenarbeit mit der Geschäftskompetenz „Vermarktungskonzept" der Domäne „Vermarktung und Kommunikation" notwendig ist. In dieser Zusammenarbeit wird einerseits ein einheitliches Erscheinungsbild aller Dokumente gestaltet und andererseits deren Vollständigkeit und Qualität anhand von *Dokumentationsvorlagen* festgelegt. So werden etwa Musterverträge definiert, deren Inhalt unter Berücksichtigung rechtlicher Auflagen erstellt wird.

Die Entwicklung der *Kundenbeziehung und -bindung* zu einem Stammkunden dauert länger, als die Abb. 3.32 suggeriert. Seit dem vernetzten Fahrzeug geht die Kundenbeziehung über den reinen Fahrzeugverkauf hinaus, dadurch bekommt ein Vertrieb mit direkten und nachhaltigen Kundenkontakten größere Bedeutung. Einem Verkäufer, der nur nach dem Absatzkonzept agiert (siehe Abb. 3.30, wird ein Kunde nur wenig Vertrauen schenken. Man mag darüber philosophieren, ob ein Kunde heutzutage mehr aus Vernunft kauft oder nicht, fest steht, dass Käufer die Verkaufshallen heute oft zielorientierter betreten als früher, weil sie schon im Vorfeld besser über Produkte informiert sind, als es vor dem digitalen Zeitalter möglich war.

Zu einer *Kundenbindungsstrategie* gehört weit mehr als nur die Verwaltung der gesamten Vertragshistorie des Kunden, um eine *Kundenloyalität* zu gewinnen. Das Vertriebskonzept muss Freiräume und nachhaltige Qualifikationen bei

Vertriebsmitarbeitern schaffen, damit sie einen Kunden verstehen und eine Kundenbindung entwickeln können. Das Kundensegment der klassischen Markenkäufer, mit dem ein einfach ausgebildeter Verkäufer nur Transaktionen verbucht, wird geringer. Durch den Anspruch an die Individualisierung der Produkte und aufgrund des geänderten Kaufverhaltens werden neue Vertriebsausbildungen relevant, wie es beispielsweise BMW durch die Einführung der neuen Rolle „Product Geniuses" in seiner Unternehmensstrategie demonstriert (siehe Abschn. 3.1.1).

Der Automobilbranche fällt es noch schwer, *Loyalitätsprogramme* aufzusetzen, wie sie im Handel oder bei Fluggesellschaften schon seit vielen Jahren geläufig sind. Sollen etwa über die gefahrenen Kilometer oder die Anzahl der Werkstattbesuche gewisse Vorteile gesammelt werden, und wenn ja, welche? Sicherlich kaum zusätzliche Rabatte bei einem absatzorientierten Vertrieb. Hier wird sich eine Mobilitätsindustrie schneller entwickeln können.

Hingegen bauen längerfristige Ansätze der traditionellen Fahrzeughersteller zur Steuerung und Durchführung aller interaktiven Prozesse mit dem Kunden auf IT-Systeme zur Kundenpflege (englisch Customer Relationship Management, kurz CRM genannt). Im Mittelpunkt der *CRM-Systeme* [121] soll mithilfe der Kundenbeziehungsprozesse sowie der Kundeninformationen wie Potenzial, Profitabilität, Zufriedenheit und Bindung eine konsequente Ausrichtung der Unternehmensaktivitäten an den Bedürfnissen der Kunden im Sinn einer ganzheitlichen Betreuung stehen. Bis heute jedoch ist die Umsetzung in der Praxis über die unterschiedlichsten Kommunikationskanäle und Kundenkontakte eines Automobilunternehmens mit seinen weitläufigen „Absatzwegen" nur punktuell gelöst. Zwar haben die Fahrzeughersteller eine international genormte Fahrzeug-Identifizierungsnummer (englisch Vehicle Identification Number, kurz VIN genannt) geschaffen, mit der jedes Fahrzeug eindeutig identifizierbar ist, doch besitzen sie keine eindeutige Kundenidentifizierung.

Eine *Vertriebszielplanung* zur Ausrichtung der Vertriebsleistungen bietet dann schon gewohntere Modelle der Verkaufsführung, um auf traditionelle Weise Kunden zu loyalen Stammkunden zu machen. Gemäß den in der Vermarktung festgelegten segmentierten Zielgruppen werden in der operativen Vertriebssteuerung die Erlöspotenziale angeleitet und die Mittel festgelegt, um die gesteckten Ziele erreichen zu können. Der resultierende operative Maßnahmenplan für den Vertrieb enthält dann die spezifischen Aktionen mit häufig eher monatsoder quartalsgetriebenen Zielvorgaben.

Wie verweisen auf die Literatur [139] für eine weiterführende Diskussion der Vertriebsstrategie wie auch der Gewinnung der Kundenloyalität im Automobilhandel.

Absatz, Bedarf, Bestand

Mit der *Vertriebsplanung* muss sichergestellt werden, dass die angebotenen Produkte und Dienstleistungen gewinnbringend verkauft werden können. Entscheidend für jedes einzelne zu verkaufende Produkt sind

- die *Absatzprognose*, die das künftige Markt- und Absatzvolumen des Produktes vorhersagt,
- die *marktspezifische Bedarfsermittlung* aus Vertriebssicht und
- die *vorhandenen Fahrzeugbestände* im Händlernetz.

Bei der Markteinführung neuer Fahrzeugmodelle können sich Absatzprognosen auf die Analysenergebnisse der Testmärkte stützen, die in der Geschäftskompetenz „Marktanalyse und Erfolgsbewertung“ der Domäne „Vermarktung und Kommunikation“ entwickelt wurden. Die marktspezifische Bedarfsermittlung wird in enger Zusammenarbeit mit der Geschäftskompetenz „Beschaffungsoptimierung“ der Domäne „Beschaffung und Eingangslogistik“ durchgeführt, weil die marktorientierte Vertriebssicht mit den Möglichkeiten der ortsgebundenen Produktionsstätten und ihren Lagerbeständen abgeglichen werden muss. Bei den ortsspezifischen Fahrzeugbeständen werden auch Gebrauchtwagen mitberücksichtigt. Durch die Konfiguration der Jahreswagen kann der Vertrieb die Marktlage beeinflussen.

Die Absatz- und Bedarfsplanungen sind offensichtlich für die Auftragsfertigung genauso relevant wie für die Lagerfertigung. Die grundlegenden mathematischen Modelle ähneln den Beschreibungen in der Geschäftskompetenz „Beschaffungsoptimierung“. Allerdings sind die Planungen im Vertrieb ungenauer und müssen viele andere Bedingungen berücksichtigen, neben den Märkten zum Beispiel auch das „Distributionssystem“. Ebenso können Kampagnen aus der Geschäftskompetenz „Vermarktungskonzept“ der Domäne „Vermarktung und Kommunikation“ spürbare Einflüsse auf die Prognosen haben.[51]

Distributionssystem

Der Vertrieb plant und steuert den Warenstrom über unterschiedliche *Distributionskanäle* zur Sicherstellung der physischen Verfügbarkeit seiner Produkte beim Endkunden. Üblicherweise setzt die Automobilindustrie den Kanal des *Handelsverkaufs* ein, bei dem ein mehrstufiger indirekter Vertrieb über den Großhandel und weitere Vertragshändler oder freie Händler erfolgt. Im Kanal sind verschiedene *Distributionswege* möglich, um produzierte Waren über den Händler an den Endkunden zu liefern. In der Planung wird die Struktur der Distributionswege über *Zentrallager, Großhandel und Vertragshändler* oder freie Händler gestaltet und dokumentiert, wie bilunternehmen eingesetzt, um die Warenströme zu bündeln und damit Lagerbestände und Flächenbedarfe im Gesamtsystem zu reduzieren. Bei Daimler beispielsweise ist das dreistufige Distributionssystem zentral mit einer ganzheitlichen Bestandsund Lagerplanung aufgestellt. Das Zentrallager „Global Logistics Center“[52] beliefert 280 Standorte in 160 Ländern, darunter alle

[51] Wir verweisen auf die Literatur [46] für eine ausführlichere Betrachtung der Absatz- und Bedarfsplanungen mit konkreten Fällen deutscher Fahrzeughersteller.

[52] „Mercedes-Benz Global Logistics Center“ https://portal.aftersales.i.daimler.com/public/content/asportal/de/logistik/global_logistics_center.html. Zugegriffen am 23.12.2014.

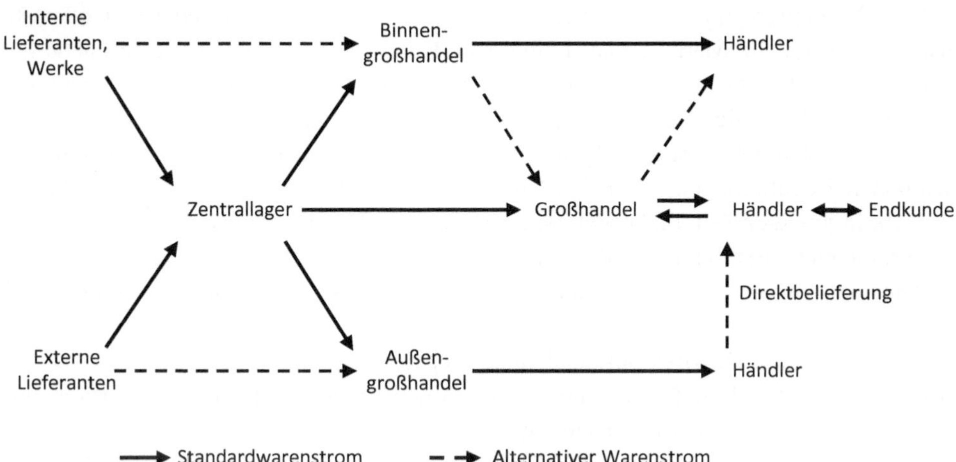

Abb. 3.33 Beispielhaft ein mehrstufiger indirekter Vertrieb über den Großhandel und weitere Vertragshändler oder freie Händler

Großhandelsstandorte. Der Großhandel versorgt als zweite Stufe die Händler und Kundendienste mit den jeweils auf den Markt abgestimmten Teilen. Neben dem standardisierten *Belieferungsprozess* gibt es auch alternative Warenströme oder individuelle Sonderlösungen wie ein *Notfallprogramm* für schnellere Belieferungen im Falle eines Engpasses.

In Abb. 3.33 wird auch die Möglichkeit einer Direktbelieferung zwischen Händlern dargestellt, was je nach Markt kritisch für die effiziente Beschaffung sein kann, den Händlern aber mehr Flexibilität ermöglicht. Zum Beispiel ist in Australien die Direktbelieferung zwischen Händlern in der Praxis sehr üblich, weil die überseeische Ersatzteilbelieferung für die meisten Kunden zu lange dauern würde. So verteilen die australischen Händler alle relevanten Ersatzteile über ihre Lager und helfen sich bei Engpässen gegenseitig aus. Die operative Logistik zur Durchführung der Auftragsabwicklung findet in der Geschäftskompetenz „Auftrag und Distribution" statt.

Bei der Planung eines indirekten Vertriebs müssen Zielkonflikte in der Hersteller-Händler-Beziehung berücksichtigt werden, die unter anderem darin bestehen, dass ein Hersteller eine exklusive Markenbindung des Händlers fordert, während sich ein Händler einen gewissen Selbstständigkeitsgrad und wirtschaftliche Entscheidungs-freiheiten zugesteht. Darüber hinaus wird nicht jeder Händler nur diejenigen Marktgebiete verantworten wollen, die der Hersteller durch seine Planungen vorgibt.

Den Gegensatz zum Handelsverkauf bildet der *Direktvertrieb*, bei dem die produzierte Ware gleich vom Hersteller zum Endkunden übergeht. Diese Art des Distributionskanals ist in der Automobilbranche noch nicht weit verbreitet, bekommt aber durch das Internet und über mobile Interaktionen direkt mit dem Endkunden eine neue Attraktivität für den Hersteller [43]. Zum Beispiel will BMW mit dem direkten Handel über ein mobiles Verkäuferteam, das Internet und telefonische Informationsund Kundendienste insbesondere für die Marke BMW i eine neue Kundenschnittstelle aufbauen (siehe die Unternehmensstrategie im Abschn. 3.1.1). Es bleibt indes abzuwarten, wie sich der direkte Handel in den Vereinigten Staaten einführen lässt. Bereits Ford und General Motors haben es vor einem Jahrzehnt im amerikanischen Markt versucht und sind an den zahlreichen staatlichen Regulierungen gescheitert, die in den Direktvertrieb eingreifen. Dennoch versucht in jüngerer Zeit Tesla Motors, einen direkten Handel umzusetzen[53].

Zusammengefasst gibt es die fünf folgenden wesentlichen Festlegungen und Dokumentationsbereiche für die Planung und Steuerung des Distributionssystems:

Struktur	der Distributionskanäle und -wege
Prozesse	der Belieferung und Auftragsabwicklung, inbegriffen Sonderfälle mit speziellem Lieferservice
Lagerhaltung	über die Anzahl erforderlicher Lager, deren Standorte, Größe, Betriebsform (Eigen- oder Fremdlager), Lagergestaltung und Höhe jeweiliger Bestände
Transport	durch die Auswahl der Transportmittel, Transportrouten und Betriebsform (Eigen- oder Fremdtransport) und
Verpackung	unterschiedlichster Mittel mit den Funktionen für Transport, Lagerung oder generellen Schutz.

Die gesamte Konzeption des Distributionssystems umfasst die Integration der Distributionskanäle.

In der Tat ähneln, wie in [134] aufgezeigt wird, diese Planungsbereiche sehr der Geschäftskompetenz „Logistikplanung und -steuerung“ der Domäne „Beschaffung und Eingangslogistik“ (siehe Abb. 3.21). Der signifikante Unterschied liegt darin, dass sich der Fokus der Logistik vom Produkt auf den Endkunden verlagert. Distribution und Logistik haben daneben eine unterschiedliche Erwartungshaltung in der Belieferung, vor allem im Direktvertrieb.[54]

Kontrollierende Geschäftskompetenzen

Vertrieb und Distribution lassen sich anhand vieler quantitativer und qualitativer Messungsmöglichkeiten optimieren. Wir werden nur auf wenige Möglichkeiten in der Geschäftskompetenz „Vertriebsleistung und -optimierung“ eingehen.[55]

---

[53] http://www.autonews.com/article/20140616/RETAIL07/306169943/state-franchise-laws-sparked-by-tesla-go-too-far-other-automakers. Zugegriffen am 19.12.2014.

[54] Zur weiterführenden Betrachtung der Distributions- und Ersatzteillogistik sei auf die Literatur [93] verwiesen.

[55] Wir verweisen darüber hinaus auf die weiterführende Literatur [99] für eine detailliertere Betrachtung der Vertriebskontrolle mit Verbesserungsmaßnahmen.

Vertriebsleistung

Was ist eine Vertriebsleistung? Eine schlichte Definition wäre das Verhältnis des Umsatzes eines Händlers zur Anzahl seiner Verkäufer über einen bestimmten Zeitraum. Lautet das Ziel also, so viele Fahrzeuge mit so wenigen Verkäufern wie möglich verkaufen? Wenn der Preis nur niedrig genug ist, kann es leicht erreichbar sein, aber der Gewinn ist dann wahrscheinlich ebenfalls niedrig. Also braucht man *Vertriebskennzahlen*, die in der Kombination nicht so leicht erreichbar, aber gut messbar sind, etwa, wenn viele Fahrzeuge verkauft werden und durch wenig Preisnachlässe ein hoher Gewinn erreicht wird. In diesem Fall wäre die Leistung durch eine eindeutige *Erfolgsmessung* zu definieren. Aber auch solche Kombinationen können unterschiedliche Vertriebsleistungen bedeuten, beispielsweise je nachdem, ob es sich um einen Neu- oder Bestandskunden handelt. Jedoch verläuft ein Verkaufsprozess (siehe Abb. 3.32) mit vielseitigen Maßnahmen über drei Phasen, was eben nicht nur ein einziger Handlungsakt ist. Dadurch wird neben der Erfolgsmessung auch eine dokumentierte *Fortschrittskontrolle* zur Überwachung des länger andauernden Ablaufs im Vertriebsprozess erforderlich, vor allem dann, wenn eine längere Kundenbeziehung und Kundenzufriedenheit über die Geschäftskompetenz „Vertriebsstrategie und Kunde" erreicht werden soll. Die *finanzielle Perspektive* der Vertriebsleitung erweitert sich damit auf eine *Prozess- und Kundenperspektive*. Natürlich wird in den Fällen, wo sich der Verkaufsprozess, bei Gebrauchtwagen etwa, nur auf Kauf oder Nichtkauf konzentriert, auch Laufkundschaft bedient. Aber auch da kann eine Wiederkaufbereitschaft entstehen, wenn der Vertrieb die richtigen Kundeninformationen im Vorfeld kennt.

Eine Vertriebskontrolle ist mit ihrem Kennzahlensystem in der Automobilindustrie noch traditionell aufgestellt, wenn man davon ausgeht, dass die Vorverkaufsphase mit dem Personenkontakt beim Händler beginnt. Viele wissen, dass Verkäufer fremdgesteuert sind, weil sie je nach ihrer Erfolgsmessung variabel vergütet werden. Das führt zu Misstrauen und legt die Nutzung des Internets als erste Informationsquelle nahe. Somit fängt der eigentliche Wettbewerb um die Interessenten mit der Google-Suche an. Aber auch im digitalen Zeitalter weiss man, dass Ergebnisse einer Suchmaschine im Internet fremdgesteuert sind und nicht immer im Interesse des Kunden agiert. Entscheidend ist, dass die Vertriebsprozesse als auch die *Vertriebskultur* laufend um neue Medien erweitert und verbessert werden.

Distributionsoptimierung

Ein globales Automobilunternehmen hat eine zweistellige Anzahl an Produktionsstandorten und beliefert weltweit Tausende Händler und Werkstätten. In der Praxis wachsen im mehrstufig indirekten Vertrieb über die Jahre viele Distributionswege und Umschlagplätze, die ursprünglich nicht geplant waren. Häufig entwickeln sich neue alternative Warenströme neben den ursprünglich geplanten Standardwarenströmen (siehe Abb. 3.33), sodass komplexe *Distributionsnetzwerke* entstehen, unabhängig davon, ob sie zentral oder dezentral organisiert werden. Modelle und Verfahren von *Routing, Transport, Verteilzentren* müssen aus verschiedenen Perspektiven entwickelt werden, um den zeitlichen Verlauf der Warenströme schrittweise zu verfolgen und gezielt zu optimieren, eine Geschäftskompetenz, die üblicherweise größtenteils von Logistikunternehmen übernommen wird. Die Automobilunternehmen jedoch tragen die Verantwortung für die Auslieferung an die Endkunden und sind die Entscheidungsträger von Optimierungsmaßnahmen, zum Beispiel bei *Standortoptimierungen.* Aber auch „kleinere" Maßnahmen können Auswirkungen auf andere Geschäftskompetenzen haben, wie zum Beispiel eine verbesserte Verpackung durch ein geringeres Gewicht oder umweltfreundlichere Inhaltsstoffe, die wiederum auf das entwickelte Produkt abgestimmt sein müssen.[56]

Ausführende Geschäftskompetenzen

Die wesentlichen ausführenden Geschäftskompetenzen „Qualifizierung, Angebot, Vertrag" und „Auftrag und Distribution" operationalisieren den Verkaufsprozess (siehe Abb. 3.32). Mit der Übergabe des Produkts wird die operative Verkaufsphase abgeschlossen. Die Nachverkaufsphase wird über die Dokumentation abgedeckt.

Qualifizierung, Angebot, Vertrag

Die Vorverkaufsphase kann auch als Teil der Vermarktung gesehen werden, weil die *Interessentengewinnung* durch Kontakte oder Reaktionen auf „Vermarktungsmaßnahmen" der Geschäftsdomäne „Vermarktung und Kommunikation" entstehen kann. Ein Interessent tritt durch eine Anfrage oder eine Registrierung mit dem Vertrieb in Kontakt. Aber erst nach dem Erfassen, Qualifizieren, Priorisieren der Anfragen beginnt mit der *Beratung* der eigentliche Verkauf. Zu den üblichen Qualifizierungen gehört die Klärung des Preisrahmens des Interessenten und für welchen Zeitraum seine Investitionsentscheidung geplant ist. Viele digitale Möglichkeiten und Systeme unterstützen den Vertrieb mit Informationen und neuartigen *Erlebnissen*, etwa mit einem interaktiven Schauraum, wie ihn Audi in seiner Strategie (siehe Abschn. 3.1.2) mit dem digitalen Vertriebsformat „Audi City" ermöglicht. Dennoch entscheidet ein potenzieller Kunde in vielen Fällen erst nach einer realen *Probefahrt* mit dem Wunschfahrzeug, ob er ein konkreteres Angebot haben möchte. Kann die Probefahrt der entscheidende Grund sein, dass traditionelle Händler weiterhin existieren? In einem onlinegestützten Direktvertrieb lässt sie sich jedenfalls schwer umsetzen. Denkbar wäre die Möglichkeit, dass Mobilitätsdienstleister mit ihren Carsharing-Programmen die Bereitstellung der Probefahrzeuge übernehmen. Im Abschn. 3.1 hatten wir gezeigt, dass BMW und Daimler eigene CarsharingProgramme anbieten.

Die entscheidende Verkaufsphase ist die Klärung von *Angebotsumfang, -inhalt und -kalkulation*. Um ein Angebot erstellen zu können, werden die Kundenwünsche sowohl mit der technischen, terminlichen und rechtlichen Machbarkeit als auch mit den

[56] Wir verweisen auf die Literatur [143] zur Vertiefung der Optimierung von Distributionsnetzwerken.

unternehmensweiten Vorgaben abgestimmt. Zu oft findet man bei Händlern noch die Situation vor, dass eine Angebotskalkulation erst nach der Klärung des Umfangs und Inhalts erfolgt. Der Ablauf hat meist technische Gründe, schränkt aber dennoch den Kunden wie den Verkäufer während der *Angebotserstellung und -verhandlung* zur Preisfindung ein. Viel lieber würde der Kunde im interaktiven Gespräch über Umfang und Inhalt immer sofort seinen individuellen Preis für mehrere Angebotsvarianten sehen. Zahlreiche Konditionen – wie Marktabhängigkeiten, Listenpreise, Rabattklassen – und Kundenwünsche – wie Preisrahmen oder die Inzahlungnahme des Gebrauchtfahrzeugs – ändern sich nicht ständig komplett und erfordern daher auch keine neue Gesamtkalkulation.

Während der Angebotserstellung integriert der Vertrieb alle Kundenwünsche. Die streng regulierten Finanz- und Versicherungsprodukte jedoch werden von der Geschäftskompetenz „Bewertung und Auskunftsfähigkeit" der Domäne „Finanzdienstleistung" übernommen, von der zum Beispiel die Kreditwürdigkeit des Kaufinteressenten bestimmt wird.

Ein verbindlich erstelltes Angebot mit einem Vertragsdokument muss vorgegebene Genehmigungsrichtlinien und Unterschriftsregelungen durchlaufen. In einem CRM-System werden nicht nur die Angebotsanpassungen, sondern auch die Vertragshistorie und vertragsbegleitende Kommunikation mit dem Kunden verwaltet. Dadurch bleiben die aktuellen Angebotsund Vertragsbestände überschaubar. Es kann auch auftreten, dass Änderungen an bestehenden Angeboten und Verträgen erfolgen müssen. Zum Beispiel bei veränderten rechtlichen Rahmenbedingungen.

Auftrag und Distribution

Mit der Einigung und dem Vertrag zwischen Kaufinteressent und Verkäufer kommt es zum Auftrag. Der Geschäftsprozess der *Auftragsabwicklung* gliedert zusammen mit der Produktentstehung (siehe Abschn. 2, Kap. 2) die Wertschöpfungkette des Fahrzeugherstellers. Der *Terminabgleich* für die Fahrzeugauslieferung variiert nach dem Entkopplungspunkt des auftragsanonymen und -bezogenen Teils der Wertschöpfungskette (siehe Abb. 2, Kap. 2). Es gibt verschiedene Referenzmodelle, wie Vertriebsprozess, Kundenauftragsabwicklung und Produktentstehung aufeinander abgestimmt werden; siehe dazu die weiterführende Literatur [26].

Ab dem Zeitpunkt der *Auftragserfassung* wird der Ablauf der *Auftragserfüllung* überwacht. Abgesehen von den üblichen Statuskontrollen durch den Vertrieb sollte ein mobil vernetzter Kunde viel stärker eingebunden werden. Viele aktuelle Maßnahmen sind denkbar, um die Vorverkaufsphase erlebnisreicher für den Interessenten zu gestalten, doch viel zu wenig wird die Erfüllung des Auftrags zum Erlebnis für den Kunden gestaltet. Warum sollte bei einer Auftragsfertigung ein Kunde nicht die Montage in Bildern zeitnah auf seinem Smartphone verfolgen können? Aber selbst wenn es nur um den Abruf vorhandener *Fahrzeugbestände* geht, könnte ein Kunde den *Versand* oder die *Auslieferung* seines zukünftigen Fahrzeugs über die Distributionslogistik bis hin zur Übergabe erleben.

Die Bestandsführung der Fahrzeuge kann bei einer Lagerfertigung zentral oder dezentral erfolgen. Eine zentrale Verwaltung und Steuerung ermöglicht den Ausgleich lokaler Fahrzeugbestände auch über Markt- und Landesgrenzen hinweg, was genauso für Ersatzteile gilt.

Üblicherweise werden *ERP- und CRM-Systeme* im Zusammenspiel eingesetzt, um die Verkaufs- und Distributionsprozesse zu verwalten und durchzuführen. Eine detailliertere Beschreibung des Zusammenspiels der Systeme ist in der weiterführenden Literatur [87] zu finden.

Übergabe und Dokumentation

Zu den üblichen Abläufen in der Fahrzeugübergabe gehört neben einer *Produkteinweisung* auch die Begleitung der *Produktabnahme* durch den Kunden. Einige Händler haben eigene Werkstätten und sind damit eng mit der Geschäftsdomäne „Kundendienstunterstützung“ verbunden. Dadurch ist die Anwesenheit von Fachpersonal sichergestellt, das *Beanstandungen* erfasst und ihre kurzfristige Behebung durchführt.

Im traditionellen Fahrzeugverkauf wird weiterhin die *Schlüsselübergabe* als das „Schlüsselerlebnis“ zelebriert. Für ganz besonders „emotionale“ Übergaben haben sich Kunsthandwerker spezialisiert, die Schlüssel in Edelholz, Silber oder Gold einfassen und sogar die Gehäuse mit Brillanten verzieren können. Ein so spezielles Schlüsselerlebnis kann ein digitaler Schlüssel bei der Übergabe, wo nur noch ein Code übergeben wird, nicht direkt sichtbar hervorrufen. Das Schlüsselerlebnis erfolgt eher während der sehr komfortablen Nutzung, beispielsweise bei der gemeinsamen Fahrzeugnutzung in einer Familie oder bei einem Gemeinschaftsfahrzeug in öffentlichen, unternehmensweiten oder privaten Flotten.

Teil der Übergabe ist auch die vorbereitete Kundenrechnung. Die Rechnungsstellung wie auch die Verbuchung des verkauften Fahrzeugs erfolgen durch die Geschäftskompetenz „Buchführung, Abschluss“ der Domäne „Finanz- und Rechnungswesen“, welche die Verrechnungsregeln und die vertragsspezifischen Rabatte berücksichtigt. Je nach Unternehmensstruktur übernimmt jedoch der Vertrieb die kundenspezifische Kommunikation bei Zahlungsrückständen.

Vor der Übergabe stellt der Vertrieb die landesspezifische *Homologation* für die Zulassung der zu verkaufenden Fahrzeuge und Fahrzeugteile sicher. Hingegen sorgt die Geschäftskompetenz „Absicherung und Erprobung“ der Domäne „Forschung und Entwicklung“ für die generelle, länderübergreifende *Typgenehmigung* von Fahrzeugen und Fahrzeugteilen. Abhängig von der Vertragsgestaltung führt in der Regel der Vertrieb die Zulassung des Fahrzeugs bei der lokalen Zulassungsbehörde durch.

Der Vertrieb vereint die gesamte Dokumentation, wie Prüfergebnisse und *Zulassungsdokumente*, die für den Nachweis der Betriebserlaubnis des verkauften Fahrzeugs notwendig ist. Zur *Vertriebsdokumentation* gehören darüber hinaus sämtliche Informationen, die für den Vertriebsprozess bereitgestellt werden und in seinem Verlauf entstanden sind, wie zum Beispiel verkaufsrelevante Fahrzeugbeschreibungen und Preisstrukturen mit marktspezifischen Regeln zu Ausstattungsoptionen. Hingegen entstehen Angebote,

Verträge, Aufträge und Rechnungen mit der Ersterstellung und der Änderungshistorie. Bei der zentralen Zusammenführung aller Dokumente geht es nicht nur um die Ablage in einem DMS, sondern auch um automatisierte Überprüfungen der Datenqualität und Vollständigkeit gemäß den definierten Vorlagen aus der Geschäftskompetenz „Vertriebsstrategie und Kunde".

3.6.7 Finanzdienstleistung

Ziel der Domäne „Finanzdienstleistung" ist es, den Absatz der zu verkaufenden Produkte des Automobilunternehmens und seiner Händlerbetriebe zu fördern, beispielsweise durch Leasing- und Finanzierungsangebote für Kunden. Die meisten Fahrzeughersteller haben dafür eigene Banken als Tochterunternehmen aufgebaut, um den absatzorientierten Teil der Wertschöpfungskette zu stärken, und einige erweitern die automobilen Finanzdienstleistungen um weitere Geschäftsfelder und Geldanlagen oder Kreditkarten für Privatkunden, wie zum Beispiel „Daimler Financial Services" oder „BMW Bank". Im Gegensatz dazu konzentriert sich die „Toyota Kreditbank" („Toyota Financial Services") auf die automobile Finanzierung und Versicherung.

Die amerikanischen Fahrzeughersteller gelten als Vorreiter in der Gründung herstellergebundener Banken. Sie haben bereits früh erkannt, dass eine Ratenzahlung den Absatz von Fahrzeugen erheblich steigert, weil viele potenzielle Kunden an ihrer fehlenden Liquidität scheiten. So gründete Ford bereits im Jahr 1926 die erste herstellergebundene Bank in Deutschland, während Volkswagen im Jahr 1949 zunächst nur eine Finanzierungsgesellschaft ins Leben rief. Erst 1966 wurde von Volkswagen die erste deutsche Automobilleasinggesellschaft gegründet, die der amerikanischen Methode der Fahrzeugbeschaffung folgte. BMW folgte 1971 mit seiner eigenen Bank ein. Schließlich gründete die Daimler-Benz AG im Jahr 1979 die Mercedes Leasing GmbH, welche 1987 mit dem Einstieg ins Finanzierungsgeschäft in die Mercedes-Benz Finanz GmbH überging.

Wir gestalten die Domäne „Finanzdienstleistung" durch die folgenden sieben Geschäftskompetenzen (siehe Abb. 3.34):

Steuerung:
- Finanzdienstleistungsstrategie
- Richtlinie, Prozess, Risiko

Kontrolle:
- Bewertung und Auskunftsfähigkeit
- Kennzahlensystem

Ausführung:
- Finanzdienstleistungsvertrag
- Bank und Kredit
- Versicherung

Steuernde Geschäftskompetenzen

Das Geschäft mit Finanzdienstleistungen muss andere regulatorische Anforderungen erfüllen als die Fahrzeugentstehung und der Fahrzeugabsatz. Damit haben die steuernden

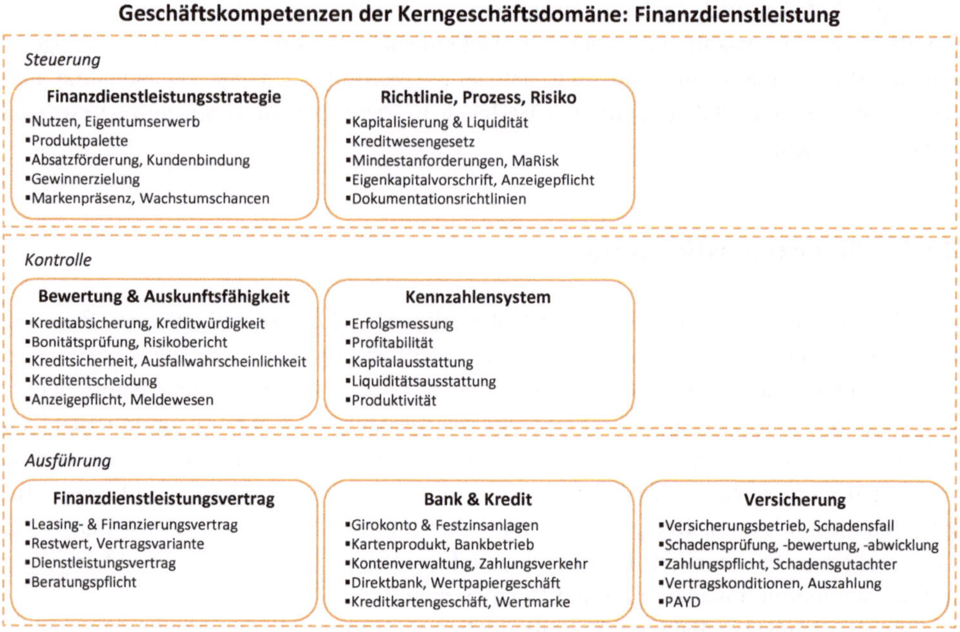

Geschäftskompetenzen der Kerngeschäftsdomäne: Finanzdienstleistung

Steuerung

Finanzdienstleistungsstrategie
- Nutzen, Eigentumserwerb
- Produktpalette
- Absatzförderung, Kundenbindung
- Gewinnerzielung
- Markenpräsenz, Wachstumschancen

Richtlinie, Prozess, Risiko
- Kapitalisierung & Liquidität
- Kreditwesengesetz
- Mindestanforderungen, MaRisk
- Eigenkapitalvorschrift, Anzeigepflicht
- Dokumentationsrichtlinien

Kontrolle

Bewertung & Auskunftsfähigkeit
- Kreditabsicherung, Kreditwürdigkeit
- Bonitätsprüfung, Risikobericht
- Kreditsicherheit, Ausfallwahrscheinlichkeit
- Kreditentscheidung
- Anzeigepflicht, Meldewesen

Kennzahlensystem
- Erfolgsmessung
- Profitabilität
- Kapitalausstattung
- Liquiditätsausstattung
- Produktivität

Ausführung

Finanzdienstleistungsvertrag
- Leasing- & Finanzierungsvertrag
- Restwert, Vertragsvariante
- Dienstleistungsvertrag
- Beratungspflicht

Bank & Kredit
- Girokonto & Festzinsanlagen
- Kartenprodukt, Bankbetrieb
- Kontenverwaltung, Zahlungsverkehr
- Direktbank, Wertpapiergeschäft
- Kreditkartengeschäft, Wertmarke

Versicherung
- Versicherungsbetrieb, Schadensfall
- Schadensprüfung, -bewertung, -abwicklung
- Zahlungspflicht, Schadensgutachter
- Vertragskonditionen, Auszahlung
- PAYD

Abb. 3.34 Die Geschäftskompetenzen der Domäne „Finanzdienstleistung"

Geschäftskompetenzen in speziell dieser Domäne ganz andere Schwerpunkte als in den anderen Geschäftsdomänen der Automobilindustrie (siehe Abb. 3.7).

Darüber hinaus ist die Geschäftsdomäne „Finanzdienstleistung" überwiegend digital. Da ein Ausfall von IT-Systemen in der Regel größere geschäftliche Auswirkungen und Kosten für das betroffene Unternehmen hat, ist diese Geschäftsdomäne im Vergleich zu anderen nicht nur geschäftskritisch, sondern sehr unternehmenskritisch. Ein Ausfall geschäftskritischer IT-Systeme hat in der Regel größere geschäftliche Auswirkungen auf das betroffene Unternehmen und bringt hohe Kosten mit sich. Hingegen kann sich ein Ausfall unternehmenskritischer IT-Systeme geradezu katastrophal auswirken. Banken beispielsweise müssen bei einer Zahlungsunfähigkeit schließen, unabhängig davon, ob es an ihrer Liquidität liegt oder ob die relevanten IT-Systeme nicht laufen.

Finanzdienstleistungsstrategie

In der Geschäftskompetenz „Unternehmensstrategie" der Domäne „Unternehmenssteuerung" wird das grundlegende Produkt- und Dienstleistungsportfolio strategisch gestaltet. Die Finanzdienstleistungen haben aber bereits heute eine Sonderstellung und leiten nicht nur eine mittel- bis langfristige Strategie von der Unternehmensstrategie ab, sondern geben ihr in einigen Automobilunternehmen neue Ausrichtungen. Vor allem die deutschen Automobilbanken rücken den Gedanken des *Nutzens* gegenüber dem *Eigentumserwerb* immer mehr in den Vordergrund. Das Konzept des Leasings war hier nur der erste Schritt. So besteht heute die *Produktpalette* von Daimler Financial Services nicht nur aus den geläufigen Leasing- und Finanzierungsangeboten sowie Finanzdienstleistungen für Händlerbetriebe, sondern steuert Fuhrparks, entwickelt Mobilitätsdienstleistungen und bietet Versicherungen und Bankdienstleistungen an. Der Daimler Geschäftsbericht 2013 listet das folgende Leistungsspektrum auf:

Finanzierung:	Monatliche Raten, flexible Vertragsdauer, flexible Anzahlung, Schlussratenfinanzierung
Händlerfinanzierung:	Finanzierung von Bestandsfahrzeugen, Immobilienfinanzierung, Werkstätten-Finanzierung, Versicherung von Betriebsrisiken
Leasing:	Flexibilität bei der Laufleistung, Flexibilität bei der Monatsrate, Operate lease/Finance lease, Full-Service Leasing
Versicherung:	Kfz-Versicherung, Garantieverlängerung, Industrieversicherung, Mitarbeiterversicherung
Flottenmanagement:	Flotten-Full-Service-Leasing, Flotten-(Mobilitäts-) Services, Flotten-Versicherung, Flotten-Reporting
Geldanlagen & Kreditkarten:	Festgeldanlagen, Tagesgeldkonten, Sparpläne, Kreditkarten
Mobilitätsdienstleistungen:	Routenplaner moovel, Carsharing car2go, Taxibestellungen myTaxi etc.

Diese Produktpalette ist ein übergreifend strategisches Konzept für ein Automobilunternehmen, um den Direktvertrieb zu erweitern. Durch die Händlerfinanzierung und -versicherung unterstützt sie die Geschäftsdomäne „Vertrieb und Ausgangslogistik“ und die Händler, die durch die „Kundendienstunterstützung“ bedient werden. Zusätzlich entstehen mit Finanzierung und Leasing weitere Vorteile bei der *Absatzförderung, Kundenbindung* und in der *Gewinnerzielung*. Die Kundenbindung ergibt sich direkt durch die vertraglich geregelten Kundenkontakte im regulierten Finanzgeschäft. Mit den Geldanlagen und Kreditkarten können leichter neue Kunden erschlossen und die Risiken bei der Kreditwürdigkeit des Kaufinteressenten reduziert werden.

Das Flottenmanagement und vor allem die Mobilitätsdienstleistungen erweitern das Leistungsspektrum der Domäne „Finanzdienstleistung“ in weitreichende Geschäftsmodelle, wie sie etwa durch die herstellergebundene Autovermietung Mercedes-Benz Rent, den Fuhrpark für Fahrsicherheitstraining der Mercedes-Benz Driving Academy oder den Mietfuhrpark CharterWay für Transportanforderungen im Bereich der Nutzfahrzeuge verkörpert werden. Zu den wesentlichen Effekten zählt, dass dadurch die *Markenpräsenz* in gewerblichen Fahrzeugflotten gestärkt wird.

Darüber hinaus beziehen sich die Mobilitätsdienstleistungen nicht mehr nur auf die eigene Fahrzeugfertigung. In moovel werden zum Beispiel viele andere Mobilitätsmöglichkeiten zur Routenplanung integriert. Und die Telematiklösung von Daimler

FleetBoard unterstützt das Management einer Fahrzeugflotte, die nicht ausschließlich aus Mercedes-Benz Nutzfahrzeugen bestehen muss.

Es ist nachvollziehbar, dass solche Geschäftsmodelle, die nur in der Geschäftsdomäne eines heutigen Fahrzeugherstellers entwickelt werden können, für die Realisierung neuer *Wachstumschancen* eine besondere Bedeutung haben. Die Geschäftsdomäne einfach namentlich durch Finanz- und Mobilitätsdienstleistungen zu erweitern, wie es Daimler mit seinem Geschäftszweig Financial Services umsetzt, kann keine langfristige Lösung sein. Neue Mehrwertdienste müssen sich losgelöst von den streng regulierten Finanzdienstleistungen entwickeln können.

Richtlinie, Prozess, Risiko

Durch das Anbieten von Finanz- und Versicherungsprodukten müssen die regulatorischen Anforderungen an *Kapitalisierung und Liquidität* erfüllt werden, unter Umsetzung strenger Prozesse zur Einhaltung des *Kreditwesengesetzes*. Dieses Gesetz soll einerseits die Funktionsfähigkeit der Kreditwirtschaft sichern und erhalten, muss andererseits aber auch die Gläubiger vor dem Verlust ihrer Einlagen schützen. Neben Kreditausfallrisiken muss eine Automobilbank auch regulierte Prozesse zur Verwaltung von Kundenkonten und Versicherungsprodukten steuern. Die Finanzmarktaufsicht setzt für die *Mindestanforderungen* Instrumente wie MaRisk ein, die sich an Kreditinstitute und die Versicherungswirtschaft richten. Zur Bankenregulierung kommen ferner *Eigenkapitalvorschriften* wie Basel III hinzu. Dazu verweisen wir auf die weiterführende Literatur [59, 150], die detaillierter auf die Prozesse zur Einhaltung der Anforderungen der regulatorischen Richtlinien eingeht.

Die *Dokumentationsrichtlinien* und Berichtswege aller Prozesse und Aktivitäten werden mit den Geschäftskompetenzen „Integrität und Recht" und „Risiken und Finanzen" der Domäne „Unternehmenssteuerung" abgestimmt.

Kontrollierende Geschäftskompetenzen

Besonders existenzkritisch ist im Geschäft der Finanzdienstleistungen die kontrollierende Geschäftskompetenz „Bewertung und Auskunftsfähigkeit". Für sie liefert das übergreifende „Kennzahlensystem" die operativ notwendigen Überwachungsinstrumente.

Bewertung und Auskunftsfähigkeit

Je nach strategischer Ausrichtung der Automobilbank werden mit ihren Dienstleistungsangeboten unterschiedliche Kundengruppen bedient, deren *Kreditwürdigkeit*, Seriosität und Zahlungsfähigkeit zur *Kreditabsicherung* bestimmt und bewertet werden muss. Dies geschieht mit der *Bonitätsprüfung*, der Wirtschafts- oder Selbstauskunft von Privatpersonen, dem Einholen von externen Auskünften über Geschäftskunden und der Bewertung gewerblicher Kunden auf Basis ihrer Bilanzen. Die „Finanzmarktkommunikation" der Geschäftsdomäne „Finanz- und Rechnungswesen" konsolidiert die *Risikoberichte* für Investoren im Rahmen der veröffentlichten Geschäftsberichte. Diese Bewertungen sind nicht einmalig, sondern müssen regelmäßig überprüft und durch

Neubewertungen aktuell gehalten werden. Dies kann auch zur Anpassung ergänzender Auflagen während der Vertragslaufzeit führen, wenn sich die Sicherheitswerte zu sehr ändern. Bei gewerblichen Kunden muss noch eine Gesamtsicht erstellt werden, welche die mit ihm verbundenen Kunden einbezieht, um auch deren *Kreditsicherheiten* bei der Ermittlung der *Ausfallwahrscheinlichkeit* zu berücksichtigen. Erst dann folgt auf dieser Basis eine dokumentierte *Kreditentscheidung*.

Neben den Kreditmeldungen gibt es noch zahlreiche weitere regulierte *Anzeigepflichten*, die zur Sicherstellung der Stabilität des Finanzsystems vorgegeben werden. Für das *Meldewesen* setzen die meisten Automobilbanken Standardsoftware ein.[57]

Kennzahlensystem

Durch Regulierungen ist eine Komplexität im Umfeld der Finanzdienstleistungen entstanden, in der sich eine *Erfolgsmessung* ohne Kennzahlen nicht mehr steuern lässt. Deren Anzahl hat sich durch die ständige Weiterentwicklung der IT-Systeme und ihrer digitalen Messmöglichkeiten erhöht, sogar so weit, dass sie für Banken mittlerweile auf ein überschaubares Maß reduziert werden muss. In der Literatur [18] finden sich über 100 Kennzahlen allein zur *Profitabilität, Kapitalausstattung, Liquiditätsausstattung und Produktivität*. In der Praxis wiederum findet man Systeme in den gewachsenen Strukturen der Automobilunternehmen, die weit über 100 Kennzahlen liefern. Doch lediglich die Definition und Bereitstellung von Kennzahlen hilft nicht, diejenigen zu identifizieren, die für die Steuerung der Produktpalette und deren Verträge relevant sind.

Hingegen fehlen noch viele Erfahrungswerte zur gezielten Steuerung von Investitionen in Mobilitätsdienstleistungen. Nur in wenigen Fällen kann man sich bei den noch jungen Themen auf die Profitabilität beschränken.

Ausführende Geschäftskompetenzen

Zu den ausführenden Geschäftskompetenzen gehört das Beachten der Regulierungen und der Gesetzgebung im Kontext aller Verträge im Bereich der Finanzdienstleistungen und der operativen Abwicklung der abgeschlossenen Vereinbarungen. Die Mobilitätsdienstleistungen führen wir nicht als eigene Geschäftskompetenz auf. Sie wird zwar heutzutage aus Sicht der Dienstleistungen in dieser Geschäftsdomäne platziert, sollte sich aber nicht durch die regulierten Umgebungen der Finanzdienstleistungen einengen lassen.

Finanzdienstleistungsvertrag

Die *Leasing- und Finanzierungsverträge* sind durch Gesetze geregelt. Üblicherweise bezahlt der Kunde neben den Finanzierungskosten nur einen Teil der Anschaffungskosten. Nach Vertragsende kann sich der ursprünglich kalkulierte Restwert des Fahrzeugs vom erzielten Verkaufserlös unterscheiden. Dafür gibt entweder eine *Vertragsvariante*

[57] Einen tieferen Einblick in die Berichterstattung der Kreditinstitute gewährt die weiterführende Literatur [80].

1. mit Restwertfixierung und Aufteilung des Mehrerlöses oder
2. mit Kilometerbegrenzung und Ausgleichszahlung bei Mehr- oder Minderkilometern.

Meist werden im Hinblick auf Absatzförderung nicht nur günstige Konditionen angeboten, sondern direkt im Vertrieb mit anderen *Dienstleistungsverträgen* beim Fahrzeugverkauf kombiniert, üblicherweise mit Wartung, Reparatur, Garantieleistungen und Versicherung. Hier wären auch Erweiterungen zu neuartigen Verträgen für Mobilitätsdienstleistungen möglich, die einen Zweitwagen für Familien ersetzen könnten. Dazu fehlen aber noch Zielvorgaben für das Beratungspersonal und entsprechende Schulungen, auch wenn es vorerst nur darum geht, Kunden zu einer Registrierung zu bewegen. Jedenfalls werden mit derartigen Verträgen formale Kundenbindungen aufgebaut, die man mit attraktiven Folgeverträgen fortsetzen möchte, um ein Abwandern zu einer anderen Marke möglichst zu verhindern.

Allerdings sollte der Schwerpunkt dieser Geschäftskompetenz auf der Vertragsabwicklung gesetzlich regulierter Dienstleistungen bleiben, während sich die Geschäftskompetenz „Qualifizierung, Angebot, Vertrag" der Domäne „Vertrieb und Ausgangslogistik" weiterhin auf den Absatz der Produkte konzentriert. Die Verträge zu Mobilitätsdienstleistungen passen in keine der beiden Geschäftskompetenzen ideal. In den Finanzdienstleistungen sind die Prozesse zur Abwicklung zu aufwendig, und im Vertrieb der Fahrzeuge fehlt der Umgang mit Dienstleistungen.

Sämtliche Leasing-, Kredit-, Bank- und Versicherungsverträge werden verwaltet und archiviert, beginnend mit den Kundenangeboten bis zur entschiedenen und abgeschlossenen Variante mit den kundenspezifischen Vertragskonditionen. Alle Anpassungen der Vertragsdaten vor und nach dem Abschluss müssen nachvollziehbar abgelegt werden. Dazu gehören nicht nur die jeweiligen Änderungen der Laufzeit, Zahlungsmodalität etc., sondern auch die Erfüllung der gesetzlich geregelten *Beratungspflicht* durch geschulte Mitarbeiter, die in Form eines Nachweises der Beratung des Privatkunden ebenfalls abgelegt werden muss.

Bank und Kredit

Eine Automobilbank konzentriert sich im Wesentlichen auf die operative Absatzförderung der Fahrzeuge und ist daher keine reguläre Bank. Einige Fahrzeughersteller erweitern jedoch das Leistungsspektrum auf klassische Bankdienstleistungen wie *Girokonto und Festzinsanlagen*, ebenso um *Kartenprodukte* wie Kreditkarten oder bargeldloses Bezahlen über Tankkarten für Privat- und Geschäftskunden. Dennoch wollen nicht alle Fahrzeughersteller diese mit zusätzlichen Regulierungen verbundene erweiterte Geschäftskompetenz zum Aufbau anderer Kundenbindungen.

Diese Geschäftskompetenz konzentriert sich auf die operative Abwicklung und Dokumentation des *Bankbetriebs*. Zentral ist die *Kontenverwaltung* mit den Transaktionen des *Zahlungsverkehrs*. Dort werden oft nur Kernleistungen erbracht und durch fremdbezogene Leistungen erweitert. Automobilbanken sind meist *Direktbanken*, die ihre Finanzdienstleistungen ohne eigenes Filialnetz aufstellen und die Geschäfte mit den Kunden zumeist per Internet, per Fax oder telefonisch abwickeln. Diejenigen Automobilbanken, die Bankgeschäfte anbieten, stellen oft auch Dienstleistungen zum *Wertpapiergeschäft* bereit, die nach dem Modell der Direktbanken über das Internet abgewickelt werden.

Einen besonderen Stellenwert gewinnen die Kartenprodukte. Neben der traditionellen Abwicklung und Dokumentation des *Kreditkartengeschäfts* bekommt die Verknüpfung mit Servicekarten eine größere Bedeutung für die Kundenbindung und Sammlung detaillierter Kundeninformationen. Üblich ist die Abwicklung des Geschäfts mit Tankkarten für gewerbliche Fahrzeugflotten. Im Bereich der Mobilitätsdienstleistungen entwickeln sich noch viele Möglichkeiten, die Servicekarte als eine *Wertmarke* für viele Funktionen übergreifender Mobilitätsangebote während der Fortbewegung als Statussymbol herauszuheben, entsprechend dem Fahrzeugschlüssel, der häufig als Statussymbol für den Besitz einer Fahrzeugmarke gilt.

Uneinheitlich sind die Automobilunternehmen bei der Zuordnung der Vertriebsbuchhaltung zu einer Geschäftskompetenz, doch wird oft für die Erstellung und Buchung von Kundenrechnungen die Geschäftskompetenz „Buchführung, Abschluss“ der Domäne „Finanz- und Rechnungswesen“ genutzt. Dazu gehört auch die kaufmännische Bewertung der Rechnungsstellung für Fahrzeuge, Ersatzteile und sonstige Dienstleistungen.

Für die herstellergebundenen Automobilbanken in Deutschland gibt es die Dachorganisation „Arbeitskreis der Banken und Leasinggesellschaften der Automobilwirtschaft“ (AKA), die sich mit betriebswirtschaftlichen, steuerlichen und rechtlichen Themen beschäftigt.

Wir verweisen auf die weiterführende Literatur [150] für die herstellergebundenen Bankgeschäfte.

Versicherung

Für diese Geschäftskompetenz steht bis heute die operative Abwicklung des auto mobilbezogenen *Versicherungsbetriebs* im Mittelpunkt. Zu den geläufigsten Versicherungsfällen gehören die *Schadensfälle* für eigenbetriebene und vermittelte Versicherungsgeschäfte. In der Regel besteht der Ablauf aus der *Schadensprüfung* der Meldungen des Hergangs, der detaillierten finanziellen *Schadensbewertung* und dem Abschluss der *Schadensabwicklung*. In der Prüfung wird die Schadensmeldung dokumentiert und die *Zahlungspflicht* durch die Schuldfrage bewertet. Die Schadensbewertung und Dokumentation der Schadenkosten erfolgt über extern beauftragte *Schadensgutachter*. Auf Grundlage seiner Berechnung wird die Summe in Abhängigkeit der geltenden *Vertragskonditionen* ausgezahlt. Schließlich wird mit der *Auszahlung* der Schadenssumme und der Sicherung der Dokumentation des gesamten Schriftverkehrs die Abwicklung abgeschlossen.

Heute können Versicherungen in Mobilitätsangeboten integriert sein, wie zum Beispiel beim Carsharing car2go. In weiterführenden Kombinationen wären auch Modelle möglich, die an das Nutzungsverhalten des Kunden angepasst sind. In diesem Fall gäbe es keinen Festpreis pro Minute oder gefahrene Kilometer, sondern einen variablen Preis, der sich daran orientieren würde, wie man fährt, wo man fährt und wann man fährt. Durch die vernetzten Fahrzeuge und deren Daten haben die Fahrzeughersteller die Möglichkeit, die Versicherungsmodelle Pay-as-you-Drive (basierend auf Fahrleistung und Menge der Fahrzeugnutzung, kurz PAYD genannt) und Pay-how-you-Drive (basierend auf Fahrverhalten und Art der Fahrzeugnutzung, kurz PHYD genannt) weiterzuentwickeln. Bereits jetzt ist zu erkennen, dass sich im Rahmen der Versicherungen die folgenden vier verschiedenen Ausprägungen der Fahrzeughersteller entwickeln werden:

1. Wird kein Kerngeschäft und wird der bestehenden Versicherungswirtschaft als Geschäftsfeld überlassen.
2. Lizenzierung und Verkauf von Fahrer- und Fahrerdaten an Versicherungsunternehmen.
3. Zusammenarbeit mit Versicherungspartnern, um PAYD- und PHYD-Produkte unter der Marke des Fahrzeugherstellers anzubieten.
4. Komplett eigene Produktgestaltung für verknüpfte PAYD- und PHYD-Versicherungsangebote mit Risikoübernahme und Schadensabwicklung.

Durch die kommende Vollvernetzung der Fahrzeuge und die damit wachsende Datenfülle mit ihren Möglichkeiten wird es schwer werden, nur noch losgelöste Versicherungsprodukte im Markt abzusetzen. Deswegen herrscht gegenwärtig gerade in dieser Hinsicht viel Bewegung bei den traditionellen Versicherungsunternehmen.[58] Allerdings werden Versicherungen verstärkt den Fahrer versichern und nicht nur das jeweilige Fahrzeug, damit die individuelle Fahrerversicherung in einer Mobilitäts-industrie über die gesamte Fortbewegung genutzt werden kann.

Durch die wachsende Anzahl der Fahrerassistenzsysteme würde es einem Automobilunternehmen leichter fallen, Sicherheitssysteme – wie beispielsweise die Ein-parkhilfe – mit dem Angebot von attraktiveren Versicherungstarifen zu verknüpfen. Durch diese Kombination kann versicherungstechnisch die Schadenhäufigkeit gesenkt werden und können gleichzeitig neue Ausstattungen abgesetzt werden.

[58] „Die erste vom Fahrverhalten abhängige Versicherung" http://www.welt.de/finanzen/versicherungen/article121912643/Die-erste-vom-Fahrverhalten-abhaengige-Versicherung.html. Zugegriffen am 23.12.2014.

3.6.8 Kundendienstunterstützung

Für die meisten Fahrzeughersteller ist mit der Produktübergabe an den Kunden in der Geschäftskompetenz „Übergabe und Dokumentation“ der Domäne „Vertrieb und Ausgangslogistik“ die Wertschöpfungskette weitestgehend abgeschlossen. Das Ersatzteilgeschäft kann noch eine Attraktivität im Absatzmarkt für den Fahrzeughersteller bedeuten, wenn die Bauteile nicht ausschließlich von Lieferan- ten bezogen werden und keine stark konkurrierenden Ersatzprodukte im Markt sind. Jedoch wird das Ersatzteilgeschäft über die Geschäftskompetenz „Auftrag und Distribution“ der Domäne „Vertrieb und Ausgangslogistik“ abgewickelt.

Nur die wenigsten Fahrzeughersteller haben ein Konzept für die Niederlassungen, deren Mitarbeiter die operativen Instandhaltungen durchführen. Und genau diejenigen, die diese Niederlassungen besitzen, wie beispielsweise BMW und Daimler, wollen sie verkaufen.[59] Praktisch die gesamte Verantwortung wird an freie Werkstätten und ausgewählte Vertragswerkstätten übergeben, die sich dann meistens auch um die Entsorgung der ausgewechselten defekten Teile sowie das komplette Fahrzeug kümmern. Die Beziehung zu den Vertragshändlern wird über die Geschäftskompetenz „Distributionssystem“ der Domäne „Vertrieb und Ausgangslogistik“ gesteuert. Es bleiben lediglich die produktbezogenen Basisdienstleistungen bei den heutigen Fahrzeugherstellern, die entweder nach gesetzlichen Anforderungen erfüllt werden müssen oder als selbstverständlich von Kunden wahrgenommen werden. Dazu gehören zum Beispiel die benötigten Informationen und Werkzeuge zur Instandhaltung des Fahrzeugs.

Insgesamt betrachtet ist damit der Markt nach der Übergabe des Fahrzeugs an den Endkunden als unabhängig vom Fahrzeughersteller zu sehen.

Allerdings entwickelt sich eine strategische Bewegung in dieser Geschäftsdomäne durch das vernetzte Fahrzeug und die Datenfülle, die es erzeugt, was eigentlich nicht ausschließlich zu einer Kundendienstunterstützung passt. Sie ist aber heutzutage die letzte Domäne der Fahrzeughersteller in den Kerngeschäftsdomänen, die die Produktlebensdauer des Fahrzeugs repräsentiert. Die Mehrwerte des vernetzten Fahrzeugs entstehen erst nach der Übergabe. In der Praxis konzentrieren sich die meisten Fahrzeughersteller auf die Ferndiagnose im Rahmen des vernetzten Fahrzeugs, was dann in dieser Geschäftsdomäne wiederum passend ist.

Wir gestalten die Domäne „Kundendienstunterstützung“ durch die folgenden sechs Geschäftskompetenzen (siehe Abb. 3.35):

---

[59] „Verkauf der Daimler-Niederlassungen: Schnelle Entscheidung unwahrscheinlich“ http://www.wiwo.de/unternehmen/auto/das-ende-der-autohaendler-der-grosse-kahlschlag/8519022-3.html. Zugegriffen am 23.12.2014.

Geschäftskompetenzen der Kerngeschäftsdomäne: Kundendienstunterstützung

Steuerung

Kundenstimme
- Werkstattrückmeldung
- Instandhaltungsprobleme,-häufigkeiten
- Leistungskennzahlen Instandhaltung
- technische Beeinflussung

Vernetztes Fahrzeug
- Fahrzeugferndiagnose
- Entgegennahme, Diagnosenkurztest
- Notruffunktion, Fahrzeugzustandsbericht
- Diebstahlverfolgung, Pannenhilfe
- Investitionsmodell

Kunden- & Fahrzeugdaten
- Erhebung, Verarbeitung & Nutzung
- Datenschutzrecht, Datenzugriff
- Datenfokussierung, Rohdaten
- Lebensakte, Bauzustand
- Ertrags-, Kostensenkungspotential

Kontrolle

Produktbeobachtung
- Fahrzeugbetrieb
- Warnung, Auslieferungsstopp, Rückrufaktion
- Produktsicherheit, Rückrufregelung
- Rückrufaktion, Rücknahme, Rückrufablauf
- Rückabwicklung

Ausführung

Garantie & Kulanz
- Regelung & Vorgabe
- Garantieanspruch
- Prüfung & Abrechnung
- Leistungserstattung, Kostenkalkulation
- ERP-System

Standard, Ausrüstung, Information
- Methoden & Abläufe
- Werkstattausrüstung & -ausstattung
- Zeitbedarf, Arbeitsauftrag
- Kostenvoranschlag
- Bedienungsanleitung

Abb. 3.35 Die Geschäftskompetenzen der Domäne „Kundendienstunterstützung"

Steuerung:
- Kundendienstplanung
- Vernetztes Fahrzeug
- Kunden- und Fahrzeugdaten

Kontrolle:
- Produktbeobachtung

Ausführung:
- Garantie und Kulanz
- Standard, Ausrüstung, Information

Steuernde Geschäftskompetenzen

Welche Strategie kann ein Fahrzeughersteller haben, wenn er lediglich die produktbezogenen Basisdienstleistungen, die nach gesetzlichen Anforderungen erfüllt werden müssen, bereitstellt?

Über die „Kundenstimme" sollte sich ein Fahrzeughersteller im digitalen Zeitalter verstärkt steuern lassen. Deswegen nehmen wir sie als eine steuernde Geschäftskompetenz auf. Das „vernetzte Fahrzeug" mit den erzeugten „Kunden- und Fahrzeugdaten" gestalten wir als zwei noch junge, sich entwickelnde, aber steuernde Geschäftskompetenzen in dieser Domäne.

Kundenstimme

Der Kundendienst steht täglich im Kontakt mit den Nutzern der Fahrzeuge und ist dadurch nah an der aktuellen Stimmungslage der Endkunden mit ihren Fahrzeugen. Daher sind die *Werkstattrückmeldungen* zu identifizierten *Instandhaltungsproblemen und -häufigkeiten* besonders wichtig. Es müssen nicht gleich Qualitäts- oder Produktprobleme sein, die in der Entwicklung oder Produktion entstanden sind, sondern kann auch Indikatoren für eine fehlerhafte Dokumentation oder Schulung betreffen, die durch Rahmenbedingungen neuer Fahrzeugfunktionen aufgetreten sind.

Oft sind es aber nur viele kleinere Auffälligkeiten, die während des Reparaturvorgangs auftreten, deren Verbesserung nach einem Konzept wie Kaizen (siehe Abschn. 3.1.4) über die digitalen Kommunikationskanäle im verteilten Hersteller-Werkstatt-Netz möglich gemacht werden könnte. Die Zusammenarbeitsmodelle zwischen einer Werkstatt und einem Hersteller sind jedoch nicht mit der Hersteller-Lieferanten-Beziehung zu vergleichen. Eine Werkstatt muss in der Regel Ad-hoc-Situationen lösen, ihre wartenden Kunden bedienen und kann nicht immer alle Prozesse einhalten. Zumindest ist eine zentrale Datenbank erforderlich, in der zum Beispiel zu aufwendige Instandhaltungen oder schneller zielführendere Reparaturhinweise gesammelt werden. Diese Rückmeldungen dürfen aber nicht nur gesammelt werden, sondern müssen bewertet werden und entsprechend in die Produktentstehung einfließen. Hier unterstützen die VDI-Richtlinie 2893 [161] und die Norm DIN 15341[39], um die wesentlichen Leistungskennzahlen für die Instandhaltung zu entwickeln.

Es kann aber auch für die Designer, Entwickler und Konstrukteure inspirierend sein, wenn nicht nur auf Vorschläge von Fachleuten aus der Werkstatt gehört wird, sondern auch auf die Masse der Endkunden. So nutzt zum Beispiel BMW das öffentlich zugängliche Portal „BMW Group Co-Creation Lab“[60] zur *technischen Beeinflussung* von Entwicklungsvorhaben.

Vernetztes Fahrzeug

Die Automobilunternehmen sind sich noch nicht einig, welche der beiden folgenden langfristigen Strategien mit dem vernetzten Fahrzeug verfolgt werden sollten (siehe Abb. 3.36):

1. Als Fahrzeughersteller nur den vertrauten Prozessen der Produktentstehung zu folgen und das Internet als eine weitere Einrichtung im Fahrzeug zu betrachten, ist eine fahrzeugzentrische Sicht auf das vernetzte Fahrzeug, in dem man Netzwerkkommunikationen nutzt, um es in die Prozesse im Kundendienst zu integrieren.
2. Eine völlig andere Perspektive ergäbe sich, wenn das Fahrzeug zu einem integralen Bestandteil des persönlichen Netzwerks des Kunden entwickelt würde. Dann müsste

[60] „BMW Group Co-Creation Lab“. http://www.bmwgroup-cocreationlab.com. Zugegriffen am 23.12.2014.

Abb. 3.36 Zwei unterschiedliche Modelle des vernetzten Fahrzeugs. Links wird das Internet als eine weitere Einrichtung im Fahrzeug betrachtet. Rechts ist das Fahrzeug ein integraler Bestandteil des persönlichen Netzwerks des Kunden

nicht nur der Fahrzeughersteller die Geschäftskompetenz „Kundendienstunterstützung" neu ausrichten, sondern es müsste sich auch der Kundendienst mit seinem Geschäftsmodell umstellen. Darauf gehen wir noch genauer im 4. Kapitel ein.

Zumindest sind sich die Fahrzeughersteller einig, dass das vernetzte Fahrzeug eine eigene Geschäftskompetenz darstellen sollte.

Die hier beschriebene Geschäftskompetenz „Vernetztes Fahrzeug" konzentriert sich auf das erste Modell – linkes Modell in Abb. 3.36 –, und zwar mit dem Fokus auf der *Fahrzeugferndiagnose*, wo es um den drahtlosen Zugriff auf Diagnosedaten des Fahrzeugs geht. In Abb. 14, Kap. 2 hatten wir den verdrahteten Fahrzeuganschluss über OBD-II zum Diagnosebus dargestellt. Damit unterscheidet sich lediglich die Art der *Entgegennahme* der Diagnosedaten und nicht die darauf folgenden Auswertungen und Maßnahmen, die weiterhin durch die Geschäftskompetenz „Standard, Ausrüstung, Information" abgedeckt werden. Jedoch wird drahtlos nur ein *Lesezugriff* zugelassen.

Durch den drahtlosen Zugriff der Werkstätten, des Herstellers oder anderer Dienstleister auf das Fahrzeug, können Instandsetzungen aktiv über einen integrierten Dienst gesteuert werden, zum Beispiel zur Vermeidung von Autopannen oder zur Optimierung der Fahrzeugannahme in einer Werkstatt durch einen *Diagnosenkurztest* [16]. Weitere naheliegende Kundendienste im Kontext des vernetzten Fahrzeugs wären automatisierte *Notruffunktionen*, Übertragung von *Fahrzeugzustandsberichten*, *Diebstahlverfolgung* und *Pannenhilfe*. Das ist erst der Anfang der neuen Möglichkeiten, die sich in den nächsten Jahren entwickeln werden.

Für das zweite Modell – rechtes Modell in Abb. 3.36 – muss die Geschäftskompetenz „Planung, Anforderung, Änderung" der Domäne „Forschung und Entwicklung" neu ausgerichtet werden, weil bis heute jede Investition in die neue Funktion eines Produkts mit einem direkten Absatzpotenzial bewertet wird. Eine Plattform zum Sammeln von nutzerorientierter Daten passt nicht in das bestehende *Investitionsmodell* der Entwicklung.

Kunden- und Fahrzeugdaten

Ist diese Geschäftskompetenz redundant?

- Die Kundendaten werden über die Geschäftskompetenz „Vertriebsstrategie und Kunde" der Domäne „Vertrieb und Ausgangslogistik" abgedeckt.
- Die Fahrzeugdaten werden über die Geschäftskompetenz „Produktdaten und -dokumentation" der Domäne „Forschung und Entwicklung" abgedeckt.

In dieser Geschäftskompetenz geht es um die Fahrzeugdaten, die nach der Übergabe des Fahrzeugs an den Kunden entstehen. Die Kundendaten sind nur im direkten Bezug zum Fahrzeug zu sehen und enthalten zum Beispiel keine Stammdaten.

Wem gehören aber nun die Fahrzeugdaten?

Es handelt sich um immaterielle Informationen, die daher keiner Eigentums- oder Besitzordnung unterliegen. In Deutschland richtet sich die *Erhebung, Verarbeitung und Nutzung* von Fahrzeugdaten in erster Linie nach dem *Datenschutzrecht*. Genaueres dazu in der Literatur [129]. Hierzu drängen sich viele Fragen auf, die sich auf die Zuordnung der Daten, die Ansprüche auf die Daten und die Haftung bei fehlerhafter Datenverarbeitung konzentrieren. Einige Beispiele sind:

- Welche Daten gehören dem Fahrer, weil er das Fahrzeug nutzt?
- Welche Daten gehören den Insassen, weil sie mitfahren?
- Wann gehören die Daten dem Eigentümer oder Halter des Fahrzeugs?
- Welche Daten gehören dem Hersteller oder aber auch dem Zulieferer, weil sie beide für das gebaute Fahrzeug haften?
- Welche Daten gehören der Öffentlichkeit oder dem Staat, wenn sich das Fahrzeug auf einer öffentlichen Straße befindet oder in ein Verbrechen involviert ist?
- Und wie ändert sich das alles, wenn man über eine Grenze in ein anderes Land fährt?

Die meisten Fahrzeughersteller klären den *Datenzugriff* durch einen Vertrag gleich beim Verkauf des Neuwagens, der Kundendienst durch die Einwilligung vor der Instandhaltung. Das vernetzte Fahrzeug macht einen offenen Dialog zwischen Hersteller und Kunde besonders wichtig.[61] Einige Fahrzeughersteller erweitern bereits ihre „Unternehmensstrategie" um eine *Datenfokussierung*. Auch wenn die Rohdaten der zahlreichen Sensoren und Steuergeräte im Fahrzeug nur von Ingenieuren interpretiert werden können

[61] „Daimler im Dialog: Vernetztes Fahren und Datenschutz" http://auto-presse.de/autonews.php?newsid=250560. Zugegriffen am 23.12.2014.

und nicht für die Endkunden gestaltet wurden (siehe Abschn. 3.1, Kap. 2), so bleibt bei jenen doch eine Ungewissheit, was mit den teils personalisierten Daten geschieht. Ein gewisses Maß an Vertrauen ist sicherlich nötig, um dem Hersteller eines Gebrauchsgegenstands so viel Einblick – und teilweise sogar Eingriff – in das eigene Leben zu ermöglichen. Daimler CIO Dr. Michael Gorriz sieht das indes nicht so dramatisch: „Genau genommen vertrauen uns die Autofahrer doch längst ihr Leben an, wenn sie sich in unsere Autos setzen und mit 60 Stundenkilometern oder mehr durch die Gegend brausen. Das ist weit gravierender als die Preisgabe von ein paar weit weniger wichtigen Daten."[62]

Genau genommen können in der aktuellen Vernetzungsarchitektur (siehe Abschn. 3.2, Kap. 2) nicht alle vom Fahrzeug erzeugten Rohdaten abgegriffen werden. Die Daten, die durch die Sensortasten aufgenommen werden, müssen noch durch einen Analog-Digital-Wandler, einen Datenfilter und durch das Steuergerät, bevor der übriggebliebene Datenbruchteil im Bussystem CAN abgegriffen werden kann. Darüber hinaus gibt es noch keine Standardisierung der Daten unterschiedlichster Fahrzeuge und Bauteile. AUTOSAR kümmert sich nicht um die Datenarchitektur und -strukturen. Es gibt dazu nur einige erste Bemühungen, wie beispielsweise für die Telematikdaten über NGTP (siehe Abschn. 5.2, Kap. 2). Die Fahrzeugdiagnose ist zwar mit ihren Normen und Standards am weitesten im Rahmen des Systems OBDII [132]. Aber selbst hier gibt es unterschiedliche Auslegungen, wie beispielsweise der Kraftstoffstand im Tank gemessen und interpretiert wird. Bis heute hat noch jedes Unternehmen seine eigene Lösung für die Sammlung und Verarbeitung der Daten des Fahrzeugs in Form einer *Lebensakte*, in der alle während der Instandhaltung entstandenen Veränderungen am *Bauzustand* dokumentiert werden.

In dieser Geschäftskompetenz kommt neben den gesellschaftlichen, technologischen und rechtlichen Faktoren auch eine wirtschaftliche Betrachtung hinzu, weil die Frage nach dem Wert der erhobenen Daten und ihren Auswertungen nicht einfach zu beantworten ist. Es bedarf einer Detailbetrachtung, um die *Ertrags- oder Kostensenkungspotentiale* besser einschätzen zu können. Was bedeutet etwa die Früherkennung eines Fehlers gegenüber den Kosten eines dadurch nicht notwendigen Produktrückrufs? Welchen Wert kann man einer neuen Dienstleistung beimessen, die heute vielleicht, bezogen auf das Kernprodukt, nicht essenziell ist?

Kontrollierende Geschäftskompetenzen

Freie ebenso wie gebundene Werkstätten lassen sich vom Hersteller kaum beim Kundendienst kontrollieren. Aber eine aktive Beobachtung und eine gut vorbereitete Kommunikation kann sowohl hohe Rückrufkosten als auch eine unkalkulierbare Schädigung des Erscheinungsbilds des Unternehmens vermeiden. Dadurch nimmt die kontrollierende

[62] „Daimler baut seinen digitalen Kundenservice aus" http://www.computerwoche.de/a/daimler-baut-seinen-digitalen-kundenservice-aus,3066395. Zugegriffen am 23.12.2014.

Geschäftskompetenz „Produktbeobachtung“ einen zentralen Schwerpunkt in dieser Domäne ein.

Produktbeobachtung

Kein Fahrzeughersteller kann ausschließen, dass trotz der intensiven Geschäftskompetenz „Absicherung und Erprobung“ der Domäne „Forschung und Entwicklung“ und der „Qualitätsabsicherung“ der Domäne „Qualität“ weitere Mängel im Fahrzeug bestehen, die erst während des *Fahrzeugbetriebs* nach der Übergabe an den Endkunden offensichtlich werden.

Die Automobilunternehmen beobachten ihre Fahrzeuge im Markt durch systematisches Sammeln und Auswerten zahlreicher Informationen, die zum Beispiel durch Reklamationen, Kulanzleistungen, Reparaturdienste, Ersatzteilverbräuche und Schadensmeldungen entstehen. Je nach den Auswertungsergebnissen möglicher Fehler sowie ihrer Schwere müssen unterschiedliche Maßnahmen eingeleitet werden, beginnend mit einer *Warnung* über einen *Auslieferungsstopp* bis hin zu *Rückrufaktionen*. Eine enge Kooperation mit öffentlich zugelassenen Überwachungsstellen, wie zum Beispiel dem Technischen Überwachungsverein „TÜV“, ist bei bestimmten Auffälligkeiten und Maßnahmen gesetzlich vorgeschrieben. Es ist nämlich zu spät, wenn erst eine Überwachungsstelle feststellt, dass die *Produktsicherheit* nicht gegeben ist. In diesem Fall kann der Hersteller zum Rückruf oder sogar Rücknahme gesetzlich gezwungen werden. Durch das Produktsicherheitsgesetz wird ausdrücklich eine *Rückrufregelung* im Sinne aktiven Handelns vorgeschrieben, wenn Sicherheitsmängel erkannt werden, die zu potenziellen Schäden und zu einem haftungsrelevanten Unfall führen können. Für die Kommunikation der Risiken ist die Geschäftskompetenz „Unternehmenskommunikation“ der Domäne „Vermarktung und Kommunikation“ verantwortlich. Vor jeder Kommunikation müssen jedoch die *Rückrufabläufe* eindeutig intern geklärt, dokumentiert und sichergestellt sein sowie – im Krisenfall – ganz speziell die Entscheidungsträger.

Der Hersteller muss aber nicht bei jeder Reklamation die Schuld tragen. Um dies zu klären, müssen die Beobachtungen auch sachwidrige, zweckentfremdete Verwendungen oder vorsätzliche Missachtung von Warnhinweisen aufdecken können.

Ein besonderer Fall ist das sogenannte Montagsauto (geläufig auch unter der englischen Bezeichnung „Lemon Laws“), wo sich der Endkunde nicht mehr auf Nachbesserungen einlassen muss, sondern eine *Rückabwicklung* fordern kann. Aus der Sicht der IBM können solche Fälle, noch bevor sie auftreten, durch gezielte Analysen identifiziert werden.[63]

---

[63] „IBM Showcases Big Data and Analytics for Business“ http://www.ventanaresearch.com/blog/commentblog.aspx?id=4011. Zugegriffen am 23.12.2014.

Ausführende Geschäftskompetenzen

Zur Sicherstellung des Betriebs des ausgelieferten Fahrzeugs sind zwei ausführende Geschäftskompetenzen für den Fahrzeughersteller relevant. Er muss Standards zur Situation im Rahmen von „Garantie und Kulanz" setzen und darüber hinaus die wesentlichen operativen Maßnahmen in der Instandhaltung des Fahrzeugs durch die Geschäftskompetenz „Standard, Ausrüstung, Information" unterstützen.

Garantie und Kulanz

Diese Geschäftskompetenz bewertet und steuert die Kundenansprüche und wickelt sie mit der vertraglich geregelten Garantie und entgegenkommender Kulanz ab. Oft sind die Zulieferer die primären Ansprechpartner bei Garantie- und Kulanzfragen, wogegen der OEM die gesetzlich eindeutig geregelte Gewährleistung übernehmen muss. Da die rechtlichen Grundlagen und die Abläufe der Abwicklungen in den Märkten variieren, muss der OEM den Werkstätten dokumentierte *Regelungen und Vorgaben* für den Umgang mit Garantie- und Kulanzfällen bereitstellen. Die Systeme für *Garantieansprüche* mit den dafür notwendigen *Prüfungen und Abrechnungen* für die *Leistungserstattungen* stellt der OEM den Händlern und Werkstätten üblicherweise über geschützte Websites bereit. Obwohl die Märkte unterschiedlich abgewickelt werden, ist bei den Automobilunternehmen ein Trend zu globalen IT-Systemen zu erkennen. Vor allem wegen der *Kostenkalkulationen* für die Erstattungen und zentralen Möglichkeiten der Überwachung wie auch „Produktbeobachtung". Dazu bieten sich zum Beispiel *ERP-Systeme* an.

Standard, Ausrüstung, Information

Der OEM muss den Werkstätten *Methoden und Abläufe* für die operativen Maßnahmen in der Wartung, Inspektion und Instandsetzung vorgeben. Dazu ist auch die Bereitstellung einer passenden *Werkstattausrüstung und -ausstattung* erforderlich. Gerade bei der komplexen Elektr(on)ik und eingebetteten Software ist eine Diagnose mit entsprechender Datenauswertung und der erforderlichen Instandhaltung ohne entsprechende Ausrüstung mittlerweile unmöglich. Die „Entwicklung und Konstruktion" der Werkstattausrüstung erfolgt in der Geschäftsdomäne „Forschung und Entwicklung".

Für die operative Verwaltung muss der OEM Systeme zur Verfügung stellen, in denen *Zeitbedarfe* für Aktivitäten der Instandhaltung je nach Fahrzeugmodell bereitgestellt werden. Basierend auf diesen Grundlagen muss eine Werkstatt befähigt werden, eine standardisierte Zusammenstellung von *Arbeitsaufträgen* mit den entsprechenden *Kostenvoranschlägen* für die spätere Rechnung zu erstellen. Die Vorgaben müssen aber auch gewisse Freiräume für unterschiedliche Abläufe in den weltweit verteilten Werkstätten schaffen.

Die in der Geschäftskompetenz „Produktdaten und -dokumentation" der Domäne „Forschung und Entwicklung" ausgearbeitete Technische Produktdokumentation (siehe Abschn. 3.3, Kap. 2) muss in dieser Geschäftskompetenz für die Werkstätten und den Endkunden bereitgestellt werden. Zum Beispiel ist die *Bedienungsanleitung* ein zentrales

Dokument, in dem es nicht nur einfach um den Inhalt geht. Der Kundendienst steht gleichzeitig mit vielen unterschiedlichen Generationen im Kontakt, die mit gleichen Informationen im direkten Kundenkontakt unterschiedlich angesprochen werden müssen.

Es ist naheliegend, dass eine Anleitung durch die Digitalisierung erfasst wird. Entscheidend aber ist der Produktkontext und der Anwender, was zur Frage führt: Wer liest wirklich die Bedienungsanleitung eines Fahrzeugs? Selbstverständlich gibt es gesetzliche Anforderungen an Dokumentationen, die nicht nur vom Hersteller erfüllt werden müssen, sondern in kritischen Situationen auch sehr wichtig für den Fahrer sein können. Das Problem ist nur, dass die unterschiedlichen Generationen auch unterschiedliche Kommunikationsmittel und -formate bevorzugen.

Die Generation „Traditionalist" (nach US Bureau of Labor statistics, vor 1946 geboren) wird voraussichtlich weiterhin dem Papier vertrauen wollen, weil sie mit dem Buch aufgewachsen ist. Die Generation „geburtenstarke Jahrgänge" (geboren zwischen 1946 und 1964) ist mit dem Fernseher aufgewachsen und wird einen Bildschirm im Fahrzeug mit einer intelligenten Bedienung, der über die Benutzung des Fahrzeugs informiert, vorteilhaft finden. Eine zusätzliche Vernetzung mit dem Internet kann zwar weitere Vorteile bezüglich der Aktualität der Informationen bringen, ändert aber nicht die Bedienung. Was erwarten aber die nächsten Generationen der „immer mit dem Internet Verbundenen" (geboren ab 1997) bei der Nutzung eines Fahrzeugs von einer Informationsschnittstelle? Natürlich soll alles intuitiv bedienbar und eine Kommunikation mit dem Hersteller über Online-Medien jederzeit möglich sein.

Zusätzlich zu den unterschiedlichen Generationen, die mit Informationen bedient werden müssen, kommen noch besondere Bedürfnisse von Spezialkunden hinzu, wie zum Beispiel das Militär.

3.6.9 Personal

In allen Organisationen gibt es die Geschäftsdomäne „Personal", die sich auf die Bereitstellung eines zielorientierten Personaleinsatzes konzentriert und alle mitarbeiterbezogenen Gestaltungs- und Verwaltungskompetenzen des Unternehmens beinhaltet.

Mitarbeiter erwarten in der Regel von ihrem Arbeitgeber eine angemessene Vergütung, abwechslungsreichen Arbeitseinsatz, Möglichkeiten zur Weiterentwicklung und Mitbestimmung sowie einen sicheren Arbeitsplatz. Da ein Mitarbeiter nicht zum Personalwesen geht, um Antworten auf fachliche Problemstellungen im Tätigkeitsbereich der alltäglichen Arbeit zu bekommen, sind alle Erwartungshaltungen der Mitarbeiter an das Personalwesen unabhängig von der Automobilindustrie, und wir beschreiben somit eine Kompetenz, die industrieunabhängig ist. Dies entspricht auch weitestgehend den Tatsachen. Dazu verweisen wir grundsätzlich auf das Werk von Michael Beer [13], welches anhand zahlreicher Fallbeispiele (auch aus der Automobilindustrie) das Personalwesen ausführlich darstellt.

Was zeichnet das Personalwesen in der Automobilbranche besonders aus?

1. Komplexität und Größe der Organisation im internationalen Wettbewerb,
2. wachsende Anzahl von Regulierungen und staatlichen Einflüssen,
3. Wertewandel und Erwartungen an den Arbeitgeber, von der Ebene des Fach-/ Industriearbeiters (englisch oft „blue-collars“ bezeichnet) bis zum Büroangestellten (englisch oft „white-collars“ oder „knowledge worker“ bezeichnet).

Das Personalwesen hat bereits ausgereifte Prozesskonzepte zur Umsetzung des ersten Punkts. Die Herausforderungen liegen mehr in der Umsetzung angesichts historisch gewachsener „Fürstentümer“in den Werken, wo jeder Werksstandort seinen eigenen Personalbereich mit individuellen Prozessen rechtfertigt. Ein Automobilunternehmen muss sich nach Porter [117] grundlegend entweder für eine länderspezifisch angepasste oder eine internationale Personalsteuerung in der Globalisierung entscheiden. Der zweite Punkt ist in Bezug auf das Personalwesen in Kombination mit dem dritten Punkt zu sehen, weil sich durch ihn die Mitbestimmungsrechte und die Tätigkeitsschwerpunkte der sehr stark industrielastigen Betriebsräte verändern werden. Der dritte Punkt ist vor allem dann fundamental kritisch, wenn sich ein Fahrzeughersteller zur Mobilitätsindustrie transformieren will. Innovative Bauten, die Montagefabriken und Büroräume ineinander integrieren[64], sind erst der Anfang.

Wir gestalten die Domäne „Personal“ durch die folgenden acht Geschäftskompetenzen (siehe Abb. 3.37):

Steuerung:
- Personalführung und -prozess
- Personalpolitik
- Personalplanung und Organisation

Kontrolle:
- Einsatzkontrolle
- Beurteilung

Ausführung:
- Eintritt und Austritt
- Einsatz und Entwicklung
- Verwaltung und Vergütung

Steuernde Geschäftskompetenzen

Ein Unternehmen steuert mit Hilfe des Personalwesens die Belegschaft. Die beiden Prinzipien Humanität und Wirtschaftlichkeit dienen dem Geschäftszweck und bilden die Grundlage für das gesamte Handeln im Personalwesen:

[64] Zum Beispiel das BMW Werk Leipzig http://www.bmw-werk-leipzig.de/leipzig/deutsch/lowband/com/de/index.html. Zugegriffen am 23.12.2014.

Geschäftskompetenzen der Verwaltungsdomäne: Personal

Steuerung

Personalführung & -prozess
- Aufgaben, Qualifikationen, Rollen
- Personalprozesse
- Regional & International

Personalpolitik
- Grundsätze & Entscheidungen
- Festlegungen
- Lebensphasenorientierung

Personalplanung & Organisation
- Bedarfsbestimmung
- Anforderungsprofil
- Umsetzung der Organisationsstruktur

Kontrolle

Einsatzkontrolle
- Personal-Kennzahlensystem
- Berichtssystem
- Datenerfassung, Arbeitszeiterfassung
- Leistungskontrolle

Beurteilung
- Leistungs- & Potenzialbeurteilung
- Personalleistung
- Beurteilungsfehler
- Disziplinarmaßnahmen
- Mitbestimmung

Ausführung

Eintritt & Austritt
- Bedarfsbestimmung, Beschaffungsweg
- Rekrutierung
- Bewerbung, Auswahl, Stellenbesetzung
- Arbeitsvertrag
- Freistellung, Fluktuation

Einsatz & Entwicklung
- Integration & Betreuung
- Laufbahnmodell
- Weiterbildungssystem
- Personalbildung & -förderung
- Gesundheits- & Sozialmaßnahmen

Verwaltung & Vergütung
- Personalinformationssystem
- Vergütungsregelung
- Vergütungssystem
- Abrechnen, Melden, Buchen
- Nicht-monetäre Kompensationen

Abb. 3.37 Die Geschäftskompetenzen der Domäne „Personal"

Humanität bedeutet, dass die Arbeitsbedingungen an die Bedürfnisse des Mitarbeiters angepasst sind und der Führungsstil kooperativ ist.

Wirtschaftlichkeit bedeutet, dass die Kompetenzen, kreativen Leistungsfähigkeiten und Leidenschaften der Mitarbeiter für die Wettbewerbsvorteile des Unternehmens eingesetzt werden. Das Verhältnis zwischen den Vergütungen und der daraus resultierenden Personalleistung ergibt die Wirtschaftlichkeit des Personalwesens.

Personalführung und -prozess

Mithilfe der Personalführung werden die Unternehmensziele und -strategien personenbezogen umgesetzt. Die Führungskräfte mit Personalverantwortung sorgen für die jeweiligen Zielvorgaben, Motivationen und entsprechenden Unterstützungen und versuchen, den Gruppenerhalt ohne hierarchische Konflikte zu erzeugen. Konflikte sind allerdings nicht mit Kritik gleichzusetzen. Gute Personalführung bedeutet, Kritik zuzulassen oder sogar zu wünschen. Kaizen (siehe Abschn. 3.1.4) ist ein erfolgreiches Beispiel einer Personalführung, die sich primär an den Mitarbeitern anstatt an den Aufgaben orientiert. Es zeichnet sich durch ein kooperatives Führen aus, bei dem die Belegschaft an Entscheidungen beteiligt wird, wodurch insbesondere Eigeninitiativen gefördert werden.

Die Personalführung definiert die wesentlichen *Aufgaben, Qualifikationen, Rollen* und modelliert angepasste regionale und globale Karrierekonzepte, um das Nutzerversprechen des Unternehmens umsetzen zu können. Dazu gehören klare Rollen-, Aufgaben- und Verantwortungsbeschreibungen unter Berücksichtigung kultureller Aspekte zur Integration der gesamten Belegschaft. Nur so können die globalen Fahrzeughersteller einen Zugang zum internationalen Arbeitsmarkt und einen internen Transfer von Fähigkeiten im internationalen Geschäft vielversprechender Wachstumsmärkte erreichen.[65]

Die Abläufe aller Geschäftskompetenzen des „Personals" richten sich nach den definierten *Personalprozessen* [137]. Jedes Unternehmen muss entscheiden, inwieweit es seine Personalprozesse im globalen Wettbewerb standardisiert oder individuell gestaltet. Unternehmen wie SAP oder Oracle bieten betriebswirtschaftliche Softwarepakete inklusive Prozessmodelle zur weltweiten Standardisierung und Optimierung von Abläufen im Personalwesen. Sie fördern damit einen wirtschaftlichen Denkansatz, der grundlegend ist für entweder eine länderspezifisch angepasste oder internationale Steuerung der Belegschaft zum Geschäftserfolg des Unternehmens.

Personalpolitik

Die Personalpolitik umfasst alle *Grundsätze und Entscheidungen* unter Berücksichtigung der Ziele, Werte und Prinzipien der Unternehmenssteuerung und gesetzlicher Vorgaben. Personalpolitische *Festlegungen*, wie zum Beispiel Verhaltensregeln und -richtlinien, werden in einer Unternehmenssatzung oder – unter anderem – in einer Geschäfts-, Arbeits- oder Betriebsordnung festgehalten. Dabei unterscheidet man zwischen Grundsatz- und Einzelentscheidungen. Grundsatzentscheidungen sind richtungsweisend und werden als Leitlinien der Unternehmensführung festgelegt. Hingegen dienen Einzelentscheidungen dazu, die Grundsatzentscheidungen in konkreten Fällen einzelner Bereiche umzusetzen. Beispielsweise ist das generelle Modell zur Vergütung nach Leistung eine Grundsatzentscheidung, die aber in einzelnen Regionen wegen gesetzlicher Vorgaben durch Einzelentscheidungen adaptiert werden muss.

Der Mensch steht im Mittelpunkt des Personalwesens, um seine Kreativität, Qualifikation und Leistungsfähigkeit zu einem Wettbewerbsvorteil des Unternehmens zu entwickeln. Dadurch entsteht auch der Bedarf, Traditionen des Unternehmens zu bewahren. Aber nicht nur sie sind heute wichtig, damit ein Arbeitgeber attraktiv für unterschiedliche Gruppen von Menschen ist. Ein Konzept der *Lebensphasenorientierung* in der Personalpolitik [130] gewinnt eine immer höhere Bedeutung in globalen Unternehmen. Die Personalpolitik muss einen entsprechenden Rahmen setzen, um zu verhindern, dass nicht zu viele wichtige Entscheidungen zu ein und demselben Zeitpunkt auf die Beschäftigten treffen, damit lebensphasengerecht geführt und motiviert werden kann. Gerade die Produktivität der jüngeren Belegschaft ist durch Überlegungen zur beruflichen

[65] Wir verweisen auf die Literatur [53] zur Vertiefung eines internationalen Personalmanagements.

Umorientierung, durch Aufstiegsmöglichkeiten, Wohnortswechsel oder eine Familiengründung gehemmt.

Personalplanung und Organisation

Die Personalplanung ist die gedankliche Vorwegnahme des zukünftigen Personalgeschehens im Unternehmen. Sie ermittelt und plant den künftigen Personalbedarf, was durch viele verschiedene Einflussfaktoren bestimmt wird. Man unterscheidet interne und externe Einflussgrößen. Interne Größen sind beispielsweise Personalbestand, Organisationsstruktur, Leistungsvermögen der Mitarbeiter, Ausbildungsstand, Altersstruktur, Fluktuation, Rationalisierungsmaßnahmen und Fehlzeiten. Externe Beispiele sind Wirtschaftslage, konjunkturelle Entwicklung, Arbeitsmarkt, Nachfragesituation, Fachkräfteangebot, Bevölkerungsstruktur und -entwicklung. Nach all diesen Größen wird der quantitative und qualitative Personalbedarf ermittelt. Im Rahmen der quantitativen *Bedarfsbestimmung* wird ermittelt, ob eine Unterdeckung (Personal beschaffen) oder Überdeckung (Personal freistellen) im Stellenplan besteht. Ist die Bestimmung des quantitativen Personalbedarfs abgeschlossen, muss im Rahmen der qualitativen Planung festgelegt werden, welche Qualifikationen die zukünftige Belegschaft für die Umsetzung der Unternehmensziele und -strategien nach Zeit und Ort erfüllen muss; daraus folgen wiederum die *Anforderungsprofile* für die Stellenbeschreibungen der personell benötigten Kapazitäten. Es gibt vielseitige Qualifikationen, die als Grundlage eines Anforderungsprofils dienen, das eine Funktion in einer Organisation erfolgreich und effektiv erfüllen soll. Ein ganzheitlicher Überblick ist notwendig, um einen konsolidierten Abgleich verschiedenster lokaler Kapazitätsbedarfe gegenüber dem bestehenden Personal durchzuführen.

Die Unternehmenssteuerung gibt den Rahmen für eine globale Organisation vor. Die tatsächliche *Umsetzung der Organisationsstruktur* erfolgt in der Geschäftsdomäne „Personal", weil jede Organisation eine eigene, sich entwickelnde Kultur hat. Dadurch sind langfristige, umfassende Entwicklungs- und Veränderungsprozesse zur Ausgestaltung von Organisationen notwendig. Ein Organisationswandel kann geplant und unterstützt oder unbeabsichtigt und unbemerkt erfolgen. Überwiegend die Führungspsychologie beschäftigt sich mit der Personalführung und mit Rollenverständnissen von Personalverantwortlichen in komplexen Organisationen. Prozesse und Werkzeuge können hier nur bedingt unterstützen und befinden sich außerhalb unseres Rahmens der Unternehmensarchitektur.[66]

Kontrollierende Geschäftskompetenzen

Ein Unternehmen ist nur dann erfolgreich, wenn es attraktiv für unterschiedliche Gruppen von Menschen ist, die bereit sind, ihr Wissen und ihre Fähigkeiten für das Unternehmen einzusetzen. Was bedeutet eine suboptimale Personalführung oder suboptimaler Personaleinsatz? Wie misst man Personalleistung und verhindert, dass Entscheider

[66] Wir verweisen hierzu auf weiterführende Literatur [153].

weniger fachliche Leistungen im Blick haben als Personen, die ihnen ähnlich oder gut bekannt sind?

Unterschiedliche Kontroll- und Bewertungsmechanismen schaffen Transparenz über den Beitrag des Personals wie auch des Personalwesens zum Unternehmenserfolg. Der Geschäftszweck kann einerseits die Senkung von Personalkosten, Fluktuation und Fehlzeiten und andererseits die Steigerung der Arbeitsproduktivität erfordern.

Einsatzkontrolle

Der Personaleinsatz ist die Zuordnung der Mitarbeiter zu den Arbeitsplätzen eines Unternehmens, die mit der Aufnahme ihrer Tätigkeit im Betrieb beginnt und mit ihrem Ausscheiden endet.

Die Einsatzkontrolle beruht auf einem *Personal-Kennzahlensystem*, in dem zwischen qualitativen und quantitativen Kennzahlen unterschieden wird. Die quantitativen Kennzahlen nutzen als Basis diskret messbare Werte, wie Umsatz, Mitarbeiteranzahl oder Kündigungen. Es sind Soll-Ist-Vergleiche, die lediglich die Differenzen ermitteln. Eine Kennzahl an sich gibt noch keine Auskunft darüber, warum beispielsweise eine hohe Fluktuation im Unternehmen herrscht. Sie weist lediglich anhand von Wertebereichen auf Probleme und Gefahren hin.

- Geläufig sind prozentuale Größen wie zum Beispiel Personalkostenquote, Mehrarbeitsquote, Fehlzeitquote, Krankenquote oder Unfallquote.
- Durchschnittliche Größen sind beispielsweise Alter der Belegschaft oder Dauer der Betriebszugehörigkeit.
- Finanzielle Größen haben immer eine große Bedeutung, wie Rekrutierungskosten, Lohnniveau oder Weiterbildungskosten.
- Hilfreiche komplexere Kenngrößen geben Auskunft über Strukturentwicklungen, wie zum Beispiel der Bestand und die Veränderung der Personalstruktur oder die Qualifikationsstruktur der Belegschaft.

Für eine weiterführende Betrachtung von Personal-Kennzahlen und darauf aufbauende *Berichtssysteme* verweisen wir auf die Literatur [63]. Qualitative Kennzahlen können auf Ursachen oder Indikatoren zu Problemen und Gefahren hinweisen, etwa auf die Zufriedenheit von Mitarbeitern im Unternehmen. Sie sind aber schwerer messbar und lassen sich weniger präzise definieren und dokumentieren.

Die Kennzahlensysteme sind nur so gut, wie ihre zugrunde liegenden Daten erfasst werden. Ein zentrales System zur *Datenerfassung* ist die *Arbeitszeiterfassung* der Mitarbeiter. Gegenstand der Arbeitszeiterfassung der Mitarbeiter sind:

Arbeitszeitdaten	wie Anwesenheit, Mehrarbeit, Urlaubskontingent, Fehlzeit und Abwesenheit wegen Fortbildung, Mutterschutz etc.
Arbeitszeitregeln	wie Gleitzeit- und Kernzeitspanne, Pausen, Vorgaben für Auszubildende, Probezeit, gesetzliche und betriebliche Vorschriften.
Tarife	wie Akkord-, Nachtarbeits- und Sonntagsarbeitszuschläge.

Gerade in der Automobilindustrie ist das System zur Zeiterfassung essenziell in den operativen Einsatzplanungen und *Leistungskontrollen* der Produktionswerke. Solche Systeme haben eine lange Historie, um Gerechtigkeit bei der Vergütung der Mitarbeiter zu schaffen. Die Limitierungen solcher Systeme entstehen durch einen Wandel vom rein aufgabenorientierten Arbeiten zum wissensbasierten Arbeiten. Im Rahmen solcher Systeme wäre es gerecht, Innovationen der Belegschaft beispielsweise immer zu einem bestimmten Zeitpunkt für eine feste Dauer einzuplanen. Jeder Mitarbeiter bekommt dadurch die gleichen Chancen, einen Beitrag zum Unternehmen zu leisten. Bei klassischen inkrementellen Verbesserungssystemen wie Kaizen (siehe Abschn. 3.1.4) ist ein derartiges Vorgehen möglich. In der Mobilitätsindustrie wird es hingegen kaum möglich sein, bahnbrechende Innovationssprünge immer freitags zwischen 14 und 15 Uhr zu entwickeln.

Beurteilung

Die Beurteilung von Mitarbeitern kann unterschiedliche Schwerpunkte haben. Beispielsweise ist die regelmäßige *Leistungsbeurteilung* sehr üblich, ebenso die *Potenzialbeurteilung* zur Talentförderung. Das Beurteilungsgespräch über die *Personalleistung* wird über das Geschehene geführt, indem die Zielvereinbarungen mit den erreichten Ergebnisse verglichen werden; dagegen ist die Einschätzung der Potenziale auf zukünftige Förderungen gerichtet. Es gibt zahlreiche verschiedene Verfahren zur Beurteilung mit jeweils ganz bestimmten Vor- und Nachteilen, ebenso *Beurteilungsfehler* wie Wahrnehmungsverzerrungen oder bewusste Verfälschungen. In besonderen Fällen können Disziplinarmaßnahmen gegen Mitarbeiter erfolgen, wie zum Beispiel eine Abmahnung. Die Verfahren zur Beurteilung sind unabhängig von der Automobilindustrie.[67]

Beurteilt werden aber nicht nur einzelne Personen. Beurteilungen ganzer Organisationen sind entscheidend für den zukünftigen Erfolg eines Unternehmens. Dazu gehören zum Beispiel Belegschaftsentwicklungen, Kapazitätsbedarfe und -abdeckungen, Entwicklungen der Mitarbeiterqualifizierung und Arbeitsmärkte, Mitarbeiterzufriedenheit und -informationsbedarfe. Planungen und Umsetzungen, die aus solchen Beurteilungen resultieren, werden mit der betrieblichen *Mitbestimmung* abgestimmt, welche die Interessen der Arbeitnehmer vertritt.

Ausführende Geschäftskompetenzen

Die wesentlichen ausführenden Geschäftskompetenzen des „Personals“ beruhen auf dem Konzept des Findens, Bindens und Entwickelns von Menschen für das Unternehmen und das Geschäft.

[67] Deswegen sei hier nicht genauer darauf eingegangen, sondern nur die Literatur [110] verwiesen.

Eintritt und Austritt

In der Bedarfsbestimmung wird nach einer Konsolidierung verschiedenster lokaler Kapazitätsbedarfe die ausreichende Anzahl und Qualität für die beschriebenen Anforderungsprofile ermittelt. Der *Beschaffungsweg* wird nach einem Abgleich interner Kapazitäten und Qualifikationen bestimmt. Man kann innerhalb oder außerhalb des Unternehmens in ausgewählten Kanälen nach Kandidaten suchen, deren Fähigkeits- oder Eignungsprofile den Personalanforderungen genügen. Das Suchen und Finden potenzieller Kandidaten für den bestimmten Bedarf bezeichnet man als *Rekrutierung*. Aus dem Kreis der *Bewerbungen* wählt die Organisation die für den jeweiligen Arbeitsplatz am besten geeigneten Bewerber aus. Allerdings müssen bei der *Auswahl* die gesetzlichen Vorgaben eingehalten werden, wie zum Beispiel das Gleichbehandlungsgesetz. Üblicherweise findet zuerst eine Vorauswahl durch das Sichten der Bewerbungsunterlagen statt, bevor die Vorstellungsgespräche für die Kandidatenbewertung durchgeführt werden. Nachdem in der Personalauswahl alle Informationen der Eigenschaften und Fähigkeiten der Bewerber sowie deren Auswertung gesammelt wurden, erfolgt die abschließende Entscheidung, mit welchem Bewerber die *Stellenbesetzung* umgesetzt werden soll. Mit der rechtlichen Bindung durch die Ausfertigung des *Arbeitsvertrages* ist der Personaleintritt abgeschlossen. Die rechtliche Bindung von Bewerbern darf aber nicht ohne Berücksichtigung der Mitbestimmungsrechte des Betriebsrates erfolgen.

Die wesentliche Herausforderung in der Personalbeschaffung ist die Transparenz und Nachvollziehbarkeit, weshalb der Ablauf in der Realität komplexer und mit vielen Kontrollen versehen ist. Zusätzlich ist auch die Vergleichbarkeit in der Auswahl und Bindung der Bewerber wichtig, was bei Auslandseinsätzen auch eine internationale Vergleichbarkeit bedeuten kann. So könnten etwa standardisierte Bewerbungsund Vertragsvorlagen für verschiedene Länder eine Optimierungsmöglichkeit sein.

Es kann viele Gründe geben, warum sich ein Arbeitnehmer entscheidet, aus einem Unternehmen auszutreten. Sie werden in der Regel im Personalinformationssystem festgehalten. Es gibt jedoch keine größeren Prozessabläufe, die für unseren Rahmen relevant wären. Hingegen resultieren die Maßnahmen zur *Freistellung*[68] von Personal aus einer personellen Überdeckung im Unternehmen. Die Überdeckung kann qualitativ, quantitativ, örtlich oder zeitlich bedingt sein. Man unterscheidet zwischen internen und externen Personalfreistellungen. Bei einer quantitativen Überdeckung erfolgt in der Regel eine externe Personalfreistellung, in erster Linie durch den Abbau nicht zwingend benötigter Stellen. Hierzu gibt es die folgenden beiden Arten von Freistellungen, die unterschiedliche Personalprozesse befolgen müssen und meistens eine vertragliche Beendigung des Anstellungsverhältnisses bedeuten:

[68] Eine Freistellung ist eine einseitige Anordnung des Arbeitgebers oder eine einvernehmliche Vereinbarung zwischen den Parteien des Arbeitsvertrages, einen Arbeitnehmer von der Pflicht zur Erbringung seiner Arbeitsleistung dauerhaft oder zeitweise zu entbinden.

- Eine sanfte Anpassung durch Einstellungsstopp, Ausnutzung von Fluktuation, Vertragsablauf, Abbau von Leiharbeit, Pensionierung, Vorruhestand oder Anreiz zur Eigenkündigung.
- Eine strenge Anpassung durch keine Vertragsverlängerung, Aufhebungsvertrag, betriebsbedingte oder verhaltensbedingte Kündigung.

Hingegen bedeutet eine interne Personalfreistellung keinen Abbau, sondern eine Anpassung von Arbeitskräften auf Unternehmensebene, wenn eine qualitative, örtliche oder zeitliche Überdeckung vorliegt. Bei einer qualitativen Überdeckung können zum Beispiel Fortbildungen oder Umschulungen stattfinden, während bei einer örtlichen Überdeckung eine Versetzung von Arbeitskräften eine Möglichkeit wäre. Einer örtliche Überdeckung tritt oft bei einer Standortschließung oder -verschiebung auf. Eine zeitliche Überdeckung tritt häufiger in den Fabriken der Automobilindustrie bei Engpässen ein. Beispielhafte Möglichkeiten sind Kurzarbeit, Arbeitszeitverkürzung, Schaffung von Teilzeitstellen oder Urlaubsgestaltung.

Eine *Fluktuation* ist im Gegensatz zur Freistellung ungeplant und kann wegen unterschiedlichster Ursachen nicht so strukturiert in Personalprozessen abgebildet werden. Nur aus kurzfristiger Sichtweise kann sie hilfreich zum Abbau von Arbeitsplätzen sein. Es ist eher unwahrscheinlich, dass sich unmotivierte Mitarbeiter vom Unternehmen trennen wollen, um Platz für „leistungsfähigere" Mitarbeiter zu schaffen.

Einsatz und Entwicklung

Entsprechend der Personalplanung werden auch beim Personaleinsatz, der Zuordnung der Mitarbeiter zu den Arbeitsplätzen eines Unternehmens, quantitative und qualitative Zuordnungen für die Stellenbesetzung durchgeführt. Hinzu kommt, dass ein Einsatz auch eine zeitliche Zuordnung besitzt, insbesondere bei Schichtbetrieb in Fabriken oder beim Einsatz von Teilzeitkräften. Der Personaleinsatz ist ein ständig laufender Prozess, der auch nach einem Personaleintritt zur Einführung und Einarbeitung der Arbeitskräfte im Unternehmen folgt.

Die Personalentwicklung sorgt für die Erhaltung und Verbesserung der Qualifikationen der Belegschaft. Dies beginnt mit der *Integration und Betreuung* der Mitarbeiter in ihrem *Laufbahnmodell* im Unternehmen. Besonders bei hochspezialisierten Fachkräften ist eine kooperative Entwicklung von Nachfolgern wichtig. Die Personalentwicklung bezieht sich aber nicht nur auf einzelne Mitarbeiter, wie besonders hochqualifizierte und begabte Talente, sondern kann auch ganzheitlich die Entwicklung von Organisationen wie Betriebsgruppen, Fachabteilungen oder das gesamte Unternehmen umfassen. Regulierungen, Vorgaben und Sicherstellung einer Vielfalt müssen auch bei der Personalentwicklung berücksichtigt werden und nicht nur bei der Beschaffung, zum Beispiel die Orientierung an der Demografie.

In einem *Weiterbildungssystem* werden personalbildende Maßnahmen wie beispielsweise die Aus- und Fortbildung oder Umschulung geplant und verwaltet. Die *Personalbildung* ist eine Basisaufgabe der Personalentwicklung. Sie kann innerhalb, auch direkt am

Arbeitsplatz, oder außerhalb des Unternehmens durch externe Bildungsträger erfolgen. Eine *Personalförderung* ist hingegen individueller, um persönliche Entwicklungen und Leistungsfähigkeiten von Führungskräften oder talentierten Fachkräften im Unternehmen zu unterstützen. Sie ist insbesondere in der Organisation für die Veränderung von Arbeitsplätzen und -inhalten notwendig. Eine Laufbahnplanung in globalen Automobilunternehmen sollte auch Abfolgen größerer fachlicher oder internationaler Veränderungen ermöglichen, die während einer beruflichen Entwicklung durchlaufen werden können. Die Übertragung von Sonderaufgaben ist ebenfalls eine Maßnahme, einen Lernenden über sein Aufgabengebiet hinaus tätig werden zu lassen. Querschnittsaufgaben mit Problemstellungen aus mehreren betrieblichen Bereichen, die übergreifend zusammenwirken, eignen sich besonders für Führungsnachwuchskräfte. Wegen der verschiedensten Absatzmärkte dienen vor allem Auslandseinsätze zur Vermittlung fachlicher, sozialer und interkultureller Qualifikationen.

In den Strategiebeispielen im Abschn. 3.1 zeigen BMW [15] und Daimler [32], dass die Personalentwicklung die Mitarbeiter mit *Gesundheits- und Sozialmaßnahmen* unterstützt. Dazu gehören beispielsweise Vorsorge-, Sport- und Rehabilitationsangebote oder auch Beratungen zur Vereinbarkeit von Berufs-, Privat- und Familienleben, wenn Stress am Arbeitsplatz oder emotionale Erschöpfungen auftreten. Neben Auskünften und Programmbereitstellungen sind auch Sicherheits- und Schutzmaßnahmen notwendig, die über die Eigenverantwortung der Mitarbeiter hinausgehen. Dazu gehört beispielsweise eine ergonomische Arbeitsplatzgestaltung.

Verwaltung und Vergütung

Die Personalverwaltung ordnet die Daten sämtlicher Mitarbeiter während der Beschäftigung, vom Zugang über Entwicklungen bis zum Abgang in einem *Personalinformationssystem*. Ein zentrales System zur einheitlichen Verwaltung der Mitarbeiterdaten kann in globalen Unternehmen viele Vorteile haben. Über ein Mitarbeiterportal werden üblicherweise nur wenige Stammdaten und Organisationsinformationen zugänglich gemacht; Zugriffe auf sensiblere Daten der Personalakten werden je nach Personenkreis und Aufgabenfeld ermöglicht.

Eine zentrale Verwaltungsaufgabe ist die Vergütung. Sie steht für die Abwicklung aller geldlichen Leistungen des Unternehmens an sein Personal. In der Automobilindustrie verwendet man allerdings noch umgangssprachlich die zwei Formen:

- DerLohn eines Arbeiters bezieht sich grundsätzlich auf ein Modell, bei dem sich der Verdienst aus einem festen Stundensatz und der im Abrechnungszeitraum geleisteten Stunden zusammensetzt. Als Lohnformen gelten Zeitlohn, Akkordlohn, Prämienlohn und Beteiligungslohn. Damit kann die monatliche Vergütung in der Höhe variieren.
- Das Gehalt eines Angestellten ist in der Regel eine monatlich feste Vergütung, deren Höhe im Arbeitsvertrag vereinbart ist. Die tatsächlich geleisteten Arbeitsstunden werden dabei nicht berücksichtigt.

Die Trennung zwischen Lohn- und Gehaltsempfängern ist historisch. In den letzten Jahren wurde eine einheitlich geltende *Vergütungsregelung* für alle Beschäftigten über das Entgelt-Rahmenabkommen eingeführt, wo keine Differenzierung der unterschiedlichen arbeits- und sozialrechtlichen Behandlung von Arbeitern und Angestellten mehr erfolgen sollte.

Vergütungssysteme bestehen im Wesentlichen aus den folgenden drei Grundelementen [166]:

1. Wert der Tätigkeit nach einer definierten Vergütungsstufe, die die Bedeutung der Tätigkeiten und Tragweite der Zielvereinbarungen im Unternehmen darstellt
2. Bewertung der erbrachten persönlichen Leistung nach vorgegebenen Leistungsstufen
3. Grad der erreichten Unternehmensziele

Beruhend auf diesen grundlegenden Definitionen und Konzepten in den Systemen finden die operativen Aufbereitungen und Abwicklungen statt. Dazu gehören Verwaltungsfunktionen wie *Abrechnen, Melden, Buchen* wie auch die Berücksichtigung und Anpassung von Versteuerungen, Versicherungen, Tarifverträge, Altersversorgungen etc.

Neben den monetären Vergütungen haben in den letzten Jahren auch *nichtmonetäre Kompensationen* eine zusätzliche Bedeutung gewonnen. Im Prinzip ist das nichts Neues, schon früher konnte man beispielsweise einen zusätzlichen freien Tag vom Arbeitgeber bekommen. Sehr beliebt in der Automobilindustrie ist die Kompensation durch einen Dienstwagen, wodurch ein Mitarbeiter an ein größeres und besser ausgestattetes Fahrzeug kommt, als er selbst sich leisten könnte. Eine solche Kompensation hat aber dennoch einen monetären Anteil, weil die private Nutzung als geldwerter Vorteil gilt und somit versteuert werden muss. Eine rein nicht-monetäre Kompensation, die auf Vertrauen des Arbeitgebers beruht, wäre die Zeit-, Ort- und Urlaubssouveränität, die dem Mitarbeiter die Möglichkeit gibt, Arbeitszeit und -ort selbst zu bestimmen. Urlaubsanträge gäbe es dann nicht mehr. Eine andere Kompensation wären auch größere Entscheidungsspielräume oder professionelle Aus- und Weiterbildungsmöglichkeiten. Solche Kompensationen haben einen Geschäftszweck, weil globale Unternehmen sonst – beispielsweise – intensive internationale Tätigkeiten ihrer Mitarbeiter nicht attraktiv umsetzen könnten. Internationale Tätigkeiten erfordern nicht mehr nur, dass Arbeits- und Privatleben miteinander im Einklang stehen, sondern komplett integriert werden. Nicht-monetäre Kompensation kann für Mitarbeiter ein wichtiger Teil der gesamten Vergütung sein. Sie beinhaltet ein großes Potenzial für den Arbeitnehmer zur Leistungssteigerung und Identifikation mit dem Unternehmen, ist aber nicht immer einfach zu messen.

3.6.10 Qualität

Die Geschäftsdomäne „Qualität" stellt primär sicher, dass das Fahrzeug nach Entwicklung und Herstellung keine Mängel aufweist, wenn es in den Verkauf kommt, und zuverlässig für lange Zeit genutzt werden kann. Damit soll der Kunde nicht nur durch das Nutzenversprechen gewonnen, sondern auch längerfristig in einer dauerhafte Geschäftsbeziehung gehalten werden. Die Qualität umfasst jedoch nicht nur Leistungen, die für den Kunden sichtbar sind, sondern jegliche Art von Maßnahmen im gesamten Unternehmen, die der Qualität der Produkte und Leistungen dienen. Beim Verkauf wie auch bei der Nutzung geht es nicht nur um die Qualität des Produktes, sondern auch um die Leistungen einer Organisation in einem sehr anspruchsvollem Umfeld. Dadurch wird sie Teil einer Unternehmenskultur und durchdringt als Teil der Denkweise der Belegschaft alle Bereiche des Unternehmens, ähnlich der japanischen Führungsphilosophie Kaizen (siehe Abschn. 3.1.4). Philip B. Crosby [30] stellt dar, dass alleine harte Arbeit und ernst gemeinte Bemühungen noch keine Qualität erzeugen. Auf dem Weg zum Ziel Perfektion hat er 14 Schritte für ein Null-Fehler-Programm identifiziert, mit deren Hilfe alles gleich beim ersten Mal richtig gemacht werden soll.

Qualitätsprobleme werden in der Automobilindustrie[69] mit hoher Aufmerksamkeit und großer Sorgfalt behandelt, da sie sich auch auf die Gesellschaft auswirken. Schließlich vertrauen wir alle dem Hersteller unser Leben an, wenn wir ins Fahrzeug einsteigen. Deswegen sind die Anforderungen und Bedürfnisse der Kunden sehr hoch, auch wenn dies heutzutage schon als fast selbstverständlich scheinen mag. Die grundlegenden und bewährten Verfahren für die Fahrzeughersteller sind in der Technischen Spezifikation ISO/TS 16949:2013 [156] beschrieben, die sich an den fundierten Methoden des industriellen Qualitätsgedankens von Walter A. Shewhart [146] und W. Edwards Deming [37, 38] orientiert. Darüber hinaus lehnt sich die Technische Spezifikation an mehrere industrieübergreifende Normen an, wie ISO 9000:2005 [74], die zur Definition der generellen Grundlagen und Begriffe für Systeme des Qualitätsmanagements dienen. Eine weitere Norm, ISO 9001:2008 [75], regelt die Erfordernisse und Anforderungen für Qualitätszertifizierungen und stellt die Konformität mit den Anforderungen und Qualitätswerten unserer Gesellschaft sicher. Im Herbst 2015 ist eine Aktualisierung der Norm ISO 9001:2015 [70] geplant mit einer stärkeren Betonung risikobasierten Denkens. Durch das risikobasierte Denken kann sich die Ausrichtung der Kompetenz Qualität ähnlich zu den Kompetenzen „Risiken & Finanzen", „Sicherheit" und „Umwelt" in eine Domäne „Unternehmenssteuerung"entwickeln.

Unsere Beschreibung der Geschäftsdomäne verfolgt den Leitfaden der Norm ISO 9004:2009 [76], ein umfassenderes Konzept als ISO 9001:2008. Sie adressiert die Erfordernisse und Erwartungen aller interessierten Parteien und verbessert systematisch und kontinuierlich die Gesamtleistung der Organisation. Das erweiterte Modell des prozessorientierten Qualitätsmanagements nach ISO 9004:2009 ist in Abb. 3.38 dargestellt. Die Norm ISO 9004:2009 kann nicht einfach als Erweiterung von ISO 9001:2008 gesehen werden. Beide wurden widerspruchsfrei zueinander weiterentwickelt und können auch unabhängig voneinander angewandt werden. Beispielsweise ist die

[69] „The Top 5 Automotive Quality Management Failures of All Time" http://www.cebos.com/the-top-5-automotive-quality-management-failures-of-all-time. Zugegriffen am 23.12.2014.

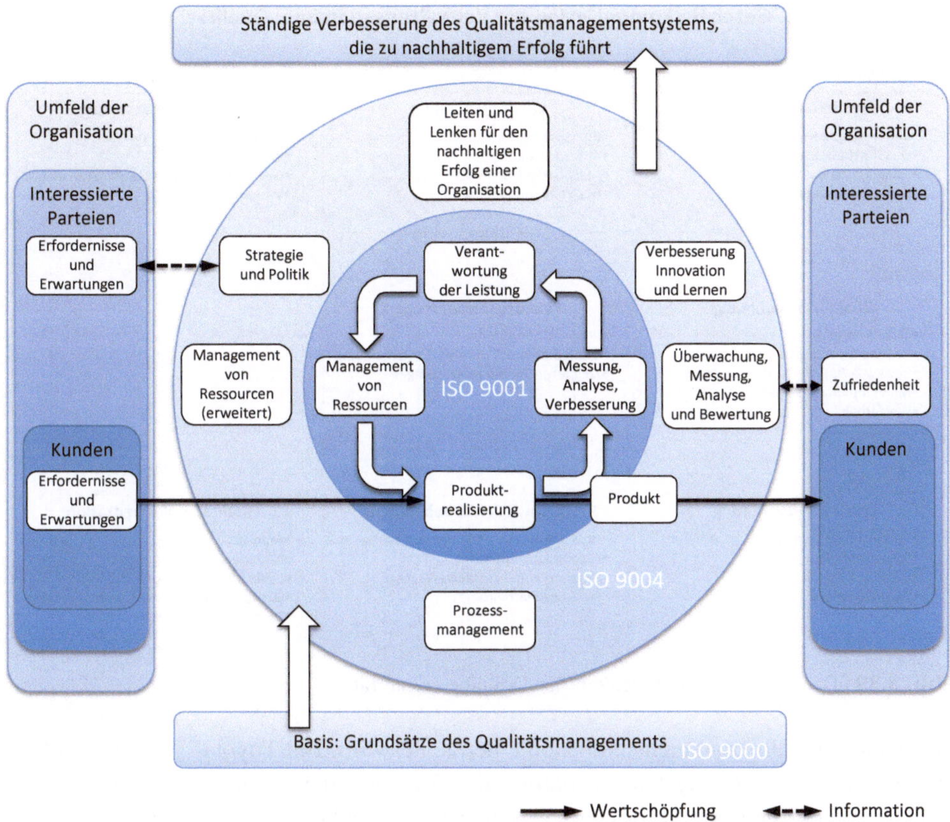

Abb. 3.38 Erweitertes Modell des prozessorientierten Qualitätsmanagements nach ISO 9004:2009 [76]

Norm ISO 9004:2009 nicht für Zertifizierungszwecke oder für die behördliche und vertragliche Verwendung vorgesehen; vielmehr hat sie Empfehlungscharakter, um Unternehmen auf eine ganzheitliche Betrachtung der Qualität auszurichten. Dabei soll der Kunde die Qualität im Gesamteindruck wahrnehmen, also im Konzept, in der Ausführung, beim Vertrieb wie auch in der gesamten Nutzungsphase des Fahrzeugs, ein Anspruch, den viele Automobilunternehmen haben [25], die Realität kann indessen anders aussehen. Deshalb kann die in diesem Abschnitt zusammengefasste Geschäftsdomäne durchaus ein Wunschziel sein. In der Realität nämlich sind die Prozesse zur Qualitätskontrolle, -sicherung und -verbesserung oftmals im gesamten Unternehmen verstreut, was eine ganzheitliche und umfassende Qualitätsbetrachtung unmöglich macht. Die Literatur (zum Beispiel [35, 51]) bezieht sich dagegen auf ein umfassendes Qualitätsmanagement (englisch Total Quality Management), womit die Qualität als zentraler

Geschäftskompetenzen der Verwaltungsdomäne: Qualität

Steuerung

Qualitätsverständnis	Qualitätsplanung	Qualitätsverbesserung
▪Kriterien & Ziele ▪Qualitätsbewusstsein ▪Qualitätsstandards ▪Konformitätsbewertungen	▪Prozessplanung ▪Anforderungen ▪Machbarkeitsanalyse ▪Maßnahmenplanung	▪Leistungsprüfung & -bewertung ▪Prognosen ▪Gewährleistungs- und Kulanzkalkulation ▪Vergleiche

Kontrolle

Qualitätsauswertung	Leistungsauswertung
▪Qualitätsstatus ▪Regress & Reklamationen ▪Review & Audit ▪Maßnahmenwirksamkeit ▪Werterhalt	▪Prozessoptimierungen ▪Qualitätskosten- und -leistungsrechnung ▪Zulieferer, Produkte, Leistungen

Ausführung

Qualitätsabsicherung	Problem- & Fehlerbehandlung	Qualitätsdokumentation
▪Vorbeugende Qualitätsmaßnahmen ▪Fehlervermeidung ▪Qualitätsprüfung ▪Qualitätsabnahme	▪Ursachenanalyse & Fehlerabstellung ▪Lösungskonzeption ▪Problembehebungsanweisungen ▪Störungsbearbeitung	▪Anforderungen ▪Nachweis der Konformität ▪Fehler, Schäden & Ursachen ▪Überprüfung- & Abnahmebedingungen ▪Testverfahren & Fehleranalysen

Abb. 3.39 Die Geschäftskompetenzen der Domäne „Qualität“

Bestandteil der Unternehmensphilosophie betrachtet wird. Bei Toyota[70], wo im Lauf der über 60 Jahre, die das System „Creative Idea Suggestion System“ besteht, bis August 2011 insgesamt über 40 Millionen Verbesserungsvorschläge erreicht wurden, wird das Thema der ständigen Verbesserung besonders hervorgehoben.

Wir gestalten die Domäne „Qualität“ durch die folgenden acht Geschäftskompetenzen (siehe Abb. 3.39):

Steuerung:
- Unternehmensqualität
- Qualitätsplanung
- Qualitätsverbesserung

Kontrolle:
- Qualitätsauswertung
- Leistungsauswertung

Ausführung:
- Qualitätsabsicherung
- Problem- und Fehlerbehandlung
- Qualitätsdokumentation

[70] http://www.toyota-global.com/company/history_of_toyota/75years/data/company_information/management_and_finances/management/tqm/index.html. Zugegriffen am 23.12.2014.

Steuernde Geschäftskompetenzen

Ein Unternehmen steuert die Beziehungen zwischen den kritischen Qualitätsfaktoren und deren Auswirkung auf die Geschäftsentwicklung.

Die folgenden fünf Treiber dienen dem Geschäftszweck:

1. Verbesserung der Kundenzufriedenheit durch das Übertreffen der Qualitätsansprüche.
2. Reduzierung der durch mangelnde Qualität verursachten Kosten [66] durch die frühzeitige Erkennung von Mängel.
3. Reduzierung von Kundenreklamationen durch eine hohe Produktqualität.
4. Schnelle Orientierung an Zielvorgaben durch reale qualitätsrelevante Datenerfassung zur Ferndiagnose.
5. Stärkung der Kundenbindung durch vorbeugende Vermeidung von Störungen.

Qualitätsverständnis

Das Qualitätsverständnis repräsentiert das Wollen und Können im Unternehmen. Jedes Automobilunternehmen braucht einen Rahmen, welches *Qualitätsbewusstsein* es in seiner Ausrichtung repräsentieren will. Neben den Grundlagen der normierten *Qualitätsstandards* wie ISO 9000:2005 [74] muss sich ein Unternehmen mit *Kriterien und Zielen* für eine weitreichende Qualität in Märkten auseinandersetzen [71]. Einschränkungen des Könnens ergeben sich für das Unternehmen aus den Fähigkeiten der Belegschaft und Prozessen, . Daraus resultiert das Qualitätsverständnis des Unternehmens und seiner Handlungsfelder.

Die *Konformitätsbewertung* hat für Produkte, die grundlegenden gesetzlichen Sicherheitsanforderungen unterliegen, wie es bei Fahrzeugen der Fall ist, eine entscheidende Bedeutung, um international die Erfüllung gesetzlicher Anforderungen nachweisen zu können und eine Zulassung in verschiedenen Zielmärkten zu erlangen.

Qualitätsplanung

Die Vorbeugung ist das Grundprinzip der Qualitätsplanung, deren Durchführung wiederum ein wichtiger Bestandteil der Qualität in der Automobilindustrie ist, um Anforderungen in konkrete Qualitätsmerkmale umzusetzen. Die geforderte Qualität wird durch Prüfabläufe und -methoden auf der Grundlage einer *Prozessplanung* gewährleistet. Die amerikanischen Fahrzeughersteller haben dazu das Referenzhandbuch „Advanced Product Quality Planning and Control Plan (APQP)“[71] erstellt. Eine ähnliche Vorgehensweise beinhaltet der VDA-Band 4 [155] bei den deutschen Automobilherstellern.

[71] http://www.aiag.org/source/Orders/prodDetail.cfm?productDetail=APQP. Zugegriffen am 23.12.2014.

Die systematische Erfassung unterschiedlichster *Anforderungen* als Grundkonzept zur Qualitätsplanung mit der Methode „Quality Function Deployment (QFD)“[72] geht zurück auf den Japaner Yoji Akao im Jahre 1966 [4]. Zusammen mit dem Lieferanten muss eine *Machbarkeitsanalyse* der Herstellbarkeit aller Anforderungen aus verschiedenen Quellen durchgeführt und dokumentiert werden. Dazu gehört zum Beispiel die Eignung des Designs und Materials wie auch die Möglichkeiten von Maschinen und Prozessen zur Herstellung von Produkten innerhalb geforderter Spezifikationen.

In der qualitätssichernden *Maßnahmenplanung* konzentriert man sich auf die Einflussfaktoren der lenkbaren Größen während der gesamten Wertschöpfungskette, deren Abweichungen frühzeitig erkannt werden, um Gegenmaßnahmen einleiten zu können.

Qualitätsverbesserung

Mit der Qualitätsverbesserung soll ständig dafür gesorgt werden, dass die Qualität des Produkts durch geeignete Maßnahmen innerhalb des Unternehmens gesteigert wird. Wichtigster Bestandteil dabei ist der Aufbau entsprechender Strukturen, welche die Einbeziehung der Mitarbeiter fördern. Einen erheblichen Beitrag zu Verbesserungsmaßnahmen (woraus auch Qualität folgt) hatten wir vorhin auf der Seite 209 am Beispiel Toyota aufgeführt.

Neben der Vorbereitung und Planung sind im Hinblick auf eine zielorientierte und langfristige Qualitätsentwicklung die Kriterien zur *Leistungsprüfung und -bewertung* der Ergebnisse von Bedeutung. Es gibt zahlreiche Modelle, um eine höhere Genauigkeit bei *Prognosen* zu erzielen. Die folgenden Fragestellungen bei Vorhersagen des Verhaltens des Systems bei möglicherweise zu erwartenden Qualitätsproblemen spielen dabei meist eine Rolle:

- Wie viele und welche kritischen Fehler sind nach der Fahrzeugauslieferung im Betrieb beim Kunden noch zu erwarten?
- Unter welchen Umständen und in welchen Systemteilen können Fehler auftreten?
- Welche Risiken verbergen sich hinter fehlerhaften Systemteilen?

Fahrzeuge erfüllen hohe Qualitätsanforderungen, sind aber nicht fehlerfrei. Deswegen ist eine *Gewährleistungs- und Kulanzkalkulation* (GWK)[73] zur steuernden Risikobewertung unumgänglich. Oft erfolgt die Bewertung von zu erwartenden Garantiefällen auf der Basis

[72] QFD Institut Deutschland e. V. http://www.qfd-id.de. Zugegriffen am 23.12.2014.

[73] Die Gewährleistung ist eine gesetzlich geregelte Verpflichtung des Herstellers, ein Fahrzeug in mangelfreiem Zustand zu liefern; herstellungsbedingte Mängel bis zum Ablauf einer zeitlichen Frist müssen auf Kosten des Herstellers beseitigt werden. Eine Garantie ist dagegen ein zusätzlicher Vertrag zwischen Käufer und Garantiegeber, dessen Bedingungen separat bei möglichen Schadensersatzleistungen für Qualitätsmängel kalkuliert werden.

von Erfahrungswerten und Zahlungsströmen der vergangenen Jahre. *Vergleiche* im Markt sind einerseits zur Vermarktung von Differenzierungen wichtig, andererseits auch zur Identifizierung von notwendigen Maßnahmen zur Qualitätsverbesserung im Markt. Aber auch internes Benchmarking ist wichtig zur Steuerung erfolgreichen Lernens aus vergangenen Fehlern. Schwierig wird es beim vernetzten Fahrzeug, welches ständig neue Funktionen ohne vergangene Erfahrungen mit sich bringt.

Kontrollierende Geschäftskompetenzen

Die Wirtschaftlichkeit der umgesetzten Qualitätsstrategie wird überprüft. Der Geschäftszweck der kontrollierenden Geschäftskompetenzen liegt in der Transparenz von Qualitätskosten- und -leistungsrechnung anhand unterschiedlichster Kennzahlensysteme [172].

Die folgenden vier Treiber dienen dem Geschäftszweck:

1. Verbesserung der Nachvollziehbarkeit von Qualitätsmängeln durch die Kontrolle eines nahtlosen Prozessflusses
2. Reduzierung der Qualitätsanfragen und -maßnahmen durch Fehlervermeidungen anhand der Aufdeckung potenzieller Ursachen- und Risikoanalysen
3. Steigerung der Wirtschaftlichkeit durch ständige Optimierung und Senkung der Kosten bei Steigerung der Reifegrade für eine hohe Qualitätswahrnehmung
4. Senkung der Kosten zur Einhaltung von Vorschriften und Regulierungen durch eine nachhaltige Qualitätskontrolle

Qualitätsauswertung

Die Überwachung des *Qualitätsstatus* erfolgt mittels Qualitätskennzahlen von Istund Soll-Zuständen. Die erfassten Kennzahlen geben beispielsweise an, wie hoch der Prozentsatz der fehlerfreien Leistungseinheiten im Verhältnis zur Gesamtproduktion oder Verkaufsmenge ist. Mit ihren Auswertungen kann ein gewünschtes Qualitätsniveau geplant, gesteuert und kontrolliert werden. Die systematische Beschwerdeauswertung von *Regress und Reklamationen* verfolgt die Ziele einer Sicherung gefährdeter Kundenbeziehungen sowie der Verbesserung der Qualität der Produkte, Dienstleistungen und Prozesse. Zum Beispiel über die 8D-Problemlösungsmethode [25], deren Report durch den VDA standardisiert ist.

Gezielt geplante *Reviews und Audits* überprüfen die *Maßnahmenwirksamkeit* der Qualitätsplanung und aller Geschäftskompetenzen in der Ausführung. Wird die Wirksamkeit nicht ausreichend nachgewiesen, ist die Maßnahmenplanung zu überarbeiten.

Langzeitqualität umfasst die Langlebigkeit und Zuverlässigkeit der Fahrzeuge. Daraus folgt ein optimaler *Werterhalt* von Gebrauchtfahrzeugen, dessen Kontrolle eine umfassende Qualitätsauswertung erfordert.

Leistungsauswertung

Die Leistungsauswertung ist auf die operative und taktische Kontrolle ausgerichtet und hat die kurz- bis mittelfristige Gewinnmaximierung zum Ziel. Sie orientiert sich deshalb in erster Linie an der Auswertung unternehmensinterner *Prozessoptimierungen* und deren Wirtschaftlichkeit sowie an den Aufwänden zur Gewährleistung der Kundenzufriedenheit. Eine hohe Qualität soll bei wettbewerbsfähigen Kosten durch eine *Qualitätskosten- und -leistungsrechnung* sichergestellt werden. An den unternehmensinternen Schnittstellen der *Zulieferer, Produkte, Leistungen* ist daher eine kontinuierliche Messung und Bewertung notwendig.

Ausführende Geschäftskompetenzen

Die Ausführungsqualität beginnt mit einer fehlerfreien und sorgfältigen Verarbeitung der Fahrzeuge und deren Vollständigkeit bei der Übergabe an den Kunden.

Die folgenden drei Treiber dienen dem Geschäftszweck:

1. Reduzierung von Produktionsausschuss und Nachbearbeitungen durch konforme Ausführung der Fertigung nach aktuellen Vorgaben und Planungen
2. Verbesserung der Kundenzufriedenheit durch effiziente interne und externe Bearbeitung von Beanstandungen des Kunden
3. Erhöhung der Wirksamkeit aufgesetzter Qualitätsmaßnahmen

Qualitätsabsicherung

Unter der Qualitätsabsicherung summieren sich alle Maßnahmen, die eine konstante Produktqualität sicherstellen. Dazu gehören *vorbeugende Qualitätsmaßnahmen* in der kontinuierlichen Ausführung unter Zuhilfenahme der „Fehlermöglichkeits- und Einfluss-Analyse" (FMEA) [167], eine strukturierte, systematische Arbeitstechnik, um funktionelle Zusammenhänge für eine frühzeitige *Fehlervermeidung* zu erkennen. Unter der Norm DIN EN 60812:2006 ist FEMA standardisiert.

Die *Qualitätsprüfung* dient der Feststellung, inwieweit die Prüfmerkmale und Anforderungen der Qualitätsplanung erfüllt werden. In mehreren Phasen erfolgt die *Qualitätsabnahme*, um die Weiterleitung oder -verarbeitung fehlerhafter Teile oder Zusammenbauten zu verhindern.

Problem- und Fehlerbehandlung

In der inhaltlichen Fehlerbehandlung müssen die in der Qualitätsabsicherung gefundenen Probleme – vereinzelte, voneinander unabhängige Störungen oder auch weitreichende strukturelle Probleme – formell zur *Ursachenanalyse und Fehlerabstellung* aufbereitet werden. Dort müssen sie nach Analyse und Klassifizierung auf einen effektiven Weg zu einer *Lösungskonzeption* überführt werden, die zu *Anweisungen zur Problembehebung* sowohl innerhalb als auch außerhalb des Unternehmens führen kann. Im Kundendienst kann ein schneller und respektvoller Umgang mit dem Kunden während der *Störungsbearbeitung* für seine Bindung ans Unternehmen relevant sein.

Qualitätsdokumentation

Prinzipiell werden alle Handlungen und Ergebnisse der Kompetenzen in der Steuerung, Kontrolle und Ausführung zu einer integrierten Sicht dokumentiert und oft auch aus gesetzlichen Gründen und Nachweispflichten dauerhaft archiviert. Die *Anforderungen* an die Qualitätsdokumentation sind durch Normen, technische Vorgaben und Unternehmensvorgaben geregelt. Die Dokumentationen und Aufzeichnungen dienen in erster Linie zum *Nachweis der Konformität* und der Erfüllung der gesetzlichen Regelungen. Bei Produkthaftungsansprüchen werden dokumentierte *Fehler, Schäden und Ursachen* dort relevant, wo die Qualitätsmaßnahmen und deren Wirksamkeit für Fahrzeuge, Teile, Dienstleistungen, Prozesse, Verträge etc. nachgewiesen werden. Es wird in interner und externer Dokumentation unterschieden, was vor allem in der Fahrzeugherstellung eine lange Historie hat (siehe Abschn. 3, Kap. 2). Prozessseitig werden alle *Überprüfungs- und Abnahmebedingungen* mit den notwendigen *Testverfahren und Fehleranalysen* sowie deren Ergebnissen dokumentiert.

3.6.11 Finanz- und Rechnungswesen

Im intensiven Wettbewerbsmarkt wird heute für die kaufmännische Steuerung und Kontrolle als Teilfunktion der Unternehmensführung bevorzugt der Begriff „Controlling" aus der Wirtschaftslehre verwendet. Einen wesentlichen Aufgabenbereich des Controllings haben wir bereits in der Geschäftskompetenz „Risiken und Finanzen" der Geschäftsdomäne „Unternehmenssteuerung" eingeführt. Deshalb fokussieren wir den Inhalt der Geschäftsdomäne „Finanz- und Rechnungswesen" auf die betriebswirtschaftlich-administrativen Geschäftskompetenzen, die dafür sorgen, dass wirtschaftliche Sachverhalte mit aktuellen Finanzdaten systematisch erfasst, aufbereitet, ausgewertet und überwacht werden können.

Das Ziel dieser Geschäftsdomäne ist die Sicherstellung eines ausgeglichenen Verhältnisses zwischen den Finanzierungsfähigkeiten und dem gegenwärtigen und geplanten Geschäftsvolumen des Unternehmens. Zusätzlich zu den finanziellen Herausforderungen entwickeln sich immer komplexere rechtliche und steuerliche Rahmenbedingungen wie auch Prüfungsanforderungen, die einen hohen Anspruch an die Rechnungslegung erheben. Daher haben wir Finanz- und Rechnungswesen in einer Verwaltungsdomäne zusammengefasst.

In allen wirtschaftsorientierten Organisationen gibt es branchenunabhängig ein Finanz- und Rechnungswesen. Viele große Unternehmen haben hier Vereinheitlichungen und Standardisierungen anhand von ERP-Systemen und -Prozessen durchgeführt. Insbesondere ist die Finanzbuchhaltung eine der historisch ersten Applikationen, als

IBM Ende der 1960er-Jahre den Mainframe für unabhängige Softwarehersteller öffnete[74]. In den Wirtschaftswissenschaften wurden in den letzten Jahren in diesem Teilgebiet modernere Konzepte erforscht und entwickelt, deren Praxistauglichkeit wir in unserem Rahmen nicht vertiefen können.[75]

Die langfristig geplanten finanziellen Investitionen während der Entstehungsphase des Fahrzeugs, die intensiven Herstellungskosten und die schwer vorhersehbaren Garantie- und Kulanzleistungen nach dem Verkauf des Fahrzeugs zeichnen insbesondere das Finanz- und Rechnungswesen in der Automobilbranche aus.

Wir gestalten die Geschäftsdomäne „Finanz- und Rechnungswesen" durch die folgenden sechs Geschäftskompetenzen (siehe Abb. 3.40):

Steuerung:
- Planungs- und Steuerungssystem

Kontrolle:
- Internes Kontrollsystem
- Berichtswesen und Kennzahlen

Geschäftskompetenzen der Verwaltungsdomäne: Finanz- & Rechnungswesen

Steuerung

Planungs- & Steuerungssystem
- Investition & Wirtschaftlichkeit
- Finanzplanung & -steuerung
- Unternehmen, Bereich, Segment
- Produkt, Entstehung, Absatz, Qualität

Kontrolle

Internes Kontrollsystem
- Ordnungsmäßigkeit aller Finanzgeschäfte
- Aufzeichnungen
- Unterschriftenregelung
- Überwachungsmaßnahmen
- Rahmenwerke

Berichtswesen & Kennzahlen
- Einheitliches Berichtsformat & -prozess
- Auswahl, Verdichtung & Darstellung
- Geschäfts-, Quartals- & Finanzbericht
- Ertrags-, Bilanz- und Börsenkennzahlen
- Berichts- & Kennzahlensystem

Ausführung

Buchführung, Abschluss
- Finanzbuchführung
- Kosten- und Leistungsrechnung
- Bilanz, Inventar
- Forderungen, Verbindlichkeiten
- Geschäftsbericht

Vermögensverwaltung
- Liquiditätssteuerung
- Nebenbuchführung
- Finanzierung, Aufnahme & Anlage
- Zahlungsverkehr
- Steuern

Finanzmarktkommunikation
- Insiderhandel unterbinden
- Informationspflicht
- Nachvollziehbarer Unternehmenswert
- Beziehung zu Langfristinvestoren

Abb. 3.40 Die Geschäftskompetenzen der Domäne „Finanz- und Rechnungswesen"

[74] Neben den Software-Unternehmen McCormack & Dodge und Management Science America hat auch SAP im Jahr 1973 die erste Applikation zur Finanzbuchhaltung fertiggestellt, was zum Treiber der Entwicklung der ERP-Systeme wurde. http://www.sap.com/corporate-de/about/our-company/history/1972-1981.html. Zugegriffen am 12.01.2015.

[75] Für einen tieferen Einblick verweisen wir auf die Literatur [100].

Ausführung:
- Buchführung, Abschluss
- Vermögensverwaltung
- Finanzmarktkommunikation

Steuernde Geschäftskompetenzen

Die Geschäftsdomäne „Unternehmenssteuerung" trifft die grundsätzlichen Strategieentscheidungen und legt fest, wie das Unternehmen voranschreiten wird. Die hier beschriebenen Geschäftskompetenzen steuern dagegen insbesondere die Umsetzung der strategischen Pläne.

Planungs- und Steuerungssystem

In großen Unternehmen unterstützen zahlreiche Systeme die Planungs- und Steuerungsprozesse, um komplexe Problemsituationen auf der Basis von Modellen zu strukturieren. Die Systeme bereiten die betriebswirtschaftlichen Informationen für strategische oder taktische Entscheidungen in der Unternehmensführung vor und versuchen, mögliche Auswirkungen unternehmerischer Handlungen überschaubar, planbar und wirtschaftlich zu machen.

Ein wichtiges betriebswirtschaftliches Planungsinstrument ist die *Investitions- und Wirtschaftlichkeitsrechnung*. Sie ermittelt und bewertet die monetären Vorteile von Investitionen und bildet dadurch eine zentrale Funktion bei Investitionsentscheidungen. Ergänzend zu den Investitionsrechnungen können in der Planung auch Beiträge zu nichtmonetären Unternehmensziele berücksichtigt werden, beispielsweise die Sozial- oder Umweltziele aus den Nachhaltigkeitsberichten von BMW [12] und Daimler [32].

Unter einer Investition versteht man eine langfristige Bindung finanzieller Mittel in materiellen oder immateriellen Vermögensgegenständen. Sie können object- oder wirkungsbezogen sein. Objektbezogene Investitionen sind beispielsweise:

Sachinvestition	zum Erwerb von materiellen Vermögensgegenständen, wie zum Beispiel technische Anlagen und Maschinen, Rohstoffvorräte, Grundstücke, Bauten, insbesondere Fabriken und Betriebs- und Geschäftsausstattungen, diese vor allem im Vertrieb unternehmenseigener Niederlassungen,
Finanzinvestition	als langfristig orientierter Erwerb finanzieller Vermögensgegenstände, wie zum Beispiel Beteiligungsrechte durch Aktien oder andere Unternehmensbeteiligungen sowie Gläubigerrechte durch Anleihen oder Darlehen,
Immaterielle Investition	zum Erwerb von Software, Kauf oder Eigenerstellung von Patenten. Dazu gehören auch Investitionen in die Entwicklung des Personals, neuer Produkte oder Fertigungsverfahren sowie in Maßnahmen zur Erhöhung der Werte der Unternehmensmarken.

In der Praxis unterscheiden sich Investitionen des Weiteren nach Anlass und Wirkung:

Gründungsinvestition	zum Aufbau eines neuen Betriebs und einer Organisation, bevor ein Erlös im Absatzmarkt aus dem erstellten Warenstrom entstehen kann,
Ersatzinvestition	zur Aufrechterhaltung der betrieblichen Leistungsfähigkeit durch das Ersetzen vorhandener Vermögensgegenstände,
Erweiterungsinvestition	zur Vergrößerung der betrieblichen Leistungsfähigkeit durch quantitative oder qualitative Ausweitung der Absatzmöglichkeiten oder des Produktportfolios,
Rationalisierungsinvestition	zur Erhöhung der betrieblichen Leistungsfähigkeit durch Modernisierung vorhandener Vermögensge genstände mit primärem Fokus auf effizientere Leistungserstellung oder Kostensenkung.

Die *Finanzplanung* ermittelt den zukünftigen Kapitalbedarf für Finanzierungsmaßnahmen, basierend auf Art, Höhe und Zeitpunkt. Sie richtet sich an Liquiditäts- und Rentabilitätszielen aus, um Finanzentscheidungen vorzubereiten und zu bewerten. Die *Finanzsteuerung* baut auf die strategische und operative Finanzplanung auf. Die strategische Planung umfasst sämtliche Pläne zur langfristigen Existenzsicherung, welche sich je nach Unternehmen und Rentabilitätszielen über einen Zeitraum von drei bis zehn Jahren erstrecken können. Dagegen richtet sich die operative Planung nach der erwarteten und gewollten Entwicklung des Unternehmens in der zukünftigen Planungsperiode innerhalb der durch die strategische Finanzplanung festgelegten Rahmendaten, was in der Regel ein Jahr ist. Sie orientiert sich primär an den Liquiditätszielen und sichert die Zahlungsfähigkeit des Unternehmens ab. Manchmal gibt es noch eine taktische Planung, deren betrachteter Zeitraum zwischen der operativen und strategischen Planung liegt.

Ein wichtiger operativer Prozess in der Finanzplanung ist die Budgetierung. Dabei geht es um das Aufstellen eines Budgets, um Geldbeträge für bestimmte Ziele zur Verfügung zu stellen. Oft kennt das System der Budgetvorgaben keine detaillierten Maßnahmepläne, wodurch den Führungskräften im Rahmen des Budgets und der gesetzten Ziele einige Entscheidungs- und Handlungsspielräume erlaubt sind.[76]

Ziele auf der Ebene *Unternehmen, Bereich, Segment* werden von den strategischen Unternehmenszielen abgeleitet. Insbesondere die Geschäftsdomänen des Kerngeschäfts (siehe Abb. 3.7) sind im Fokus, wenn die Unternehmensziele abgeleitet werden. Dabei hat das *Produkt*, die *Entstehung*, der *Absatz* und die *Qualität* eine kritische betriebswirtschaftliche Bedeutung. Der Verkaufspreis eines Fahrzeugs kann nämlich nicht nur alleine auf Grundlage der aufgewendeten Materialien, Entwicklungs- und

[76] Zur detaillierteren Betrachtung der Planung und Budgetierung verweisen wir auf die Literatur [127].

Herstellungskosten, der unterstützenden Gemeinkostenumlagen und Gewinnzuschläge kalkuliert werden; vielmehr ist auch eine Marktanalyse relevant, um den Preis zu ermitteln, den potenzielle Kunden bereit wären zu bezahlen. Solche Zielkosten werden in den Finanzplanungen des Kerngeschäfts wie Beschaffung und Produktion abgebildet. Zum *Absatz* gehören die Vermarktung und der Vertrieb der Produkte und Dienstleistungen. Es geht um die finanzielle und volumenmäßige Planung und Steuerung von Zielen hinsichtlich der Marktanteile und Erlöse. Dazu gehören strategische Aspekte wie die Preis-, Kommunikations- und Distributionspolitik sowie auch operative Aspekte wie Umsatz- und Kundenplanung. Entscheidend bei der *Qualität* ist die Erfassung, Bewertung und Kontrolle von Qualitätskosten, zu denen beispielsweise interne und externe Fehlerkosten zählen, die durch Nichterfüllung von Qualitätsanforderungen entstehen. Externe Fehlerkosten entstehen durch Reklamationen, Regress, Retouren, Garantie- und Kulanzleistungen. Hingegen treten innerbetriebliche Fehlerkosten bereits vor der Auslieferung des Produktes oder der Dienstleistung auf. Darunter fallen beispielsweise Kosten in der Produktion, verursacht durch Material- oder Konstruktionsfehler. Oft werden auch Prüf- und Fehlerverhütungskosten unter den Qualitätskosten mit einkalkuliert.[77]

Kontrollierende Geschäftskompetenzen

Die Überwachung der Finanzgeschäfte ist eine der kritischsten Funktionen in großen, weltweit operierenden Unternehmen. Speziell in der Automobilindustrie bewegen relativ wenige Mitarbeiter viele große internationale Zahlungsströme, die durch den Erlös von Waren entstehen, wogegen ein Vielfaches mehr an Mitarbeitern in der Entwicklung und Fertigung der entsprechenden Waren notwendig ist. Insbesondere steht bei der Fahrzeugentstehung und im Warenstrom die regionale Effizienz im Vordergrund, weshalb beim Geldstrom eine global einheitliche Risikokontrolle an erster Stelle stehen muss.

Die folgenden vier Treiber dienen dem Geschäftszweck:

1. Veröffentlichung zuverlässiger, vollständiger und überprüfbarer Finanzberichte
2. transparente und kontrollierbare Abläufe zur Vermeidung oder Erkennung von Missbräuchen im Finanzgeschäft
3. kontinuierliche Verbesserung und Überprüfung der Ordnungsmäßigkeit aller Finanzgeschäfte durch Prozessführungen, Absicherungen, Abnahmen und Aufzeichnungen zu überschaubaren Kosten
4. Bereitstellung von Kennzahlen, durch welche die Finanzlage des Unternehmens verstanden und optimiert werden kann

[77] Eine detailliertere Behandlung eines funktionsbezogenen Controllings ist beispielsweise in der Literatur [83] beschrieben.

Internes Kontrollsystem

Alle in einem Unternehmen tätigen Personen müssen sich an gesetzliche Vorgaben halten. Nicht nur die Führungskräfte müssen entsprechende Aufsichts- und Sorgfaltspflichten wahrnehmen. Dennoch treten immer wieder zu hohe Provisionszahlungen, geschäftlich abgerechnete Privatreisen, Betrugsskandale und Bestechungsvorwürfe auf. Zur Vermeidung solcher Missbrauche wurden interne Kontrollsysteme eingeführt, die vor allem die kaufmännischen Prozesse und Richtlinien im Unternehmen auf Rechtmäßigkeit und Vollständigkeit überwachen, analysieren und überprüfen. Die wohl weltweit bekanntesten rechtlichen Vorgaben für ein internes Kontrollsystem sind die US-amerikanischen Vorschriften nach dem Sarbanes-Oxley Act (SOX). Ein weiteres wichtiges Beispiel ist das nationale Gesetz zur Kontrolle und Transparenz im Unternehmensbereich (KonTraG [27]).

Nach dem Prüfungsstandard des Instituts der Wirtschaftsprüfer in Deutschland e. V. sind interne Kontrollsysteme den Arbeitsabläufen in den kaufmännischen Bereichen je nach Bedarf vor-, gleich- oder nachgeschaltet und haben die Aufgabe zur

1. Sicherung der Wirksamkeit und *Ordnungsmäßigkeit aller Finanzgeschäfte*,
2. Verhinderung und Aufdeckung von Vermögensschädigungen zum Schutz des vorhandenen Vermögens vor Verlusten,
3. Einhaltung der für das Unternehmen maßgeblich rechtlichen Vorschriften,
4. Erstellung genauer, aussagefähiger und zeitnaher *Aufzeichnungen* sowie
5. Verbesserung des betrieblichen Wirkungsgrades durch Auswertung von Aufzeichnungen.

Zu den grundlegenden Prinzipien der Kontrollen gehören die Transparenz, das VierAugen-Prinzip und die *Unterschriftenregelung*.

Das Interne Kontrollsystem hat sich neben den prozessintegrierten *Überwachungsmaßnahmen* auch um prozessunabhängige Überwachungsmaßnahmen wie die Interne Revision weiterentwickelt. Wir beschränken uns in dieser Geschäftskompetenz auf die prozessintegrierten Überwachungsmaßnahmen, weil wir die Interne Revision der Geschäftskompetenz „Integrität und Recht" der Domäne „Unternehmenssteuerung" zugeordnet haben.

Wir verweisen auf die Literatur [28] zur Vertiefung nationaler und internationaler Vorgaben, unternehmensweit bewährter *Rahmenwerke* und praxisnaher Umsetzungen von Richtlinien zum Aufbau interner Kontrollsysteme.

Berichtswesen und Kennzahlen

Das Berichtswesen ist einerseits die zentrale Steuerungsgrundlage für jede Finanzentscheidung und übt andererseits eine Kontrollfunktion anhand betriebsindividueller Kennzahlen aus. Es muss unternehmensweite Transparenz und Vergleichbarkeit aller finanziellen Transaktionen des Unternehmens gewährleisten. Dafür müssen *Berichtsformat und -prozess einheitlich* sein, um die Geschäftsleitung, Führungskräfte,

Mitarbeiter und Anspruchsgruppen über ausgewählte und wichtige Sachverhalte des Unternehmens gezielt zu informieren. Zum externen Berichtswesen gehören beispielsweise *Geschäfts-, Quartals- und Finanzberichte*, die zur Deckung des Informationsbedarfs der Anspruchsgruppen wie auch zur Vorbereitung und Kontrolle von Entscheidungen dienen. Die Konzeption der Informationsaufbereitung ist entscheidend, weil eine Rechnungslegung nach dem Handelsgesetzbuch (HGB), nach Steuerrecht oder nach internationalen Rechnungslegungsvorschriften für erwerbswirtschaftliche Unternehmen wie International Financial Reporting Standards (IFRS) zu verschiedenen Werten kommt. Die Komplexität der Daten sollte reduziert werden, um dadurch eindeutige und klare Ergebnisse zu erhalten. Weniger Berichterstattungspflichten und größere Freiheitsgrade gibt es in der internen Berichtsgestaltung der *Auswahl, Verdichtung und Darstellung* von Informationen, weil sie keinerlei gesetzlichen Vorschriften unterliegt.

Die Kennzahlen stellen ein wichtiges Instrument im Berichtswesen innerhalb der operativen Kontrolle dar. Sehr üblich sind beispielsweise *Ertrags-, Bilanz- und Börsenkennzahlen.* Das externe Berichtswesen und die Kennzahlen gehen bei vielen Automobilunternehmen weit über das reine Finanz- und Rechnungswesen hinaus. In den Strategiebeispielen im Abschn. 3.1 hatten wir etwa die Nachhaltigkeitsberichte von BMW [12] und Daimler [32] aufgeführt. Externe Berichte wie zum Beispiel die Nachhaltigkeitsberichte, die über Finanzkennzahlen hinausgehen, werden auch von anderen Automobilunternehmen bereitgestellt. Die Finanzdaten mit ihrer Tragweite und den in ihnen enthaltenen Risiken bleiben dennoch im primären Fokus der meisten Anspruchsgruppen und Berichtsempfänger. Für eine weiterführende Betrachtung der betriebswirtschaftlichen *Berichts- und Kennzahlensysteme* und deren Möglichkeiten zur Datenaufbereitung und Soll-Ist-Vergleichen beziehungsweise Zeitvergleichen als Entscheidungshilfe für die „Unternehmenssteuerung" verweisen wir auf die Literatur [124]. Grundsätzlich muss im Berichtswesen der Nutzen und Aufwand den zahlreichen Kennzahlen gegenübergestellt werden. Aspekte der Wirtschaftlichkeit sollten ein zu umfangreiches Dokumentieren beschränken.

Als Beispiel wollen wir die Ertragskennzahlen EBIT (englisch „Earnings Before Interest and Taxes", Gewinn vor Zinsen und Steuern) hervorheben, weil sie eine von der Finanzstruktur des Unternehmens unabhängige Beurteilung der Ertragskraft aus der operativen Geschäftstätigkeit ermöglichen. Dadurch lassen sich Automobilunternehmen, die unterschiedlich finanziert und aufgrund ihres Unternehmenssitzes in unterschiedlichen Ländern mit verschiedenen Steuersätzen belastet sind, besser international vergleichen.

So führt Toyota unter den Massenherstellern mit einem durchschnittlichen Gewinn nach EBIT von 1.801 Euro pro Fahrzeug (nur Automobilsparte), das im Zeitraum Januar bis Juni 2013 hergestellt wurde[78]. In dieser Statistik der Universität Duisburg-Essen

[78] So viel verdienen die Autohersteller pro Fahrzeug http://www.welt.de/wirtschaft/article118779825/So-viel-verdienen-die-Autohersteller-pro-Fahrzeug.html. Zugegriffen am 12.01.2015.

folgen Hyundai mit € 1.027, Kia € 911, Nissan € 861, Honda € 785, Chrysler € 768, Ford € 717, Skoda € 671, VW € 629 und General Motors mit € 604 pro Fahrzeug. Unter den Premiumherstellern führt Porsche mit € 16.590 vor Ferrari-Maserati mit € 15.000, Audi € 3.821, BMW € 3.495 und Mercedes mit € 2.011 pro Fahrzeug (nur Automobilsparte).

Nach aktuelleren Zahlen[79] des 3. Quartals 2014 ist Mercedes-Smart mit € 3.675 vor BMW mit € 3.330 und Audi mit € 2.698. Erstmals hat Mercedes beim Gewinn pro Auto BMW und Audi überholt, wobei eine solche Kennzahl nur eine Momentaufnahme des Geschehenen darstellt.

Ausführende Geschäftskompetenzen

Die ausführenden Geschäftskompetenzen bilden die Grundlage der Finanzwirtschaft im Unternehmen und tragen maßgeblich zum Unternehmenserfolg bei. Die folgenden fünf Treiber dienen dem Geschäftszweck:

1. Erfüllung gesetzlich geregelter Buchführungs- und Informationspflichten
2. Verringerung der manuellen und fehleranfälligen Arbeiten in der Buchführung durch integrierte automatisierte Funktionen und Instrumente
3. Reduzierung der Zeit, Aufwände und Kosten für die regelmäßigen Abschlüsse durch umfassende Automatisierungen und globale Vereinheitlichungen
4. Effiziente und wirtschaftlich rentable Vermögensverwaltung
5. Schlanke und effektive Kommunikation in den Finanzmärkten

Buchführung, Abschluss

Die Buchführung gliedert sich in einen externen und internen Teilbereich:

1. Die *Finanzbuchführung* stellt einen zeitlich geordneten Überblick über die wirtschaftliche Lage des Unternehmens dar. In ihr werden seine geschäftlichen Vorgänge innerhalb eines bestimmten Zeitraums unter Einhaltung von Gesetzen und der „Grundsätze ordnungsmäßiger Buchführung“ in Zahlen aufgezeichnet. Geschäftsvorgänge bewirken immer eine Veränderung des Vermögens oder des Kapitals eines Unternehmens, beispielsweise Materialeinkauf, Bezahlung des Personals oder Fahrzeugvertrieb. Ein üblicher Zeitraum der europäischen oder amerikanischen Fahrzeughersteller ist das Kalenderjahr. Bei japanischen Unternehmen beginnt hingegen das Geschäftsjahr am 1. April. In der Finanzbuchführung sind alle Nachweise über Kapitalbewegungen, Geldverkehr, Vermögen und Schulden enthalten. Damit lassen sich aus ihr die Gewinne und Verluste des Unternehmens als sogenanntes „externes

[79] „Mercedes überholt beim Gewinn pro Auto die Premiumkonkurrenten Audi und BMW“. https://www.uni-due.de/~hk0378/publikationen/2014/20141105_Automobil-Produktion.pdf. Zugegriffen am 12.01.2015.

Rechnungswesen“ ablesen, und schließlich bildet sie die Basis für Gewinnermittlung und Abschlüsse.

2. Die *Kosten- und Leistungsrechnung* ergänzt die Finanzbuchführung als sogenanntes „internes Rechnungswesen“. Ihre Hauptaufgabe ist die Erfassung, Verteilung und Zurechnung von Kosten und Leistungen, die zur Erfüllung der eigentlichen betrieblichen Tätigkeit notwendig sind.

Die Finanzbuchführung wird systematisch in Prozesse für alle relevanten Aufgaben der Haupt-, Kreditoren-, Debitoren-, Anlagen- und Bankbuchhaltung wie auch der Abschlussarbeiten in ERP-Systemen umgesetzt, beispielsweise im SAPModul Finanzwesen FI [56]. Genauso standardisiert ist auch die Kosten- und Leistungsrechnung in allen Aufgaben der Gemeinkosten-, Produktkosten-, Kostenarten-, Kostenstellen-, Prozesskosten-, Ergebnis- und Marktsegmentrechnung wie auch der Gemeinkostenaufträge und Projekte, etwa im SAP-Modul Controlling CO [24].

Die *Bilanz* ist im Grundsatz der Abschluss des Rechnungswesens für einen bestimmten Zeitpunkt in Form einer Gegenüberstellung von Vermögen und Kapital. Beim Jahresabschluss ist der Zeitpunkt der letzte Tag eines Geschäftsjahres. Es gibt viele Arten von Bilanzen und dazugehörigen Vorgaben, die beim Aufbau und Inhalt berücksichtigt werden müssen. Die Bilanz ist eine kurzgefasste und überschaubare Darstellung der Vermögenswerte und Schulden, ihr Mengengerüst das *Inventar*, das im Anschluss an eine Inventur über Vermögensgegenstände und Schulden aufgestellte Verzeichnis. Insbesondere in der Automobilindustrie sind die planmäßigen Abschreibungen auf Sachanlagen als materielle Vermögensgegenstände eine wichtige Kennzahl und ein Indikator für Investitionen in die Zukunft. Sachanlagen sind beispielsweise technische Anlagen und Maschinen, Grundstücke, Bauten, insbesondere Fabriken, und Betriebs- und Geschäftsausstattungen, insbesondere im Vertrieb unternehmenseigener Niederlassungen. Das Anlagevermögen stellt aufgrund seiner Kapitalbindung einen wesentlichen Posten in der Bilanz von Automobilunternehmen dar. Durch die hohen Leasing- und Finanzierungsquoten im Vertrieb der Fahrzeuge und den Verkauf mit Restwertgarantie als Instrument der Absatzfinanzierung haben die *Forderungen* und *Verbindlichkeiten* der Finanzdienstleistungen einen hohen Stellenwert in der Bilanz.

In der Praxis wird üblicherweise die Bilanz mit der Gewinn- und Verlustrechnung und einem umfassendes Bild über die wirtschaftliche Situation und Entwicklung des Unternehmens (Lagebericht) zu einem *Geschäftsbericht* zusammengefasst, das zentrale Instrument zur Kommunikation mit allen Kapitalgebern, das über die Geschäftskompetenz „Berichtswesen und Kennzahlen„ gesteuert wird.

Kein größerer Fahrzeughersteller würde heute noch ein eigenes betriebliches Rechnungswesen aufbauen, es existiert lediglich noch in Form „historischer Altlasten„; kleinere Unternehmen in der Automobilbranche haben daneben oft aus Kosten- und Investitionsgründen noch eigene Speziallösungen im Einsatz, die aber im Wettbewerb nicht differenzierend sind.

Vermögensverwaltung

Das wesentliche Ziel der Geschäftskompetenz „Vermögensverwaltung" ist die unternehmensweite *Liquiditätssteuerung*. Im Wesentlichen geht es um die Erfassung und Steuerung der vorhandenen oder zufließenden Finanzmittel zur Innen- und Außenfinanzierung des Unternehmens, um die eigene Finanzierungsfähigkeit zu sichern. Dafür hat sich auch der Begriff „Treasury" in den Unternehmen etabliert. Allerdings umfasst „Treasury" neben der Finanzierung des Unternehmens und der Anlage seiner liquiden Mittel auch die Eingrenzung seiner Zins-, Währungs- und Rohstoffrisiken. Die finanziellen Risikobewertungen haben wir bereits in der Geschäftskompetenz „Risiken und Finanzen" der Geschäftsdomäne „Unternehmenssteuerung" eingeführt.

Alle Kernaufgaben der Vermögensverwaltung sind mit diversen *Nebenbuchführungen* eng mit der Finanzbuchführung der Geschäftskompetenz „Buchführung, Abschluss" verknüpft. Zusätzlich sind die Zahlungsströme in mehrere Arbeitsabläufe zerlegt, um eine möglichst hohe Kontrolle für einen weitestgehenden Ausschluss absichtlichen Missbrauchs oder Manipulation zu erreichen.

Es gibt, angelehnt an [126], die folgenden drei Kernaufgaben der Vermögensverwaltung (siehe Abb. 3.41):

1. *Finanzierung* der Geschäftskompetenzen in der Wertschöpfungskette („Kerngeschäftsdomänen"). Zum Beispiel durch strategisch neue Investitions- und Betriebsmittel in Forschung und Entwicklung, Produktion und Vertrieb oder in der Absatzfinanzierung, wie Kredit oder Leasing für die Finanzdienstleistungen.

   Die Produktentstehung im Prinzip der Modellreihen dauert üblicherweise sieben bis acht Jahre[80], sodass für Fahrzeughersteller eine erhebliche Zeitversetzung zwischen der Finanzierung, dem Warenstrom und dem Erlös durch den Geldstrom (zum Beispiel Verkauf von Fahrzeuge, Ersatzteile oder Fahrzeug abhängige Dienstleistungen) besteht. Dadurch kann eine gewinnbringend operierende Wertschöpfungskette Teile des Erlöses zur Finanzierung des nächsten Modellzyklus und für laufende Aufgaben heranziehen. Der Überschuss kann in den Geld- und Kapitalmärkten angelegt werden. Ein Fahrzeughersteller muss aber zusätzliche Mittel aus den Geld- und Kapitalmärkten für die Finanzierung des nächsten Modellzyklus und die laufenden Aufgaben beziehen, wenn ein aktueller Modellzyklus zu Verlusten führt. Die Aufgabe der Vermögensverwaltung ist es, die Finanzmittel so kostengünstig wie möglich zu beschaffen. Dadurch kommt es auch zu einem Abwägen zwischen dem Zeitpunkt des Bedarfes und günstigen Finanzkonditionen.

[80] Volkswagen will so werden wie Apple und Google http://www.welt.de/wirtschaft/article125408707/Volkswagen-will-so-werden-wie-Apple-und-Google.html. Zugegriffen am 12.01.2015.

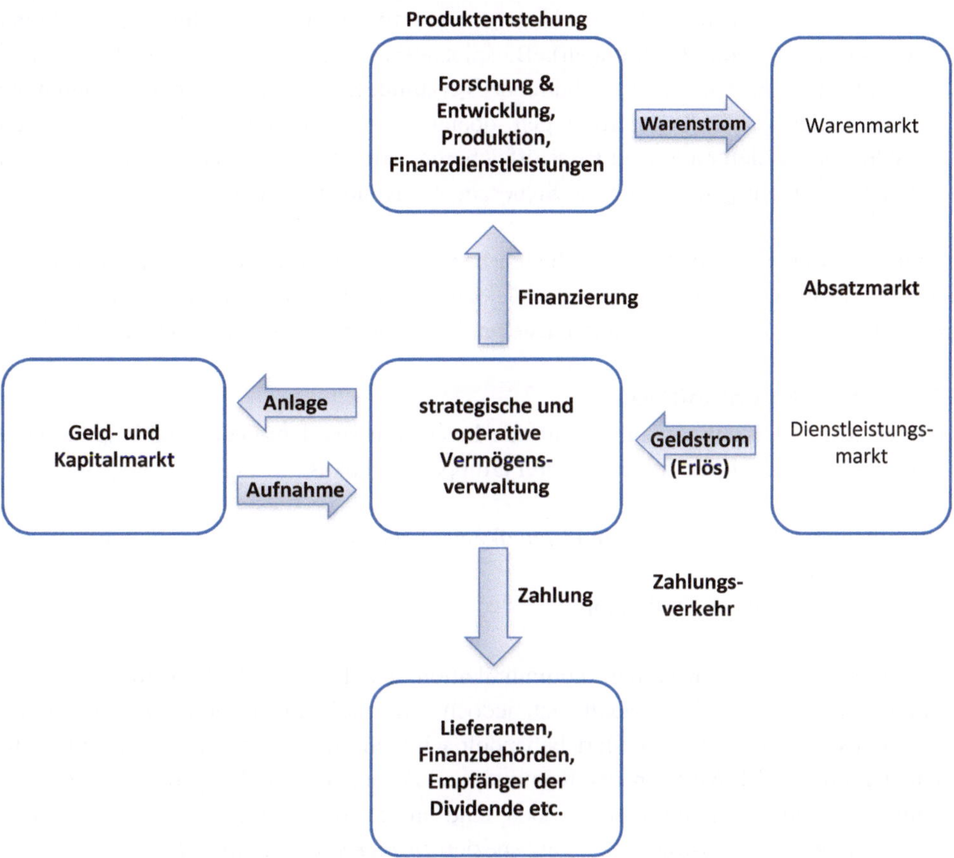

Abb. 3.41 Kernaufgaben der Vermögensverwaltung angelehnt an [126]

Finanzierungen folgen in der Regel unternehmensweit einheitlichen Finanzierungsrichtlinien der Unternehmenssteuerung, weil sie oftmals im engen Zusammenhang mit Risikobewertungen stehen.[81]

2. *Aufnahme und Anlage* am Geld- und Kapitalmarkt mit der finanzwirtschaftlichen Zielsetzung der Liquiditätserhaltung des eingesetzten Kapitals. Schuldentilgungen sind beispielsweise operative Zahlungsverpflichtungen gegenüber dem Finanzmarkt. Eine grundlegende strategische Entscheidung ist, ob die Vermögensverwaltung auch Profit durch eigenständige Geld- und Devisenhandelspositionen eingehen sowie den Wertpapierhandel betreiben soll. Dies beinhaltet Chancen und Risiken, aber auch Veränderungen des Geschäftsmodells eines Fahrzeugherstellers.

[81] Das Thema Finanzierung ist komplexer, als wir es in unserem Rahmen darstellen können. Wir verweisen auf die weiterführende Literatur [85].

3. Steuerung und Prüfung des *Zahlungsverkehrs* für Einund Auszahlungen im Inund Ausland (auch Fremdwährungen). Beispielsweise sind Zahlungen von Dividenden und Steuern, Materialeinkäufe, laufende Vergütungen an Mitarbeiter oder Zahlungen an Lieferanten für Teilefertigungen operative Abwicklungen. Hingegen werden Zahlungen an Lieferanten zur Rohstoffsicherung strategisch gesteuert. Zum operativen Zahlungsverkehr gehört auch die Steuerung der Kundeneinzahlungen.

Oftmals werden auch Angelegenheiten bezüglich *Steuern* als eine zusätzliche Kernaufgabe mit hinzugenommen, weil die Geldanlagen und -aufnahmen im internationalen Bereich eng mit Steuerthemen und entstehenden Steuerbelastungen verbunden sind.[82]

Finanzmarktkommunikation

Bei der gezielten Kommunikation mit den Investoren aus dem Geld- und Kapitalmarkt sind im Wesentlichen die folgenden drei Gruppen im Fokus:

1. Kapitalgeber (Eigenkapital- und Fremdkapitalgeber)
2. Finanzanalysten
3. Finanzmedien als Multiplikatoren

Man könnte die Finanzmarktkommunikation als Teil der Unternehmenskommunikation strukturieren. Es handelt sich jedoch um eine sehr speziell finanzorientierte Kommunikation, die oft gesondert behandelt wird. Sie muss zwar auch die Unternehmensrichtlinien und Werte in der Kommunikation einhalten und eng mit der externen Kommunikation abgestimmt sein, doch sind in ihr deutlich strengere Regeln und Kontrollen eingeführt worden, um ganz speziell *Insiderhandel zu unterbinden.*

In der Finanzmarktkommunikation werden je nach Unternehmen zahlreiche Ziele mit unterschiedlicher Priorität verfolgt. In [111] wurden die folgenden Ziele nach Relevanz zusammengestellt:

hohe Priorität:
1. Informationspflicht erfüllen
2. Wert der Aktie steigern
3. Anzahl der Langfristinvestoren erhöhen
4. Glaubwürdigkeit des Managements erhöhen

mittlere Priorität:
5. Volatilität des Aktienkurses senken
6. Abdeckung durch Analysten erhöhen
7. Kapitalkosten reduzieren
8. Bekanntheitsgrad erhöhen
9. Anzahl der Kaufempfehlungen erhöhen

[82] Wir verweisen auf die Literatur [126] für eine detailliertere Betrachtung der operativen wie auch strategischen Liquiditätssteuerung.

geringe Priorität: 10. Zugang zu neuem Kapital verbessern
11. Kurs-Gewinn-Verhältnis verbessern
12. Kurs-Cashflow-Verhältnis verbessern
13. Zugang zu strategischen Partnern verbessern
14. Streubesitz erhöhen

Insbesondere zur kontrollierten Erfüllung der *Informationspflicht, nachvollziehbarer Unternehmenswerte* (oder Aktienwerte) und gesteuerten Pflege der *Beziehung zu Langfristinvestoren* wie auch zu allen weiteren Kapitalgebern sind zahlreiche Instrumente und Applikationen notwendig.

In [91] (S. 18) wurden die wesentlichen Grundsätze als Leitfaden in der Praxis für eine erfolgreiche interaktive Kommunikation zwischen Unternehmen und Finanzmarkt folgendermaßen zusammengefasst:

1. *Sachlichkeit, Glaubwürdigkeit, Zeitnähe*
   Um das Vertrauen des Kapitalmarktes zu bewahren und zu stärken, müssen alle Informationen sachlich richtig, verlässlich, offen und zeitnah aufbereitet und bereitgestellt werden.
2. *Wesentlichkeit und Vollständigkeit*
   Es sind unter Berücksichtigung von rechtlichen Auflagen ausschließlich mit der Geschäftstätigkeit oder dem Geschäftserfolg eines Unternehmens in Zusammenhang stehende Informationen zu veröffentlichen.
3. *Kontinuität, Stetigkeit, Vergleichbarkeit*
   Die Information des Kapitalmarktes sollte kontinuierlich erfolgen und dabei in besonderem Maße den vorherigen zweiten Grundsatz der *Wesentlichkeit und Vollständigkeit* beachten.
4. *Zukunftsorientierung*
   Von besonderem Interesse für den Kapitalmarkt sind Aussagen, die Schlüsse auf den zukünftigen Geschäftserfolg ermöglichen.
5. *Gleichbehandlung*
   Alle Teilnehmer des Kapitalmarktes werden zeitlich und inhaltlich gleich behandelt.
6. *Keine Weitergabe oder Ausnutzung von Insiderinformationen.*
   Beauftragte innerhalb der Finanzmarktkommunikation sind Insider. Insiderinformationen dürfen nicht weitergegeben oder genutzt werden.

Im Rahmen der Finanzmarktkommunikation stehen grundsätzlich eine Vielzahl von Maßnahmen und Instrumenten zur Verfügung. Es gibt verpflichtende und freiwillige Kommunikationen. Der Jahresabschluss oder die Quartalsberichte sind in vielen Ländern verpflichtend. Eine Hauptversammlung ermöglicht zusätzlich eine interaktive Kommunikation. Hingegen sind Pressemitteilungen oder -konferenzen freiwillig und ermöglichen

Unternehmen mehr Gestaltungsfreiräume in einer persönlicheren Interaktion mit speziellen Anspruchsgruppen.[83]

3.6.12 Infrastruktur

Die Automobilindustrie hat viele komplexe und große, unterschiedlichst geprägte Standorte für Produktionsstätten, Lagerhaltung, Forschungs- und Entwicklungslabore sowie Verwaltungen. Diese Domäne fasst einen hohen Kostenfaktor zusammen und repräsentiert das Fundament, auf dem das Geschäftsmodell der Fahrzeughersteller aufsetzt. Der größte Teil der Geschäftskompetenzen erfolgt unter externer Unterstützung.

Wir gestalten die Domäne „Infrastruktur" durch die folgenden vier Geschäftskompetenzen (siehe Abb. 3.42):

Steuerung: • Standortplanung

Kontrolle: • Anlagen- und Standortsicherheit

Geschäftskompetenzen der Unterstützungsdomäne: Infrastruktur

Steuerung

Standortplanung
- Entscheidungsprozess
- Standortsuche
- Selektionsprozess
- Anforderungskatalog
- Standortentscheidung

Kontrolle

Anlagen- & Standortsicherheit
- Sicherheitsschulung, Überprüfungssystem
- Sicherheit, Umwelt- & Gesundheitsschutz
- Sicherheitskonzept & Schutzmaßnahme
- Arbeitssicherheit, Notfallsystem
- Zugangsberechtigung

Ausführung

Betriebsmittel & Versorgung
- Immobilienverwaltung, Liegenschaften
- Raum- & Flächenverwaltung
- Instandhaltung & Reinigung
- Elektrik & Sanitär, Gastronomie
- Betriebsmittelstammdaten

IT-Betrieb
- Hardware, Netzwerk, Rechenzentrum
- Telekommunikation
- Endgerät
- Archivierung
- Sicherung & Wiederherstellung, SLA

Abb. 3.42 Die Geschäftskompetenzen der Domäne „Infrastruktur"

[83] Für eine ausführliche Behandlung der zunehmenden Bedeutung von Finanzmarktkommunikation verweisen wir auf die Literatur [91, 122].

Ausführung:
- Betriebsmitte und Versorgung
- T-Betrieb

Steuernde Geschäftskompetenzen

Die wichtigste steuernde Geschäftskompetenz ist die „Standortplanung“, da die Standortentscheidung eine sehr große Tragweite für die Infrastruktur des Unternehmens entfaltet und sich auf die langfristigen Investitionen auswirkt.

Standortplanung

Der *Entscheidungsprozess* hängt von der Ausprägung des geplanten Standorts ab. Für ein Automobilunternehmen hat die Entscheidung für eine bestimmte Produktionsstätte eine größere Tragweite als für Bürooder Verwaltungsgebäude, weil ein einmal entschiedener Produktionsstandort nur noch sehr eingeschränkt optimiert werden kann. Aber auch die Verlagerung einer Zentrale mit all ihren Büroräumen kann einen großen Aufwand bedeuten. Die Verlagerung wird vor allem durch die Geschäftskompetenz „Ziele, Werte, Prinzipien“ der Domäne „Unternehmenssteuerung“ vorangetrieben. In diesem Zusammenhang hatten wir bereits den Umzug der Vorstands von Daimler erwähnt. Deutlich aufwendiger hingegen ist die Konzentrierung mehrerer Standorte in einer neuen Zentrale, wie es Toyota im Jahr 2014 angekündigt hat.[84]

Der Prozess bei der *Standortsuche* zur Ausweitung der Kapazitäten verläuft in mehreren Stufen, in denen Standortalternativen durch das Detaillieren der Anforderungen ausgefiltert werden. Im *Selektionsprozess* werden Anforderungen wie zum Beispiel Personalverfügbarkeit oder Fördermittel mitberücksichtigt. Für die verbleibenden Standorte wird anschließend ein genauer *Anforderungskatalog* mit unterschiedlich priorisierten Faktoren formuliert. Übliche Faktoren für ein Produktionswerk sind Grundstücksgröße, Grundstückstopografie, technische Ver- und Entsorgung, Verkehrserschließung, Umgebungsbebauung, Flughafennähe, Grundstücksgeologie, Bebauungserschwernisse, Baurecht und Arbeitskräfte.

Alle Arten von *Standortentscheidungen* müssen durch die Geschäftskompetenz „Unternehmenskommunikation“ der Domäne „Vermarktung und Kommunikation“ intern wie auch extern koordiniert werden. In der Praxis ist es durchaus realistisch, dass nur 20 Prozent der Belegschaft einer Unternehmensentscheidung für größere Standortverlagerungen folgen werden.

Die innerbetriebliche Standortplanung eines Werks ist ein besonderer Fall, weil zahlreiche Anforderungen von der Produktentstehung abhängen. Diesen Teil übernimmt die Geschäftskompetenz „Betriebsmittelplanung“ der Domäne „Produktion“.

[84] „Toyota to Establish New North American Headquarters“ http://corporatenews.pressroom.toyota.com/releases/toyota+new+north+american+headquarters.htm. Zugegriffen am 12.01.2015.

Die Modernisierung der Standorte gehört bei den größten Automobilunternehmen zum Tagesgeschäft.

Kontrollierende Geschäftskompetenzen

Die kontrollierende Geschäftskompetenz im Rahmen der Infrastruktur konzentriert sich auf die Sicherheitsmaßnahmen an den Standorten.

Anlagen- und Standortsicherheit

Hier werden die globalen Vorgaben der Geschäftskompetenz „Sicherheit" der Domäne „Unternehmenssteuerung" in der Infrastruktur und der Sicherheitsdokumentation umgesetzt. Damit erfolgen auch entsprechende *Sicherheitsschulungen* der Belegschaft. Das *Überprüfungssystem* berücksichtigt die wichtigsten Aspekte von *Sicherheit, Umwelt- und Gesundheitsschutz* in den Planungsphasen bis zur Inbetriebnahme der Betriebsmittel, die in den verschiedenen Domänen eingesetzt werden. Entsprechende *Sicherheitskonzepte und Schutzmaßnahmen* werden angewandt, um Risiken für die Belegschaft und das Unternehmen zu minimieren. Situationsbedingt müssen auch Lieferanten mit eingebunden werden.

Die *Arbeitssicherheit* wird durch vielseitige Maßnahmen gewährleistet. Zum Beispiel durch Kontrollen der Brandschutzmaßnahmen, Werksfeuerwehr, Verkehrssicherheit auf den Betriebsgeländen sowie medizinische Versorgung an den Standorten. Die dafür aufgesetzten *Notfallsysteme* werden regelmäßig überprüft.

Diese Geschäftskompetenz setzt auch Präventivmaßnahmen für den weltweiten Standortschutz gegen Eingriffe von Dritten um. Dazu gehört die *Zugangskontrolle* und Verwaltung von Zugangsberechtigungen der Belegschaft sowie die Überprüfung des ein- und ausgehenden Warenstroms an den Standorten.

Ausführende Geschäftskompetenzen

Die operative Infrastruktur verteilen wir auf die beiden Geschäftskompetenzen „Betriebsmittel und Versorgung" und „IT-Betrieb".

Betriebsmittel und Versorgung

Speziell die materiellen Betriebsmittel für die Produktion haben wir in der Geschäftskompetenz „Betriebsmittelplanung" der Domäne „Produktion" aufgeführt. Darüber hinaus gehören insbesondere in der Verwaltung auch immaterielle Betriebsmittel wie beispielsweise IT und Telekommunikation dazu. Den „IT-Betrieb" werden wir als gesonderte Geschäftskompetenz abbilden.

Zur *Immobilienverwaltung* zählen wir auch die Verwaltung der *Liegenschaften* während des Baus neuer Fabriken und Anlagen. In der *Raum- und Flächenverwaltung* geht es zum Beispiel um Einrichtungen wie auch die operative Koordination der *Instandhaltung und Reinigung. Elektrik und Sanitär* gehören beispielsweise zum Betrieb der technischen Infrastruktur. Es gibt außerdem noch einige wenige Automobilunternehmen, die eine eigene *Gastronomie* besitzen, die wir jedoch unter der „Infrastruktur" anführen, weil sowohl Gastronomie als auch Läden auf den Werksgeländen fast nur noch extern betrieben werden.

Im Mittelpunkt aller Verwaltungsaufgaben dieser Geschäftskompetenz stehen die *Betriebsmittelstammdaten*, in denen alle wesentlichen Daten und Dokumente zusammengeführt werden, zum Beispiel Lagepläne und Architekturzeichnungen.

IT-Betrieb

IT-Infrastrukturen sind heutzutage bei Automobilunternehmen mit ihrer *Hardware und Netzwerken* oft auf über hundert *Rechenzentren* verteilt. Hinzu kommen noch die Netze zur *Telekommunikation*. In der Praxis hat jedes Werk seine eigenen IT-Infrastrukturen, was oft auch für die größeren Labors gilt. Nicht alle IT-Systeme lassen sich indes zentralisieren. Ein Scanner oder Drucker als *Endgerät* wird immer lokal benötigt. Was allerdings zentralisiert werden kann, ist die Verwaltung und Steuerung der Absicherung gegen Ausfälle, beispielsweise bei einer Betriebsstörung. Wichtige Funktionen sind hierzu *Archivierung* als auch *Sicherung und Wiederherstellung*. Die Leistungseigenschaften wie etwa Leistungsumfang, Reaktionszeit und Schnelligkeit der Bearbeitung werden über Dienstgütevereinbarungen (englisch „Service Level Agreement", kurz *SLA* genannt) zugesichert.

In der Automobilindustrie ist üblicherweise der IT-Betrieb – abhängig von der Größe der „Schatten-IT" in den Fachbereichen – der größte Kostenblock eines traditionellen CIO. Wir verweisen auf die Literatur [131] für eine weiterführende Betrachtung des Betriebs von IT-Infrastrukturen.

3.6.13 Übergreifende Unterstützung

Diese Geschäftsdomäne hat eine unterstützende Rolle, aber im Vergleich zu den anderen Domänen keine einheitlich zielgerichteten Geschäftskompetenzen. Sie ist mehr eine Zusammenfassung verschiedener losgelöster Geschäftskompetenzen, die insgesamt das Unternehmen unterstützen.

Wir gestalten die Domäne „Übergreifende Unterstützung" durch die folgenden sieben Geschäftskompetenzen (siehe Abb. 3.43):

Steuerung:
- Wissen und Idee
- IT-Planung
- Projekt, Portfolio, Prozess

Kontrolle:
- Recht und Vorschrift

Ausführung:
- IT-Entwicklung und -Dokumentation
- Assistenz

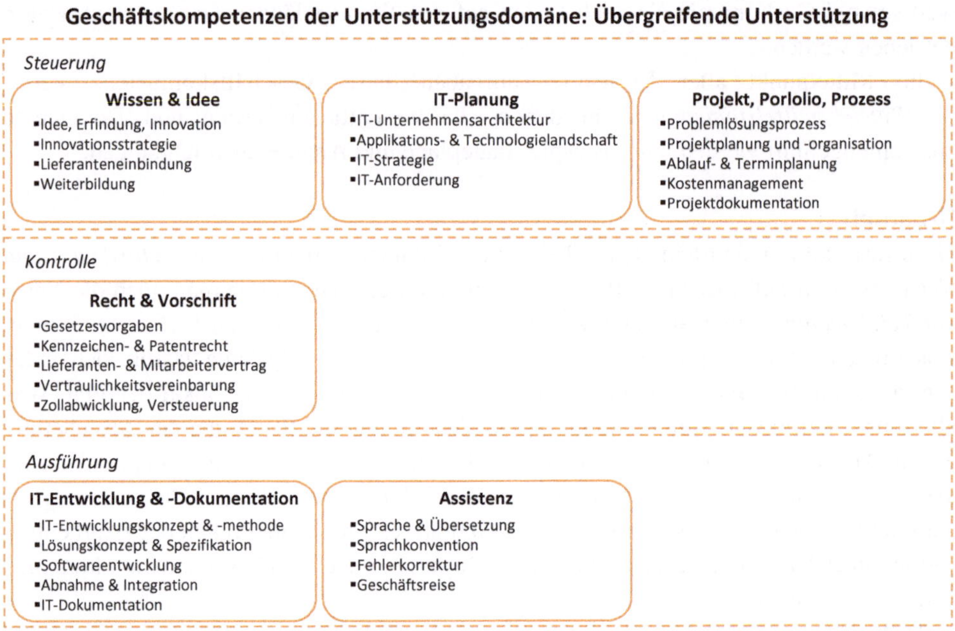

Geschäftskompetenzen der Unterstützungsdomäne: Übergreifende Unterstützung

Steuerung

Wissen & Idee
- Idee, Erfindung, Innovation
- Innovationsstrategie
- Lieferanteneinbindung
- Weiterbildung

IT-Planung
- IT-Unternehmensarchitektur
- Applikations- & Technologielandschaft
- IT-Strategie
- IT-Anforderung

Projekt, Porlolio, Prozess
- Problemlösungsprozess
- Projektplanung und -organisation
- Ablauf- & Terminplanung
- Kostenmanagement
- Projektdokumentation

Kontrolle

Recht & Vorschrift
- Gesetzesvorgaben
- Kennzeichen- & Patentrecht
- Lieferanten- & Mitarbeitervertrag
- Vertraulichkeitsvereinbarung
- Zollabwicklung, Versteuerung

Ausführung

IT-Entwicklung & -Dokumentation
- IT-Entwicklungskonzept & -methode
- Lösungskonzept & Spezifikation
- Softwareentwicklung
- Abnahme & Integration
- IT-Dokumentation

Assistenz
- Sprache & Übersetzung
- Sprachkonvention
- Fehlerkorrektur
- Geschäftsreise

Abb. 3.43 Die Geschäftskompetenzen der Domäne „Übergreifende Unterstützung"

Steuernde Geschäftskompetenzen

Zu den steuernden Geschäftskompetenzen zur Unterstützung des Unternehmens gehören „Wissen und Idee", „IT-Planung" und „Projekt, Portfolio, Prozess".

Wissen und Idee

Diese Geschäftskompetenz erfasst und entwickelt das geistige Eigentum des Unternehmens und stellt es bereit. Ohne diese Kompetenz könnte das Automobilunternehmen kein einziges Fahrzeug herstellen. Wir werden jedoch nicht detaillierter auf das Wissen eines Unternehmens eingehen, das in seinen Dokumentationen und seiner Belegschaft ruht, und verweisen nur auf die weiterführende Literatur [120]. Wichtiger in unserem Kontext ist, wie neues Wissen im digitalen Zeitalter entsteht und gezielt zu einem Unternehmenserfolg gebracht werden kann. Im Abschn. 1.3 haben wir aufgezeigt, dass der Wertschöpfungsanteil der Lieferanten bei über 71 Prozent liegt, denn Innovationen entstehen heute zu einem großen Teil in Zusammenarbeit mit Lieferanten.

Im Wesentlichen unterscheidet man die folgenden drei Begriffe:

Die *Idee*	ist immer ein guter Anfang. Sie ändert oder erreicht aber, für sich betrachtet, nichts im Unternehmen.
Die *Erfindung*	macht eine inspirierende Idee real, bedeutet aber noch keinen unmittelbaren Geschäftserfolg. In dieser Phase ist sie noch ein Patent oder ein einzigartiger Prototyp.

Die *Innovation* erzeugt schließlich einen produzierbaren Wert für ein Unternehmen und beeinflusst den Geschäftserfolg.

So hat sich beispielsweise der Kontinuierliche Verbesserungsprozess oder auch Kaizen in der Geschäftskompetenz „Produktionsprozess und -simulation" der Domäne „Produktion" gefestigt. Damit haben japanische und deutsche Unternehmen unterschiedliche *Innovationsstrategien* [142], vor allem im Hinblick darauf, wie die *Lieferanteneinbindung* erfolgt [22].

Die Geschäftskompetenz „Einsatz und Entwicklung" der Domäne „Personal" deckt nicht die fachliche *Weiterbildung* ab. Die Weiterentwicklung des unternehmensbezogenen Wissens wird durch entsprechende Schulungsmaßnahmen geplant und durchgeführt. Dafür ist die Verwaltung und Bereitstellung entsprechender Schulungsunterlagen mit passenden Einrichtungen erforderlich.

IT-Planung

Wir haben diese Geschäftskompetenz von einer ganzheitlichen IT-Kompetenz getrennt, weil diese Kompetenz, im Gegensatz zum „IT-Betrieb" der Domäne „Infrastruktur", die Zukunft eines Automobilunternehmens entscheidend steuern kann [23]. Im Mittelpunkt steht die *IT-Unternehmensarchitektur*, die wir im Abschn. 1.7 eingeführt haben. Sie wird durch die *Applikations- und Technologielandschaft* geprägt. Beispielsweise hat hier Daimler eine sehr zentrale *IT-Strategie* umgesetzt [125]. Die IT-Strategie richtet sich an der „Unternehmensstrategie" der Domäne „Unternehmenssteuerung" aus. Mit den IT-spezifischen Prozessen und Methoden werden *IT-Anforderungen* erfasst, qualifiziert und detailliert.[85]

Projekt, Portfolio, Prozess

In dieser Geschäftskompetenz geht es um das Planen, Steuern, Kontrollieren und Abschließen von Projekten. Im gesamten Unternehmen werden unterschiedlichste Projekte initiiert, die durch diese Geschäftskompetenz unterstützt werden. Ihre mit internen wie auch externen Mitarbeitern kann einem *Problemlösungsprozess* folgen, beginnend mit der *Projektplanung und -organisation* über die Konkretisierung der *Ablauf- und Terminplanung* bis hin zum detaillierten *Kostenmanagement* inklusive aller *Projektdokumentationen*.[86]

Kontrollierende Geschäftskompetenzen

Durch das internationale Geschäft und die gesetzlichen Haftungen für Schäden aufgrund von Automobilrückrufen ist eine eigene kontrollierende Geschäftskompetenz „Recht und Vorschrift" zwingend notwendig.

[85] Siehe dazu die Literatur [65] für eine weiterführende Betrachtung der strategischen IT-Planung.

[86] Wir verweisen wiederum auf die weiterführende Literatur [78].

Recht und Vorschrift

In dieser Geschäftskompetenz müssen *Gesetzesvorgaben* beachtet und erfüllt, aber auch in der Umsetzung optimiert werden.

Durch den hohen Grad der Lieferanteneinbindung in „Wissen und Idee" hat sie eine beratende Funktion zur Klärung rechtlicher Fragen zum Schutz des geistigen Eigentums, zum Beispiel im Rahmen des *Kennzeichen- und Patentrechts* mit den zugehörigen Vorschriften. Aber auch regelmäßige Rechtsberatungen und juristische Prüfungen der Tausenden von *Lieferanten- und Mitarbeiterverträgen* mit entsprechenden *Vertraulichkeitsvereinbarungen* müssen durchgeführt werden. Im Falle einer unlauteren Weitergabe werden entsprechend den Auswirkungen rechtliche Schritte mit Schadenersatzforderungen gesteuert.

Neben der heute weitgehend durch Software automatisierten *Zollabwicklung*, müssen länder- und warenspezifische Informationen zum Zoll verwaltet werden. Die Waren im internationalen Warenstrom der Geschäftskompetenzen „Produktionsversorgung" der Domäne „Beschaffung und Eingangslogistik und „Auftrag und Distribution" der Domäne „Vertrieb und Ausgangslogistik" müssen zur Verzollung angemeldet werden.

Für interne Kalkulationen müssen neben anfallenden Zollgebühren auch anfallende *Versteuerungen* ermittelt werden. Diese Geschäftskompetenz ermittelt und stellt nicht einfach nur Informationen bereit. Sie steuert und beeinflusst die Warenbeschaffung ebenso wie die Geschäftskompetenz „Standortplanung" der Domäne „Infrastruktur" durch die Analyse steuerlicher Gestaltungsspielräume. Dazu gehören die Auswertungen der Steuerabgaben wie zum Beispiel für Einkommen-, Unternehmens- und Mehrwertsteuer.

Ausführende Geschäftskompetenzen

Zur operativen Unterstützung des Unternehmens gehören die beiden Geschäftskompetenzen „IT-Entwicklung und Dokumentation" und „Assistenz".

IT-Entwicklung und Dokumentation

In der IT ist es vor allem heute durch die neueren agilen und automatisierten *IT-Entwicklungskonzepte und -methoden* eher unüblich, die Entwicklung von der Geschäftskompetenz „IT-Betrieb" der Domäne „Infrastruktur" zu trennen [173]. Auf der Seite der Entwicklung will man möglichst schnelle Änderungen oder Erweiterungen, andererseits braucht der Betrieb eine stabile Umgebung. Die Umgebungen für Mobilitätsdienstleistungen haben hier bereits fließende Übergänge zwischen diesen beiden sehr unterschiedlichen Kompetenzen geschaffen, wie zum Beispiel bei car2go.[87] Der Automobilbereich hingegen, der sich überwiegend an der Produktentstehung anlehnt (siehe Abschn. 2.2), prägt die traditionell unterstützende IT, wo die Entwicklung noch

[87] „Daimler Subsidiary Moovel GmbH Helps Clients Find the Shortest Route with the IBM Cloud" http://www-03.ibm.com/press/us/en/pressrelease/45251.wss. Zugegriffen am 12.01.2015.

Kontakte zu ausgewählten Geschäftskompetenzen hat, der IT-Betrieb aber vom Geschäftsinhalt entkoppelt ist.

Im Unterschied zur Geschäftskompetenz „Entwicklung und Konstruktion" der Domäne „Forschung und Entwicklung" wird in den meisten Fällen die IT-Entwicklung komplett von Lieferanten übernommen, entweder durch eigens erstellte *Lösungskonzepte und Spezifikationen* oder durch Anpassungen eingekaufter Softwarepakete. Damit konzentriert sich diese Geschäftskompetenz im Wesentlichen auf die Koordination und Verwaltung der *Softwareentwicklungen*. Zur *Abnahme und Integration* der Softwarelösungen in die bestehende IT-Landschaft müssen unterschiedliche Teststufen durchlaufen werden, in denen sowohl einzelne und kombinierte Funktionalitäten getestet als auch nichtfunktionale Absicherungen in Hinblick auf Lastverhalten, Standards, Integration etc. durchgeführt werden.

In der Praxis ist die *IT-Dokumentation* für jede Applikation ein zwingendes Beiwerk, wird aber oft mühselig manuell erstellt und veraltet noch schneller als die IT-Applikation selbst. Entwicklungssysteme mit automatisierten Möglichkeiten der Dokumentationserstellung können sicherstellen, dass zumindest Teilaspekte wie beispielsweise Schnittstellen immer aktuell dokumentiert sind.

Assistenz

Zu dieser Geschäftskompetenz gehören Dienste zur *Sprache und Übersetzung*, die für die Dokumentationen in unterschiedlichen Geschäftskompetenzen wie zum Beispiel „Produktdaten und -dokumentation" und „Redaktion und Lektorat" für das internationale Geschäft benötigt werden. Dafür werden *Sprachkonventionen* des Unternehmens verwaltet und sichergestellt, insbesondere für die fachliche Terminologie. In dieser Geschäftskompetenz findet aber weder stilistische und sprachliche Begutachtung noch Überarbeitung der Informationen statt. Dafür gibt es das Lektorat in der Kommunikation, während man sich hier auf eine reine *Fehlerkorrektur* beschränkt.

Die Aufgabenfelder in allen Kerngeschäftsdomänen sind international aktiv. Dadurch entstehen viele *Geschäftsreisen*, deren Buchungen durch Agenturen unterstützt werden. Eine firmeneigene Fluggesellschaft, wie es sie einst als „DaimlerChrysler Aviation"[88] gab, stellt eine Ausnahme in der Automobilindustrie dar.

Üblicherweise werden alle Dienstleistungen dieser Geschäftskompetenz durch externes Personal geleistet.

[88] „Daimler-Chrysler verkauft Fluggesellschaft" http://www.auto-motor-und-sport.de/news/daimler-chrysler-verkauft-fluggesellschaft-724842.html. Zugegriffen am 12.01.2015.

3.7 Referenzmodell der AUTOmobil-Geschäftskompetenzen

Rufen wir uns den Rahmen der Unternehmensarchitektur in Erinnerung, den wir uns in Abb. 8, Kap. 1 gesetzt haben. Dort hatten wir die Geschäftsarchitektur als den zentralen Übergang vom Geschäftsmodell und Unternehmensorganisation zur Unternehmensarchitektur beschrieben. Durch die Abb. 3.7 haben wir die Schnittstelle „gehört zu" im Rahmen der Automobilindustrie mit einer reduzierten Anzahl von essenziellen Geschäftsdomänen dargestellt. Im vorherigen Abschnitt haben wir die Domänen mit ihren Geschäftskompetenzen und einigen Charakteren ihrer wichtigsten Geschäftskomponenten beschrieben. In Abb. 3.44 fassen wir das Modell als unser Referenzmodell der Geschäftsarchitektur für die aktuelle AUTOmobilindustrie zusammen. Bis auf wenige Ausnahmen auf der Ebene der Geschäftskompetenzen kann das Referenzmodell, auch auf die anderen Arten von Fahrzeugherstellern (siehe Abschn. 3, Kap. 1) übertragen werden. Im Detail des Referenzmodells sind wir jedoch nur auf die Lagerfertigung für die Massenproduktion und die Auftragsfertigung für Personenkraftwagen eingegangen. Zwar deckt die Auftragsfertigung, bei der sich der Kunde unter Rahmenbedingungen das Fahrzeug individuell zusammenstellt, einige Aspekte ab, doch sind im Bereich Nutzfahrzeuge andere Geschäftsprozesse für eine höhere Flexibilisierung der Auftragsfertigung notwendig. Noch spezieller betrachtet, werden bei Baumaschinen und Baugeräten komplexere Kundeneinzelfertigungen und Projektfertigungen für Flotten relevant. Die komplexe Einzelfertigung ist dadurch gekennzeichnet, dass zu einem zu liefernden Produkt auftragsspezifische Änderungen oder sogar komplette Neukonstruktionen in der Entwicklung erforderlich sind (siehe Abb. 2, Kap. 2). Für ein derartiges Vorhaben besteht zum Beispiel die Notwendigkeit, die Kosten- und Erlössituation in den Bereichen Risiken und Finanzen detaillierter zu planen und zu überwachen, als wir es im Referenzmodell abgebildet haben.

Die Beschreibung der Geschäftskompetenzen eines Referenzmodells für einen fiktiven Fahrzeughersteller ist ohne Anspruch auf Vollständigkeit und deckt nur einige Geschäftskomponenten und -zwecke ab. Im Großen und Ganzen soll das Referenzmodell die Geschäftsarchitektur der heutigen AUTOmobilindustrie abbilden.

Mit der Ebene der Geschäftskomponenten schließen wir die Details der Unternehmensarchitektur ab. Für die nächste Ebene der Geschäftsservices als Übergang zu den IT-Aspekten einer Unternehmensarchitektur müssten wir intensiver die Geschäftsprozesse [136] und die Prozessmodellierung [145] einführen. Die Teilarchitekturen der Technologie, der Informationssysteme und Geschäftsservices werden in der Literatur unter dem Begriff Service Oriented Architecture (SOA) als noch weitestgehend unabhängig von speziellen Industrien beschrieben.[89] Sie ist durchaus relevant für die konkrete

[89] Dafür verweisen wir auf die weiterführende Literatur [48].

Führungsdomäne	Kerngeschäftsdomänen							Verwaltungsdomänen			Unterstützungsdomänen	
Unternehmenssteuerung	Forschung & Entwicklung	Beschaffung & Eingangslogistik	Produktion	Vermarktung & Kommunikation	Vertrieb & Ausgangslogistik	Finanzdienstleistung	Kundendienstunterstützung	Personal	Qualität	Finanz- & Rechnungswesen	Infrastruktur	Übergreifende Unterstützung
Steuerung												
Ziele, Werte, Prinzipien	Planung, Anforderung, Änderung	Beschaffungsstrategie	Produktionsprozess & -simulation	Unternehmenskommunikation	Vertriebsstrategie & Kunde	Finanzdienstleistungsstrategie	Kundenstimme	Personalführung & -prozess	Qualitätsverständnis	Planungs- & Steuerungssystem	Standortplanung	Wissen & Idee
Unternehmensstrategie	Forschung & Vorentwicklung	Logistikplanung & -steuerung	Produktionsplanung & -steuerung	Unternehmens- & Markenidentität	Absatz, Bedarf, Bestand	Richtlinie, Prozess, Risiko	Vernetztes Fahrzeug	Personalpolitik	Qualitätsplanung			IT-Planung
Unternehmens- & Prozessstruktur	Standard, Methode, Prozess	Lieferantenbeziehung	Betriebsmittelplanung	Vermarktungskonzept	Distributionssystem		Kunden- & Fahrzeugdaten	Personalplanung & Organisation	Qualitätsverbesserung			Projekt, Portfolio, Prozess
Umwelt												
Kontrolle												
Integrität & Recht	Absicherung & Erprobung	Lieferantenbewertung	Produktionsabsicherung	Marktanalyse & Erfolgsbewertung	Vertriebsleistung	Bewertung & Auskunftsfähigkeit	Produktbeobachtung	Einsatzkontrolle	Qualitätsauswertung	Internes Kontrollsystem	Anlagen- & Standortsicherheit	Recht & Vorschrift
Risiken & Finanzen		Beschaffungsoptimierung			Distributionsoptimierung	Kennzahlensystem		Beurteilung	Leistungsauswertung	Berichtswesen & Kennzahlen		
Sicherheit												
Unternehmensdokumentation												
Ausführung												
	Konzept, Design, Bauraum	Einkaufsvergabe & -vertrag	Serienvorbereitung	Vermarktungsmaßnahmen	Qualifizierung, Angebot, Vertrag	Finanzdienstleistungsvertrag	Garantie & Kulanz	Eintritt & Austritt	Qualitätsabsicherung	Buchführung, Abschluss	Betriebsmittel & Versorgung	IT-Entwicklung & -Dokumentation
	Entwicklung, Konstruktion, Anlauf	Produktionsversorgung	Fertigung	Redaktion & Lektorat	Auftrag & Distribution	Bank & Kredit	Standard, Ausrüstung, Information	Einsatz & Entwicklung	Problem- & Fehlerbehandlung	Vermögensverwaltung	IT-Betrieb	Assistenz
	Produktdaten & -dokumentation		Montage & Intralogistik	Medienarchiv	Übergabe & Dokumentation	Versicherung		Verwaltung & Vergütung	Qualitätsdokumentation	Finanzmarktkommunikation		

Abb. 3.44 Referenzmodell der Geschäftsarchitektur für die aktuelle AUTOmobilindustrie. Es repräsentiert eine Gesamtübersicht über einige Geschäftskompetenzen eines fiktiven Automobilunternehmens, das Personenkraftwagen herstellt

Transformation eines Fahrzeugherstellers, wird aber schnell unternehmensspezifisch und IT-lastig. Wir beschränken uns auf eine allgemeinere Betrachtung des Problems, wie sich eine Automobilindustrie in Richtung einer Mobilitätsindustrie entwickeln kann.

Wir haben in diesem Kapitel aufgezeigt, dass die IT in fast allen Geschäftskompetenzen eine tragende Rolle spielt. Nun müssen diese Geschäftskompetenzen aus der Sicht neuer Geschäftsmodelle anders ausgerichtet werden. Bevor wir darauf genauer im nächsten Kap. 4 eingehen, wollen wir zum Schluss dieses Kapitels den historisch schlechten Ruf der IT reflektieren.

Leider wird der IT nachgesagt, das träge Körperteil „Bauch"zu sein verglichen mit dem sich schnell bewegenden Kopf. In Erinnerung an eine heutzutage nur noch schwer nachvollziehbare Entscheidung von DaimlerChrysler, als der Konzern als damaliger europäischer Pionier im Service-Geschäft im Jahr 2000 seine IT verkaufte[90] hat, wollen wir das Kapitel deshalb mit einem Gedicht ([92] S. 40) abschließen:

„Der Bauch soll weg"
Einmal sagten Kopf und Hals,
die andren Körperteile ebenfalls:
„Der Bauch, was tut denn der Geselle?
Ist dick und rund, bleibt auf der Stelle.
Unser Körper kann doch auch
leben ohne einen Bauch."
So beschlossen alle ander'n:
„Der Bauch soll fort jetzt wandern!"
...
Doch schon nach ziemlich kurzer Zeit
machte tiefe Müdigkeit sich breit.
Die Körperteile, ach die trägen,
wollten sich kaum noch bewegen
Sie wurden schwach und Gott sei Dank,
wurden sie nicht auch noch krank.
Denn sie erkannten: „Sapperlot,
so ein Bauch ist doch ganz gut!
...
Drum komm zurück, du Bauch du runder,
Was du uns tust, das ist ein Wunder!"

[90] Deal mit Debis. DER SPIEGEL 11/2000. http://www.spiegel.de/spiegel/print/d-15930886.html. Zugegriffen am 23.12.2014.

Literatur

1. Afuah A (2003) Business models: a strategic management approach. McGraw-Hill/Irwin, New York
2. Alfabet meta-modeling AG (2007) Planung einer serviceorientierten Architektur mittels Best Practices für Enterprise Architecture Management. Berlin
3. Aier S, Schönherr M (2007) Model driven service domain analysis. Service-Oriented Computing ICSOC 2006. doi:10.1007/978-3-540-75492-3_17
4. Akao Y (Hrsg) (2004) Quality Function Deployment (QFD): integrating customer requirements into product design. Productivity Press, New York
5. Arnold D, Isermann H, Kuhn A, Tempelmeier H, Furmans K (Hrsg) (2008) Handbuch Logistik, 3. Aufl. Springer, Berlin
6. Arnolds H, Heege F, Röh C, Tussing W (2013) Materialwirtschaft und Einkauf: Grundlagen – Spezialthemen – Übungen, 12. Aufl. Springer Gabler, Wiesbaden
7. Bach N, Brehm C, Buchholz W, Petry T (2012) Wertschöpfungsorientierte Organisation: Architekturen – Prozesse – Strukturen. Springer Gabler, Wiesbaden
8. Bahke T (2012) Normung. In: Czichos H, Hennecke M (Hrsg) HÜTTE – Das Ingenieurwissen, 34. Aufl. Springer Vieweg, Berlin, S O1-O23
9. Bauer J (2012) Produktionscontrolling und -management mit SAP ERP: Effizientes Controlling, Logistik- und Kostenmanagement moderner Produktionssysteme, 4. Aufl. Springer Vieweg, Wiesbaden
10. Bauer J, Hayessen E (2009) 100 Produktionskennzahlen. cometis, Wiesbaden
11. Bayer J, Collisi T, Wenzel S (Hrsg) (2002) Simulation in der Automobilproduktion. Springer, Berlin
12. Bayerische Motoren Werke Aktiengesellschaft (Hrsg) (2013) Zusammen wirken: Sustainable Value Report 2013. München http://www.bmwgroup.com/com/de/verantwortung/svr_2013/index.html. Zugegriffen am 19.12.2014
13. Beer M (1985) Human resource management. Free Press, New York
14. Berekoven L, Eckert W, Ellenrieder P (2009) Marktforschung: Methodische Grundlagenund praktische Anwendung, 12. Aufl. Gabler, Wiesbaden
15. Beyrow M, Kiedaisch P, Daldrop N (2012) Corporate Identity und Corporate Design: Das Kompendium, 3. Aufl. avedition, Stuttgart
16. Blanz M, Bückle T, Grau G, Lueg R, Rieger M, Scholz M, Traub R, Weiß K (2007) Diagnosesystem mit WLAN-Übertragungsmodul und implementiertem Diagnosenkurztest. Patent DE102006019972A1, Deutsches Patent- und Markenamt
17. Bodemer S, Disch R (2014) Corporate Treasury Management: Organisation, Cash- und Liquiditätsmanagement, Corporate Finance, Risikomanagement, Technologie. Schäffer-Poeschel, Stuttgart
18. Botsis D, Hansknecht S, Hauke C, Janssen N, Kaiser B, Rock T (2015) Kennzahlen und Kennzahlensysteme für Banken. Springer Gabler, Wiesbaden
19. Bracht U, Geckler D, Wenzel S (2011) Digitale Fabrik: Methoden und Praxisbeispiele. Springer, Berlin
20. Bradler J, Mödder F (2012) SAP supplier relationship management, 2. Aufl. SAP PRESS, Bonn
21. Braess H-H, Seiffert U (Hrsg) (2007) Automobildesign und Technik: Formgebung, Funktionalität, Technik. Vieweg, Wiesbaden
22. Braess H-H, Seiffert U (Hrsg) (2013) Vieweg Handbuch Kraftfahrzeugtechnik, 7. Aufl. Springer Vieweg, Wiesbaden
23. Brenner W, Resch A, Schulz V (2010) Die Zukunft der IT in Unternehmen: Managing IT as a Business. F.A.Z.-Institut für Management-, Markt- und Medieninformationen, Frankfurt a. M

24. Brück U (2015) Praxishandbuch SAP-controlling, 5. Aufl. Galileo Press, Bonn
25. Brückner C (2011) Qualitätsmanagement – Das Praxishandbuch für die Automobilindustrie. Carl Hanser, München
26. Bullinger H-J, Spath D, Warnecke H-J, Westkämper E (Hrsg) (2009) Handbuch Unternehmensorganisation: Strategien, Planung, Umsetzung, 3. Aufl. Springer, Berlin
27. Bundesgesetzblatt (1998) Gesetz zur Kontrolle und Transparenz im Unternehmensbereich (KonTraG). Jahrgang 1998 Teil I Nr. 24, ausgegeben zu Bonn am 30. April 1998
28. Bungartz O (2014) Handbuch Interne Kontrollsysteme (IKS): Steuerung und Überwachungvon Unternehmen, 4. Aufl. Erich Schmidt Verlag, Berlin
29. Child J, Faulkner D, Tallman S (2009) Cooperative strategy: managing alliances, networks, and joint ventures, 2. Aufl. Oxford University Press, New York
30. Crosby PB (1996) Quality is still free: making quality certain in uncertain times. McGraw-Hill, New York
31. Daimler AG (2012) Richtlinie für integres Verhalten. Was uns gemeinsam bei Daimlerleitet. Unsere Verhaltensgrundsätze und Leitlinien für das Handeln. Stuttgart http://www.daimler.com/Projects/c2c/channel/documents/1031143_Daimler_Richtlinie_fuer_integres_Verhalten.pdf. Zugegriffen am 23.12.2014
32. Daimler AG (2013) Nachhaltigkeitsbericht 2013. Stuttgart http://www.daimler.com/Projects/c2c/channel/documents/2458886_Daimler_Nachhaltigkeitsbericht_2013.pdf. Zugegriffen am 19.12.2014
33. Daimler AG (2014) Aktualisierte Umwelterklärung 2014. Daimler AG Standort Sindelfingen http://www.daimler.com/Projects/c2c/channel/documents/2578205_UE2014_SiFi.pdf. Zugegriffen am 23.12.2014
34. Daimler Trucks North America LLC (Hrsg) (2011) Doing business with Daimler Trucks North America LLC. A supplier's guide to a successful business relationship with Daimler Trucks North America LLC. Revision 02.2011
35. Dale BG, van der Wiele T, van Iwaarden J (2007) Managing quality, 5. Aufl. Blackwell, Malden
36. Dangelmaier W (2001) Fertigungsplanung: Planung von Aufbau und Ablauf der Fertigung, 2. Aufl. Springer, Berlin
37. Deming WE (1982) Out of the crisis. The MIT Press, Cambridge, MA
38. Deming WE (2013) The essential Deming: leadership principles from the father of quality. McGraw-Hill, United States
39. DIN Deutsches Institut für Normung (Hrsg) (2007) DIN EN 15341:2007–06: Instandhaltung – Wesentliche Leistungskennzahlen für die Instandhaltung. Beuth, Berlin
40. DIN Deutsches Institut für Normung (Hrsg) (2013) DIN EN 8580:2003–09: Fertigungsverfahren – Begriffe, Einteilung. Beuth, Berlin
41. DIN Deutsches Institut für Normung (Hrsg) (2013) DIN EN 62264–1:2013: Integration von Unternehmensführungs- und Leitsystemen – Teil 1: Modelle und Terminologie. Beuth, Berlin
42. Ding S, Puranik A, Vaidya M (2013) From CFO to CEO: New Leadership Opportunities for Senior Financial Executives in the Asia Pacific Region. A World of Insight. Research & Insight, SpencerStuart. http://www.spencerstuart.com/research-and-insight/from-cfo-to-ceo-new-leadership-opportunities-for-senior-financial-executives. Zugegriffen am 23.12.2014
43. Dudenhöffer K (2012) Internet als Neuwagen-Vertriebskanal. In: Proff H, Schönharting J, Schramm D, Ziegler J (Hrsg) Zukünftige Entwicklungen in der Mobilität: Betriebswirtschaftliche und technische Aspekte. Springer Gabler, Wiesbaden, S 355–366
44. Ebel B, Hofer MB (Hrsg) (2014) Automotive Management: Strategie und Marketing in der Automobilwirtschaft, 2. Aufl. Springer, Berlin

45. Eger T, Eckert C, Clarkson PJ (2005) The role of design freeze in product development. In: International conference on engineering design, Iced 05, Melbourne
46. Eggert W (2003) Nachfragemodellierung und -prognose zur Unterstützung der langfristigen Absatzplanung am Beispiel der deutschen Automobilindustrie. Dissertation, Universität Fridericiana zu Karlsruhe
47. Ehrlenspiel K, Kiewert A, Lindemann U, Mörtl M (2014) Kostengünstig Entwickeln und Konstruieren: Kostenmanagement bei der integrierten Produktentwicklung, 7. Aufl. Springer Vieweg, Berlin
48. Erl T, Gee C, Kress J, Maier B, Normann H, Raj P, Shuster L, Trops B, Utschig-Utschig C, Wik P, Winterberg T (2014) Next generation SOA: a concise introduction to service technology & service-orientation. Prentice Hall, Upper Saddle River
49. Ernst & Young (Mai 2013) Key considerations for your internal audit plan: Enhancing the risk assessment and addressing emerging risks. Insights on governance, risk and compliance. http://www.ey.com/GRCinsights. Zugegriffen am 23.12.2014
50. Ernstberger U, Weissinger J, Frank J (Hrsg) (2013) Mercedes-Benz SL: Entwicklung und Technik. Springer Vieweg, Wiesbaden
51. Evans JR (2013) Quality and performance excellence: management, organization, and strategy, 7. Aufl. South-Western, Mason
52. Favre-Bulle B (2004) Automatisierung Komplexer Industrieprozesse: Systeme, Verfahren und Informationsmanagement. Springer, Wien
53. Festing M, Dowling PJ, Weber W, Engle AD (2011) Internationales Personalmanagement, 3. Aufl. Gabler, Wiesbaden
54. Fischer JO (2008) Kostenbewusstes Konstruieren: Praxisbewährte Methoden und Informationssysteme für den Konstruktionsprozess. Springer, Berlin
55. Fischermanns G (2013) Praxishandbuch Prozessmanagement, 11. Aufl. Verlag Dr. Götz Schmidt, Gießen
56. Forsthuber H, Siebert S (2013) Praxishandbuch SAP-Finanzwesen, 5. Aufl. Galileo Press, Bonn
57. Förtsch G, Meinholz H (2014) Handbuch Betriebliches Umweltmanagement, 2. Aufl. Springer Spektrum, Wiesbaden
58. Girbig P, Graser C, Janson-Mundel O, Schuberth J, Seifert EK (2013) Energiemanagement gemäß DIN EN ISO 50001: Systematische Wege zu mehr Energieeffizienz. Beuth, Berlin
59. Glaser C (2015) Risikomanagement im Leasing: Grundlagen, rechtlicher Rahmen und praktische Umsetzung. Springer Gabler, Wiesbaden
60. Gorriz M, Holzweißig K (2014) Linked Data in der Automobilindustrie: Anwendungsfälle und Mehrwerte. In: Pellegrini T, Sack H, Auer S (Hrsg) Linked Enterprise Data: Management und Bewirtschaftung vernetzter Unternehmensdaten mit Semantic Web Technologien. Springer, Berlin, S 245–262
61. Grote K-H, Engelmann F, Beitz W, Syrbe M, Beyerer J, Spur G (2014) Das Ingenieurwissen: Entwicklung, Konstruktion und Produktion. Springer Vieweg, Heidelberg
62. Günther H-O, Tempelmeier H (2012) Produktion und Logistik, 9. Aufl. Springer, Heidelberg
63. Hafner R, Polanski A (2008) Kennzahlen-Handbuch für das Personalwesen. PRAXIUM-Verlag, Zürich
64. Hage S (21.01.2010) IBM-Chef warnt vor Kollaps. manager magazin online http://www.manager-magazin.de/finanzen/artikel/a-673202.html. Zugegriffen am 23.12.2014
65. Hanschke I (2013) Strategisches Management der IT-Landschaft: Ein praktischer Leitfaden für das Enterprise Architecture Management, 3. Aufl. Hanser, München
66. Harrington HJ (1987) Poor-quality cost. American Society for Quality Control, New York
67. Hellberg T (2012) Praxishandbuch Einkauf mit SAP ERP, 3. Aufl. SAP PRESS, Bonn

68. Herlyn W (2012) PPS im Automobilbau: Produktionsprogrammplanung und -steuerung von Fahrzeugen und Aggregaten. Carl Hanser, München
69. Heß G (2010) Supply-Strategien in Einkauf und Beschaffung: Systematischer Ansatz und Praxisfälle, 2. Aufl. Gabler, Wiesbaden
70. Hinsch M (2014) Die neue ISO 9001:2015 – Status, Neuerungen und Perspektiven. Springer Vieweg, Berlin
71. Hoyle D (2009) ISO 9000 Quality systems handbook: using the standards as a framework for business improvement, 6. Aufl. Routledge, London
72. Imai M (1986) Kaizen: the key to Japan's competitive success. McGraw-Hill/Irwin, New York
73. ISO 22400–2:2014 (2014) Automation systems and integration – key performance indicators (KPIs) for manufacturing operations management – Part 2: definitions and descriptions. International Organization for Standardization, Genève
74. ISO 9000:2005 (2005) Quality management systems – fundamentals and vocabulary. International Organization for Standardization, Genève
75. ISO 9001:2008 (2008) Quality management systems – requirements. International Organization for Standardization, Genève
76. ISO 9004:2009 (2009) Managing for the sustained success of an organization – a quality management approach. International Organization for Standardization, Genève
77. Jahns C (2005) Supply Management: Neue Perspektiven eines Managementansatzes für Einkauf und Supply. Wissenschaft & Praxis, Sternenfels
78. Jakoby W (2013) Projektmanagement für Ingenieure: Ein praxisnahes Lehrbuch für den systematischen Projekterfolg, 2. Aufl. Springer Vieweg, Wiesbaden
79. Janker CG (2008) Multivariate Lieferantenbewertung: Empirisch gestütze Konzeption eines anforderungsgerechten Bewertungssystems, 2. Aufl. Gabler, Wiesbaden
80. Jelinek B, Hannich M (Hrsg) (2009) Wege zur effizienten Finanzfunktion in Kreditinstituten. Gabler, Wiesbaden
81. Johnson G, Scholes K, Whittington R (2011) Exploring corporate strategy, 9. Aufl. Pearson Education, Harlow
82. Jung T (2013) Optimierung der Lieferantenintegration in der Produktanlaufphase am Beispiel des Kaufteilemanagements der AUDI AG. In: Göpfert I, Braun D, Schulz M (Hrsg) Automobillogistik: Stand und Zukunftstrends, 2. Aufl. Springer Gabler, Wiesbaden, S 207–226
83. Jung H (2014) Controlling, 4. Aufl. Oldenbourg, München
84. Käber A (2014) Warehouse Management mit SAP ERP: Effektive Lagerverwaltung mit WM, 3. Aufl. SAP PRESS, Bonn
85. Kaiser D (2011) Treasury Management: Betriebswirtschaftliche Grundlagen der Finanzierung und Investition, 2. Aufl. Gabler, Wiesbaden
86. Kapferer J-N (2012) The new strategic brand management: advanced insights and strategic thinking, 5. Aufl. Kogan Page, London
87. Kappauf J, Koch M, Lauterbach B (2015) Logistik mit SAP: Der umfassende Einstieg, 3. Aufl. SAP PRESS, Bonn
88. Katzenbach A, Steiert H-P (2010) Engineering-IT in der Automobilindustrie – Wege in die Zukunft. Informatik-Spektrum. doi:10.1007/s00287-010-0502-y
89. Keuper F, Hamidian K, Verwaayen E, Kalinowski T (Hrsg) (2010) transformIT: Optimale Geschäftsprozesse durch eine transformierende IT. Gabler, Wiesbaden
90. Keuper F, Sauter R (Hrsg) (2014) Unternehmenssteuerung in der produzierenden Industrie: Konzepte und Best Practices. Springer Gabler, Wiesbaden
91. Kirchhoff KR, Piwinger M (Hrsg) (2009) Praxishandbuch Investor-Relations: Das Standardwerk der Finanzkommunikation, 2. Aufl. Gabler, Wiesbaden

92. Klaubert K, Brennholt S, Rekersdres N (2014) Motivation Gesundheit: Themenvorschläge und Materialien für gesundheitsfördernden Unterricht der Klassen 1–4. Sarastro, Paderborn
93. Klug F (2010) Logistikmanagement in der Automobilindustrie: Grundlagen der Logistik im Automobilbau. Springer, Berlin
94. Konold P, Reger H (2003) Praxis der Montagetechnik: Produktdesign, Planung, Systemgestaltung, 2. Aufl. Vieweg, Wiesbaden
95. Kothes L (2011) Grundlagen der Technischen Dokumentation: Anleitungen verständlich und normgerecht erstellen. Springer, Berlin
96. Kramer F (2009) Passive Sicherheit von Kraftfahrzeugen: Biomechanik – Simulation – Sicherheit im Entwicklungsprozess, 3. Aufl. Vieweg+Teubner, Wiesbaden
97. Krampf P (2014) Beschaffungsmanagement: Eine praxisorientierte Einführung in Materialwirtschaft und Einkauf, 2. Aufl. Vahlen, München
98. Kühlmann TM, Dowling PJ (2005) DaimlerChrysler: a case study of a cross border merger. In: Stahl G, Mendenhall M (Hrsg) Mergers and acquisitions: managing culture and human resources. Stanford University Press, Stanford, S 351–363
99. Kühnapfel JB (2013) Vertriebscontrolling: Methoden im praktischen Einsatz. Springer Gabler, Wiesbaden
100. Küpper H-U, Friedl G, Hofmann C, Hofmann Y, Pedell B (2013) Controlling: Konzeption, Aufgaben, Instrumente, 6. Aufl. Schäffer-Poeschel, Stuttgart
101. Lampel J, Mintzberg H, Quinn JB, Ghoshal S (2014) Strategy process: concepts, contexts, cases, 5. Aufl. Pearson Education, Harlow
102. Lauterbach B, Metzger DM, Sauer S, Kappauf J, Gottlieb J, Sürie C (2014) Transportation management with SAP TM. SAP PRESS, Bonn
103. Lewin T, Borroff R (2010) How to design cars like a pro. Motorbooks, Minneapolis
104. Liker JK (2004) The Toyota way: 14 management principles from the world's greatest manufacturer. McGraw-Hill, New York
105. Mack R, Frey N (2002) Six building blocks for creating real IT strategies. Gartner Research, Strategic Analysis Report R-17-3607
106. Matthes F, Buckl S, Leitel J, Schweda CM (2008) Enterprise architecture management tool survey 2008. Software Engineering for Business Information Systems (sebis), Technische Universität München
107. McCarthy EJ (1960) Basic marketing: a managerial approach. Irwin, Homewood
108. Meffert H, Burmann C, Kirchgeorg M (2014) Marketing: Grundlagen marktorientierter Unternehmensführung Konzepte – Instrumente, 12. Aufl. Springer Gabler, Wiesbaden
109. Mikus B (1998) Make-or-buy-Entscheidungen in der Produktion: Führungsprozesse –Risikomanagement – Modellanalysen. Springer, Wiesbaden
110. Müller R (2013) Systematische Mitarbeiterbeurteilungen und Zielvereinbarungen, 3. Aufl. PRAXIUM-Verlag, Zürich
111. Nix P, Wolbert J (2005) Kapitalmarktkommunikation in Deutschland: Investor Relations und Corporate Reporting. Kirchhoff Consult AG, München, PricewaterhouseCoopers, Frankfurtam Main
112. Ohno T (1988) Toyota production system: beyond large-scale production. Productivity, Portland
113. Osterwalder A, Pigneur Y (2010) Business modell generation. Wiley, Hoboken
114. Paul D, Cadle J, Yeates D. Hrsg. (2014) Business analysis, 3. Aufl. BCS, Swindon
115. Pepels W (Hrsg) (2003) Marketing-Controlling-Organisation: Grundgestaltung marktorientierter Unternehmenssteuerung. Erich Schmidt Verlag, Berlin-Tiergarten
116. Pohle G, Korsten P, Ramamurthy S (2005) Component business models – making specialization real. IBM Institute for Business Value, Somers

117. Porter ME (1986) Competition in global industries. Harvard Business School Press, Boston
118. Porter ME (1996) What is Strategy? Harvard Business Review (November-December 1996), pp. 61–78
119. Porter ME (2004) Competitive strategy: techniques for analyzing industries and competitors, 1. export Aufl. Free Press, New York
120. Probst G, Raub S, Romhardt K (2012) Wissen managen: Wie Unternehmen ihre wertvollste Ressource optimal nutzen, 7. Aufl. Springer Gabler, Wiesbaden
121. Rapp R (2000) Customer Relationship Management: Das Konzept zur Revolutionierung der Kundenbeziehungen. Campus, Frankfurt am Main
122. Rapp M, Wullenkord A (2014) Unternehmenssteuerung durch den Finanzvorstand (CFO): Praxishandbuch operativer Kernaufgaben, 2. Aufl. Springer Gabler, Wiesbaden
123. REFA, Verband für Arbeitsstudien und Betriebsorganisation (Hrsg) (1987) Planung und Gestaltung komplexer Produktionssysteme. Carl Hanser, München
124. Reichmann T (2011) Controlling mit Kennzahlen: Die systemgestützte Controlling-Konzeption mit Analyse- und Reportinginstrumenten, 8. Aufl. Vahlen, München
125. Reimann W, Wedeniwski S (2005) Building enterprise applications with a pro-active infrastructure at DaimlerChrysler. Internet, Processing, Systems, and Interdisciplinary Research (IPSI Journal), Cambridge, MA
126. Reisch RD (2009) Konzern-Treasury: Finanzmanagement in der Industrie. Oldenbourg, München
127. Rieg R (2015) Planung und Budgetierung: Was wirklich funktioniert, 2. Aufl. Springer Gabler, Wiesbaden
128. Robertson B (2013) To assess the impact of change, connect process models with business capability models. Gartner, Stamford
129. Roßnagel A (2014) Fahrzeugdaten – wer darf über sie entscheiden? SVR Straßenverkehrsrecht, Zeitschrift für die Praxis des Verkehrsjuristen 2014, Heft 8. Nomos Verlagsgesellschaft, Baden-Baden
130. Rump J, Eilers S (Hrsg) (2014) Lebensphasenorientierte Personalpolitik: Strategien, Konzepte und Praxisbeispiele zur Fachkräftesicherung. Springer Gabler, Berlin
131. Rumpel R (2012) Planung und Realisierung von IT-Infrastrukturen – ein prozessbasierter Ansatz. Oldenbourg, München
132. Schäffer F (2012) OBD On-Board-Diagnose in der Praxis. Franzis, Haar bei München
133. Schantin D (2004) Makromodellierung von Geschäftsprozessen: Kundenorientierte Prozessgestaltung durch Segmentierung und Kaskadierung. Deutscher Universitäts-Verlag/ GWV Fachverlage GmbH, Wiesbaden
134. Scheer A-W (1997) Wirtschaftsinformatik: Referenzmodelle für industrielle Geschäftsprozesse, 7. Aufl. Springer, Berlin
135. Schlaich G, Wenger R (2007) Webgestütztes Lieferantenmanagement bei Mercedes Car Group. In: Brenner W, Wenger R (Hrsg) Elektronische Beschaffung: Stand und Entwicklungstendenzen. Springer, Berlin, S 245–266
136. Schmelzer HJ, Sesselmann W (2013) Geschäftsprozessmanagement in der Praxis: Kundenzufriedenstellen, Produktivität steigern, Wert erhöhen, 8. Aufl. Carl Hanser, München
137. Schmidthausen M, Prause P (2014) Personalprozesse planen, steuern und kontrollieren, 5. Aufl. Merkur Verlag Rinteln
138. Schneider M (2008) Logistikplanung in der Automobilindustrie: Konzeption eines Instruments zur Unterstützung der taktischen Logistikplanung vor „Start-of-Production" im Rahmen der Digitalen Fabrik. Dissertation, Universität Regensburg
139. Scholly V (2013) Kundenloyalität im Automobilhandel. Springer Gabler, Wiesbaden

140. Schuh G, Stölzle W, Straube F (Hrsg) (2008) Anlaufmanagement in der Automobilindustrie erfolgreich umsetzen: Ein Leitfaden für die Praxis. Springer, Berlin
141. Schulz MD (2014) Der Produktentstehungsprozess in der Automobilindustrie: Eine Betrachtung aus Sicht der Logistik. Springer Gabler, Wiesbaden
142. Schweikle R (2009) Innovationsstrategien japanischer und deutscher Unternehmen: Eine vergleichende Analyse. Gabler, Wiesbaden
143. Sebastian H-J (2013) Optimierung von Distributionsnetzwerken. Edition am Gutenbergplatz Leipzig, Leipzig
144. Seidel M (2005) Methodische Produktplanung: Grundlagen, Systematik und Anwendung im Produktentstehungsprozess. Reihe Informationsmanagement im Engineering Karlsruhe Bd 1–2005. Universität Karlsruhe (TH)
145. Shapiro R, White SA, Bock C, Palmer N, Muehlen Mz, Brambilla M, Gagné D (2012) BPMN 2.0 handbook second edition: methods, concepts, case studies and standards in Business Process Modeling Notation (BPMN). Future Strategies, Lighthouse Point
146. Shewhart WA (1931) Economic control of quality of manufactured product. D. van Nostrand Company, New York
147. Siebenpfeiffer W (Hrsg) (2014) Leichtbau-Technologien im Automobilbau: Werkstoffe – Fertigung – Konzepte. Springer Vieweg, Wiesbaden
148. Software AG (2014) Converging business and IT to transform to the digital enterprise. Business White Paper, Darmstadt
149. Steffens T (2009) Aus der Krise steuern: Differenziertes Finanz- und Liquiditätscontrolling für mittelständische Automobilzulieferer. Tectum, Marburg
150. Stenner F (Hrsg) (2010) Handbuch Automobilbanken: Finanzdienstleistungen für Mobilität. Springer, Berlin
151. Suthikarnnarunai N (2008) Automotive supply chain and logistics management. In: Proceedings of the international multiconference of engineers and computer scientists 2008, Bd II, Hong Kong
152. Tempelmeier H, Günther H-O (2014) Produktion und Logistik: Supply Chain und Operations Management, 11. Aufl. Books on Demand, Norderstedt
153. Ulrich D (1997) Human resource champions – the next agenda for adding value and delivering results. Harvard Business Review Press, United States
154. Vajna S (2014) Integrated Design Engineering: Ein interdisziplinäres Modell für die ganzheitliche Produktentwicklung. Springer Vieweg, Berlin
155. VDA Verband der Automobilindustrie (Hrsg) (2011) Sicherung der Qualität in der Prozesslandschaft, Bd 4, 2. Aufl. Frankfurt am Main
156. VDA Verband der Automobilindustrie (Hrsg) (2013) ISO/TS 16949:2013 Qualitätsmanagementsysteme. Besondere Anforderungen bei Anwendung von ISO 9001:2008 für die Serien- und Ersatzteilproduktion in der Automobilindustrie, 4. Ausgabe
157. VDI Verein Deutscher Ingenieure (Hrsg) (1980) VDI-Richtlinie: VDI 2220 Produktplanung; Ablauf, Begriffe und Organisation. Beuth, Berlin
158. VDI Verein Deutscher Ingenieure (Hrsg) (1986) VDI 2242 Blatt 1 Konstruieren ergonomiegerechter Erzeugnisse; Grundlagen und Vorgehen. Beuth, Berlin
159. VDI Verein Deutscher Ingenieure (Hrsg) (1993) VDI-Richtlinie: VDI 2221 Methodik zum Entwickeln und Konstruieren technischer Systeme und Produkte. Beuth, Berlin
160. VDI Verein Deutscher Ingenieure (Hrsg) (1997) VDI-Richtlinie: VDI 2222 Blatt 1 Konstruktionsmethodik – Methodisches Entwickeln von Lösungsprinzipien. Beuth, Berlin
161. VDI Verein Deutscher Ingenieure (Hrsg) (2006) VDI-Richtlinie: VDI 2893 Auswahl und Bildung von Kennzahlen für die Instandhaltung. Beuth, Berlin

162. VDI Verein Deutscher Ingenieure (Hrsg) (2008) VDI-Richtlinie: VDI 4499 Blatt 1 Digitale Fabrik – Grundlagen. Beuth, Berlin
163. VDI Verein Deutscher Ingenieure (Hrsg) (2011) VDI-Richtlinie: VDI 3423 Verfügbarkeit von Maschinen und Anlagen – Begriffe, Definitionen, Zeiterfassung und Berechnung. Beuth, Berlin
164. VDI Verein Deutscher Ingenieure (Hrsg) (2013) VDI-Richtlinie: VDI 5600 Blatt 3 Fertigungsmanagementsysteme (Manufacturing Execution Systems – MES) – Logische Schnittstellen zur Maschinen- und Anlagensteuerung. Beuth, Berlin
165. Wannenwetsch H (2014) Integrierte Materialwirtschaft, Logistik und Beschaffung, 5. Aufl. Springer Vieweg, Berlin
166. Weißenrieder J (Hrsg) (2014) Nachhaltiges Leistungs- und Vergütungsmanagement: Klarheit schaffen, Führung unterstützen. Springer Gabler, Wiesbaden
167. Werdich M (Hrsg) (2012) FMEA – Einführung und Moderation: Durch systematische Entwicklung zur übersichtlichen Risikominimierung (inkl. Methoden im Umfeld), 2. Aufl. Springer Vieweg, Wiesbaden
168. Westkämper E, Warnecke H-J (2010) Einführung in die Fertigungstechnik, 8. Aufl. Vieweg +Teubner, Wiesbaden
169. White SA (2006) Process modeling notations and workflow patterns. IBM Corp., United States. http://www.omg.org/bpmn/Documents/Notations_and_Workflow_Patterns.pdf. Zugegriffen am 23.12.2014
170. Wieland J (Hrsg) (2004) Handbuch Wertemanagement. Murmann, Hamburg
171. Wiendahl H-P, Reichardt J, Nyhuis P (2014) Handbuch Fabrikplanung: Konzept, Gestaltung und Umsetzung wandlungsfähiger Produktionsstätten, 2. Aufl. Carl Hanser, München
172. Wildemann H (2012) Qualitätscontrolling: Leitfaden zur qualitätsgerechten Planung und Steuerung von Geschäftsprozessen, 18. Aufl. München
173. Wolff E (2015) Continuous Delivery: Der pragmatische Einstieg. dpunkt.verlag, Heidelberg
174. Wolke T (2008) Risikomanagement, 2. Aufl. Oldenbourg, München
175. Zentes J, Steinhauer R, Lonnes V (2013) Geschäftsmodell-Evolution: Unternehmensentwicklung als Dynamisierung von Kernkompetenzen. Institut für Handel & Internationales Marketing (H.I.MA.) der Universität des Saarlandes
176. Zerfaß A, Piwinger M (Hrsg) (2014) Handbuch Unternehmenskommunikation: Strategie – Management – Wertschöpfung, 2. Aufl. Springer Gabler, Wiesbaden

Digitalisierung der Industrie vom AUTOmobil zum AutoMOBIL

4

In den Vereinigten Staaten verschwand ab den 1930er-Jahren die Straßenbahn in 45 Städten aus dem öffentlichen Personennahverkehr, bis im Jahr 1956 die Praxis, Schienennetze stillzulegen, vom Obersten Gerichtshof untersagt wurde. Im Jahr 1974 schließlich deckte Bradford Snell [27] als Anwalt der US-Regierung der breiten Öffentlichkeit auf, dass eine mächtige Lobby, bestehend aus Fahrzeugherstellern unter Führung von General Motors, Ölkonzernen, der Reifenindustrie und Zulieferererfirmen unter dem Deckmantel einer Dachgesellschaft systematisch die öffentlichen Straßenbahnlinien zerstört hatte. Deren Unternehmen waren aufgekauft und stillgelegt worden. Buslinien und Individualverkehr traten an ihre Stelle. Mit marktwirtschaftlicher Logik hatte das nichts zu tun. Macht und Einfluss von Monopolen waren es gewesen, die jenes destruktive Handeln ermöglichten, nicht etwa die Überzeugungskraft der eigenen besseren Leistung.

Die Zeiten sind längst vorbei, in denen die Fahrzeughersteller die öffentlichen Straßenbahnlinien als unmittelbare Konkurrenz gesehen und bekämpft haben. In einer Realität, in der eine Differenzierung des Kerngeschäftes in den Märkten zu immer komplexeren AUTOmobilen führt, während aufgrund von Digitalisierung und Vernetzung eine verbesserte Verkehrsplanung durch intelligente Verknüpfungen verschiedener Verkehrsmittel entsteht, wie zum Beispiel eigenes Fahrzeug, Fahrrad, und – ja, auch die Straßenbahn, verändert sich das Mobilitätsverhalten aber zwangsläufig, wenn die neben dem eigenen Fahrzeug zusätzlich bestehenden Möglichkeiten verbessert werden.

Ausschlaggebend dafür, dass sich der Schwerpunkt vom AUTOmobils zum AutoMOBIL verschiebt:

> Zur Natur des Menschen gehört eine zweckorientierte Bewegung.

S. Wedeniwski, *Mobilitätsrevolution in der Automobilindustrie*,
DOI 10.1007/978-3-662-44783-3_4

Diese wird ihm durch das Verkehrsmittel AUTOmobil ermöglicht, das sich durch seine individuelle und vielfältige Einsetzbarkeit in den letzten Jahrzehnten einzigartig entwickelt hat. Die grundlegende Frage ist aber:

Ist in Zukunft das möglichst vielseitig einsetzbare AUTOmobil das einzige effiziente und individuelle Fortbewegungsmittel?

Als Tatsache bleibt festzuhalten, dass sich neue flexible Mobilitätskonzepte im Markt entwickeln, die Bedarfe wecken, ohne das AUTOmobil dabei in den Mittelpunkt zu stellen [20]. Damit gewinnt eine ganzheitliche Betrachtung der räumlichen Mobilität über das Zusammenspiel verschiedener Konzepte und Verkehrsmittel eine größere Bedeutung, und der Schwerpunkt dieses Kapitels wird darin bestehen, ob und inwiefern sich dadurch auch die im Abschn. 3.7 ausgearbeitete Geschäftsarchitektur der Automobilindustrie verändert.

Offensichtlich ist, dass der heute sich entwickelnde Mobilitätsmarkt nicht auf die Automobilindustrie wartet und sich auch unabhängig von ihr neu definieren kann. Vormals getrennte Märkte vernetzen sich und wachsen zusammen, und die Marktkräfte bestehen dabei nicht nur aus den jetzigen Konkurrenten in der Automobilindustrie, sondern auch aus ihren Lieferanten und Kunden, aus neuen Marktteilnehmern oder auch aus möglichen Ersatzprodukten sowie -dienstleistungen.

Bevor wir eine mögliche Geschäftsarchitektur der Mobilitätsindustrie für das sich ändernde AutoMOBIL ausarbeiten, werden wir eine zusammenfassende Marktanalyse erstellen. Dabei betrachten wir neben den Fahrzeugherstellern insbesondere die öffentlichen Verkehrsunternehmen [11], die Technologie- und Elektronikunternehmen [15] und die Mobilitätsdienstleister [20] mit ihren neuen Konzepten. Alle vier entwickeln aus unterschiedlichen Richtungen Marktkräfte für eine Mobilitätsindustrie, wobei zwangsläufig Kompetenzbereiche aus allen vier Stoßrichtungen langfristig zu neuen Geschäftskompetenzen zusammenwachsen werden.

Wer welche Rolle im zukünftigen Mobilitätsmarkt spielen wird, ist noch offen, weil sich die genannten vier Marktkräfte erst am Anfang der Entwicklung befinden. In speziellen Situationen können weitere Unternehmensgruppen hinzukommen, wie zum Beispiel Energieversorger, die mit Ladestationen als Infrastrukturkomponenten noch weitreichendere Wege im Elektromobilitätsmarkt beschreiten können, als nur die Energie zum Aufladen bereitzustellen. Im Wesentlichen konzentrieren wir uns bei der Analyse [5] auf die vier unterschiedlichen Wettbewerbskräfte, die wir in Abb. 4.1 dargestellt haben. Es gibt keine richtige oder falsche Marktkraft. Die Kombination von Dienstleistungen mit den dazu passenden qualifizierten Produkten wird den Weg zu einer attraktiven, individuellen Mobilität neu gestalten. Spannend wird es, wenn sich die Mobilitätsindustrie als eigener Industriezweig entwickelt, der die räumliche Mobilität für individuelle Anforderungen ermöglicht. Wodurch aber zeichnen sich die Kernkompetenzen der vier Marktkräfte im Kontext der räumlichen Mobilität aus?

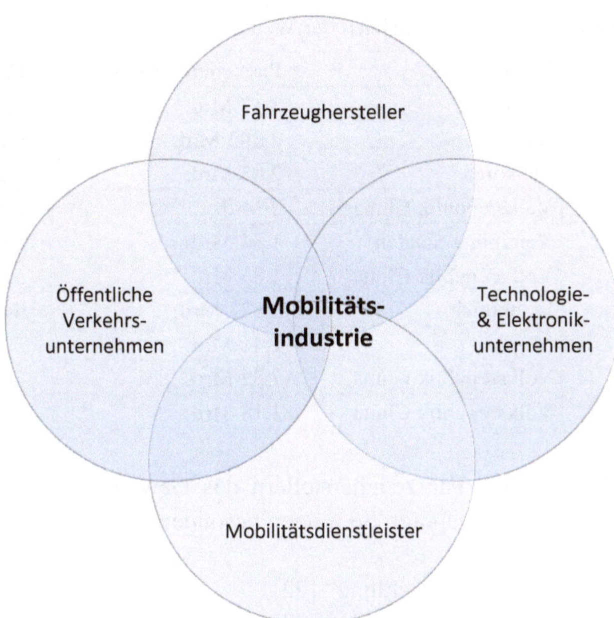

Abb. 4.1 Die vier Marktkräfte Fahrzeughersteller, öffentliche Verkehrsunternehmen, Technologie- und Elektronikunternehmen und Mobilitätsdienstleister können sich aus verschiedenen Richtungen mit unterschiedlichen Geschäftskompetenzen zu einer Mobilitätsindustrie entwickeln

Fahrzeughersteller

Die Fahrzeughersteller haben stark ausgeprägte Geschäftskompetenzen in der globalen und komplexen Produktentstehung, der kostenoptimierten Beschaffung und der internationalen Standardisierung von Produktionstechniken. Nur durch diese weitreichenden Kompetenzen in den drei schwergewichtigen Geschäftsdomänen

1. „Forschung und Entwicklung" (siehe Abschn. 3.6.2),
2. „Beschaffung und Eingangslogistik" (siehe Abschn. 3.6.3) und
3. „Produktion" (siehe Abschn. 3.6.4)

können die komplexen Fahrzeuge nach den heutigen Standards hergestellt werden. Das AUTOmobil wird auch weiterhin ein zentrales Produkt bleiben, wenn individuelle Anforderungen an räumliche Mobilität im Fokus von Dienstleistungen stehen. Auf Grundlage dieser Expertise haben die Fahrzeughersteller sehr gute Voraussetzungen, individuelle Mehrwertdienste im weiter gefassten Kontext der Mobilität – das AutoMOBIL – mit anzubieten. Allerdings erschwert die stark fokussierte Produktorientierung der drei aufgeführten Geschäftsdomänen eine Änderung der Wertschöpfungskette im Gesamtrahmen der Automobilindustrie, nämlich hin zu einer stärkeren Erlösorientierung auf den Absatzmärkten aus Dienstleisterperspektive, ohne direkten Produktbezug.

Tab. 4.1 Die 10 verkehrsreichsten U-Bahnen der Welt

Stadt	Land	Passagiere pro Jahr	Passagiere pro Tag
Tokio	Japan	3,17 Mrd.	8,7 Mio.
Moskau	Russland	2,392 Mrd.	6,6 Mio.
Seoul	Südkorea	2,05 Mrd.	5,6 Mio.
Shanghai	Volksrepublik China	2 Mrd.	5,5 Mio.
New York	Vereinigte Staaten	1,84 Mrd.	5,042 Mio.
Peking (Beijing)	Volksrepublik China	1,83 Mrd.	5,02 Mio.
Paris	Frankreich	1,473 Mrd.	4,035 Mio.
Mexiko-Stadt	Mexiko	1,41 Mrd.	3,882 Mio.
Hongkong	Volksrepublik China	1,32 Mrd.	3,76 Mio.
Guangzhou	Volksrepublik China	1,18 Mrd.	4,392 Mio.

Natürlich ist nicht bei allen Fahrzeugherstellern das Gewicht der drei bedeutendsten Geschäftsdomänen gleich ausgeprägt. So mögen besondere Stärken zum Beispiel von

- Honda in „Forschung und Entwicklung“ [22]),
- BMW in „Beschaffung und Eingangslogistik“ [21] und
- Toyota in „Produktion“ [14]

bestehen. Darüber hinaus muss sich aber auch die bisherige Fahrzeugkonstruktion im urbanen Umfeld anderen Konzepten und Herausforderungen stellen, wenn aus einem Hersteller zusätzlich ein Flottenbetreiber entstehen sollte.

Öffentliche Verkehrsunternehmen

Die öffentlichen Verkehrsunternehmen sind nahezu ohne Konkurrenz die bisherigen Platzhirsche in den Ballungsräumen. So besteht etwa das U-Bahn-Netz in Tokio aus 13 Linien und 274 Stationen und befördert im Durchschnitt 8,7 Millionen Fahrgäste pro Tag (siehe Tab. 4.1).[1] Das sind aber nur 22 Prozent der 40 Millionen Menschen, die in der japanischen Hauptstadt jeden Tag Zug fahren. Im Durchschnitt nutzen jeden Tag allein 3,5 Millionen Menschen den Bahnhof Shinjuku in Tokio, womit er nach Passagierzahlen der verkehrsreichste Bahnhof der Welt ist.[2]

Zusammengefasst haben also die öffentlichen Verkehrsunternehmen hohe Kompetenzen, mit wenig Infrastrukturbedarf auf relativ knappem Raum größere Bevölkerungsmengen umweltschonend und sicher zu transportieren. Man kann sich schnell und effizient im öffentlichen Verkehr fortbewegen, wenn

---

[1] „Die größte METRO der Welt“ http://de.globometer.com/zug-metro-tokio.php. Zugegriffen am 12.01.2015.

[2] „Shinjuku Railway Station, Tokyo, Japan“ http://www.railway-technology.com/projects/shinjuku-railway. Zugegriffen am 12.01.2015.

1. eine gute Abdeckung mit Stationen vorhanden ist,
2. eine hohe Anzahl von Verkehrsmitteln unterwegs ist und
3. eine persönliche Routenplanung die unterschiedlichen Beförderungsmöglichkeiten zeitlich und kostenattraktiv zusammenstellt.

Dennoch fordert die Urbanisierung neue Mobilitätskonzepte, die auch über den regulären Personennahverkehr hinausgehen, was dazu führt, dass nicht nur die Fahrzeughersteller zunehmend unter Druck stehen, sondern auch der regionale Personenverkehr neue Lösungen suchen muss. Nutzer wollen die Systemvorteile aller Verkehrsmittel bestmöglich ausschöpfen. In diesem Sinne wäre beispielsweise ein multimodales Mobilitätskonzept in vielen Situationen sehr vorteilhaft, etwa wenn die stationsunabhängigen Elektrofahrzeuge auf der Straße mit dem weniger reichweitenbeschränkten öffentlichen Verkehr geschickt kombiniert werden. Dafür sind aber die bisherigen Informations- und Ticketsysteme nicht flexibel genug auf die individuellen Bedürfnisse der Fahrgäste ausgerichtet.

Technologie- und Elektronikunternehmen

Die Technologie- und Elektronikunternehmen haben eine moderne Informationstechnologie aufgebaut, die viele bequeme und intuitive Interaktionen in der Vernetzung von Dienstleistungen und der Verbindung von Menschen ermöglicht. Erst die technologischen Möglichkeiten machen viele Dienstleistungen durch ihre mobile Bedienbarkeit attraktiv. So erschaffen Unternehmen wie Apple oder Google Plattformen, auf denen nicht nur alles mobil buchbar ist, sondern auch einheitlich über Dienstleistungen verschiedenster Unternehmen hinweg genutzt und abgerechnet werden kann. Nicht zu vergessen ist auch, dass durch die Digitalisierung der räumliche Veränderungsbedarf von Menschen und Objekten in vielen Situationen seine Notwendigkeit verliert. Zum Beispiel ersetzt die Datenübertragung im Netz immer häufiger den Postweg, hauptsächlich auch deshalb, weil Microsoft in den letzten 25 Jahren viele Aufgabenstellungen in heutigen Büroumgebungen in privaten und industriellen Umgebungen digitalisiert hat. Auch Videokonferenzen können Reisen reduzieren, indem sie den Bedarf am synchronen Informationsaustausch zwischen Menschen über mehrere Orte hinweg befriedigen.

In den letzten zehn Jahren haben die technischen Möglichkeiten den Fokus auf die Mobilität in unserer Gesellschaft vom AUTOmobil zum AutoMOBIL verschoben. Bedenkenswert ist eine Reflexion der letzten 50 Jahre, in deren Verlauf stets nur wenige Technologieunternehmen den Markt dominierten: IBM mit Hardware, Microsoft mit Software und Google mit der Suche im Internet, aus der sich weitere Funktionen entwickelten. Warum sollte nicht Apple eine persönliche, intuitive Mobilität neu gestalten? Und warum sollten nicht japanische Elektronikunternehmen wie Hitachi, Panasonic oder Sony aus jeweils unterschiedlichen Perspektiven von Sparten wie Maschinenbau, Haushaltsgeräte oder Unterhaltungselektronik rasch nachfolgen?

Hierzu betont der Daimler-Vorstandsvorsitzende Dieter Zetsche: „Wir haben momentan die gesamte Wertschöpfungskette in unserer Hand“[3] Damit kann er aber kaum den kontinuierlich ansteigenden Wertschöpfungsanteil der Lieferanten meinen, der bereits jetzt bei über 71 Prozent liegt (siehe Abschn. 1.3), und ebensowenig die zugekauften Infotainmentsysteme [10], die in Zukunft die entscheidende Musik im Innenleben einer *Fortbewegungskapsel* spielen werden. Und auch wenn mit moovel neue ambitionierte Mobilitätskonzepte angegangen werden, um die Wertschöpfungskette eines Fahrzeugherstellers zu erweitern, so ist doch der Schatten, den Google bei seinem Vorpreschen mit neuen Kartenkonzepten sowie Austauschformaten für Daten zum öffentlichen Nahverkehr wie „General Transit Feed Specification“ (GTFS)[4] wirft, sehr groß.

Mobilitätsdienstleiter

Die Mobilitätsdienstleiter sind erst seit wenigen Jahren im Markt und noch sehr jung im Vergleich zu den anderen drei Marktkräften. Sie stehen erst am Anfang des Reifungsprozesses und besitzen meist nur geringere Investitionsmöglichkeiten, entwickeln aber viele radikale Innovationen in der Mobilität. Es gibt einige finanzstärkere Pioniere, aber trotzdem ist es auch möglich, mit sehr geringen eigenen Vermögenswerten Geschäfte aufzubauen. So hat der Fahrdienstvermittler Uber trotz aller Kritik und trotz der rechtlichen Auseinandersetzungen mit den Behörden in vielen Ländern und Städten eine Marktkapitalisierung von 40 Milliarden US-Dollar erreicht.[5] Manche Konzepte mögen noch nicht reif sein, doch sie durchdringen mit der Digitalisierung festgefahrene Geschäftsmonopole und gestalten sie neu, wodurch sie mehr Akzeptanz bei jungen Menschen gewinnen.

Eine wesentliche Kompetenz der Mobilitätsdienstleister besteht darin, viele heterogen verteilte Systeme über neue Arten der Vernetzung zwischen Fahrzeugen untereinander sowie mit Verkehrsinfrastrukturen und anderen Mobilitätsanbietern nahtlos zu verbinden, um darauf aufbauend individuell zugeschnittene Mobilitätslösungen bereitzustellen. Viele der bisherigen Lösungen sind eher Forschungsprojekte, die nach Lern- und Erfahrungskurven auch wieder verschwinden werden. Auch fehlt vielen guten Ideen ein wirtschaftlich rentables Konzept, um längerfristig bestehen zu können. Der *virtuelle* Schlüssel zwischen dem Kunden und der Dienstleistung in Geschäftsmodellen, die das Mobilitätsverhalten der Kunden in den neuen Lebensmodellen widerspiegeln, sind immer die App und das Smartphone. Dadurch entwickelt sich aber die entscheidende

[3] „Zetsche sieht Konkurrenz durch Apple positiv“. http://www.automobilwoche.de/article/20150303/AGENTURMELDUNGEN/303039957/zetsche-sieht-konkurrenz-durch-apple-poitiv. Zugegriffen am 04.03.2015.

[4] „Transit – Google Developers“ http://developers.google.com/transit. Zugegriffen am 12.01.2015.

[5] „Fahrdienst-Vermittler Uber: Bewertung auf 40 Milliarden Dollar geschätzt“ http://www.handelsblatt.com/unternehmen/handel-konsumgueter/fahrdienst-vermittler-uber-bewertung-auf-40-milliarden-dollar-geschaetzt/11036120.html. Zugegriffen am 12.01.2015.

Kernkompetenz der Kundenbindung und -nähe zum Mobilitätsdienstleister. Offen ist noch, wie sich eine Markenidentität ähnlich zu einem Fahrzeughersteller entwickeln kann.

4.1 Automobilindustrie im Wandel und Umbruch

Im Abschn. 3.1 wurde die Strategie im Kontext des Wettbewerbs eingeführt, in dem ein Unternehmen in Beziehung zu seinem Umfeld gesetzt wird. Hier werden wir zuerst das externe Umfeld, die Marktkräfte und deren Wirken auf die Automobilindustrie zusammentragen. Dies wird keine umfassende Analyse darstellen, aber einen hinreichenden Einblick in die Veränderung des Unternehmensumfelds geben. Darauf aufbauend sollen mögliche Transformationen der Geschäftskompetenzen zu einer Geschäftsarchitektur der Mobilitätsindustrie für das AutoMOBIL abgeleitet werden.

4.1.1 Umfeldanalyse der Automobilbranche

Wir beginnen mit dem Geschäftsanalyse-Modell PESTLE[6] [8] als Orientierung, um ein Gesamtbild des externen Umfelds der Automobilbranche und der dort wirkenden Triebkräfte zu bekommen. Die Analyse konzentriert sich ausschließlich auf die Identifizierung der externen Einflussfaktoren, die sich nicht im direkten Einflussbereich einzelner Automobilunternehmen befinden und ihnen keine einfachen Lösungen oder kurzfristigen Aktionen ermöglichen. Sie hilft, das Umfeld einzuordnen und die langfristigen Trends zu verstehen. Die englische Abkürzung PESTLE repräsentiert konkret die

- politischen (political),
- wirtschaftlichen (economic),
- gesellschaftlichen (socio-cultural),
- technologischen (technological),
- rechtlichen (legal) und
- ökologischen (environmental, ecological)

Einflussfaktoren einer Umfeldanalyse.

Zwischen den sechs Faktoren gibt es wechselseitige Abhängigkeiten, sodass die Diskussionsthemen nicht immer eindeutig nur einer Kategorie zugeordnet warden können. Im Wesentlichen geht es im Modell darum, die Marktrisiken und -chancen nach unterschiedlichen Faktoren zu gliedern. Dadurch lassen sich Veränderungen

[6] Manchmal auch PESTEL oder einfach nur PEST-Analyse genannt. Es handelt sich jedoch stets um die gleiche Art externer Umfeldanalyse.

gezielter mit Geschäftskompetenzen verbinden, die für Wachstum oder Rückgang der Geschäfte im Unternehmen verantwortlich sind.

Wichtig ist, zu erkennen, dass die Digitalisierung nicht mehr nur als rein technologischer Faktor die Automobilbranche beeinflusst, sondern sich vielmehr als Einfluss auf die Unternehmensumwelt in allen sechs Faktoren von PESTLE ausbreitet, was wir im Folgenden diskutieren werden. Die Tab. 4.2 fasst die wesentlichen Einflüsse zusammen.

Allerdings sollte die Tab. nicht als eine generelle Prüfliste gesehen werden. Für eine strategische Bewertung des externen Umfelds muss man sich auf die für das jeweilige Unternehmen wichtigsten Faktoren konzentrieren, die auch tatsächlich eine Relevanz im

Tab. 4.2 PESTLE-Analyse des externen Umfelds der Automobilbranche im digitalen Zeitalter

Politisch	• Stabilität und Verlässlichkeit der politischen Systeme • Rolle der Regierungsorganisationen in der Gestaltung der Wirtschaft • Politisch unterstützte globale Veränderungen und Vernetzungen • Freiheit, Privatsphäre und Sicherheit im digitalen Zeitalter
Wirtschaftlich	• Stabilität der Währung • Automobilindustrie als tragende Säule der Wirtschaft mit hohem Einfluss • Verschiebung des Wachstums von Industriestaaten zu Schwellenländern • Kontinuierlich steigende Abhängigkeit zu zahlreichen Rohstoffen • Wirtschaftlicher Wettbewerb um Rohstoffe im globalen Kontext • Fahrzeugdaten bilden wirtschaftliche Vorteile
Gesellschaftlich	• Hohe Beschäftigung in Wertschöpfungskette der Automobilindustrie • Markenidentität ist in der Gesellschaft wertvoll • Wachsender Anspruch an Individualisierung • Zunehmende Urbanisierung verändert Mobilitätsbedürfnisse • Autounfreundlichere Wohngebiete durch nachhaltigere Stadtplanung • Alternde Population in Industriestaaten • Schwindende Autobegeisterung bei jungen Menschen
Technologisch	• Standorte mit starker Präsenz bestimmter Technologien • Alternative Antriebstechnologien • Fahrzeug als Teil des personalisierten Netzwerks • Vernetzte Fabriken und digitalisierte Wertschöpfungskette • Technologiegeprägter Arbeitsplatz für Mitarbeiter
Rechtlich	• Harmonisierung der technischen Vorschriften auf internationaler Ebene • Länderübergreifend einheitliche Dienste im vernetzten Fahrzeug • Hohe Haftungsvorschriften • Emissionsstandards für Abgase und CO_2-Effizienz neuer Fahrzeuge • Erste Regulierungsvorstöße für das autonom fahrende Fahrzeug • Zunehmende Ansprüche auf immaterielle Informationen wie Fahrzeugdaten
Ökologisch	• Steigendes Umwelt- und Gesundheitsbewusstsein • Alternative Antriebskonzepte mit neuen Umweltrisiken • Recycling auch in Fahrzeugkonstruktion berücksichtigen • Über Mobilitätsdienstleistungen vom „Stehzeug" zum Fahrzeug

konkreten Unternehmenskontext haben. Die relevanten Einflussfaktoren erfordern eine Priorisierung mit tieferer Analyse möglicher zukünftiger Auswirkungen für das spezifische Unternehmen, als wir es hier allgemeingültig ausarbeiten können. Beispielsweise werden wir in diesem Abschnitt noch aufzeigen, wie Währungsrisiken oder Rohstoffe einen hohen externen Einfluss auf die Automobilindustrie haben können. Im Abschn. 3.1.1 haben wir am Beispiel der Unternehmensstrategie von BMW gesehen, dass es auch konkrete Maßnahmen zur Minimierung der Einflüsse geben kann.

Politische Aspekte

Die Automobilindustrie ist in einen regionalen, nationalen, länderübergreifenden und globalen politischen Rahmen eingebunden. Der wichtigste Faktor des politischen Umfelds für Automobilunternehmen ist die Stabilität und Verlässlichkeit der politischen Systeme in den Ländern, die über die Absatzmärkte bedient werden. Insbesondere in Schwellenländern wie Brasilien, Russland, Indien und China kann politische Instabilität negative Auswirkungen auf das lokale Konsumentenverhalten haben, wodurch Investitionsrisiken für die Automobilindustrie auftreten. Exemplarisch sei auf den Ukraine-Konflikt hingewiesen, der unter anderem dazu führte, dass es ab Mitte 2014 zu einem Absturz der russischen Währung kam. Als eine der Folgen brach auch der russische Automarkt ein. Die westlichen Sanktionen gegen Russland wie auch die russischen Gegensanktionen betrafen bislang die Hersteller von Personenfahrzeugen nur indirekt, aber auch ein totales Importverbot gegen westliche Fahrzeughersteller kann bei einer Eskalation nicht ausgeschlossen werden. Eine solche politische Situation kann sich zwar auch auf einen Mobilitätsdienstleister auswirken, allerdings in geringerem Maße als einen Fahrzeughersteller, wenn keine Vermögenswerte mit dem betroffenen Land verbunden sind.

Damit kommen wir zu einem weiteren sehr wichtigen politischen Faktor, nämlich zur Rolle der Regierungsorganisationen in der Gestaltung des Wirtschaftslebens, zum Beispiel durch Handelshemmnisse, Subventionen, Wettbewerbsaufsichten, Sicherheitsvorgaben und Markteintritte mit Lizenzzwang oder dadurch, den Zugang zu Rohstoffen zu begrenzen oder sogar zu verhindern. Viele politische Eingriffe resultieren in Regulierungen und Gesetzgebungen, die zur besseren Gliederung unter den rechtlichen Faktoren aufgeführt werden.

Ein besonderes politisches Ereignis mit hoher Wirkung als Einmaleffekt in der Automobilindustrie war die Wiedervereinigung in Deutschland. Sie hat in den beiden Jahren 1991 und 1992 in den neuen Bundesländern eine gewaltige Nachfrage nach Fahrzeugen ausgelöst und verzeichnete ein Rekordvolumen an neu zugelassenen Fahrzeugen.

Im Jahr 2009 wurde in Deutschland noch einmal ein fast so hoher Rekord wie im Jahr 1991 an neu zugelassenen Fahrzeugen verzeichnet, nachdem am 14. Januar 2009 das Bundeskabinett während der Finanzkrise die Richtlinie zur Förderung des Absatzes von Personenkraftwagen beschlossen hatte, umgangssprachlich auch „Abwrackprämie“ genannt. In den USA hatte nach dem Zusammenbruch der US-amerikanischen Großbank

Lehman Brothers im September 2008 die Krise unter anderem auch auf den Fahrzeughersteller General Motors übergegriffen. Am 1. Juni 2009 musste er Insolvenz anmelden, was zum größten Insolvenzverfahren in der Geschichte der Vereinigten Staaten führte.[7] Wegen der staatlichen Rettungsaktionen musste General Motors für einige Jahre die Beschimpfung „Government Motors" hinnehmen.[8] Der Erfolg der deutschen Abwrackprämie führte dazu, dass auch in anderen Ländern dieses Mittel zur Krisenbekämpfung aufgriffen. Dennoch sind solche Rekorde nur Einmaleffekte und spiegeln keine langfristige Marktentwick lung wider, zumal nach einem Rekord stets ein Einbruch erfolgte.

Langfristig entscheidender sind die durch die Politik unterstützten globalen Veränderungen und Vernetzungen. Auch die Arten der politischen Einflüsse ändern sich. Die Entwicklung der Europäischen Union ist exemplarisch zu nennen, ebenso die Zunahme von globaleren Handelsabkommen und die politisch immer einfluss reicher werdenden internationalen Organisationen. Ein aktuelles Beispiel ist das geplante europäisch-kanadische Wirtschafts- und Handelsabkommen CETA (Comprehensive Economic and Trade Agreement), welches am 26. September 2014 zum Verhandlungsabschluss veröffentlicht wurde, aber noch nicht rechtswirksam ist.[9] Das Interesse der europäischen Automobilindustrie ist groß, weil durch die Ausdehnung des Handels mittels Zollsenkungen und durch die Verringerung der noch zahlreich bestehenden Einfuhrbeschränkungen viele Vorteile im Export und Verkauf von Fahrzeugen entstehen.

Insgesamt unterstützt die Politik mit hohem Einfluss das Wachstum der Automobilindustrie. Wie aber geht sie mit der immer relevanter werdenden Digitalisierung um?

Die Rolle der Politik in Fragen von Freiheit, Privatsphäre und Sicherheit im digitalen Zeitalter ist noch ungeklärt. Kaum jemand will zusätzlich für vorgeschriebene IT-Sicherheit im Fahrzeug bezahlen, aber die Frage, ob ein liberaler Staat seine Bürger zum besseren Schutz seines Lebens zwingen darf bzw. soll, ist umstritten. Die Situation ist vergleichbar mit derjenigen in den 1970er-Jahren, als sich viele Autofahrer vehement gegen die Einführung von Sicherheitsgurten wehrten. Dahinter steckte die elementare Furcht davor, sich selbst zu fesseln und damit vor einer Gefahrensituation nicht mehr fliehen zu können. Nach mehreren Jahren straffreier Gurtpflicht wurden Bußgelder eingeführt, und die Anschnallquote stieg schlagartig von um die 60 auf über 90 Prozent; die Diskussionen um den Sinn von Sicherheitsgurten sind seitdem verstummt. Ähnlich emotional wird heute im Kontext des Notrufsystems eCall vom „gläsernen Autofahrer"

---

[7] „Obama beschwört bessere Zukunft für GM" http://www.zeit.de/online/2009/23/gm-insolvenz. Zugegriffen am 19.12.2014.

[8] „U.S. Remaining Stake in General Motors: Detroit Auto Maker's Bailout Cost Taxpayers $ 10.5 Billion" http://online.wsj.com/articles/SB10001424052702304744304579248001805812732. Zugegriffen am 19.12.2014.

[9] „Canada-EU free trade deal could change auto industry" http://www.cbc.ca/news/canada/windsor/canada-eu-free-trade-deal-could-change-autoindustry-1.2125174. Zugegriffen am 19.12.2014.

und von flächendeckender Überwachungsstruktur gesprochen.[10] Anders als beim Sicherheitsgurt ist der Nutzen möglicher IT-Schutzmaßnahmen aber noch ungeklärt. Vielfach zeigt sich bei neuen Technologien erst im Nachhinein, ob der Nutzen die Nachteile überwiegt.

Wirtschaftliche Konditionen

Die Währung und ihre Stabilität stehen natürlich im Mittelpunkt der wirtschaftlichen Faktoren. Da die Automobilindustrie ihre Produkte international entwickelt, produziert, verkauft und wartet, haben Faktoren wie Wechselkurse, Inflationsrate, Wirtschaftswachstum und Konjunkturzyklen einen zentralen Einfluss auf das Geschäft und die daraus folgenden Erlöse, insbesondere für diejenigen Unternehmen, die einen sehr hohen Anteil an Fahrzeugen und Ersatzteile exportieren. Weitere Faktoren wie Besteuerung, Zinsen, Verfügbarkeit von Ressourcen und Arbeitslosigkeit sind zum Beispiel bei Standortentscheidungen für die Produktion oder Verwaltung relevant.

Nach den Jahreszahlen vom Verband der Automobilindustrie lag der Umsatz der gesamten Automobilindustrie in Deutschland im Jahr 2013 bei 361.767 Mio. Euro.[11] Damit trägt dieser Industriezweig zu rund 20 Prozent des Umsatzes des gesamten verarbeitenden Gewerbes in Deutschland bei und ist eine tragende Säule der deutschen Wirtschaft mit entsprechend hohem Einfluss.

Das weltweite Wirtschaftswachstum hat sich in den letzten Jahren von den traditionell starken Industrieländern wie den Vereinigten Staaten, Japan, Westeuropa und Kanada mehr in Richtung der sogenannten Schwellenländer wie Brasilien, Russland, Indien und China, aber mit Afrika auch in bisherige Entwicklungsländer verschoben. Im Falle der Automobilindustrie liegt das an der sehr geringen bzw. negativen Wachstumsrate der Bevölkerung in den traditionell starken Ländern, aber auch daran, dass sie weitestgehend mit Fahrzeugen gesättigt sind und die Fahrzeuganzahl auch durch die Parkmöglichkeiten pro Haushalt begrenzt wird. Es gibt viele Statistiken, welche die Anzahl der Kraftfahrzeuge pro 1.000 Einwohner angeben.[12] Deren Zählweise ist zwar nicht einheitlich, etwa, was Nutzfahrzeuge betrifft, man kann sich aber darauf festlegen, dass in Deutschland oder Japan im Durchschnitt auf zwei Einwohner ein Fahrzeug kommt; noch höher ist die Anzahl der Fahrzeuge pro Einwohner in den Vereinigten Staaten. Wichtiger jedoch als exakte Zahlenwerte sind Vergleiche mit Ländern, in denen die Anzahl von Fahrzeugen pro Einwohner noch um ein Vielfaches geringer ist als in den

---

[10] „Welche Gefahr hinter dem Notrufsystem eCall lauert" http://www.welt.de/motor/article125249980/Welche-Gefahr-hinter-dem-Notrufsystem-eCalllauert.html. Zugegriffen am 19.12.2014.

[11] „VDA – Zahlen und Daten" http://www.vda.de/de/zahlen/jahreszahlen/allgemeines. Zugegriffen am 19.12.2014.

[12] „Ranking: Die zehn Länder mit der höchsten Pkw-Dichte, Spiegel Online" http://www.spiegel.de/auto/aktuell/ranking-die-zehn-laender-mit-derhoechsten-pkw-dichte-a-684947.html. Zugegriffen am 19.12.2014.

Industriestaaten. Die sich daraus ergebenden wirtschaftliche Potenziale können aber nicht immer zwingend mit dem tatsächlichen Konsumentenverhalten gleichgesetzt werden. Die politische Instabilität wurde bereits als ein möglicher Einflussfaktor erwähnt. Daneben drängt sich schnell das Problem der Umweltbelastung auf, einhergehend mit der Frage, in welchen Situationen der öffentliche Verkehr auch wirtschaftlich sinnvoller ist [13].

Nicht zu vernachlässigen sind auch die Dominanz der Ölprodukte und der Einfluss des Rohölpreises, die sich weiterhin prägend auf die Automobilindustrie auswirken. Es ist noch ein längerer Weg, bis die Fahrzeughersteller diese Abhängigkeit durch alternative Antriebsarten nennenswert verringert haben werden, wenngleich sie schon seit einiger Zeit daran arbeiten. Nur wenige Unternehmen wie Tesla Motors und deren Kunden sind in geringerem Maß vom Öl abhängig als der Durchschnitt der anderen Fahrzeughersteller.

Öl ist indes nicht der einzige Rohstoff, von dem die Fahrzeughersteller mitsamt der weitreichenden Zulieferkette abhängen. Bei genauerer Betrachtung zeigt sich eine kontinuierlich steigende Abhängigkeit von zahlreichen Rohstoffen, die nicht nur in Zusammenhang mit der steigenden Produktionszahlen steht, sondern auch mit zunehmenden Mengen dieser Rohstoffe, die für ein einzelnes Fahrzeug benötigt werden. Alle Fahrzeuge haben in den letzten Jahrzehnten signifikant an Gewicht zugenommen. So hat sich beispielsweise das Gewicht des ersten Golf I von Volkswagen im Jahr 1974 je nach Variante und Ausstattung zwischen 750 und 970 Kilogramm bewegt, die siebte Auflage, der Golf VII, der in Deutschland im Herbst 2012 auf den Markt gekommen ist, wiegt zwischen 1.205 und 1.395 Kilogramm. Zwar tragen die gewachsenen Abmaße der Modelle ihren Beitrag zum Gewicht bei, doch sind es im Wesentlichen die vielen technischen Bauteile, die in den letzten Jahrzehnten hinzugekommen sind und unterschiedlichste Aufgaben in den Bereichen Leistung, Sicherheit, Zuverlässigkeit, Ökonomie, Komfort, Unterhaltung etc. erfüllen. Eine genauere Darstellung befindet sich im Abschn. 2.3. Die Leichtbau-Technologie von BMW hilft zwar, das Fahrzeuggewicht zu reduzieren, löst aber nicht die kontinuierlich steigende Abhängigkeit zu zahlreichen Rohstoffen. Die Automobilindustrie ist heutzutage einer der größten Verwender von Computerchips, Stahl, Eisen, Aluminium, Kupfer, Blei, Textilien, Kunststoffen, Vinyl, Gummi und hat auch steigenden Bedarf an Seltenen Erden.

In den letzten Jahren ist China vor allem wegen seiner Automobilindustrie nicht mehr nur als Anbieter von Rohstoffen auf den Märkten, sondern hat sich auch zu einem großen zusätzlichen Nachfrager entwickelt. Damit ist auch der wirtschaftliche Wettbewerb um Rohstoffe im globalen Kontext deutlich angestiegen und hat sich durch Exportbeschränkungen der Rohstoffe in China weiter verschärft.

Noch weitgehend offen ist die Frage, wie sich die Nutzerdaten von Fahrzeugen als wirtschaftlicher Faktor entwickeln werden, genauer gesagt, ob hier in Zukunft ähnliche Abhängigkeiten in neuen Wertschöpfungsketten entstehen werden. Man sollte nicht mehr ausschließen, dass in der Zukunft Daten – insbesondere Fahrzeugdaten – an der Börse ähnlich wie Rohstoffe gehandelt werden. Allein der Besitz von Daten im Kontext von Fahrzeug, Besitzer und Nutzungsprofilen kann ein wirtschaftlicher Vorteil werden. Das hauptsächliche Risiko steckt noch in der Lernkurve mit den Daten und den Investitionen in die „richtigen“ Mobilitätsdienstleistungen, die auch langfristig profitabel Bestand haben können.

Gesellschaftliche Kräfte und Trends

Die gesellschaftlichen Faktoren lassen sich in Strukturmerkmale und die zugehörigen Trends gliedern. Unter die Strukturmerkmale fallen zum Beispiel Bevölkerungsstruktur, Bildung, Wertvorstellungen und Einkommensverteilung. Die dazugehörigen Trends werden beispielsweise durch den demografischen Wandel beeinflusst.

Die Automobilindustrie hat in der deutschen Bevölkerung einen hohen Stellenwert. Nach den Jahreszahlen des Verbands der Automobilindustrie waren 2013 im Jahresdurchschnitt 756.021 Beschäftigte in der Automobilindustrie tätig, was direkten Einfluss auf ihre gesellschaftliche Bedeutung hat. Zählt man die Unternehmen dazu, die in Abhängigkeit von der Automobilindustrie entlang der Wertschöpfungskette existieren, etwa Zulieferer von Rohstoffen über den Automobilhandel bis zum Recycling der Altfahrzeuge, so ist die Zahl der Beschäftigten noch deutlich höher. Durch diese weiterreichende Einbeziehung kommt man auf insgesamt 1,8 Mio. Beschäftigte [26].

Wie sichtbar ist ein Unternehmen in unserer Gesellschaft? Es tritt eigentlich nur in eher seltenen Fällen in den Vordergrund, zum Beispiel bei Streiks der Belegschaft oder bei Verwicklungen in Skandale. Im Normalfall, auf der Konsumebene, werden viel mehr die Produktmarken eines Unternehmens wahrgenommen, bei Autos insbesondere in den Ländern, in denen ein Fahrzeug als Statussymbol gilt und nicht nur zweckgebunden zur Fortbewegung genutzt wird. Deshalb hat die Markenidentität weiterhin einen sehr hohen Stellenwert für die Automobilunternehmen, wie wir in der Geschäftskompetenz „Unternehmens- und Markenidentität“ der Domäne „Vermarktung und Kommunikation“ im vorherigen Kap. 3 dargestellt haben.

Die Unternehmen investieren – mit Fokus auf Premiumfahrzeugen – viel in Assoziationen wie Sicherheit, Komfort, Leistung oder Zuverlässigkeit. Bei einer kritischen Betrachtung unseres Kaufverhaltens werden wir oftmals feststellen, dass man sich mehr und mehr zu einem Experten entwickeln muss, der immer auf dem neuesten Stand ist, um bei einem „Blindtest“ ein Fahrzeug wirklich von einem anderen unterscheiden zu können. Viel schneller werden Entscheidungen nach dem Markennamen getroffen, auch wenn daraus höhere Preise resultieren könnten.

Je nach Ausrichtung der Marke werden verschiedene Segmente der Gesellschaft je nach ihrem Lebensstil adressiert: Alleinstehende, unabhängige Individualisten haben andere Mobilitätsbedürfnisse als Familien. Die Segmentierungen von Kunden sind jedoch keineswegs statisch, da sich unsere Gesellschaft mitsamt ihren Bedürfnissen und Lebensstilen in ständigem Wandel befindet. Was genau wäre heutzutage zum Beispiel die Kundensegmentierung Familie? Gehören getrennte Eltern auch dazu, oder die immer häufiger werdenden gleichgeschlechtlichen Ehen? Heutzutage gibt es viele Familien, deren Mitglieder aufgrund von Trennungen und Scheidungen bunt zusammengewürfelt sind und die als „Patchwork-Familien“ bezeichnet werden. Der Trend, Kinder aus einer vorherigen Beziehung mit in die Partnerschaft zu bringen, steigt kontinuierlich. Es ist keine Seltenheit mehr, dass man unter der Woche eine Familie um sich hat, aber am Wochenende wieder zu den Alleinstehenden gehört – oder umgekehrt. Entstehen dadurch andere Bedürfnisse an eine Familienkutsche, die vom Hersteller berücksichtigt werden müssen? Zumindest nimmt der Anspruch an Individualisierung mit wachsender Anzahl vielfältiger Situationen zu.

Die Ursachen des Wertewandels in der Gesellschaft liegen nicht nur am wachsenden Wohlstand und der Modernisierung, sondern auch an der zunehmenden Urbanisierung. Dies hat direkte Auswirkungen auf die Geschäftsmodelle der Automobilindustrie und erfordert neue Mobilitätslösungen. Im Stadt- oder Landverkehr, auf Kurz- oder Langstrecken, innerhalb oder zwischen Städten entstehen unterschiedliche Bedürfnisse, die nur durch unterschiedliche Mobilitätskonzepte befriedigt werden können. So erfordert die fortschreitende Urbanisierung – vor allem in den Schwellenländern mit geringer Kaufkraft – die Etablierung von kleinen, leichten und wendigen Stadtfahrzeugen neben einem soliden öffentlichen Verkehr.

Stadtumbauten finden aber nicht nur mit der zunehmenden Urbanisierung statt, sondern auch in älter werdenden Industriegesellschaften, wo anhaltende Bevölkerungsrückgänge eine nachhaltigere Stadtplanung [24] und Stadtverkehrsplanung [25] erfordert. Zum Umdenkprozess neuer Konzepte in der Stadtentwicklung gehört beispielsweise eine sozialverträglichere Mobilität indem Autos aus wichtigen Kernstadtteilen verbannt werden, um den Autoverkehr so umfassend wie möglich zu vermeiden. In London gibt es seit dem Jahr 2003 eine Innenstadtmaut und in New York City ist die wohl weltweit berühmteste Parkanlage, der „High Line Park", in den vergangenen Jahren auf einer nicht mehr genutzten Hochbahntrasse in den vergangenen Jahre entstanden. In den Stadt- und Verkehrsentwicklungen will man schlicht die Einwohner wieder zum Zufußgehen animieren. In modernen Stadtplanungen wird das Auto, das seit der Nachkriegszeit immer als selbstverständlicher Bestandteil dessen, was die Bewohner brauchen und auch haben wollen, mit eingeplant wurde, nun bestenfalls als unerwünschtes notwendiges Übel einbezogen, wenn möglich außer Sicht oder an den Rand verbannt wird. Falls es möglich wäre, würde man sie eigentlich am liebsten ganz wegplanen. Kostenloser öffentlicher Verkehr, Elektrofahrräder und dergleichen werden autoreduzierter Stadtteile möglich machen, was inzwischen zunehmend ernsthaft diskutiert wird.

Zum demografischen Wandel in unserer Gesellschaft gehört auch die alternde Population in den Industriestaaten und die steigende Lebenserwartung in den Schwellenländern. Die Automobilindustrie wird sich im Hinblick darauf sensibler mit Themen wie Fahrtüchtigkeit und Gesundheitszustand auseinandersetzen müssen und Umstiege auf Fahrdienste oder sogar öffentliche Verkehrsmittel ermöglichen. Das voll automatisierte, autonom fahrende Fahrzeug [9] kann nicht die einzige Antwort darauf sein. Trotz aller Datenschutzkritik kann auch die Vernetzung zwischen dem Fahrzeug und einem direkt am Körper zu tragenden Minicomputer – sogenannte „Fitness Wearables" – einen Gesundheitsschutz leisten, zum Beispiel bei der Ermittlung einer persönlich stress-freien Navigationsroute durch eine Stadt oder der Empfehlung einer sinnvollen Fahrpause.

Tab. 4.3 Führerscheinbesitzquote junger Menschen in den Vereinigten Staaten (Quelle: „Percentage of teen drivers continues to drop" http://ns.umich.edu/new/releases/20646-percentage-of-teen-drivers-continues-to-drop. Zugegriffen am 19.12.2014)

Jahr	17 Jahre	18 Jahre	19 Jahre
1983	69 %	80 %	87 %
2008	50 %	65 %	75 %
2010	46 %	61 %	70 %

Zusammengefasst gibt es jedenfalls in unserer Gesellschaft viele persönliche Vorlieben, die sich mit einem Fahrzeug und seiner Nutzung verbinden. Somit kann es nicht mehr als „ein" vollintegriertes Paket verkauft werden. Selbst eine breit gefächerte Modellpalette, die man heutzutage mit der Segmentierung anstrebt, kann nicht alle Bedürfnisse integrieren.

Anhand unterschiedlicher Statistiken erkennt man eine schwindende Autobegeisterung bei jungen Menschen in unserer Gesellschaft. So stieg kontinuierlich das Durchschnittsalter der deutschen Autokäufer zwischen den Jahren 1995 und 2012 von 46,1 auf 51,9 Jahren.[13] Ein wesentlicher Grund ist, dass viele junge Menschen nicht mehr mit hoher Priorität einen Führerschein besitzen wollen.[14] Davon hängt dann nicht nur der Verkauf von Fahrzeugen, sondern auch die Nutzung dieser ab. Zum Beispiel zeigt die Tab. 4.3 den kontinuierlichen Rückgang der Führerscheinbesitzquote der 17 bis 19 jährigen Menschen.

Technologische Entwicklungen

Die technologischen Entwicklungen beeinflussen die Automobilindustrie auf vielfältige Weise. Die Einflussfaktoren umfassen Forschungen, auch von öffentlichen und staatlich geförderten Institutionen, und die daraus entstehenden neuen Produkte und Prozesse. Aber auch die technologischen Möglichkeiten und der einfache Umgang mit ihnen gewinnen immer mehr Bedeutung und Einfluss über fast alle Industrien hinweg. Wir fassen hier nur einige wesentlichen Einflussfaktoren zusammen, da die prinzipielle Durchdringung der Digitalisierung mit den neuen Technologien in den einzelnen Geschäftskompetenzen der Automobilindustrie bereits im Abschn. 3.6 angeführt wurde.

Knapp ein Drittel aller Aufwendungen für Forschung und Entwicklung in Deutschland werden im Kontext der Automobilindustrie geleistet. Damit werden Standorte in einer Region mit starker Präsenz bestimmter Technologien zum Einflussfaktor. Deutschland ist ein wichtiger Standort für zahlreiche, aber nicht zwangläufig für alle Fahrzeugtechnologien. So haben in letzter Zeit viele Automobilkonzerne und -zulieferer in neue

[13] „Junge Leute pfeifen auf Neuwagen" http://www.zeit.de/auto/2013-04/neuwagen-kunden-alter. Zugegriffen am 19.12.2014.

[14] „Führerschein kein Statussymbol: Autofahren ist out, Smartphones werden wichtiger" http://www.faz.net/aktuell/technik-motor/auto-verkehr/fuehrerschein-kein-statussymbol-autofahren-ist-out-smartphoneswerden-wichtiger-13346242.html. Zugegriffen am 19.12.2014.

Forschungs- und Entwicklungsstandorte für Infotainmentsysteme [10] und vernetzte Fahrzeugdienste in Silicon Valley [7] investiert, das kein Ort im herkömmlichen Sinn ist, sondern mehr eine Geisteshaltung kreativer Weltveränderer repräsentiert. Es ist durch antizyklische Unternehmenskulturen geprägt und hat sich als die Heimat von, unter anderem, Apple, Google, Facebook, Oracle, Intel und Stanford entwickelt. Die räumliche Nähe zu den Entwicklungen der digitalen Technologien, sowohl von großen als auch von kleinen kreativen, jungen Unternehmen erlaubt es der Automobilindustrie, mit den Unterhaltungstechnologien eng zusammenzuarbeiten und Schritt zu halten. Die Nähe zu den IT-Unternehmen hilft, die Präzision der Ingenieure in den Vordergrund zu stellen, neben der Gestaltung von Werten wie Sicherheit und Komfort aber auch soziale und digitale Vernetzung.

Die alternativen Antriebstechnologien, die sich hinsichtlich ihrer Energieart oder Konstruktionskonzepte vom verbreiteten Verbrennungsmotor unterscheiden, bekommen zunehmend mehr Aufmerksamkeit. Es besteht die Hoffnung, dass sich die Probleme der Umweltbelastung oder Erschöpfung fossiler Treibstoffquellen lösen lassen. Allerdings ist noch ungewiss, welche alternative Antriebstechnik sich in Zukunft durchsetzen wird, welche zu kostspieligen Fehlinvestitionen führen könnten und wie hoch die tatsächliche Verbesserung der Umweltbelastungen und die Reduzierung der Abhängigkeit von endlichen Ressourcen sein wird. Der Elektroantrieb ist ein alternatives Antriebskonzept, das sich noch in einem frühen Entwicklungsstadium befindet, von dem aber noch große Potenziale erhofft werden. Wasserstoff und Biogas sind zwei Beispiele alternativer Kraftstoffe, die jedoch auch zahlreiche Herausforderungen im Hinblick auf Nachhaltigkeit, akzeptable Tankprozedur und Sicherheit für Insassen und Umgebung stellen. Toyota schreitet auf eigenen Wegen voran und stellt in Japan die Serienversion eines wasserstoffbetriebenen Brennstoffzellenautos vor.[15] Hersteller wie auch Lieferanten haben in unterschiedlichsten Ländern noch viel Wissen über Schlüsseltechnologien für alternative Antriebskonzepte aufzubauen, durch die sich die bisher bestehenden Markt- und Herstellerpositionen ändern können. Aber auch die Regierungen der Länder spielen bei der Förderung von Infrastrukturen für alternative Antriebstechnologien, wie zum Beispiel Ladestationen, eine große Rolle.

Die kontinuierlich steigende mobile Netzwerkgeschwindigkeit und -bandbreite wie auch die sinkenden Kosten für Datenübertragungen beeinflussen die Mobilitätsdienstleistungen und -möglichkeiten im Fahrzeug. Beispielsweise ermöglicht der aktuelle Mobilfunkstandard LTE (Long Term Evolution) einen rund zehn Mal höheren Datendurchsatz in der Praxis als die dritte Generation UMTS (Universal Mobile Telecommunications

[15] „Toyotas Serienauto mit Brennstoffzelle: Wasserstoff marsch" http://www.spiegel.de/auto/aktuell/toyota-mit-wasserstoff-antrieb-fcv-faehrt-mitbrennstoffzelle-a-977331.html. Zugegriffen am 19.12.2014.

System). Wachsende Vernetzungen und Kundenbedürfnisse integrieren Fahrzeuge in personalisierte Netzwerke, deren technische Rahmenbedingungen während der Fahrzeugentwicklung noch nicht bekannt sind.

Viele Produktionsverfahren haben in der Automobilindustrie eine längere Historie. Die Vernetzung der Fabriken und die Digitalisierungen in den Fertigungsprozessen und -techniken erfahren durch das Regierungsförderprogramm Industrie 4.0 in Deutschland langfristige und tiefreichende Änderungen [2].

Am Rande erwähnen muss man auch das Potenzial privat erworbener technologischer Kenntnisse und Erfahrungen der Mitarbeiter, die durch die Schaffung von entsprechenden technologischen Freiräumen auch am Arbeitsplatz genutzt warden könnten. Die Herausforderung der Unternehmen durch die demografische Entwicklung ist hier nicht das Thema, sie ändert aber sowohl den Umfang auch privaten Erfahrungswissens einer durchschnittlich älteren Belegschaft wie auch die Erwartungshaltung insbesondere der jüngeren sogenannten „Generation Y" die nicht nur Wert auf Work-Life-Balance legt, sondern auch auf Wertschätzung ihrer Kompetenzen und die im Alltag immer vielseitiger vom Umgang mit den unterschiedlichsten Technologien geprägt ist.

Rechtliche Rahmenbedingungen

Rechtliche Rahmenbedingungen gibt es auf vielen Ebenen, und meist werden sie in der Industrie nur als Einschränkungen und Aufwände wahrgenommen. Die Automobilindustrie muss vor allem nationale und internationale Rechtsvorgaben und Regelungen für den Lebenszyklus ihrer Produkte berücksichtigen. In einigen Situationen werden rechtliche Rahmenbedingungen auf der Ebene eines Staatenverbunds wie der Europäischen Union vereinheitlicht. Lokale Interessenverbände sind dagegen oft auf kommunaler und regionaler Ebene in den Automobilunternehmen tätig, aber auch sie können signifikante Auswirkungen auf die Leistungsfähigkeit eines Unternehmens haben.

Zentrale Aufgabe internationalen Organisationen ist weiterhin die Fortführung der Harmonisierung technischer Vorschriften für Fahrzeuge auf internationaler Ebene. Seit Ende der 1950er-Jahre gibt es das Übereinkommen der Vereinten Nationen im Rahmen der Wirtschaftskommission für Europa (UN/ECE), der zur Zeit 49 Vertragsparteien angehören.[16] Seit dem Jahr 1998 arbeitet man auch an einer globalen Abstimmung,[17] die aber keine Freigaben oder Zertifizierungsprozesse umfasst. Ein einheitliches globales Fahrzeug wird auch in den nächsten Jahrzehnten aus rechtlichen Gründen nicht möglich sein. Rechtliche Rahmenbedingungen sind indes nicht die einzigen Gründe für die hohe Varianz der Fahrzeugteile. Volkswagen kann beispielsweise nicht einfach seine 350 Außenspiegel-Varianten und 700 verschiedene Stoßfänger nur auf technische

[16] „Vehicle Regulations" http://www.unece.org/trans/main/welcwp29.html. Zugegriffen am 19.12.2014.

[17] „GAR – Global Technical Regulations" http://www.globalautoregs.com/gtr. Zugegriffen am 19.12.2014.

Grundlagen auf wenige Grundmodelle reduzieren.[18] Man muss aber nicht unbedingt in historischen Altlasten suchen, um die Probleme zu erkennen, die beim Harmonisieren von Regulierungen auftreten. Aktuell sieht man beispielsweise am Notrufsystem eCall, dass noch zahlreiche rechtliche Hürden genommen werden müssen, um länderübergreifend einheitliche Dienste im vernetzten Fahrzeug zu ermöglichen.

Die Automobilindustrie unterscheidet sich nicht wesentlich von anderen global aufgestellten Industrien, wenn es um allgemeine rechtliche Faktoren wie Gesetzgebung, Steuerrichtlinien, Patentvergaben oder Wettbewerbsregelungen geht. Deutliche Unterschiede zeigen sich allerdings bei den hohen Haftungsvorschriften für die Autoindustrie und den mit ihnen einhergehenden speziellen Regulierungen.

Gegenwärtig steht besonders die Entwicklung dreier gesetzlicher Vorschriften im Fokus der Öffentlichkeit. Einmal sind es die Steuern und Emissionsstandards für Abgase und die CO_2-Effizienz neuer Fahrzeuge zur Reduzierung der globalen Erwärmung, dann die sich verändernden Regulierungen wie City-Maut oder Straßenbenutzungsgebühren und schließlich die ersten Regulierungsvorstöße zur Entwicklung und Förderung des autonom fahrendem Fahrzeugs [9].

Ein noch junges Thema für rechtliche Rahmenbedingungen sind die zunehmenden Informationen aus elektronischen Systemen, wie zum Beispiel die Fahrzeugdaten. Hier stellen sich viele Fragen, die sich auf die Zuordnung der Daten, die Ansprüche auf die Daten und die Haftung für fehlerhafte Datenverarbeitung beziehen. Wir hatten diese Problematik im Abschn. 3.6.8 in der Geschäftskompetenz „Kunden- und Fahrzeugdaten" aufgegriffen.

Ökologische Anliegen

Bei ökologischen Faktoren geht es um das steigende Umwelt- und Gesundheitsbewusstsein in unserer Gesellschaft, das sich in Werten wie der umweltbewussten Müllentsorgung von der Produktion bis hin zum Recycling der Fahrzeuge [23] und der Emissionsreduzierung widerspiegelt. In diesen Bereichen sind noch zahlreiche Herausforderungen zu bewältigen.

Bereits heute ist erwiesen, dass sich das ambitionierte Ziel der Emissionsreduktion nicht allein über Effizienzsteigerungen des klassischen Verbrennungsmotors realisieren lässt. Alternative Antriebstechnologien werden notwendig, die jedoch von einer Vielzahl von Rohstoffen abhängen und andere Umweltprobleme verursachen. So ist die Elektromobilität unter Umweltgesichtspunkten umstritten, weil ihr Wert für die Umwelt vor allem von der Art der Stromerzeugung abhängt.[19] Darüber hinaus kommt der leistungsfähige Permanentmagnet des Elektroautos nicht ohne Lithium und mehrere

[18] „Wie viel Volk steckt noch in Volkswagen? Mehr Außenspiegel-Varianten als Automodelle" http://www.zeit.de/mobilitaet/2014-08/volkswagen-vwprobleme/seite-3. Zugegriffen am 19.12.2014.

[19] „Elektroautos können mehr schaden als nutzen" http://www.welt.de/wissenschaft/umwelt/article135412530/Elektroautos-koennen-mehrschaden-als-nutzen.html. Zugegriffen am 19.12.2014.

Metalle der Seltenen Erden aus, und Wasserstoffantrieb wiederum benötigt Platin für die Brennstoffzellen. Das Vorhandensein von Rohstoffen und den ökologischen Zugang zu ihnen ist damit eine Voraussetzung für das Elektroauto.

Die Seltenen Erden kommen in nur geringer Konzentration in weit verstreut lagernden Mineralien vor und können nur unter hohem Aufwand gewonnen werden. China hat eine weltweite Monopolstellung inne, was das Vorkommen dieses Rohstoffs und seine Förderung betrifft. Beim Abbau von Seltenen Erden bestehen erhebliche Umweltrisiken. Radioaktive Stoffe werden freigesetzt, und große Mengen an giftigen Abfällen, die über Staub und Grundwasser den Mensch und die Umwelt schädigen, bleiben als Rückstände aus der Aufbereitung zurück. Überdies gibt es viele kleinere Minen, in denen kein Umweltschutz praktiziert wird.

Am Ende der Lebensdauer eines Fahrzeugs wird die Zerlegung in seine Bestandteilen und das Recycling ihrer Werk- und Rohstoffe immer aufwendiger, aber auch notwendiger. Die Fahrzeugkonstruktion muss Recyclingmöglichkeiten von Komponenten und Materialien in der Planung berücksichtigen, damit in Zukunft die einzelnen Komponenten problemlos demontiert und deren Rohstoffe zurückgewonnen werden können [4]. Allerdings wird das Recycling ein nicht zu unterschätzender Energiefresser bleiben, wenn es um die Trennung und Rückgewinnung verschiedener Metalle geht.

Es ist eine grundlegende Anforderung, dass ein Fahrzeug umweltfreundlich ist. Im Sinne des Umwelt- und Gesundheitsbewusstseins stellt sich aber auch die grundsätzliche Frage an die Haltung eines Fahrzeugs. Warum sollte sich das Zahlenverhältnis zwischen Fahrzeugen und Einwohnern noch weiter zugunsten der Fahrzeuge verschieben? Eine weitere, nicht weniger grundsätzliche Frage lautet: Wie lang sind wir im Durchschnitt am Tag mobil unterwegs?

Die tatsächliche Nutzungszeit kann nur geschätzt werden, da eine genaue quantitative Aufstellung noch nicht für alle Fahrzeuge im Verkehr möglich ist. Einen Annäherungswert ergibt die Ermittlung der Parkdauer als Zeit der Nicht-Nutzung, oder die Ermittlung der Wegstrecken, die täglich von bestimmten Bevölkerungsgruppen im Schnitt zurückgelegt werden. Dazu gibt es einige Analysen und Statistiken, insbesondere zur Nutzung von wohnorts- und arbeitsplatznahen Parkflächen und zur durchschnittlichen Dauer von Fortbewegungen (siehe [1, 12, 16, 29]). Die Werte sind sicherlich nicht allgemeingültig, spiegeln aber das wider, was den meisten Fahrzeughaltern aufgrund ihrer eigenen Nutzungsgewohnheiten bereits bekannt ist. Alle Auswertungen zeigen einen durchschnittlichen Nutzungsgrad, der zwischen ein und zwei Stunden pro Tag liegt, was einer Fahrzeugnutzung zwischen 3 und 8 Prozent entspricht.

Angesichts dieser Werte handelt es sich mehr um ein „Stehzeug" als um ein Fahrzeug, das ökologisch betrachtet eine hohe Belastung mit geringem Nutzen darstellt.

4.1.2 Wettbewerbskräfte und drohende Marktentwicklungen

Marktveränderungen wirken sich auf Wettbewerbsvorteile einzelner Unternehmen aus, was bedeutet, dass ein aktuell erfolgreiches Geschäftsmodell nicht unverändert langfristig bestehen muss. In diesem Abschnitt befassen wir uns mit Einflussfaktoren, die im direkten Wettbewerbsumfeld der Automobilbranche stehen und von denen zwei, die Digitalisierung und Vernetzung, einen unmittelbaren Einfluss auf das Unternehmen haben. Bei der Strukturanalyse von Branchen im Kontext der Markt- und Wettbewerbskräfte hat sich das „Fünf-Kräfte-Modell" (englisch „Five Forces Model") von Michael E. Porter [18] bewährt, das dazu verhilft, die größten Herausforderungen und Risiken im direkten Geschäftsumfeld zu erkennen und zu analysieren. Es wurde als ein Hilfsmittel zur Strategieanalyse in der unternehmerischen Planung entwickelt und etabliert. Bei seiner Verwendung sollte man bedenken, dass externe Kräfte meist alle Automobilunternehmen betreffen. Dadurch lassen sich Marktkräfte unternehmerunabhängig diskutieren. Es hängt jedoch von den unterschiedlichen Fähigkeiten der Unternehmen ab, wie erfolgreich eine Antwort auf alle fünf Kräfte in einer Wettbewerbsstrategie formuliert wird. Dazu dienen die Beispiele aus dem Abschn. 3.1.

Im Mittelpunkt steht die Rivalität unter den bestehenden Mitbewerbern in der Branche. Von den gegenwärtigen Konkurrenten droht aber nicht die einzige Gefahr für ein Unternehmen. Die Verhandlungsstärke von Zulieferern und Abnehmern, aber auch mögliche neue Marktteilnehmer und die Bedrohung durch Ersatzprodukte oder -dienstleistungen können neben den Faktoren des externen Unternehmensumfelds die Attraktivität eines Geschäftsmodells beeinflussen und Auslöser größerer Veränderungen sein. Insgesamt handelt es sich um fünf grundlegende Wettbewerbskräfte, die zusammengenommen die Wettbewerbsintensität und Rentabilität der Branche bestimmen. Alle fünf wirken aus unterschiedlichen Richtungen auf ein Unternehmen ein. Ausschlaggebend im Hinblick auf die Strategieformulierung sind die stärksten Kräfte mit ihrer Ausprägung, die den Geschäftsdruck erzeugen. In Abb. 4.2 haben wir das Modell für die bestehende Automobilindustrie dargestellt, wie es im 20. Jahrhundert valide war. Die Automobilindustrie hat in dieser Abbildung eine gute Position, weil sich die Wettbewerbsstrategie im Wesentlichen nur auf den Kunden als Käufer und auf die Rivalität zwischen den bestehenden Unternehmen konzentrieren musste. Es war über viele Jahrzehnte so lange gültig, wie es nur durch diese beiden Kräfte Gefahren für Geschäftsverluste oder Aussichten auf Zugewinne im Wettbewerb gab.

Im 21. Jahrhundert hat die Digitalisierung und Vernetzung viele Mehrwertdienste für die individuelle Mobilität ermöglicht, sodass die Anzahl der Ersatzprodukte und -dienste rasant gewachsen ist. Dadurch sind die Bedrohungen im gesamten Wettbewerb gestiegen. Wir verdeutlichen es in einem Modell (siehe Abb. 4.3) anhand des Extremfalls, dass sich die bestehende Automobilindustrie zu einem relativ verhandlungsschwachen Lieferanten der Mobilitätsindustrie entwickeln könnte.

Alle anderen vier Marktkräfte (außer den Lieferanten) erzeugen einen sehr hohen Druck auf das Geschäft, wodurch es insbesondere zur heutigen Zeit zumindest

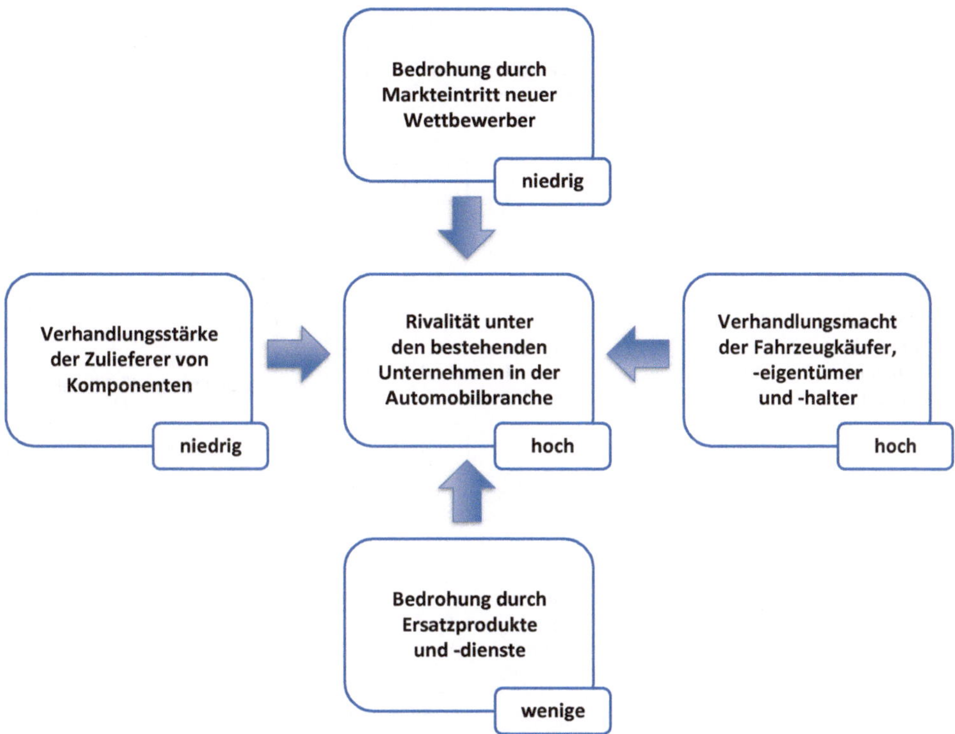

Abb. 4.2 Die fünf Marktkräfte und deren Risiken im Branchenwettbewerb nach Michael E. Porter [19] für die Automobilindustrie des 20. Jahrhunderts

wirtschaftlich nicht attraktiv ist und einen längeren Investitionsatem erfordert. An dieser Abbildung wird deutlich, auf welche drohenden Herausforderungen sich ein Fahrzeughersteller einstellen muss. Es gilt, das Geschäftsmodell um Mehrwertdienstleistungen für die individuelle Mobilität zu erweitern, aber auch gleichzeitig die Erzeugung der Fahrzeugprodukte zur Marktdifferenzierung zu nutzen. Die Mobilitätsbranche ist noch sehr jung und hat noch keine attraktive Branchenstruktur im Wettbewerbsumfeld. Für ein strategisch gut aufgestelltes Unternehmen ist es wichtig, eine starke Position zu entwickeln. Auch wenn es derzeit noch schwer sein mag, Wettbewerbsvorteile zu erzielen: Die Fahrzeughersteller haben durch ihre Fahrzeugkompetenz gute Voraussetzungen zur erfolgreichen Erschließung der Mobilitätsbranche. Sie sollten nur andere Branchen nicht unterschätzen, wie zum Beispiel Parkplatzanbieter, die ihre Vorteile in streng regulierten Ländern wie Japan nutzen können. Schließlich ist heutzutage ein Fahrzeug für ein Mobilitätsangebot genauso wichtig wie eine Abstellmöglichkeit, solange keine hundertprozentige Auslastung von Fahrzeugen erreicht werden kann oder das autonom fahrende Fahrzeug im öffentlichen Straßenverkehr nicht erlaubt ist.

Im Folgenden werden wir die fünf Kräfte und ihre Entwicklungen analysieren.

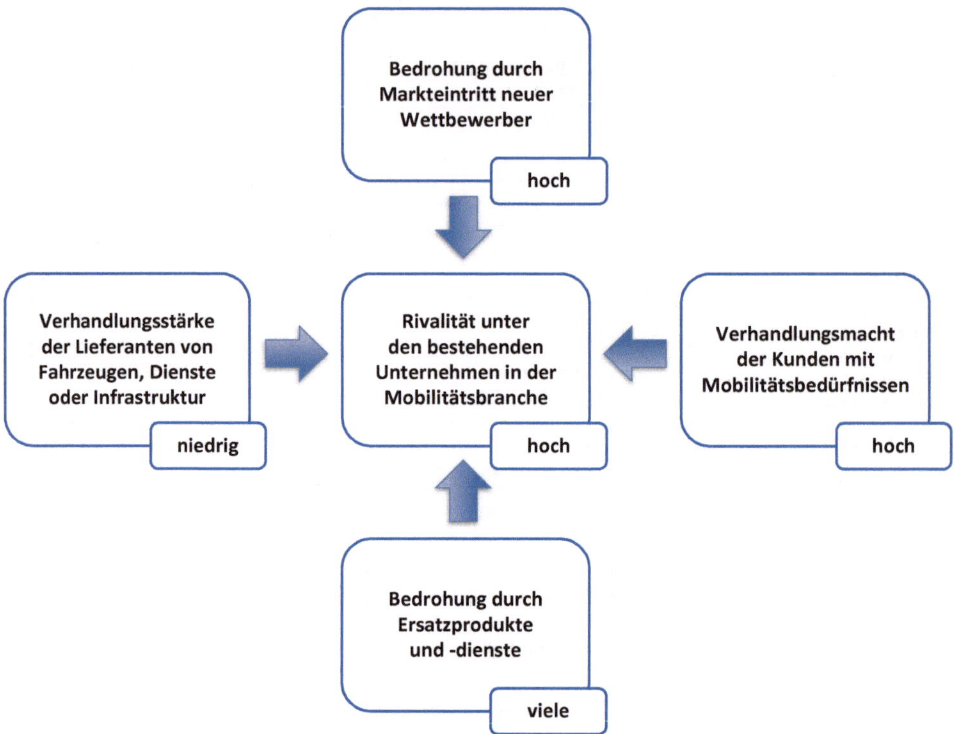

Abb. 4.3 Die fünf Marktkräfte im Wettbewerbsmodell der Mobilitätsbranche

Brancheninterne Rivalität

Die brancheninterne Rivalität wird immer intensiver, wenn nicht aggressiver, da Wachstumsmöglichkeiten nur noch durch die Gewinnung von Kunden der Wettbewerber verwirklicht werden können. In den Industriestaaten entwickelt sich die Anzahl verkaufter Fahrzeuge pro Jahr bereits seit einigen Jahren rückläufig. Genaue Zahlen veröffentlicht zum Beispiel „International Organization of Motor Vehicle Manufacturers".[20] Danach wurden im Jahr 2013 insgesamt 87.507.027 Fahrzeuge verkauft. Global gesehen sind die Verkaufszahlen in den letzten fünf Jahren kontinuierlich gewachsen, aber hauptsächlich wegen des rasanten Wachstums in China und Indien. Die Erschließung immer neuer Märkte kann nicht endlos fortgeführt werden. Über einen Zeitraum von neun Jahren ist deutlich erkennbar, dass sowohl in Europa als auch in Nordamerika die Verkaufszahlen von Neufahrzeugen zurückgegangen sind. Eine Marktsättigung ist offensichtlich. Das Ende der Marktkapazität für Fahrzeuge wird schon in absehbarer Zeit auch weltweit erreicht sein, obwohl die Erdbevölkerung weiter wächst. Eine interplanetarische

[20] „Production Statistics – OICA" http://www.oica.net/category/productionstatistics. Zugegriffen am 19.12.2014.

Wirtschaft für noch unvorstellbare Märkte wird noch lange Zeit Fiktion bleiben. Deshalb werden sich der Vertrieb und Verkauf in den Industriestaaten im Wesentlichen nur noch auf Bestandskunden und das Abwerben von Kunden der Konkurrenz konzentrieren.

Der Wettbewerb verschärft sich zusätzlich, da sich die Automobilbranche auf immer weniger Unternehmen beschränkt. Betrachtet man die in Fortune 2014 „The Global 500“[21] aufgelisteten Umsatzzahlen der weltweit größten Unternehmen, so findet man darunter 21 Automobilunternehmen, die in der Tab. 4.4 zusammengefasst werden. Wir haben die reinen Automobilzulieferer und diejenigen Fahrzeughersteller, die keine Personenkraftwagen herstellen, nicht aufgeführt. Ein präziser Vergleich wäre nur möglich, wenn man sich auf einen Geschäftsbereich der aufgeführten Unternehmen, wie beispielsweise Personenkraftwagen, konzentrieren könnte. Es gibt aber keine einheitlichen Unternehmensberichte über Geschäftszahlen, kategorisiert nach einem vergleichbaren Produktportfolio, Betrachtungszeitraum und abgegrenzten Tochtergesellschaften oder Joint Ventures. Für die Diskussion der bracheninternen Rivalität ist dies nicht so relevant.

Die Tab. 4.4 stellt im Wesentlichen die folgenden beiden Erkenntnisse dar:

- Die neun größten Fahrzeughersteller nach verkauften Fahrzeugen decken knapp 70 Prozent des weltweiten Wettbewerbs im Umfeld der Neufahrzeuge ab.
- Die fünf großen chinesischen Automobilbauer decken bereits etwa 16 Prozent des gesamten Wettbewerbs ab, obwohl deren Produktion sich fast ausschließlich auf den chinesischen Markt konzentriert. Bis 2004 wurde von Fortune unter „The Global 500“ noch kein einziger chinesischer Automobilbauer aufgeführt.

Zusammengefasst resultiert hieraus ein hoher bracheninterner Wettbewerb, wie in Abb. 4.2 dargestellt. Loyale Kunden mit einer festen Markenbindung werden dadurch immer wichtiger, wie es im vorherigen Abschn. 4.1.1 als gesellschaftlicher Faktor vorgestellt wurde.

Die Rivalität auf globaler Ebene treibt zwar die Globalisierung der Unternehmen und deren Markenidentität voran, bedeutet aber nicht, dass die Fahrzeuge zwangsläufig global einheitlich werden. Sie müssen zu regional bedingten Anforderungen und wechselhaften Bedürfnissen passen, um verkauft werden zu können. So bieten etwa japanische Firmen in den Vereinigten Staaten vielfach amerikanisch aussehende Fahrzeuge an, die auch nur dort produziert werden.

In der Mobilitätsbranche gibt es hingegen noch keine vergleichbare Rivalität auf globaler Ebene.

Verhandlungsstärke der Lieferanten

Die Automobilzulieferer sind sehr fragmentiert. Vor allem gibt es Tausende lokaler Lieferanten, deren gesamtes Geschäft sehr spezialisiert auf mechanischen, hydraulischen,

[21] http://fortune.com/global500. Zugegriffen am 19.12.2014.

Tab. 4.4 Die weltweit größten Fahrzeughersteller von Personenkraftwagen, die nach Umsatz in Fortune 2014 „The Global 500" aufgelistetet sind. Das im Jahr 2014 neu gegründete Unternehmen Fiat Chrysler Automobiles wurde zusätzlich eingefügt. Die Daten der beiden Spalten „Beschäftigte" und „verkaufte Fahrzeuge" stammen aus den veröffentlichten Geschäfts- und Jahresberichten der Unternehmen im Jahr 2014

Unternehmen	Beschäftigte	Umsatz in Millionen	Verkaufte Fahrzeuge
Volkswagen (Wolfsburg, Deutschland)	572.800	$ 261.539	9.728.250
Toyota Motor (Toyota City, Japan)	333.498	$ 256.454	9.692.000
Daimler (Stuttgart, Deutschland)	274.616	$ 156.628	2.353.600
General Motors (Detroit, USA)	219.000	$ 155.427	9.714.652
Ford Motor (Dearborn, USA)	181.000	$ 146.917	6.330.000
Honda Motor (Tokio, Japan)	198,561	$118.210	4.323.000
Fiat Chrysler Automobiles (London, Vereinigtes Königreich)	225.587	€ 86.816	4.352.000
Nissan Motor (Yokohama, Japan)	160.530	$ 104.635	4.914.000
BMW Group (München, Deutschland)	110.351	$ 100.971	1.963.798
SAIC Motor (Shanghai, China)	198.000	$ 92.024	5.106.000
Hyundai Motor (Seoul, South Korea)	104.731	$ 79.766	4.732.000
China FAW Group (Changchun, Jilin Province, China)	120.000	$ 75.005	2.908.400
Dongfeng Motor Group (Wuhan, Hubei, China)	114.365	$ 74.008	2.567.700
PSA Peugeot Citroën (Paris, Frankreich)	194.682	$ 71.807	2.818.000
Renault (Boulogne-Billancourt, Frankreich)	121.807	$ 54.339	2.628.208
Kia Motors (Seoul, South Korea)	48.089	$ 43.486	2.746.000
Beijing Automotive Group (Beijing, China)	22.000	$ 43.323	2.164.000
Tata Motors (Mumbai, Maharashtra, India)	66.593	$ 38.502	1.020.546

(Fortsetzung)

Tab. 4.4 (Fortsetzung)

Unternehmen	Beschäftigte	Umsatz in Millionen	Verkaufte Fahrzeuge
Guangzhou Automobile Industry Group (Guangzhou, Guangdong, China)	38.500	$ 32.775	1.004.600
Suzuki Motor (Hamamatsu, Japan)	51.503	$ 29.330	2.711.000
Mazda Motor (Hiroshima, Japan)	40.892	$ 26.873	1.331.000

elektrischen oder elektronischen Teilen und nur auf einem oder zwei Fahrzeugherstellern beruht. Im Abschn. 1.7 wurde erwähnt, dass in Deutschland 97 Prozent der 7.457 Betriebe zwischen 20 und 1.000 Beschäftigte umfassen. Es hat insbesondere für die vielen spezialisierten Zulieferer verheerende Auswirkungen, wenn ein Fahrzeughersteller zu einem anderen Lieferanten wechselt oder ein Bauteil nicht mehr verbaut. Infolgedessen hat der Großteil der Zulieferer eine nur geringe Marktkraft und wird eng durch die Beschaffung der Hersteller kontrolliert, insbesondere dann, wenn Einkaufsvolumen gebündelt wird. Zu den Ausnahmen zählen die Zulieferer von Rohstoffen, die eine starke Verhandlungsposition innehaben, weil es nur sehr wenige Anbieter gibt. Diesen wirtschaftlichen Faktor haben wir im vorherigen Abschn. 4.1.1 im Umfeld der Automobilbranche dargestellt.

Die Tab. 4.5 zeigt die wenigen Automobilzulieferer, die nach Unternehmensumsatz in Fortune 2014 „The Global 500" aufgelistetet sind. Diese wenigen Zulieferer dominieren aktuell[22] den Markt für AUTOmobile. Elektronikunternehmen wie Samsung, Panasonic oder Sony beliefern in einigen Bereichen aktuell auch die Automobilindustrie. Allerdings kann man verstärkt an Investitionen im Markt erkennen, dass die Elektronikunternehmen auch Apple beobachten und sich eine Verhandlungsposition im Wettbewerbsmarkt des AutoMOBILs aufbauen.[23] Der Zugriff auf Fahrzeugdaten wird nicht mehr nur alleine durch die Hersteller kontrolliert; vielmehr werden hier Lieferanten mit neuen Mehrwertdiensten direkt die Endkunden kontaktieren.

Einfluss der Abnehmer

Der Einfluss des Autokäufers ist bei einem Fahrzeughersteller mit Lagerfertigung gering, weil er in der Regel nur ein einziges Fahrzeug für den privaten Gebrauch kaufen will, dies zudem in größeren Zeitabständen. Je nach Markt und Segmentierung gibt es

[22] In den nächsten Jahren werden weitere Bewegungen im Markt erwartet. Die Zahlen beziehen sich auf den Stand Ende 2014.

[23] „Will Samsung Enter Autonomous Vehicle Market?" http://www.businesskorea.co.kr/article/9140/practical-value-exynos-will-samsung-enterautonomous-vehicle-market. Zugegriffen am 24.02.2015.

Tab. 4.5 Die weltweit größten Automobilzulieferer, die nach Unternehmensumsatz in Fortune 2014 „The Global 500" aufgelistetet sind. Die Daten der beiden Spalten „Beschäftigte" und „Anteil Auto" (prozentualer Umsatzanteil des Geschäftsbereichs für die Automobilindustrie) stammen aus den veröffentlichten Geschäfts- und Jahresberichten der Unternehmen im Jahr 2014

Unternehmen	Beschäftigte	Umsatz in Millionen	Anteil Auto
Bosch (Stuttgart, Deutschland)	281.381	$ 61.632	65 %
Continental (Hannover, Deutschland)	177.762	$ 44.249	96 %
Johnson Controls (Milwaukee, USA)	170.000	$ 42.730	51 %
Denso (Kariya, Japan)	139.842	$ 40.885	98 %
Bridgestone (Tokio, Japan)	143.448	$ 36.573	85 %
Magna International (Aurora, Kanada)	125.000	$ 34.835	100 %
Aisin Seiki (Kariya, Japan)	83.378	$ 28.171	96 %
Michelin (Clermont-Ferrand, Frankreich)	111.200	$ 26.879	85 %

unterschiedliche Schwerpunkte der Käufergruppen und viele Entscheidungsfaktoren, wie beispielsweise Alter, Führerschein, Parkplatzmöglichkeit, Steuern, Versicherung und Umweltbewusstsein. Speziell die Firmenwagen haben einen sehr großen Anteil an den Premiumfahrzeugen in Deutschland. Hier sind andere Verhandlungspositionen der Abnehmer gegeben, als ein einzelner Privatkäufer erreichen kann.

Trotzdem können heutzutage die privaten Käufer deutlich fokussierter sein auf das Produkt, das sie kaufen wollen. Durch die digitalen Möglichkeiten und unterschiedlichen Informationskanäle kann man sich sehr gut informieren, sodass der Kaufeinfluss über Vergleiche von Leistungen und Preisen nicht mehr notwendigerweise beim Händler vor Ort stattfindet.

Noch stärker wird die Verhandlungsmacht der Kunden mit individuellen Mobilitätsbedürfnissen steigen, wenn sie nicht mehr nur als Einmalkäufer auftreten. Zum Kunden wird eine längerfristige Beziehung notwendig, die über eine Kauftransaktion hinausgeht; wird diese nicht aufgebaut, kann er viel leichter zwischen unterschiedlichen Mobilitätsangeboten wechseln. Loyale Kunden mit einer festen Markenbindung werden daher immer wichtiger, wie wir es im vorherigen Abschn. 4.1.1 als gesellschaftliche Kraft vorgestellt haben.

Bedrohung durch neue Marktteilnehmer

Die Bedrohung für das traditionelle AUTOmobil durch neue Marktteilnehmer ist niedrig, vor allem für Fahrzeuge mit klassischem Verbrennungsmotor. Zu hoch sind die Investitionskosten für die Produktentwicklung und Produktfertigung in kapitalintensiven Fabriken, die in der Wertschöpfungskette umfangreiche Vorleistungen und hohe Haftungsrisiken abverlangen. Dies macht die Markteintrittsbarriere in der Automobilbranche zu einer sehr hohen Hürde für ambitionierte Jungunternehmer mit neuen Konzepten und Visionen. Generell gilt: Je höher die notwendige Investition ist, um am Markt teilzunehmen, desto geringer ist die Eintrittswahrscheinlichkeit. In der

Einleitung haben wir Beispiele neu gegründeter Unternehmen wie Tesla Motors oder Local Motors erwähnt.

Die eigentliche Bedrohung sind aber neue Marktteilnehmer mit Ersatzprodukten oder -dienstleistungen, die ebenfalls individuelle Mobilität ermöglichen. Sie bewegen sich zwar in einer Mobilitätsindustrie, die sich weniger um die Fahrzeugherstellung kümmert, und benötigen außerdem Zeit, um sich eine Reputation bei den Verbrauchern aufzubauen. Unternehmen wie Uber sind aber bereits mit eigenem Vertriebsnetz im Markt.

Bedrohung durch Ersatzprodukte oder -dienstleistungen
In der traditionellen Automobilindustrie gab es nur wenige Ersatzprodukte, wie zum Beispiel die öffentlichen Verkehrsmittel. Ein Ansatz ist, die Ersatzprodukte strategisch auszuschalten, wie am Anfang des Kapitels anhand der Vereinigten Staaten beschrieben. Ein anderer Ansatz besteht darin, den unvermeidlichen Wettbewerbsfaktor in die Strategie einzubeziehen, was beispielsweise mit der Unternehmensstrategie unter „Vernetzung und neue Mobilitätskonzepte maßgebend vorantreiben" bei Daimler erfolgt (siehe Abschn. 3.1.3).

4.1.3 Evolution, Transformation und Neugestaltung

In den vorherigen beiden Abschnitten haben wir zusammengetragen, dass die Liste der problematischen Entwicklungen um das AUTOmobil mit Themen wie

- Digitalisierung,
- Vernetzung,
- Emissionsreduktion,
- zu viele alternative Antriebskonzepte und
- schwindende Autobegeisterung bei jungen Menschen

lang ist und die Wettbewerbskräfte zur Neugestaltung einer Mobilitätsindustrie groß sind.

Wie verändert man nun ein bestehendes Geschäftsmodell in der Automobilindustrie?
Ein konkretes Unternehmensziel sowie ein strategisch geplanter „richtiger" Weg dorthin reichten allein nicht aus. Es ist ähnlich wie bei einem Navigationssystem: Es kann nur dann dem Fahrzeug eine Orientierung geben, wenn ein konkretes Ziel vorgegeben wird, was aber noch nicht bedeutet, dass es der richtige Weg für den Fahrer ist. Dieser kann nur unter Berücksichtigung der Rahmenvorgaben und Prioritäten des Fahrers und des Fahrzeugs bestimmt werden. Andernfalls reicht vielleicht der verfügbare Kraftstoff nicht aus, oder der Fahrer kommt zu spät zu seinem Termin und kann gleich die ganze Fahrt bleiben lassen. So ist es auch mit der unternehmensabhängigen Veränderung

bestehender Geschäftsmodelle. Sie verändern sich unterschiedlich, um auf die ihrerseits sich ändernden Marktbedürfnisse zu reagieren.

Wir betrachten drei Grade möglicher Veränderungen in der Automobilindustrie, die wir wie folgt in unserem Kontext definieren:

Evolution konzentriert sich auf die Entwicklung des Kerngeschäfts, das Produktportfolio oder die Erschließung und Durchdringung von Märkten durch den Verkauf der Produkte. Sie ist durch ihre etablierten Unternehmensprozesse geschützt, und ihre Erfolgswahrscheinlichkeit ist in einem geschlossenen, bereits funktionierenden Kontext sehr hoch. Zugleich ist sie aber für Innovationen und Änderungen außerhalb des Produktkontexts und der bestehenden Wertschöpfungskette – zum Beispiel die digitale Durchdringung im Fahrzeug durch die Änderung des Fahrzeugantriebs vom Verbrennungs- zum Elektromotor –, nur eingeschränkt möglich. Die Auswirkungen auf die Geschäftsausrichtung des Produktverkaufs würden sich aber kaum ändern.

Transformation untersucht und erprobt schrittweise neue Geschäftsmodelle, auch über Unternehmensgrenzen hinweg. Sie profitiert von der Kreativität und den Geschäftsinnovationen unterschiedlich erfahrener Bereiche im Gesamtunternehmen, erforscht zukünftige strategische Neuausrichtungen und treibt Veränderungen voran. Oftmals ist sie durch eine solide finanzielle Basis des Unternehmens geschützt, aber auch durch Zielvorgaben des bestehenden Geschäftsmodells eingeengt. Zum Beispiel entwickelt Daimler neue digitale Produkte, die es einfacher machen, auf das Fahrzeug zu verzichten.[24] Bei der Transformation des Geschäftsmodells sieht Daimler IBM als erfolgreiches Vorbild, da sich IBM aus dem damals dominierten Geschäft mit Mainframes in ein Geschäftsmodell basierend auf Software, Beratung und Services entwickelt hat. Deswegen sei das Unternehmen „heute so erfolgreich wie früher, aber mit ganz anderen Inhalten".

Neugestaltung schafft neue Geschäftsmodelle auch dort, wo eine Vision nur vage sein kann. Sie ist oft durch Unternehmensneugründungen mit sehr knappen Prozessen geprägt, hat kaum historische Altlasten und kann sich schnell durch iteratives Ausprobieren und bei ständigem Optimieren entwickeln. Für bereits etablierte Unternehmen stellt sie aber eine Gratwanderung dar, weil sich die Markenidentität ändern kann,

[24] „Warum sich Daimler selbst Konkurrenz macht" http://www.wsj.de/nachrichten/SB10001424127887323372504578468933801351120. Zugegriffen am 19.12.2014.

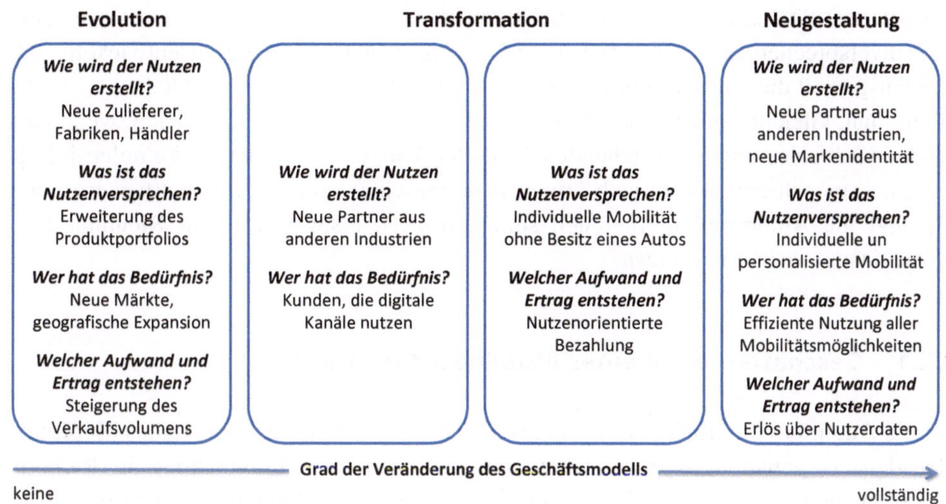

Abb. 4.4 Das Ausmaß der Veränderungen ist bei der Evolution des bestehenden Geschäftsmodells in der Automobilindustrie sehr gering. Die Transformation ermöglicht etablierten Unternehmen, mit überschaubarem Risiko neue Geschäftsmodelle zu entwickeln. Hingegen erzwingt eine Neugestaltung einen Strategiewechsel zu einer völlig neuen unternehmerischen Stoßrichtung

wodurch bei Bestandskunden unter Umständen irreparable Irritationen verursacht werden. Ein Beispiel ist der Eintritt des durch Internetdienstleistungen bekannten Unternehmens Google in die Automobilindustrie mit einem Produkt, bei dem nicht das Fahrzeug selbst im primären Fokus der Wertschöpfungskette ist, sondern der Kunde, der anhand der Daten seiner Bewegungs- und Verhaltensmuster beeinflusst und gesteuert wird. Für Google ist so ein Schritt entscheidend, weil es mit der Suche als Kernkompetenz nur eine „geliehene Macht“ besitzt, basierend auf der Bequemlichkeit der Verbraucher. Mit einem Fahrzeug bestehen mehr Kontroll- und Einflussmöglichkeiten.

Die Abb. 4.4 stellt den unterschiedlichen Grad der Veränderung des Geschäftsmodells an einem allgemeinen Beispiel in der Automobilindustrie dar.

4.2 Geschäftsarchitektur der Mobilitätsindustrie für das AutoMOBIL

In Abb. 3.5 haben wir ein etabliertes Geschäftsmodell der Automobilindustrie gezeigt. Es ist naheliegend, dass Änderungen am Modell grundlegende Auswirkungen auf das gesamte Geschäft des Unternehmens haben. Riskant wird es aber, wenn sich dabei die

Markenidentität ändert und Bestandskunden keinen Wert mehr im veränderten Nutzenversprechen sehen. Insofern ist die Aufgabe, neue Modelle zu entwickeln, sehr schwierig, weil die Automobilindustrie über viele Jahrzehnte einen sehr hohen Reifegrad erlangt hat. Gleiches gilt für den Umgang mit mehreren Geschäftsmodellen, wenn neue Modelle mit seit Langem bestehenden Modellen konkurrieren oder sie komplett infrage stellen. Dennoch entwickeln sich immer neue Geschäftsmodelle im Wettbewerbsmarkt [3], und die Automobilunternehmen sind gefordert, erste Schritte in Richtung einer Mobilitätsindustrie umzusetzen.

4.2.1 Geschäftsmodell eines Mobilitätsdienstleisters

Für ein Automobilunternehmen ist es naheliegend, das Geschäftsmodell eines Mobilitätsdienstleisters genauer zu untersuchen, um sich bei einer Entwicklung in Richtung Mobilitätsindustrie aus dem fahrzeugzentrischen Denkmodell herausbewegen zu können. Ein Mobilitätsdienstleister baut auf zwei grundlegenden Prinzipien auf, die ihn wesentlich von einem traditionellen Automobilunternehmen unterscheiden:

Kollaborativer Konsum: Zweckgebundene Güter werden gemeinsam genutzt.
Bedarfsorientierung: Kundenbedürfnisse werden durch Dienstleistung ohne Produktbindung und Vermögenswerte erfüllt.

Ein Mietwagenunternehmen stellt beispielsweise in seinem Geschäftsmodell ein Gemeinschaftsauto zur Verfügung und folgt somit bereits seit vielen Jahren dem ersten Prinzip „kollaborativen Konsums". Hingegen ist der Fahrdienstvermittler Uber oder myTaxi darüber hinaus nicht an Vermögenswerte wie eine Fahrzeugflotte gebunden und folgt beiden Prinzipien. Der Routenplaner moovel gar bindet sich nicht einmal an das Verkehrsmittel. Es gibt zu viele Varianten von Mobilitätsdienstleistungen, sodass sich ein Fahrzeughersteller nicht auf alle konzentrieren kann, zumal es im weiteren Sinne auch Mobilitätsdienstleistungen außerhalb des Fahrzeugbereichs gibt, wie beispielsweise Reiseagenturen.

Wir konzentrieren uns auf das Geschäftsmodell „Carsharing" eines Gemeinschaftsautos, weil es ein fahrzeugbezogener Dienst ähnlich zu einem Mietwagen ist und sich zentral in der Schnittmenge der Mobilitätsdienstleistungen beim Übergang eines besitzenden AUTOmobils zu einem nutzenden AutoMOBIL (siehe Abb. 4.5) befindet. Genau genommen gibt es drei unterschiedliche Varianten:

1. Ein *stationsabhängiges Gemeinschaftsfahrzeug* wird oft in Ballungsräumen oder zwischen Großstädten für einen bestimmten Zeitraum, meist einige Stunden oder tageweise, gemietet. Die Fahrzeuge werden an bestimmten, festgelegten Stellplätzen abgeholt und auch wieder abgestellt. Der Unterschied zu einem traditionellen

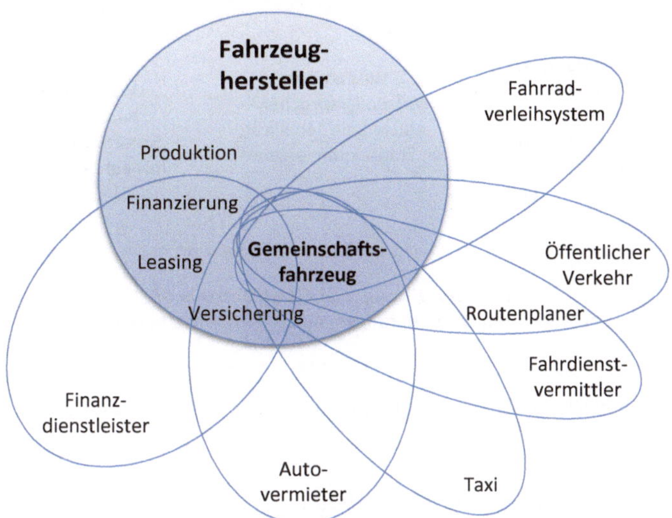

Abb. 4.5 Das Gemeinschaftsfahrzeug ist zentral in der Schnittmenge der Mobilitätsdienstleistungen beim Übergang eines besitzenden AUTOmobils zu einem nutzenden AutoMOBIL

Mietwagen ist, dass man nicht pro Mietvorgang einen Vertrag abschließen muss. Beispiele sind Flinkster und car2go black.

2. Ein *stationsunabhängiges Gemeinschaftsfahrzeug* befindet sich in einem fest definierten Nutzungsgebiet und wird pro genutzter Fahrzeit oder Fahrstrecke bezahlt. Man genießt volle Flexibilität insofern, als man das Fahrzeug auf jedem beliebigen freien Parkplatz abstellen kann, solange man das Nutzungsgebiet nicht verlässt. Beispiele sind car2go und DriveNow.
3. Ein *privates Gemeinschaftsfahrzeug* wird für bestimmte Zeiträume von Privatpersonen gemietet oder vermietet. Ein Beispiel ist Autonetzer.

Die Marke car2go ist beispielsweise ein komplett neues Geschäftsmodell für Daimler. Man vergleiche die beiden Abb. 4.6 und 3.5. Die Erstellung des Nutzens ist in beiden Geschäftsmodellen äußerst unterschiedlich. Aber wenngleich es sich um ein neues Geschäftsmodell handelt, so wird doch eine Brücke zum bestehenden Kerngeschäft gebaut, indem nur Fahrzeuge von Daimler in der Flotte eingesetzt werden. Dadurch entsteht ein Wettbewerbsvorteil gegenüber anderen Anbietern, die Fahrzeuge auf dem offenen Markt einkaufen müssen. Das Modell von car2go steht noch am Anfang der Geschäftsentwicklung, aber dennoch hat sich bereits jetzt mit der übergeordneten Marke moovel eine eigenständige und strategische Geschäftseinheit innerhalb von Daimler etabliert. In dieser Situation wird das bestehende Geschäftsmodell nicht durch die Transformation abgelöst, sondern sinnvoll ergänzt, und das Unternehmen lernt den Umgang mit mehreren Geschäftsmodellen. Dennoch muss Daimler über die Organisationsstruktur des

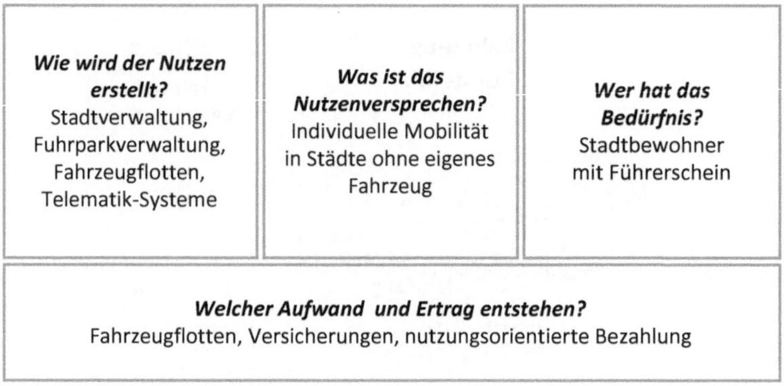

Wie wird der Nutzen erstellt? Stadtverwaltung, Fuhrparkverwaltung, Fahrzeugflotten, Telematik-Systeme	***Was ist das Nutzenversprechen?*** Individuelle Mobilität in Städte ohne eigenes Fahrzeug	***Wer hat das Bedürfnis?*** Stadtbewohner mit Führerschein
Welcher Aufwand und Ertrag entstehen? Fahrzeugflotten, Versicherungen, nutzungsorientierte Bezahlung		

Abb. 4.6 Vereinfachtes Geschäftsmodell der Marke car2go als Anbieter im Segment des stationsunabhängigen Carsharing

neuen Geschäftsmodells entscheiden, das heißt, ob es integriert oder abgekoppelt vom etablierten Kerngeschäft weiterentwickelt wird.

Die Unternehmensgründung von moovel besteht aber nicht nur aus Marken wie car2go, die aus Daimler-internen Kompetenzen und Ressourcen entwickelt wurden. Andere Marken wie myTaxi und RideScout hat moovel akquiriert, um die Entwicklung des Geschäftsmodells im internationalen Mobilitätsdienstleistungsmarkt zu beschleunigen.[25]

Ein wichtiger Erfolgsfaktor bei solchen Transformationen ist die Flexibilität der Unternehmensarchitektur auf der Ebene der Geschäftsarchitektur. Damit ändert sich auch die Gestaltung der Geschäftskompetenzen.

4.2.2 Geschäftsdomänen

Mit dem Paradigmenwechsel vom AUTOmobil zum AutoMOBIL ändert sich nicht nur das Geschäftsmodell. Der Wechsel hat über die Umsetzung des Modells direkte Auswirkungen auf den Großteil der Geschäftsdomänen. Nach der Definition der unterschiedlichen Ausmaße der Veränderungen am Geschäftsmodell (siehe Abschn. 4.1.3) werden wir uns auf die Transformation für die etablierte Automobilindustrie konzentrieren. Über diese Form der Innovationen können etablierte Großunternehmen den Geschäftserfolg mit überschaubaren Risiken weitestgehend planen. Die gezielte iterative Entwicklung bestehender Geschäftskompetenzen und Ressourcen ermöglicht das Aufbauen neuer Geschäftsbereiche im Umfeld der räumlichen Mobilität, die außerhalb des Fahrzeugbesitzes liegen und andere Bedürfnisse ansprechen. Die Transformation zeichnet

[25] „moovel übernimmt mytaxi und RideScout" http://media.daimler.com/dcmedia/0-921-657772-49-1735230-1-0-1-0-0-0-0-0-1-0-0-0-0-0.html. Zugegriffen am 19.12.2014.

sich dadurch aus, dass weiterhin eine Verbindung zum bestehenden Kerngeschäft erhalten bleibt, auch wenn die Entwicklungen neuer Wachstumsfelder außerhalb liegen.

Unsere Ausgangssituation bilden die Geschäftsdomänen der Automobilindustrie, die wir in Abb. 3.7 zusammengestellt haben. Jedoch kann je nach Zielsetzung und strategischer Ausrichtung der Mobilitätsdienstleistungen das transformierte Modell der Geschäftsdomänen in unterschiedlichen Automobilunternehmen variieren.

Für die Transformation der Geschäftskompetenzen wenden wir die folgenden beiden Grundprinzipien an:

1. Aufbau einer Digitalkompetenz im primären Fokus
2. Modernisierung der drei Schwergewichte im sekundären Fokus

Hinter den in diesem und im nächsten Abschnitt dargestellten Ergebnissen steckt ein interaktives Vorgehen, in dem gleichzeitig mehrere Ebenen berücksichtigt werden müssen: Die Geschäftsdomänen und die jeweiligen Geschäftskompetenzen des Referenzmodells in Abb. 3.44 mit den zugehörigen Charakterisierungen, die wir in den Unterabschnitten des Abschn 3.6 zusammengefasst und mit Aspekten der Digitalisierung diskutiert haben. Wir werden aber das Vorgehen nicht detaillierter beschreiben, sondern die Ergebnisse einer möglichen Transformation erläutern.

In diesem Abschnitt wird zunächst nur eine grobe Positionierung der neuen Geschäftsdomänen zusammengefasst (siehe Abb. 4.7), die durch die Überführung des Geschäftsmodells einer Mobilitätsindustrie in Geschäftsdomänen der Automobilindustrie entstehen. Im nächsten Abschnitt gehen wir dann auf die neuen oder geänderten Geschäftskompetenzen der jeweiligen Domänen ein.

Aufbau einer Digitalkompetenz im primären Fokus

Der primäre Fokus liegt auf den Geschäftsdomänen, die sich am Absatzmarkt orientieren. Insbesondere durch die Möglichkeiten in der Vernetzung und Digitalisierung gestalten wir die zwei Geschäftsdomänen

1. „Vertrieb und Digitalzugang“ und
2. „Digitale Produktintegration und Mehrwertdienst“

mit einem primären Fokus und die bereits bestehende Geschäftsdomäne „Finanzdienstleistung“ im Rahmen des priorisierten Grundprinzips mit einem sekundären Fokus.

Vertrieb und Digitalzugang

Die Geschäftsdomäne „Vertrieb und Digitalzugang“ leiten wir von der ursprünglichen Geschäftsdomäne „Vertrieb und Ausgangslogistik“ (siehe Abschn. 3.6.6) ab. Alle Geschäftskompetenzen mit Bezug zur Ausgangslogistik werden zur physischen Produktion verlagert. Dies kann einem Werksverkauf ähneln, mit dem Unterschied allerdings,

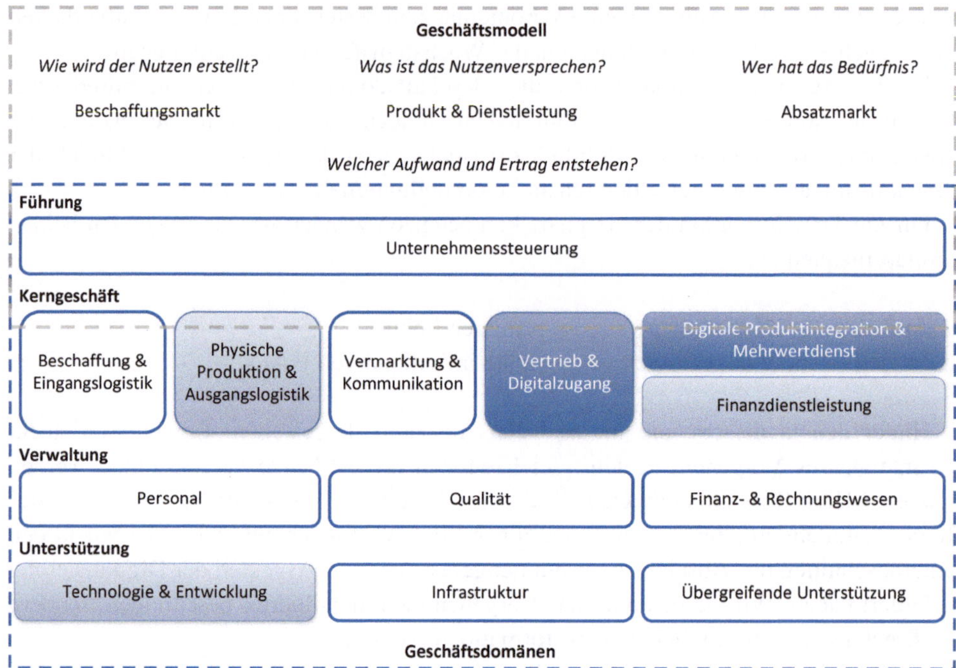

Abb. 4.7 Überführung des Geschäftsmodells einer Mobilitätsindustrie in Geschäftsdomänen der Automobilindustrie ausgehend von Abb. 3.7. Die dunkelblauen Domänen haben einen primären Fokus in der Transformation, die hellblauen Domänen einen sekundären

dass dort nicht der Verkauf gesteuert wird, sondern die Übergabe entweder an Privatkunden oder an Fuhrparks für die verschiedenen Mobilitätsdienstleitungen erfolgt.

Hinzu kommen Modelle für individuell abgestimmte Kundenbeziehungen mit verstärkt digitalen Zugängen. Durch moderne Technologien und die Zusammenführung mehrerer Vertriebskanäle – wie das Internet – bekommt der Direktvertrieb eine neue Bedeutung in dieser Domäne.

Einige Automobilunternehmen befinden sich bereits in der Umsetzung solcher Geschäftsdomänen, wie beispielsweise Daimler.[26]

Digitale Produktintegration und Mehrwertdienst

Die Geschäftsdomäne „Digitale Produktintegration und Mehrwertdienst“ leiten wir von der ursprünglichen Geschäftsdomäne „Kundendienstunterstützung“ (siehe Abschn. 3.6.8) ab. Neben der Fortführung und weiteren Verbesserung der Geschäftskompetenzen zur Unterstützung des traditionellen Kundendienstes werden Mobilitätsdienstleitungen aufgebaut und entscheidend steuernde und kontrollierende Geschäftskompetenzen der

[26] „Daimler baut seinen digitalen Kundenservice aus“http://www.computerwoche.de/a/daimler-baut-seinen-digitalen-kundenservice-aus,3066395. Zugegriffen am 19.12.2014.

Domäne „Forschung und Entwicklung“ übernommen. Die Zielsetzung besteht im Bündeln von Produkten und Dienstleistungen. Dabei muss diese Geschäftsdomäne die *digitale Kopie* so entwickeln, dass sie eine neue Produktionsform wird, neben den bereits etablierten drei in der Produktherstellung (siehe Abb. 2.2).

Finanzdienstleistung

Auch wenn sich der Name der Geschäftsdomäne „Finanzdienstleistung“ (siehe Abschn. 3.6.7) nicht ändert, so entstehen durch eine steigende Anzahl von Mobilitätsangeboten neue Anforderungen an Finanzierungen, Versicherungen und Bezahlsysteme.

Modernisierung der drei Schwergewichte im sekundären Fokus

Grundlegend für einen langfristig erfolgreichen Aufbau neuer Geschäftskompetenzen in den Kerngeschäftsdomänen, die sich am Absatzmarkt orientieren, ist die Änderung von Geschäftskompetenzen in den Kerngeschäftsdomänen, die sich auf dem Beschaffungsmarkt fokussieren. Wir bezeichnen die drei Domänen

1. „Forschung und Entwicklung“,
2. „Beschaffung und Eingangslogistik“ und
3. „Produktion“

als schwergewichtig, weil die traditionellen Fahrzeughersteller sie als ihre Wertschöpfung ansehen. Je nach Unternehmen variieren die Schwerpunkte und Differenzierungen im Wettbewerbsmarkt über diese drei Geschäftsdomänen hinweg:

- Hondas Fokus auf die „Forschung und Entwicklung“ scheint besonders stark ausgeprägt zu sein [22]).
- Bei Toyota gewinnt man den Eindruck, dass der Einkauf viel steuert. Doch durch die Verlagerung der „Forschung und Entwicklung“ auf Lieferanten wie beispielsweise Denso verbleibt dem Einkauf meistens nur der Kostenfokus bei den Beschaffungen. BMW hat zwar auch einen dominanten Kostenfokus in der „Beschaffung und Eingangslogistik“ [21], ist aber anders als Toyota aufgestellt.
- Eine äußerst hohe Wertschätzung verdient das Toyota Produktionssystem [17], das in der Geschäftsdomäne „Produktion“ einzigartig ist und oft kopiert wurde [14].

Im sekundären Fokus gestalten wir in diesem Bereich die zwei Geschäftsdomänen:

1. „Physische Produktion und Ausgangslogistik“ und
2. „Technologie und Entwicklung“

Die Geschäftsdomäne „Beschaffung und Eingangslogistik“ bleibt vorerst unverändert, weil die Lieferanten in einer Mobilitätsindustrie auch weiterhin ein zentrales Thema bleiben werden. Zusammenarbeitsmodelle mögen neue Ausrichtungen bekommen, was aber in der Regel nichts komplett Neues ist. Anders kann es aussehen, wenn ein Fahrzeughersteller in der Beschaffung nicht global aufgestellt ist, es aber für eine Mobilitätsindustrie sein muss. Schlussendlich handelt es sich aber um Änderungen auf der Ebene der Geschäftskompetenzen und weniger um eine Umgestaltung der gesamten Domäne.

Physische Produktion und Ausgangslogistik

Die Geschäftsdomäne „Physische Produktion und Ausgangslogistik" leiten wir im Wesentlichen von der ursprünglichen Geschäftsdomäne „Produktion" (siehe Abschn. 3.6.4) ab. Es kommen Geschäftskompetenzen im Kontext der Ausgangslogistik und Konstruktion sowie im Anlauf hinzu. Dafür konzentriert sich der Gesamtrahmen auf die Herstellung einer *minimalisierten Fortbewegungskapsel*, bei der sich die Stückliste des AUTOmobils wieder nur noch auf die wesentlichen Bauteile der drei Subsysteme „Antriebssystem", „Fahrwerk" und „Karosserie" (siehe Abb. 2.7) konzentriert.

Technologie und Entwicklung

Eine der sicherlich schwierigsten Veränderungen besteht darin, die ursprüngliche Kerngeschäftsdomäne „Forschung und Entwicklung" (siehe Abschn. 3.6.2) in die Unterstützungsdomäne *Technologie und Entwicklung* zu verlagern und einige Geschäftskompetenzen herauszubrechen. Essenzielle Geschäftskompetenzen werden in die Geschäftsdomänen „Digitale Produktintegration und Mehrwertdienst" und „Physische Produktion und Ausgangslogistik" verschoben.

Unternehmenssteuerung

Die Transformation des Geschäftsmodells kann auch Auswirkungen auf die restlichen sieben Domänen haben, die jedoch nicht so signifikant in unserem Fokus liegen. Wir betrachten lediglich die Geschäftsdomäne „Unternehmenssteuerung" (siehe Abschn. 3.6.1) im Hinblick auf den direkten Einfluss des geänderten Geschäftsmodells. In Abb. 3.12 haben wir einige vereinfachte Herausforderungen der Unternehmenssteuerung der Geschäftsdomänen der Automobilindustrie zusammengefasst. Mit der Neugestaltung der fünf Geschäftsdomänen ändert sich auch diese Ausrichtung, die wir in Abb. 4.8 zusammenfassen. Hier gilt aber genauso, dass die Analyse in einer konkreten unternehmensspezifischen Steuerung detaillierter auf der Ebene der Geschäftskompetenzen erfolgen sollte.

4.2.3 Geschäftskompetenzen

In Abb. 3.44 haben wir ein Referenzmodell der Geschäftsarchitektur über die Geschäftskompetenzen für die aktuelle Automobilindustrie zusammengefasst. Die Umsetzung des Geschäftsmodells steht im Wechselspiel zwischen den Domänen und ihren Geschäftskompetenzen mit einigen speziellen Charakterisierungen. In diesem Abschnitt fassen wir die neuen oder wesentlich geänderten Geschäftskompetenzen der Geschäftsdomänen

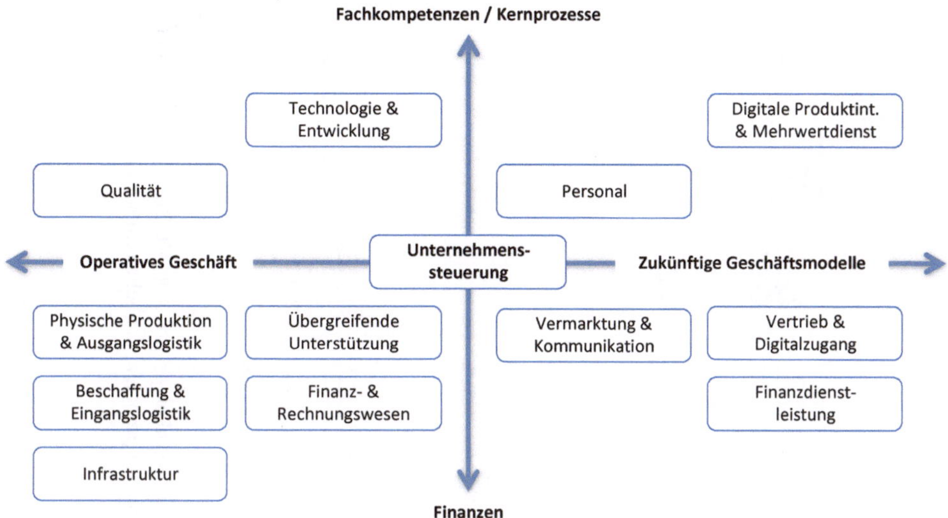

Abb. 4.8 Vereinfachte Abbildung der Geschäftsdomänen auf vier Herausforderungen der Unternehmenssteuerung in einer Mobilitätsindustrie

zusammen, die wir im vorherigen Abschn 4.2.2 im Fokus hatten und bereits in den jeweils einzelnen Unterabschnitten des Abschn. 3.6 aus mehreren Blickwinkeln diskutiert haben. In Abb. 4.9 stellen wir das Referenzmodell der Geschäftsarchitektur für eine mögliche Mobilitätsindustrie mit Kernkompetenz AutoMOBIL dar.

Vertrieb und Digitalzugang

In der Domäne „Vertrieb und Digitalzugang" betrachten wir zwei Geschäftskompetenzen im primären Fokus:

1. Die Geschäftskompetenz „Kundenstimme und -kontakt" ist eine Verlagerung und Erweiterung der Geschäftskompetenz „Kundenstimme" der Geschäftsdomäne „Kundendienstunterstützung". Sie kümmert sich nicht nur um die technischen Belange des zu betreibenden Fahrzeugs, sondern ergänzt die Geschäftskompetenzen „Unternehmenskommunikation" und „Vermarktung und Kommunikation" der Domäne „Unternehmens- und Markenidentität", um eine langfristige direkte und individuelle Kundenbeziehung sicherzustellen. Ein CRM-System bekommt hier eine zentrale Rolle, um Kundenerlebnisse gezielter zu schaffen und konsistenter zu steuern.
2. In der ursprünglichen Geschäftskompetenz „Auftrag und Distribution" verlagert sich der Fokus mehr auf die Individualisierung des Auftrags zur Geschäftskompetenz „Auftrag und Individualisierung". Hier sollen die neuen Kompetenzen der Geschäftsdomäne „Digitale Produktintegration und Mehrwertdienst" intensiv genutzt werden.

Führungsdomäne	Kerngeschäftsdomänen						Verwaltungsdomänen			Unterstützungsdomänen		
Unternehmenssteuerung	Beschaffung & Eingangslogistik	Phy. Produktion & Ausgangslogistik	Vermarktung & Kommunikation	Vertrieb & Digitalzugang	Finanzdienstleistung	Digitale Produktint. & Mehrwertdienst	Personal	Qualität	Finanz- & Rechnungswesen	Technologie & Entwicklung	Infrastruktur	Übergreifende Unterstützung
Steuerung												
Ziele, Werte, Prinzipien	Beschaffungsstrategie	Produktionsprozess & -simulation	Unternehmenskommunikation	Vertriebsstrategie & Kunde	Finanzdienstleistungsstrategie	Vernetzung & Information	Personalführung & -prozess	Qualitätsverständnis	Planungs- & Steuerungssystem	Forschung & Vorentwicklung	Standortplanung	Wissen & Idee
Unternehmensstrategie	Logistikplanung & -steuerung	Produktionsplanung & -steuerung	Unternehmens- & Markenidentität	Absatz, Bedarf, Bestand	Richtlinie, Prozess, Risiko	Kunden- & Fahrzeugdaten	Personalpolitik	Qualitätsplanung		Standard, Methode, Prozess		IT-Planung
Unternehmens- & Prozessstruktur	Lieferantenbeziehung	Betriebsmittelplanung	Vermarktungskonzept	Kundenstimme & -kontakt		Planung, Anforderung, Änderung	Personalplanung & Organisation	Qualitätsverbesserung				Projekt, Portfolio, Prozess
Umwelt		Distributionssystem										
Kontrolle												
Integrität & Recht	Lieferantenbewertung	Produktionsabsicherung	Marktanalyse & Erfolgsbewertung	Vertriebsleistung	Bewertung & Auskunftsfähigkeit	Produktbeobachtung	Einsatzkontrolle	Qualitätsauswertung	Internes Kontrollsystem		Anlagen- & Standortsicherheit	Recht & Vorschrift
Risiken & Finanzen	Beschaffungsoptimierung	Distributionsoptimierung			Kennzahlensystem	Absicherung & Erprobung	Beurteilung	Leistungsauswertung	Berichtswesen & Kennzahlen			
Sicherheit												
Unternehmensdokumentation												
Ausführung												
	Einkaufsvergabe & -vertrag	Konstruktion, Anlauf, Serienvorbereitung	Vermarktungsmaßnahmen	Qualifizierung, Angebot, Vertrag	Finanzdienstleistungsvertrag	Garantie & Kulanz	Eintritt & Austritt	Qualitätsabsicherung	Buchführung, Abschluss	Konzept, Design, Bauraum	Betriebsmittel & Versorgung	IT-Entwicklung & -Dokumentation
	Produktionsversorgung	Fertigung	Redaktion & Lektorat	Auftrag & Individualisierung	Bank, Kredit, Zahlungsportal	Standard, Ausrüstung, Information	Einsatz & Entwicklung	Problem- & Fehlerbehandlung	Vermögensverwaltung	Entwicklung	IT-Betrieb	Assistenz
		Montage & Intralogistik	Medienarchiv	Übergabe & Dokumentation	Versicherung	Fuhrpark & Mobilitätsdienst	Verwaltung & Vergütung	Qualitätsdokumentation	Finanzmarktkommunikation	Produktdaten & -dokumentation		

Abb. 4.9 Referenzmodell der Geschäftsarchitektur für eine mögliche Mobilitätsindustrie mit Kernkompetenz AutoMOBIL. Die ausgefüllten orangefarbenen Geschäftskompetenzen stehen während der Transformation im Fokus, die dunklen im primären, die hellen im sekundären

und zwei Geschäftskompetenzen im sekundären Fokus:

1. Sowohl die Geschäftskompetenz „Qualifizierung, Angebot, Vertrag"
2. als auch „Übergabe und Dokumentation" weichen prinzipiell nicht von den bisherigen Aufgabenfeldern ab. Durch den Direktvertrieb ändern sich aber die Abläufe, Arbeitsweisen und Vertriebsausbildungen, die durch den Anspruch an die Individualisierung der Produkte notwendig werden, wie es beispielsweise BMW durch die Einführung der neuen Rolle „Product Geniuses" in seiner Unternehmensstrategie darstellt (siehe Abschn. 3.1.1).

Digitale Produktintegration und Mehrwertdienst

In der Domäne „Digitale Produktintegration und Mehrwertdienst" betrachten wir zwei Geschäftskompetenzen im primären Fokus:

1. Wir schaffen eine neue ausführende Geschäftskompetenz „Fuhrpark und Mobilitätsdienst", die individuelle Mehrwertdienste im weiter gefassten Kontext der Mobilität – das AutoMOBIL – aufbaut, ähnlich wie im Abschn. 4.2.1 beschrieben.
2. Der Rahmen der ursprünglich steuernden Geschäftskompetenz „Vernetztes Fahrzeug" wird entsprechend der Abb. 3.36 zu „Vernetzung und Information" erweitert. Ein zentrales Thema ist, ob heutzutage die Telematikeinheit (siehe Abschn. 2.5.2) weiterhin ein Teil der technischen Fahrzeugarchitektur bleiben muss. Selbst im Spannungsfeld des Notrufsystems eCall benötigt der Mensch in erster Linie eine schnelle Unfallhilfe, egal, wie er in den Verkehr involviert ist. Die für den Notfall benötigten Fahrzeugdaten, wie Fahrgestellnummer oder Antriebssystem, müssen nicht zwingend von den integrierten Systemen der Fahrzeuge verschickt werden.

und zwei Geschäftskompetenzen im sekundären Fokus:

1. Der Schwerpunkt der ursprünglich steuernden Geschäftskompetenz „Planung, Anforderung, Änderung" der Domäne „Forschung und Entwicklung" wird in dieser Domäne verlagert. Sie hat die langfristige Aufgabe, die Produktentstehung (siehe Abschn. 2.2) in drei Hauptphasen zu transformieren.
   a. Den ursprünglichen Prozess nur noch auf eine minimalisierte, fahrfähige *Fortbewegungskapsel* zu reduzieren, bei der sich die Stückliste des AUTOmobils nur noch auf die wesentlichen Bauteile der drei Subsysteme „Antriebssystem", „Fahrwerk" und „Karosserie" (siehe Abb. 2.7) konzentriert.
   b. Die Subsysteme „Innenraum/Ausstattung" und teilweise „Elektrik/Elektronik" werden in einer zweiten Phase *Peripherie* ausgelagert und können nach der traditionellen Produktherstellung der zentralen Einheit der *Fortbewegungskapsel* angeschlossen und ausgetauscht werden. Es ist eine weiterentwickelte Idee des

BMW Konzepts „LifeDrive Architecture“,[27] bei dem das Driveund Life-Modul voneinander getrennt sind. Konzepte wie Lego-Fahrzeuge[28] sind noch nicht einsetzbare Ideen. Erste Umsetzungen mit 3-D-Druckern gibt es bereits von Local Motors in der Automobilindustrie..[29] Persönlich ausgedruckte Ausstattungskomponenten oder Bauteile für Oldtimer werden auch bald möglich sein. Technologie- und Elektronikunternehmen werden verstärkt ihre Erfahrungen mit Schnittstellen zur Entkopplung von Peripheriegeräten in der Automobilindustrie vorantreiben.

c. Die letzte und dritte Phase konzentriert sich im Wesentlichen auf das Subsystem „Kommunikation und Unterhaltung“ und umfasst die Software, die nicht zwingend in die ersten beiden Phasen integriert werden muss. Sie bildet die Schicht zur Virtualisierung, wie sie in der IT unter dem Konzept „Software Defined Environment“ eingeführt wird [28]. Ein heute bereits umgesetztes Beispiel als Teil einer derartigen Virtualisierung ist die Firmware von Tesla Motors.[30]

Diese neuen drei Phasen bilden die Grundlage für die Digitale Produktintegration, wie wir sie in Abb. 4.10 zusammengefasst darstellen.

2. Durch die signifikante Änderung der Produktentstehung muss auch die kontrollierende Geschäftskompetenz „Absicherung und Erprobung“ der Domäne „Forschung und Entwicklung“ neu ausgerichtet und in diese Geschäftsdomäne verlagert werden.

Finanzdienstleistung

In der Domäne „Finanzdienstleistung“ betrachten wir eine Geschäftskompetenz im primären Fokus:

1. Einige Automobilunternehmen besitzen bereits eine ausführende Geschäftskompetenz „Bank und Kredit“, einige müssten sie komplett neu aufbauen. Durch eine steigende Anzahl von Mobilitätsangeboten muss diese Geschäftskompetenz in „Bank, Kredit, Zahlungsportal“ erweitert werden, um unterschiedliche individuelle und öffentliche Dienstleistungen komfortabel über ein Bezahlsystem abzurechnen. Die Finanzdienstleistungen eines Fahrzeugherstellers verarbeiten üblicherweise größere Transaktionen bei der Absatzförderung des Produktverkaufs. In der nutzungsorientierten Mobilitätsindustrie fließen hingegen viele kleine Geldbeträge, die kaufmännisch anders

[27] „BMW i : Konzept“ http://www.bmw.de/de/neufahrzeuge/bmw-i/bmw-i/konzept.html. Zugegriffen am 19.12.2014.

[28] „Life-size Lego car runs on air“ http://edition.cnn.com/videos/world/2013/12/29/nr-australia-lego-car.cnn. Zugegriffen am 19.12.2014.

[29] „Local Motors – 3d Printed Car“ http://localmotors.com/3d-printed-car. Zugegriffen am 19.12.2014.

[30] „A Silicon Valley Approach to Vehicle Software“ http://my.teslamotors.com/roadster/technology/firmware. Zugegriffen am 19.12.2014.

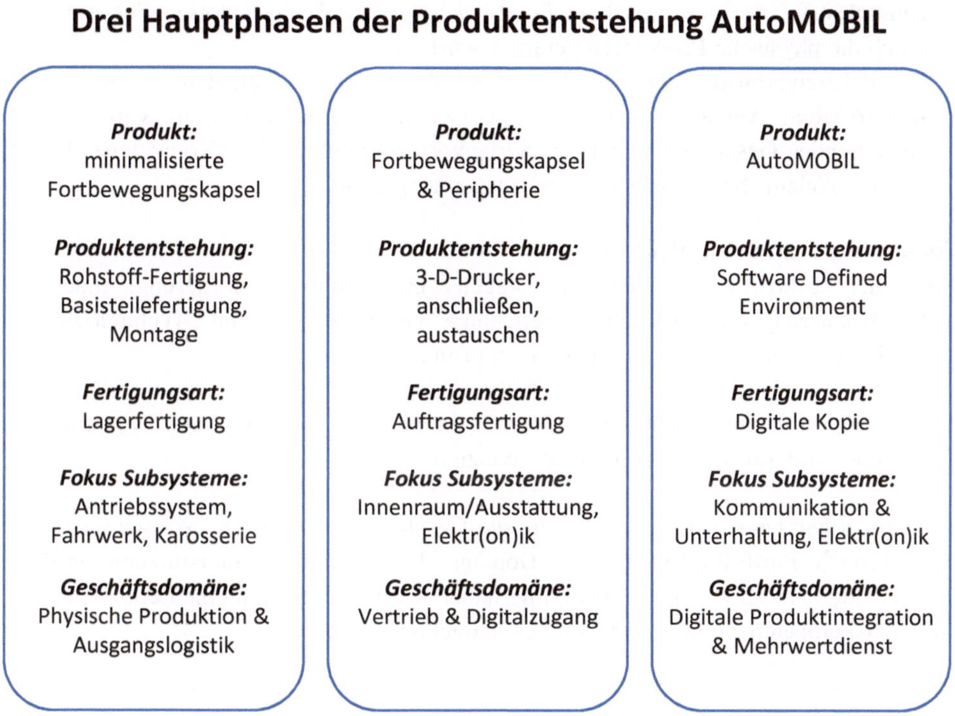

Drei Hauptphasen der Produktentstehung AutoMOBIL

Produkt:
minimalisierte Fortbewegungskapsel

Produktentstehung:
Rohstoff-Fertigung, Basisteilefertigung, Montage

Fertigungsart:
Lagerfertigung

Fokus Subsysteme:
Antriebssystem, Fahrwerk, Karosserie

Geschäftsdomäne:
Physische Produktion & Ausgangslogistik

Produkt:
Fortbewegungskapsel & Peripherie

Produktentstehung:
3-D-Drucker, anschließen, austauschen

Fertigungsart:
Auftragsfertigung

Fokus Subsysteme:
Innenraum/Ausstattung, Elektr(on)ik

Geschäftsdomäne:
Vertrieb & Digitalzugang

Produkt:
AutoMOBIL

Produktentstehung:
Software Defined Environment

Fertigungsart:
Digitale Kopie

Fokus Subsysteme:
Kommunikation & Unterhaltung, Elektr(on)ik

Geschäftsdomäne:
Digitale Produktintegration & Mehrwertdienst

Abb. 4.10 Paradigmenwechsel in der Produktentstehung des AutoMOBILs in drei Hauptphasen

verarbeitet werden müssen, um in einem weltweiten Zahlungsverkehr kosteneffizient zu sein.

und eine Geschäftskompetenz im sekundären Fokus:

1. In der ausführenden Geschäftskompetenz „Versicherung" bekommen neben der traditionellen Fahrzeugversicherung sowohl neue Versicherungsmodelle für eigene Flotten als auch fahrerbezogene Versicherungen eine größere Relevanz für die Mobilitätsindustrie.

Physische Produktion und Ausgangslogistik

In der Domäne „Physische Produktion und Ausgangslogistik" betrachten wir zwei Geschäftskompetenzen im sekundären Fokus:

1. Die steuernde Geschäftskompetenz „Distributionssystem" der Domäne „Vertrieb und Ausgangslogistik" wird enger an die Produktionsstätte gebunden. Es geht weniger um einen Werksverkauf, sondern um einen stärkeren Fokus auf die Lagerfertigung,

zumindest für die minimalisierte *Fortbewegungskapsel*, die hauptsächlich nur noch durch die physische Produktion gefertigt wird.

2. Die Fahrzeugkonstruktion und der Anlauf der Geschäftskompetenz „Entwicklung, Konstruktion, Anlauf" der Domäne „Forschung und Entwicklung" wird mit der ausführenden Geschäftskompetenz „Serienvorbereitung" in einer Kompetenz „Konstruktion, Anlauf, Serienvorbereitung" zusammengeführt.

Technologie und Entwicklung

Neben der Auslagerung der Geschäftskompetenzen „Planung, Anforderung, Änderung" und „Absicherung und Erprobung" betrachten wir in der Domäne „Technologie und Entwicklung" eine Geschäftskompetenz im primären Fokus:

1. Die ursprüngliche ausführende Geschäftskompetenz „Entwicklung, Konstruktion, Anlauf" wird auf die „Entwicklung" reduziert.

Es kann durchaus auch sinnvoll sein, die Geschäftskompetenzen „Wissen und Idee" oder „Projekt, Portfolio, Prozess" der Domäne „Übergreifende Unterstützung" in diese Geschäftsdomäne zu verlagern. Allerdings haben wir momentan nur eine Reduzierung der Geschäftskompetenzen in dieser Domäne betrachtet.

4.3 Ausblick

Wohin werden uns die Digitalisierung und Vernetzung in Bezug auf räumliche Mobilität führen?

Die Automobilindustrie steht zurzeit vor ihrem größten Wandel in der Geschichte des AUTOmobils, und die Unternehmen wirken angesichts dessen orientierungslos. Die in diesem Buch beschriebene Unternehmensarchitektur wurde so gestaltet, dass sich eine Mobilitätsindustrie nicht losgelöst von der Automobilindustrie entwickeln kann, wenn die Fahrzeughersteller ihre Geschäftskompetenzen neu ausrichten.

Das grundlegende Thema, das wir weniger detailliert haben, ist die Sicherheit im Sinne der Angriffssicherheit. Wir haben es nur als eine Geschäftskompetenz der Domäne „Unternehmenssteuerung" (siehe Abschn. 3.6.1) aufgegriffen. Man muss sich dessen bewusst werden, dass es in der digitalen Welt keine dicken, hohen Mauern gibt. Am Schluss wird es nur noch darum gehen, wie wir unser soziales Verhalten in einer großen, vernetzten Familie gestalten und wie wir dabei mit schwarzen Schafen umgehen.

Die Grundproblematik liegt darin, dass die Digitalisierung auf der diskreten Mathematik beruht. Es ist schlichtweg nicht bewiesen, ob es mathematische Einbahnfunktionen gibt, Funktionen also, die nur mit sehr hohem Aufwand oder gar nicht umkehrbar sind. In der Praxis ist die Multiplikation ein sehr weit verbreitetes Verfahren in der digitalen Sicherheit, weil das Zerlegen von Zahlen nach dem heutigen Stand der Wissenschaft sehr aufwendig werden kann [6]. Eine einfache Umkehrfunktion wird es aber geben,

wenngleich der Beweis der Riemann'schen Hypothese seit dem Jahr 1859 noch offen ist, sie andererseits aber auch noch nicht widerlegt wurde [30].
Eine weitere Diskussion dieses Faktors würde den Rahmen dieses Buches bei Weitem sprengen.

Weitere Entwicklungen und Gedanken werden im Blog

http://think-automobility.org

verfolgt. Die Gestaltung der Mobilitätsindustrie bleibt noch spannend.

Literatur

1. Bates J, Leibling D (2012) Spaced out – perspectives on parking policy. Royal Automobile Club Foundation for Motoring, London
2. Bauernhansl T, ten Hompel M, Vogel-Heuser B (2014) Industrie 4.0 in Produktion, Automatisierung und Logistik: Anwendung – Technologien – Migration. Springer Vieweg, Wiesbaden
3. Bhidé AV (2000) The origin and evolution of new businesses. Oxford University Press, New York
4. Braess H-H, Seiffert U (Hrsg) (2013) Vieweg Handbuch Kraftfahrzeugtechnik. 7. Aufl. Springer Vieweg, Wiesbaden
5. Cadle J, Paul D, Turner P (2014) Business analysis techniques. 2. Aufl. BCS, Swindon
6. Crandall R, Pomerance CB (2005) Prime numbers: a computational perspective. 2. Aufl. Springer, New York
7. Keese C (2014) Silicon Valley: Was aus dem mächtigsten Tal der Welt auf uns zukommt. Albrecht Knaus, München
8. Eva M, Hindle K, Rollason C, Tudor D (2014) Business analysis. British Informatics Society, Swindon
9. Maurer M, Gerdes JC, Lenz B, Winner H (Hrsg) (2015) Autonomes Fahren: Technische, rechtliche und gesellschaftliche Aspekte. Springer Vieweg, Wiesbaden
10. Meroth A, Tolg B (2008) Infotainmentsysteme im Kraftfahrzeug. Grundlagen, Komponenten, Systeme und Anwendungen. Vieweg, Wiesbaden
11. ifmo Institut für Mobilitätsforschung, eine Forschungseinrichtung der BMW Group (2006) Öffentlicher Personennahverkehr: Herausforderungen und Chancen. Springer, Berlin
12. infas Institut für angewandte Sozialwissenschaft GmbH, Deutsches Zentrum für Luft- und Raumfahrt e. V. Institut für Verkehrsforschung (2010) Mobilität in Deutschland 2008 – Ergebnisbericht. Bonn und, Berlin
13. Kaltheier RM (2001) Städtischer Personenverkehr und Armut in Entwicklungsländern: Ist-Analyse und Optionen einer armutsorientierten Verkehrspolitik und -planung. Deutsche Gesellschaft für Technische Zusammenarbeit (GTZ), Abteilung 44, Umweltmanagement, Wasser, Energie und Transport, Eichborn
14. Liker JK (2004) The Toyota way: 14 management principles from the world's greatest manufacturer. McGraw-Hill, New York
15. Marsh P (2012) The new industrial revolution: consumers, globalization and the end of mass production. Yale University Press, New Haven

16. Oak Ridge National Laboratory (2001) 1995 NPTS databook – based on data from the 1995 Nationwide Personal Transportation Survey (NPTS). Oak Ridge National Laboratory, Oak Ridge, TN
17. Ohno T (1988) Toyota production system: beyond large-scale production. Productivity, Portland, OR
18. Porter ME (2004) Competitive strategy: techniques for analyzing industries and competitors. Free Press, New York
19. Porter ME (2008) The five competitive forces that shape strategy. Harvard Bus Rev 57(Jan 2008):57–71
20. Proff H (Hrsg) (2014) Radikale Innovationen in der Mobilität: Technische und betriebswirtschaftliche Aspekte. Springer Gabler, Wiesbaden
21. Rast CA (2008) Chefsache Einkauf. Campus, Frankfurt am Main
22. Rothfeder J (2014) Driving Honda: inside the world's most innovative car company. Penguin, New York
23. Schenk M (1998) Altautomobilrecycling: Technisch-ökonomische Zusammenhänge und wirtschaftspolitische Implikationen. Gabler, Wiesbaden
24. Schuster W (2013) Nachhaltige Städte – Lebensräume der Zukunft: Kompendium für einenachhaltige Entwicklung der Stadt Stuttgart. oekom, München
25. Steierwald G, Künne H-D, Vogt W (Hrsg) (2005) Stadtverkehrsplanung: Grundlagen, Methoden, Ziele. 2. Aufl. Springer, Berlin
26. Schade W, Zanker C, Kühn A, Kinkel S, Jäger A, Hettesheimer T, Schmall T (September 2012) Zukunft der Automobilindustrie. Arbeitsbericht Nr. 152, Büro für Technikfolgen Abschätzung beim Deutschen Bundestag, Karlsruher Institut für Technologie, Berlin
27. Snell BC (1974) American ground transport – a proposal for restructuring the automobile, truck, bus & rail industries. U.S. Government Report, Washington, DC
28. van den Dam R (2013) Internet of things: the foundational infrastructure for a smarter planet. In: Balandin S, Andreev S, Koucheryavy Y (Hrsg) Internet of things, smart spaces, and next generation networking: 13th international conference, NEW2AN 2013, and 6th conference, ruSMART 2013, St. Petersburg, 28–30.8.2013. Proceedings, S 1–12
29. Vivier J (2006) Mobility in cities database – analysis and recommendations. International Association of Public Transport (UITP), Brussels
30. Wedeniwski S (2002) ZetaGrid. In: Schoder D, Fischbach K, Teichmann R (Hrsg) Peer-to-Peer: Ökonomische, technologische und juristische Perspektiven. Springer, Berlin, S 173–188

Sachverzeichnis

S. Wedeniwski, *Mobilitätsrevolution in der Automobilindustrie*,
DOI 10.1007/978-3-662-44783-3